普通高等教育茶学专业教材

茶叶标准与法规

尹　祎　刘仲华 主编

 中国轻工业出版社

图书在版编目（CIP）数据

茶叶标准与法规/尹祎，刘仲华主编.—北京：中国轻工业
出版社，2023.8

ISBN 978-7-5184-2802-1

Ⅰ.①茶… Ⅱ.①尹… ②刘… Ⅲ.①茶叶—食品标准—
中国 ②茶叶—食品卫生法—中国 Ⅳ.①TS272.7 ②D922.16

中国版本图书馆 CIP 数据核字（2020）第 214118 号

责任编辑：贾 磊 责任终审：李建华 封面设计：锋尚设计
版式设计：砚祥志远 责任校对：朱燕春 责任监印：张 可

出版发行：中国轻工业出版社（北京东长安街 6 号，邮编：100740）
印　　　刷：三河市万龙印装有限公司
经　　　销：各地新华书店
版　　　次：2023 年 8 月第 1 版第 3 次印刷
开　　　本：787×1092　1/16　印张：23.25
字　　　数：510 千字
书　　　号：ISBN 978-7-5184-2802-1　定价：52.00 元
邮购电话：010-65241695
发行电话：010-85119835　传真：85113293
网　　　址：http：//www.chlip.com.cn
Email：club@ chlip.com.cn
如发现图书残缺请与我社邮购联系调换
231139J1C103ZBW

本书编写人员

主　编

尹　祎（中华全国供销合作总社杭州茶叶研究所）

刘仲华（湖南农业大学）

副主编

李大祥（安徽农业大学）

鲁成银（中国农业科学院茶叶研究所）

杨秀芳（中华全国供销合作总社杭州茶叶研究所）

孙威江（福建农林大学）

郭桂义（信阳农林学院）

参　编（按编写章节先后顺序）

张亚丽（中华全国供销合作总社杭州茶叶研究所）

许燕君（杭州市标准化研究院）

邹新武（中华全国供销合作总社杭州茶叶研究所）

杨　转（信阳农林学院）

翁　昆（中华全国供销合作总社杭州茶叶研究所）

张正竹（安徽农业大学）

龚淑英（浙江大学）

杜颖颖（中华全国供销合作总社杭州茶叶研究所）

张　俊（中华全国供销合作总社杭州茶叶研究所）

周卫龙（中华全国供销合作总社杭州茶叶研究所）

赵玉香（中华全国供销合作总社杭州茶叶研究所）

刘亚峰（中华全国供销合作总社杭州茶叶研究所）

陈佳佳（福建农林大学）

邵克平（福建品品香茶业有限公司）

钟枝萍（福建品品香茶业有限公司）

刘绍文（福建省茶产业标准化技术委员会）

尹　钟（湖南省大湘西茶产业发展促进会）

谭月萍（湖南省茶业集团股份有限公司）

孔俊豪（中华全国供销合作总社杭州茶叶研究所）

韩文炎（中国农业科学院茶叶研究所）

傅尚文（中国农业科学院茶叶研究所）

唐小林（中华全国供销合作总社杭州茶叶研究所）

毛立民（浙江省茶叶集团股份有限公司）

陆小磊（中华全国供销合作总社杭州茶叶研究所）

标准，就是"规矩"。国家主席习近平在致第 39 届国际标准化组织（ISO）大会的贺信中指出，标准是人类文明进步的成果。伴随着经济全球化深入发展，标准化在便利经贸往来、支撑产业发展、促进科技进步、规范社会治理中的作用日益凸显。标准已成为世界"通用语言"。国际标准是全球治理体系和经贸合作发展的重要技术基础。它应该具有权威性、科学性和实用性三个特点。世界需要标准协同发展，标准促进世界互联互通。

中国作为茶的原产地，是最早发现、种植、利用、加工和饮用茶的国家，有文字记载的历史已在 3000 年以上；我国也是茶树资源、茶类品种最丰富的国家，茶叶已深深融入人们的生活，成为传承中华文化的重要载体。茶产业是我国传统优势产业，我国是世界上茶叶生产种植和消费第一大国，出口第二大国。但是，我国茶产业国际竞争力现状与我国茶叶生产大国地位极不相称，茶业企业规模过小、标准化工作还不到位、劳动力成本过高等是重要原因。标准化是中国茶叶的发展方向之一，是引领茶产业高质量发展的关键。

茶叶标准是从事茶叶生产、加工、贮存和营销以及资源开发与利用必须遵守的行为准则，在市场经济的法规体系中茶叶标准占有十分重要的地位，是政府规范市场经济秩序，加强茶叶质量安全监管，确保消费者合法权益，维护社会和谐与可持续发展的重要依据；国内外评价和判定茶叶质量安全的主要依据就是有关国际组织和各国政府标准化部门制定的茶叶标准与法规。对于生产者及生产国来说，茶叶标准化是提高产品质量的保证，是创造和培育品牌的关键，是技术推广和产品创新的关键，更是可持续发展的重要依据；对于国际贸易来说，茶叶标准化是消除贸易障碍、促进国际贸易发展的通行证。茶叶标准通用语言，已成为全球茶产业发展的共识与追求。

《茶叶标准与法规》共十章。前三章为茶叶标准概述和基础知识，第四章起为茶叶标准体系以及通用标准、产品标准、种植加工技术、团体和企业标准以及国际食品（茶叶）标准和方法标准等内容。

该书内容覆盖面大而全，对我国新时期进一步实现茶产业高质量发展具有重要的指导作用。热烈祝贺该书的出版。

是为序。

中国工程院院士 陈宗懋

标准已成为世界"通用语言"，是经济活动和社会发展的技术支撑，是国家治理体系和治理能力现代化的基础性制度。随着经济发展节奏的加快和技术创新的日新月异，标准化工作的重要性日趋凸显。党的十八大以来，习近平总书记就标准化工作做出了一系列重要论述。他指出："人才、专利、标准等是世界各主要国家争夺的战略性创新资源；加强标准化工作，实施标准化战略，是一项重要和紧迫的任务，对经济社会发展具有长远的意义。"他要求大力推进技术专利化、专利标准化、标准产业化，特别强调要推进标准国际化，推动中国标准"走出去"。标准来源于创新，是科技创新成果的总结，同时又是科技成果转化应用的桥梁和纽带。

我国是茶的原产地，是世界上最早发现茶树和种植茶树的国家，是世界茶文化的发源地。当前，我国茶树种植面积、茶叶产量和消费量均居世界第一，出口量世界第二。我国制茶历史悠久，产品门类最为齐全，六大茶类丰富多彩，茶叶深加工日新月异。茶产业作为我国传统的特色优势产业、富民产业、健康产业、生态产业和文化产业，在调整农业产业结构，促进农民脱贫致富，服务国家"一带一路"倡议中发挥着重要作用。

科学性是标准的本质属性。科技创新不断提升标准水平，标准又不断促进科技成果转化，二者互为基础、互为支撑。自20世纪50年代以来，我国就开始了茶叶标准化工作。特别是2008年，全国茶叶标准化技术委员会（SAC/TC 339）的成立，加速了我国茶叶标准化的进程。现如今，我国是世界上茶叶标准最多、最全的国家，在茶叶国际标准的制定、修订过程中的参与度和话语权日益增强。近年来，随着《中华人民共和国标准化法》的修订，"中国标准2035"项目的逐步实施，"标准化+"行动的深入推进，标准化日益成为现代治理体系和治理能力现代化的基础性制度。我国茶叶标准化的进程现已大大加速，实现了标准与科技创新的同频共振，促进了茶产业的高质量发展。

在近二十年的标准化活动深度参与中，我们越发认识到标准在产业发展中的重要性，在科技创新中的重要性，也越发认识到标准化人才培养的重要性。我国有近三十所本科高校设立了茶学专业，各校陆续开设有关茶叶标准化和法规的课程，但一直没有正式的教材。本教材以标准化人才培养为目标，集结了我国茶叶标准化工作一线的专家和教师团队，以标准化法和食品安全法规为背景，以茶叶标准体系为框架，从标准的基础知识和法规，到茶叶技术标准、产品标准、安全标准、管理认证，从企业标准到团体标准、行业标准、国家标准和国际标准，构建了完整的教材内容体系，填补了我国高等院校茶叶标准与法规教材的空白。对于丰富和完善茶学专业教学内容，提高茶学人才培养质量，促进茶产业标准化进程都具有重要意义。

安徽农业大学茶树生物学与资源利用国家重点实验室主任

全国茶叶标准化技术委员会副主任委员

教育部高等学校植物生产类专业（含茶学）教学指导委员会副主任委员

序3

2020 年初春，当全世界人民还在关注应对新型冠状病毒肺炎疫情之际，大地万物已悄然复苏，早春新茶也陆续上市。很高兴受尹祎院长之邀，为《茶叶标准与法规》作序。

法律、法规和标准是规范市场经济和社会秩序的重要依托，更是国家间开展经济、贸易、文化、技术等领域交流，维护自主知识产权，深化合作共赢的基础保障。党的十八大以来，法治成为以习近平总书记为核心的党中央治国理政的基本方式，全面依法治国纳入"四个全面"战略布局，法治建设宏伟蓝图徐徐展开，标准化事业也迎来了全面提升期，党中央、国务院持续高度重视标准化工作。习近平总书记指出，标准助推创新发展，标准引领时代进步；他强调加强标准化工作，实施标准化战略，是一项重要和紧迫的任务，对经济社会发展具有长远的意义。

中国是当今世界第一大茶叶生产和消费国。我国茶叶标准化工作从中华人民共和国成立后开始逐步建立和完善，现已涵盖全产业链的各个环节，国家标准、行业标准、地方标准、企业标准数量和质量持续提升，团体标准快速创新发展，标准化管理体制和运行机制更加顺畅，标准对外交流和技术合作持续拓展，标准化的人才队伍建设日渐壮大，全行业标准化意识也在不断增强。全国茶叶标准化技术委员会（SAC/TC 339）作为负责全国茶叶专业技术领域的标准化技术归口和茶叶专业国家标准、行业标准制定、修订工作的技术组织，也为更好地推动和完善茶叶标准化法治体系建设，促进茶叶生产、贸易、质量检验和技术进步，引导我国茶业科技工作者和从业人员讲好、用好标准这门世界"通用语言"发挥了重要作用。

随着我国经济全面进入高质量发展阶段，标准作为国家质量基础设施和推动经济可持续发展的重要支柱，必将发挥更加重要的作用。对于我国茶产业而言，新时代标准化建设应当做好以下五个方面的工作：一是更加注重标准体系结构优化和标准质量效益提升；二是在保证茶叶质量安全和品质稳定的同时，更加聚焦人民群众日益增长的健康生活需求；三是加强知识产权保护，推动科技创新和成果转化应用，支撑茶产业高质量发展；四是强化新兴产业经营主体培育和特色品牌发展，鼓励市场经营和服务模式创新，助力生态文明建设；五是提升茶叶标准国际化水平，开展全方位对外交流合作。标准化发展同时也离不开人才支撑，新时代茶叶标准化人才应当是既要懂茶学专业技术，又要懂管理科学，还要懂法律规则，具备国际视野和对外交往能力的复合型人才。

该教材作为首部全国高等院校茶叶标准与法规教材，既是对茶学专业教材体系的补充完善，也符合我国茶叶标准化新时代发展和专业人才队伍建设的实际需要，对于促进我国茶产业标准化、规范化、高质量发展将起到积极的推动作用。相信本教材一定能够成为有志于投身我国茶叶标准化事业的在校学生和茶叶从业者的良师益友。

　　岁月的年轮将会铭记 2020 年的春天，疫情终将散去，我们也将继续迎接美好的明天，衷心希望我国茶叶标准化事业如同早春新芽一般健康茁壮成长。

　　最后，谨代表全国茶叶标准化技术委员会、中国茶叶流通协会对本教材即将付梓表示热烈的祝贺，向刘仲华院士、尹祎院长及全体编写人员的辛勤付出致以崇高的敬意。

全国茶叶标准化技术委员会主任

中国茶叶流通协会会长

前　言

茶是世界公认的天然健康饮料，联合国粮农组织（FAO）称之为"仅次于水的第二大饮料"，世界卫生组织（WHO）将茶列为"世界六大健康饮料之首"。中国作为世界上茶叶生产和消费第一大国、出口第二大国，在世界茶产业中具有举足轻重的地位。茶叶已深深融入人们的生活，成为传承中华文化的重要载体。但是，我国茶产业国际竞争力现状与我国茶叶生产大国地位极不相称，中国茶业大而不强、大而不精的问题比较突出，茶叶标准化实施不到位是原因之一。

本教材由全国茶叶标准化技术委员会秘书处单位——中华全国供销合作总社杭州茶叶研究所（中茶院）牵头，中国农业科学院茶叶研究所、安徽农业大学、湖南农业大学、福建农林大学、信阳农林学院等单位共同组织编写。2018年7月8日在中茶院召开了编写工作会议，对全书框架结构及各章节内容进行了深入研讨，确定了编写大纲，明确了任务分工，编写工作正式启动。

本教材内容系统、全面、准确、权威，是集茶产业基础性、知识性、理论性、实践性、政策性、制度性等于一体的综合性教材，它的编写与出版填补了我国高等院校茶叶标准与法规领域教材的空白。该课程对于从茶园到茶杯的种植、生产、加工、销售、贮藏、品饮等全产业链各个环节如何把控质量与安全具有科学指导作用，为市场监管、质量检验、技术推广、科学研究、专业人才的教育培训等提供科学依据；对丰富和完善茶学专业教学内容，为行业和社会提供系统、规范、全面的茶叶标准与法规知识，为茶产业持续健康发展将起到极大的推动作用。

本教材内容主要包括茶叶标准、茶叶法规两个方面，重点介绍了茶产业现行有效的标准以及法律法规，包括标准的基础知识、茶叶标准体系、茶叶通用标准、茶叶产品标准、茶叶种植与加工技术规程、茶叶团体标准与企业标准、茶叶认证与质量管理、茶叶国际标准等，分别由相关领域专家、教授编写。

本教材由中茶院尹祎、湖南农业大学刘仲华共同担任主编，由尹祎统稿。具体编写单位分工：第一章由信阳农林学院编写；第二章由中茶院编写；第三章由杭州市标准化研究院和中茶院编写；第四章由信阳农林学院和中茶院编写；第五章由安徽农业大学、浙江大学和中茶院编写；第六章由中茶院、福建农林大学、福建品品香茶业有限公司、福建省茶产业标准化技术委员会、安徽农业大学、湖南农业大学、湖南省大湘西茶产业发展促进会、湖南省茶业集团股份有限公司编写；第七章由中国农业科学院茶叶研究所和中茶院编写；第八章由中茶院和安徽农业大学编写；第九章由中国农业科学院茶叶研究所和信阳农林学院编写；第十章由中茶院和浙江省茶叶集团股份有限公司编写。

本教材在编写过程中参考和借鉴了国内外大量茶叶标准化资料，包括国家现行有效的标准文本、政策性法律法规文件、图书、期刊、专利等，并引用了部分内容，对重要的国家标准特别是茶叶产品标准进行了解析，有利于学习者理解和掌握，有利于茶叶标准与法规在最大范围得到应用和实施，在此对原作者或原权利所有者表示衷心感谢。本教材的出版得到了全国茶叶标准化技术委员会、国家茶叶质量监督检验中心、中茶院和中国茶叶流通协会的大力支持，在此一并致谢。

由于编写时间仓促、编者业务水平所限，书中难免有不足之处，恳请专家、学者和读者批评指正，以便修订时进一步完善。

尹祎　刘仲华

目 录

第一章 茶叶标准与法规概述

第 一 节 标准与法规概述

　　标准与法规是保证市场经济正常运转和公平竞争的重要工具。人类社会的各种活动都不可能是孤立的，人与人之间、群体与群体之间会由于利益和价值取向的差异产生各种矛盾或纠纷，这就需要建立一定的行为规范和相应的准则，以调整或约束人们的社会活动和生产活动，维持良好的社会秩序。

一、标准与法规的定义

（一）标准的定义

　　（1）标准是一种特殊规范。法学意义上的规范是指某一种行为的准则、规则，在技术领域泛指标准、规程等。一般情况下，规范可分为两大类：一类是社会规范，即调整人们在社会生活中相互关系的规范，如法律、法规、规章、制度、政策、纪律、道德、教规、习俗等；另一类是技术规范，它是针对人们如何利用自然力、生产工具、交通工具等应遵循的规则。标准从本质上属于技术规范范畴。标准具有规范的一般属性，是社会和社会群体的共同意识，即社会意识的表现，它不仅要被社会所认同（协商一致），而且须经过公认的权威机构批准，因此，它同社会规范一样是人们在社会活动（包括生活活动）中的行为规则。标准具有一般性的行为规则，它不针对具体人，而是针对某类人，在某种状况下的行为规范。

　　（2）标准是社会实践的产物，它产生于人们的社会实践，并服从和服务于人们的社会实践。

　　（3）标准受社会经济制度的制约，是一定经济要求的体现。标准是进行社会调整、建立和维护社会正常秩序的工具。标准规范人们的行为，使之尽量符合客观的自然规律和技术法则。

　　（4）标准是社会所认同的规范，这种认同是通过利益相关方之间的平等协商达到的。标准有特定的产生（制定）程序、编写原则和体例格式。

　　世界多数国家的标准是经国家授权的民间机构制定的，即使由政府机构颁发的标准，它也不是像法律、法规那样由象征国家的权力机构审议批准，而是由各方利益的代表审议，政府行政主管部门批准，因此，标准不具有像法律、法规那样代表国家意志的属性，它更多的是以科学合理的规定为人们提供一种最佳选择。

（二）法规的定义

法规泛指由国家制定和发布的规范性法律文件的总称，是法律、法令、条例、规则和章程等的总称。其中，宪法是国家的根本法，具有综合性、全面性和根本性；法律是由立法机关制定，体现国家意志和利益的，必须依靠国家政权保证执行的、强制全社会成员共同遵守的行为准则，地位仅次于宪法；行政法规是国务院制定的关于国家行政管理的规范性文件，地位和效力仅次于宪法和法律；地方性法规是地方权力机关根据本行政区域的具体情况和实际需要依法制定的本行政区域内具有法律效力的规范性文件；规章是国务院组成部门及直属机构在其职权范围内制定的规范性文件，省、自治区、直辖市人民政府也有权依照法律、行政法规和本地方的地方性法规制定规章；国际条约是我国作为国际法主体同外国缔结的双边、多边协议和其他条约或协定性质的文件。

（三）食品法规与茶叶标准

1. 食品法律法规

食品法律法规是指由国家制定或认可，以法律或政令形式颁布的，以加强食品监督管理，保证食品卫生，防止食品污染和有害因素对人体的危害，保障人民身体健康，增强人民体质为目的，通过国家强制力保证实施的法律规范的总和。食品法律法规既包括法律规范，也包括以技术规范为基础所形成的各种食品法规。

与食品加工有关的法律主要涵盖于市场管理法之中。标准不等于法律，但标准与法律有密切的内在联系。要保持茶叶市场经济良好的秩序，还必须要有完善的茶叶标准体系来支撑法规体系的实施，只有茶叶标准与法规相互配套，各自发挥特有的功能，才能确保茶叶市场经济的正常健康运行。

2. 茶叶标准与法规

茶叶标准与法规是从事茶叶生产、营销和贮存以及资源开发、利用必须遵守的行为准则，也是茶产业持续、健康、快速发展的根本保障。在市场经济的法规体系中，茶叶标准与法规是规范茶叶市场经济秩序、实施政府对茶叶质量安全的管理与监督，确保消费者合法权益和可持续发展的重要依据和保障。

二、标准与法规的功能

（一）促进技术创新

标准是以科学技术的综合成果为基础建立的，制定标准的过程就是将其与实践积累的先进经验结合，经过分析比较加以选择，并进行归纳提炼以获得最佳秩序。通过标准化工作，还可将小范围内应用的新产品、新工艺、新材料和新技术纳入标准进行推广应用，可促进技术创新。

（二）实现规模化、系统化和专业化

标准的制定可减少产品种类，使产品品种系列化、专业化和规模化，可降低生产成本和提高生产效率；同时，还可确保由不同生产商生产的相关产品与部件的兼容和匹配。

（三）保证产品质量安全

标准对产品的性能、卫生安全、规格、检验方法及包装和贮运条件等做出明确规定，严格按照标准组织生产和依据标准进行产品检验，可确保产品的质量安全。法规以国家强制力为后盾，可保证标准的实施、确保产品质量安全。

（四）为消费者提供必要的信息

对于产品的属性和质量，消费者所掌握的信息远不如生产者，这使消费者难以在交易前正确判断产品质量。但是，借助于标准，可以表示出产品所满足的最低要求，帮助消费者正确认识产品的质量，以减少市场信息的不对称状况，同时也可提高消费者对产品的信任度。消费者还可通过国家颁布的相关法律法规作为有效保护自己的依据。

（五）降低生产对环境的负面影响

人们对环境的过度开发，导致环境污染日益严重，尽管人们已认识到良好的环境对提高生存质量和保证可持续发展极其重要，各国政府也纷纷加强对环境监管力度，而在法律法规和标准规范下进行的生产是降低生产对环境负面影响的有效手段之一。

三、标准与法规的关系

标准属于技术规范，是人们在处理客观事物时必须遵循的行为规则，重点调整人与自然规律的关系，规范人们的行为，使之尽量符合客观的自然规律和技术法则，其目的就是建立起有利于社会发展的技术秩序。法律、规章属于社会规范，是人们处理社会生活中相互关系应遵循的具有普遍约束力的行为规则。在科技和社会生产力高度发展的现代社会，越来越多的立法把遵守技术规范确定为法律义务，将社会规范和技术规范紧密结合在一起。

（一）标准与法规的相同之处

（1）一般性　标准与法规都是现代社会和经济活动必不可少的规则，具有一般性，同样情况下应同样对待。

（2）公开性　标准与法规在制定和实施过程中公开透明，具有公开性。

（3）严肃性　标准与法规都是由权威机关按照法定的职权和程序制定、修改或废止，都用严谨的文字进行表述，具有明确性和严肃性。

（4）权威性　标准与法规在调控社会方面享有威望，得到广泛的认同和遵守，具有权威性。

（5）约束性　标准与法规要求社会各组织和个人服从，并作为行为的准则，具有约束性和强制性。

（6）稳定性　标准与法规不允许擅自改变和随便修改，具有相对稳定性和连续性。

（二）标准与法规的不同之处

（1）标准必须有法律依据，必须严格遵守有关的法律、法规，在内容上不能与法律法规相抵触和发生冲突；法规则具有至高无上的地位，具有基础性和本源性的特点。

（2）标准主要涉及技术层面，而法律法规则涉及社会生活的方方面面，调整一切政治、经济、社会、民事和刑事等法律关系。

（3）标准较为客观和具体，法规则具有宏观性和原则性。

（4）标准会随着科学技术和社会生产力的发展而修改和补充，法规则较为稳定。

（5）标准强调多方参与、协商一致，尽可能照顾多方利益，比较注重民主性。

（6）标准本身并不具有强制力，即使是所谓的强制性标准，其强制性也是法律授予的。

（7）标准和法规都是规范性文件，但标准在形式上既有文字的也有实物的。

（三）标准与技术法规的关系

我国在《加入世界贸易组织（WTO）议定书》中承诺，"标准"和"技术法规"两个术语的使用遵照《WTO/TBT协议》中的含义。即标准（standard）是经公认机构批准的、规定非强制执行的、共同使用或反复使用的产品或相关工艺和生产方法的规则、导则或特性的文件。技术法规（technical regulations）为强制执行的、规定产品特性或相应加工和生产方法的、包括可适用的行政管理规定在内的文件。各国制定的技术法规大多以法律、法规、规章、指令、命令或强制性标准文件夹的形式发布和实施。

标准与技术法规的共同点是覆盖所有的产品，都是对产品的特性、加工或生产方法做的规定，都包括专门规定用于产品、加工或生产方法的术语、符号、包装、标志或标签要求。

标准与技术法规的不同点包括以下几方面。

1. 在形式上

标准是一定范围内协商一致并由公认机构核准颁布以供共同使用或反复使用的协调性准则或指南；技术法规则是通过法律规定程序制定的法规文本，由政府行政部门监督强制执行，由于技术性强，这类法规通常是由法律授权政府部门制定的规章类法规。

2. 在法律属性上

技术法规是强制执行的文件，这些文件以法律、法案、法令、法规、规章、条例等形式发布；强制性标准属于技术法规范畴，并由国家执法部门监督执行。如我国的《缺陷汽车召回管理规定》《美国消费品安全法案》及《欧盟化学品注册评估许可与限制法规》等均属于技术法规文件，对贸易有重大影响。标准除法律规定外，是自愿执行文件，不属于国家立法体系的组成部分，在生产和贸易活动中，对同一产品，生产者、消费者和买卖双方可以在国际标准、区域标准、国家标准和行业标准中自主选择，只是一旦选择了某项标准，就应按标准的规定执行，不能随意更改标准的技术内容。

3. 在内容上

技术法规与标准均对产品的性能、安全、环境保护、标签标志和注册代号等做出规定；在需要制定技术法规的领域中，技术法规除了法律形式上的内容外，需要强制执行的技术措施应该与标准一致。《WTO/TBT协议》第2.4条款也规定，当需要制定技术法规并已有相应国际标准或其相应部分即将发布时，成员需使用这些国际标准或其相应部分作为制定本国技术法规的基础。技术法规除规定技术要求外，还可以做出行政管理规定；有些技术法规只列出基本要求，而将具体的技术指标列入标准中。将标准作为法规的引用文件，如欧盟的一系列新方法指令，这有利于保持技术法规的稳定性和标准的时效性。

4. 在范围上

标准涉及人类生活的各个方面；而技术法规仅涉及政府需要通过技术手段进行行政管理的国家安全、人身安全和环境安全等方面。

5. 在制定原则上

技术法规和标准的制定都要遵循采用国际标准原则，避免不必要的贸易障碍原则、非歧视原则、透明度原则和等效与相互承认原则。技术法规制定的前提是实现政府的合法政策目标，包括保护国家安全、防止欺诈行为、保护人的安全与健康、保护生命与健康以及保护环境。特别是环境要求方面，对环境影响严重的企业，如不对排污进行处理，其产品不准出厂，即局部利益服从国家的全局利益。而标准的制定是采取协商一致的原则，即制定标准至少应有生产者、消费者和政府等各利益相关参与并达成一致意见，即标准是各方利益协调的结果。技术指标的确定要有科学依据，要基于风险分析。

6. 在制定机构与版权保护上

技术法规作为强制执行文件，只能由被法律授权的政府机构制定和发布。这些机构依据法律授权制定技术法规文件，授权方式通常为国家《中华人民共和国立法法》（以下简称《立法法》）和《中华人民共和国行政许可法》（以下简称《行政许可法》）等文件。我国制定技术法规的机构有全国人大、地方人大、国务院、国务院直属机构及各部门，以及各省、自治区和直辖市政府等。技术法规作为一种法律法规性文件，根据保护知识产权的"伯尔尼国际公约"，不受版权法的约束，其全文应在媒体上公布，让生产商、进出口商和消费者广泛了解、遵守和执行。《技术性贸易壁垒协议》《TBT协议》标准发布的公认机构可以是国际组织，如国际标准化委员会、国际电工委员会和国际电信联盟等；可以是区域组织，如欧洲标准化组织、欧洲电工标准化委员会和欧洲通信标准学会等；也可以是国家团体，如英国标准学会、加拿大标准理事会和德国检验测试公司等。标准制定程序、编写方法和表述模式具有鲜明的技术特点和广泛的适用性，并可随时修订，以反映当代科技水平（至少每五年复审一次）。标准是技术和智慧的结晶，是享有知识产权的出版物，受版权法保护。

第 二 节　食品法规、标准与市场经济的关系

一、茶叶标准与市场经济

茶叶标准是判断茶叶质量安全的准则。"一个好的标准胜过十万精兵"。技术标准在全球经济一体化中发挥着重要作用。制定技术标准的实质是制定竞争规则，目的是把握对市场的控制权。茶叶标准化在茶产业发展中具有战略地位。

市场经济运行的主体是以企业为主的法人，我国标准化管理管理改革，最重要的有两项：一项是衡量和评定产品质量的依据，过去都由政府主管部门制定，强制企业执行的统一标准，产品的所有质量性能都必须符合标准的规定。现在改革为由企业根

据供需双方和市场以及消费者需求，产品性能除必须符合有关法律、法规的规定和强制性标准和要求外，自主决定采用什么标准组织生产，由企业自主决定衡量和评定产品质量的依据。另一项是企业生产的产品质量标准，过去都由有关政府部门制定，企业没有制定产品质量标准的权力。现在改为允许企业制定，并且要鼓励企业制定满足市场和用户需求、水平先进的产品标准。

（一）茶叶标准化的作用

市场经济运行的机制主要依靠标准化。茶叶企业采用的标准是判定假冒伪劣商品的依据；技术经济合同、契约和纠纷仲裁的技术依据也是标准。市场运行机制是由多方面构成的，包括生产、市场、销售与管理等方面，从市场竞争机制、供求机制方面，标准化在健全机制和运行中发挥着举足轻重的作用。

标准化有利于建立公平的市场竞争机制。通过制定、采用、实施标准，建立衡量茶叶产品质量的依据，依据企业采用的标准判定产品是否合格，依据国家强制标准判定茶叶产品质量是否安全，是否影响人体健康。通过法规规定要求企业在食品的标签或说明书中标明采用的标准。这有利于企业保护自身利益，又便于政府和消费者监督。

标准化有利于企业适应市场竞争的灵活性、时效性的需要。市场竞争不仅有产品品种、质量安全方面的竞争，还有货期限、产品价格、服务信誉等方面的竞争。因此，需要企业尽快采用国家统一的标准或者提供先进的标准，采用现代化的手段，尽快获得更多信息，缩短产品运送时间，快速销售产品。

标准是市场经济活动的合同、契约和纠纷仲裁的技术依据。市场经济主体之间进行的各种商品交换及经济贸易往来，往往是通过契约的形式来实现的，在这些合同、契约中，标准是不可缺少的重要的内容。《中华人民共和国合同法》（以下简称《合同法》）明确规定合同的内容要包括质量技术与安全的要求，而标准就是衡量产品质量与安全合格与否的主要依据。因此，合同中应明确规定产品质量达到什么标准，产品的安全性适用什么标准，并以此作为供需双方的检验产品质量的依据。这样，就能使供需双方在产品质量问题上受到法律的保护和制约。

实践证明，国家政府在实行市场经济宏观调控中，标准化是可以运用的一种有效手段。标准化是国家制定产业技术政策的重要内容。由于标准化对产业的技术发展具有重要的指导作用，因此，在制定和实施产业技术政策中，制定和实施什么样的标准，提倡采用什么标准，是其中的重要内容。如食品安全国家标准对不同农药允许的最大残留限量都有着不同的要求，指导着我国农业产业结构调整目标和食品质量安全水平。

国家制定法律规范，保障市场经济正常运行，保护消费者利益，同样需要标准化来支撑。法律法规是国家进行宏观调控的重要手段，是市场经济形成和发展所必需的基础条件，并且标准已经成为相关法律、法规的重要内容。《中华人民共和国标准化法》（以下简称《标准化法》）、《中华人民共和国食品安全法》（以下简称《食品安全法》）、《中华人民共和国农产品质量安全法》（以下简称《农产品质量安全法》）、《中华人民共和国产品质量法》（以下简称《产品质量法》）、《中华人民共和国计量法》（以下简称《计量法》）、《中华人民共和国环境保护法》（以下简称《环境保护法》）和《中华人民共和国合同法》（以下简称《合同法》）等法律法规中，也都对采用标准做出了明确规定。政府实施经济监督需要标准化，在经济监督中，包含质量、计量方面的监督。质量监督是市场质量监管机构和企业质量监督机构及其人员，依据有关法规和有关质量标准，对产品质量、工程质量和服务质量所实行的监督。计量监督主要是依据计量法规，依照计量器用具对商品的数量实行监督。因此，标准已经成为判断质量好坏、依法处理质量问题、政府进行产品质量监督的重要依据，对提高茶叶产品质量以及食品安全等方面也发挥着重要作用。

产品质量标准的制定要符合市场与顾客需求，标准化的作用之一就是要能够赢得市场竞争。市场竞争的实质是产品质量和人才的竞争。没有标准化也就没有竞争力。

（二）标准化工作

一个企业产品要在市场竞争中立于不败之地，标准化工作应该走好三步：第一步，制定或修订好确切反映市场需求、令顾客满意的产品标准，保证产品获得市场欢迎和较高满意度，解决占领市场的问题；第二步，建立起以产品标准为核心的有效运转的企业标准体系，保证产品质量的稳定和劳动生产率的提高，使企业能够站稳市场，不至于刚刚占领市场，就因质量不稳而退出市场；第三步，把标准化向纵深推进，运用多种标准化形式支持产品开发，使企业具有适应市场变化的能力即对市场的应变能力，这就使企业不仅能够占领市场、站稳市场，还能够适应市场、扩大市场。上述三步是互相连贯的三个阶段，只有攀上制高点，才能真正实现企业标准化。

（三）标准化与国际贸易

标准化是市场经济活动国际性的技术纽带。市场经济是开放性的经济，社会分工的细化和市场的扩展，已经扩大了不同国家和地区之间的经济联系，为了保证国际经济贸易活动的正常有序开展，国际上已经和正在形成一系列比较统一的国际经贸条约、规则和惯例。作为世界贸易组织的成员国，其产品或服务要进入国际市场，参与国际竞争，就必须了解和参与这些条约和规则。其中标准化是一项重要的内容，是国际通行条约、惯例和做法的一个组成部分，是国际贸易中需要遵守的技术准则。为了适应我国参与国际市场竞争，作为世界贸易组织的成员，我国标准化工作应适应世界贸易组织的需要，积极参与国际标准化活动，要积极采用乃至主导制定国际标准，加快产品质量和企业质量保证体系的认证工作。

《WTO/TBT 贸易技术壁垒协定》中对合格评定程序的定义是指直接或间接用来确定是否达到技术法规或标准的相关要求的任何程序。合格评定程序特别包括取样、测试和检查程序；评估、验证和合格保证程序；注册、认可和批准以及它们的综合的程序。ISO 9000 质量管理体系认证、ISO 14000 环境质量标准认证、危害分析与关键控制点（HACCP）体系认证以及良好操作规范（GMP）认证等都属于合格评定内容，并与标准有着密切的联系，离开了标准，合格评定是难以进行的。往往一些发达国家就利用世界贸易组织大做文章，各种类型的技术贸易壁垒措施就不断产生。常见的技术壁垒形式有检验程序和检验手续、绿色技术壁垒、计量单位、卫生防疫与植物检疫措施、包装与标志等。

二、食品法规、 标准与食品安全体系

食品安全性是指食品中不应含有有毒有害物质或因素，从而损害或威胁人体健康，包括直接的急性或慢性毒害和感染疾病，以及对后代健康的潜在影响。世界卫生组织在 1996 年发表的《加强国家级食品安全性指南》中指出，食品安全性是对食品按其原定用途进行制作或食用时不会使消费者受到损害的一种担保。

食品安全问题是全球性的严重问题，食品安全问题正严重地威胁着每个国家，主要表现为食源性疾病不断上升和恶性食品污染事件不断发生两个方面。食源性疾病是指通过摄食而进入人体的病原体和有害物质，使人体患感染性或中毒性疾病，其原因是食物受到细菌、病毒、寄生虫或化学物质污染所致。在美国，每年有 4 万人次患食源性疾病，5000 人因此死亡。在我国食源性疾病的发病率也呈上升趋势，每年卫生部门接报的集体食物中毒事件近千件，中毒人数近万人。食品安全事件不仅严重影响种养殖业和食品贸易，还会波及旅游业和餐饮业，造成十分巨大的经济损失，甚至影响到公众对政府的信任，危及社会稳定和国家安全。

世界各国和国际组织近年来加强了食品安全工作，2000 年第 53 届世界卫生大会通过了加强食品安全的决议，将食品安全列为世界卫生组织（WHO）的工作重点和公共卫生的优先领域。我国 2009 年发布了《中华人民共和国食品安全法》。食品安全管理机构，在国际上有世界贸易组织、FAO/WHO 的分支机构食品法典委员会（CAC）、国际标准化组织（ISO）等。法规标准体系，在国际上有世界贸易组织的贸易基本原则、《动植物卫生检疫措施协定（SPS 协定）》、《技术性贸易壁垒协议》等。

（一）食品安全体系

食品安全体系包括食品管理体系和食品保证体系两部分。管理体系包括管理机构、法规标准体系、认证认可体系、生产许可制度、追溯制度、包装标志制度、突发事件应急制度等。保证体系包括食品安全质量保证体系和监测检验体系。

食品安全质量保证体系在国际上有 ISO 9000 质量管理体系认证，世界各国有生态食品、绿色食品、有机食品、保健食品等的认证，以及食品检验实验室的认可。安全质量保证体系包括良好操作规范、良好农业规范（GAP）、危害分析和关键控制点等。

生产许可制度，在中华人民共和国境内，从事食品生产活动，应当依法取得食品生产许可。世界各国也有各自的市场准入制度，如美国的进口程序、美国食品与药物管理局（FDA）注册、预通报制度等。追溯制度是覆盖食品从初级产品到最终消费品的可追踪的信息追踪系统，一旦发现疯牛病等食品安全问题时立刻追踪历史信息，追究责任，堵塞漏洞。

监测检验体系、包装标志制度，我国有检验检疫标志、进出口标签等。

突发事件应急制度，在国际上有《动植物卫生检疫措施协定》，进口国可针对禽流感、疯牛病和口蹄疫等紧急情况，采取应急叫停进口措施，无须预先通报出口国。世界各国也有各自的措施，如宣布疫区、屠宰疑似牲畜、禁止流通等。

食品安全监测检验体系包括政府、中性外部机构和企业自我的监测检验体系。

（二）食品安全法规、标准

在食品安全体系中食品安全法规、标准居于核心的基础的地位，有崇高的权威，是政府管理监督的依据，是食品生产者、经营者的行为准绳，是消费者保护自身合法利益的武器，是国际贸易的共同语言和通行桥梁。为了保证食品安全，世界各国有各自的国家标准，如中国的 GB、美国的 CFR、欧洲的 EN 等。没有食品安全法规标准，就没有食品行业的可持续发展。

食品安全体系建设是一个复杂的系统工程，必须有政府、行业组织、企业、消费者共同努力，必须有各国政府和国际组织的协调和努力。

第三节　与茶产业相关的重要法律法规

茶产业即茶业，是指从事与茶有关的经营活动的总和，包括与茶有关的生产、流通、服务、文化、教育等各个方面。我国著名茶学专家陈椽教授指出："业于茶园生产者，叫农茶；业于茶厂制茶者，叫工茶；业于茶叶流通者，叫商茶。农茶、工茶、运茶、商茶四者一体化，称之为茶业。"王泽农（《中国农业百科全书·茶业》1988）认为，茶业是为获得饮料茶叶而进行栽茶、制茶、茶叶销售等经济活动的农业生产分支部门之一。陈宗懋主编的《中国茶叶大辞典》（2000）认为，茶业是茶叶生产经济、流通经济所涉及行业（种植加工、内贸、外贸）的总称。这两种解释本质上是一致的，即茶业是茶叶种植、加工、贸易等过程中所涉及行业的总称，它涉及三个相互独立、又相互联系的部门或行业，这就是茶叶种植、茶叶加工和茶叶销售。茶叶种植是整个茶业的基础，是茶叶加工、茶叶销售的前提条件和物质基础；茶叶加工是茶叶种植的必要延伸和茶叶销售的准备过程，是连接茶叶种植与茶叶销售的中介桥梁；茶叶销售是茶叶种植、茶叶加工的落脚点，是全部茶业活动的最终目的。总之，茶叶种植、茶叶加工、茶叶销售是茶叶产业相互联系、不可分割的有机组成部分，共同组成茶产业的完整统一体。结合当代的产业经济理论对产业的定义和专家学者对茶产业的定义，茶产业经济是指以茶叶为核心的茶叶生产、交换、分配、消费等和由此产生的各种经济活动的总和，具体包括茶叶生产经济、流通经济、国内外贸易等活动。从现代产业经济体系来看，茶产业经济是包括茶叶生产、加工、运输、营销、科研教育、行业管理组织等组成的一个完整的产业经济体系。

茶叶作为一种经济作物具有可加工性强、产业链长、关联度大的产业特征，横跨第一、第二、第三产业，涉及茶叶生产、加工、销售等多个环节以及茶医药、茶化工、茶饮食、茶旅游、茶文化等多个领域。经过长期的发展，我国的茶产业已从基础的种植（主要属于第一产业）、加工业向深加工功能性成分开发、茶服务业和茶文化产业、茶的综合利用等方面发展。

一、与茶产业相关的重要法律

（一）《标准化法》

《标准化法》包括总则、标准的制定、标准的实施、监督管理、法律责任和附则，共6章45条。该法规定，为了提升产品和服务质量，促进科学技术进步，保障人身健康和生命财产安全，维护国家安全、生态环境安全，提高经济社会发展水平，必须制定标准、实施标准和监督标准的实施。

企业应当按照标准组织生产经营活动，其生产的产品、提供的服务应当符合企业公开标准的技术要求。一方面，标准是企业组织生产和提供服务的依据。企业严格按照标准要求生产，产品品质才有保证，生产效率才能提高，行业整体质量水平才能得以提升。企业严格按照标准规范服务，才能提高服务质量、保障服务安全、提升用户满意度。另一方面，标准是执法监管和消费者维权的依据。监管部门、检测机构能够依标准执法、依标准检验，依标准维护消费者合法权益。消费者能够依标准选择产品，明白消费，依标准维权。

我国标准按制定主体分为国家标准、行业标准、地方标准和团体标准、企业标准。国家标准、行业标准和地方标准属于政府主导制定的标准，团体标准、企业标准属于市场主体自主制定的标准。国家标准由国务院标准化行政主管部门制定。行业标准由国务院有关行政主管部门制定。地方标准由省、自治区、直辖市以及设区的市人民政府标准化行政主管部门制定。团体标准由学会、协会、商会、联合会、产业技术联盟等社会团体制定。企业标准由单一企业或企业联合制定。

强制性标准必须执行，不符合强制性标准的产品、服务，不得生产、销售、进口或者提供。违反强制性标准的，依法承担相应的法律责任。推荐性标准，国家鼓励采用，即企业自愿采用推荐性标准，同时国家将采取一些鼓励和优惠措施，鼓励企业采用推荐性标准。但在有些情况下，推荐性标准的效力会发生转化，必须执行：

（1）推荐性标准被相关法律、法规、规章引用，则该推荐性标准具有相应的强制约束力，应当按法律、法规、规章的相关规定予以实施。

（2）推荐性标准被企业在产品包装、说明书或者标准信息公共服务平台上进行了自我声明公开的，企业必须执行该推荐性标准。企业生产的产品与明示标准不一致的，依据《产品质量法》承担相应的法律责任。

（3）推荐性标准被合同双方作为产品或服务交付的质量依据的，该推荐性标准对合同双方具有约束力，双方必须执行该推荐性标准，并依据《合同法》的规定承担法律责任。

（二）《食品安全法》

《食品安全法》包括总则、食品安全风险监测和评估、食品安全标准、食品生产经营、食品检验、食品进出口、食品安全事故处置、监督管理、法律责任和附则，共10章154条。在中华人民共和国境内从事下列活动，应当遵守《食品安全法》：

（1）食品生产和加工（以下称食品生产），食品销售和餐饮服务（以下称食品经营）；

（2）食品添加剂的生产经营；

（3）用于食品的包装材料、容器、洗涤剂、消毒剂和用于食品生产经营的工具、设备（以下称食品相关产品）的生产经营；

（4）食品生产经营者使用食品添加剂、食品相关产品；

（5）食品的贮存和运输；

（6）对食品、食品添加剂、食品相关产品的安全管理。

供食用的源于农业的初级产品（以下称食用农产品）的质量安全管理，遵守《农产品质量安全法》的规定。但是，食用农产品的市场销售、有关质量安全标准的制定、有关安全信息的公布和本法对农业投入品作出规定的，应当遵守本法的规定。

食品生产经营者对其生产经营食品的安全负责。食品生产经营者应当依照法律、法规和食品安全标准从事生产经营活动，保证食品安全，诚信自律，对社会和公众负责，接受社会监督，承担社会责任。

制定食品安全标准，应当以保障公众身体健康为宗旨，做到科学合理、安全可靠。食品安全标准是强制执行的标准。除食品安全标准外，不得制定其他食品强制性标准。食品安全国家标准由国务院卫生行政部门会同国务院食品安全监督管理部门制定、公布，国务院标准化行政部门提供国家标准编号。食品中农药残留、兽药残留的限量规定及其检验方法与规程由国务院卫生行政部门、国务院农业行政部门会同国务院食品安全监督管理部门制定。对地方特色食品，没有食品安全国家标准的，省、自治区、直辖市人民政府卫生行政部门可以制定并公布食品安全地方标准，报国务院卫生行政部门备案。食品安全国家标准制定后，该地方标准即行废止。国家鼓励食品生产企业制定严于食品安全国家标准或者地方标准的企业标准，在本企业适用，并报省、自治区、直辖市人民政府卫生行政部门备案。

（三）《农产品质量安全法》

《农产品质量安全法》共分8章56条，内涵非常丰富。第一章是总则，对农产品的定义，农产品质量安全的内涵，法律的实施主体，经费投入，农产品质量安全风险评估、风险管理和风险交流，农产品质量安全信息发布，安全优质农产品生产，公众质量安全教育等方面做出了规定；第二章是农产品质量安全标准，对农产品质量安全标准体系的建立，农产品质量安全标准的性质，农产品质量安全标准的制定、发布、实施的程序和要求等进行了规定；第三章是农产品产地，对农产品禁止生产区域的确定，农产品标准化生产基地的建设，农业投入品的合理使用等方面做出了规定；第四章是农产品生产，对农产品生产技术规范的制定，农业投入品的生产许可与监督抽查、农产品质量安全技术培训与推广、农产品生产档案记录、农产品生产者自检、农产品行业协会自律等方面进行了规定；第五章是农产品包装和标识，对农产品分类包装、包装标识、包装材质、转基因标识、动植物检疫标识、无公害农产品标志和优质农产品质量标志做出了规定；第六章是监督检查，对农产品质量安全市场准入条件、监测和监督检查制度、检验机构资质、社会监督、现场检查、事故报告、责任追溯、进口农产品质量安全要求等进行了明确规定；第七章是法律责任，对各种违法行为的处理、处罚做出了规定；第八章是附则。

国家引导、推广农产品标准化生产，鼓励和支持生产优质农产品，禁止生产、销售不符合国家规定的农产品质量安全标准的农产品。国家建立健全农产品质量安全标准体系。农产品质量安全标准是强制性的技术规范。农产品质量安全标准的制定和发布，依照有关法律、行政法规的规定执行。不得销售含有国家禁止使用的农药、兽药或者其他化学物质的，农药、兽药等化学物质残留或者含有的重金属等有毒有害物质不符合农产品质量安全标准的，含有的致病性寄生虫、微生物或者生物毒素不符合农产品质量安全标准的，使用的保鲜剂、防腐剂、添加剂等材料不符合国家有关强制性的技术规范的农产品。

（四）《产品质量法》

《产品质量法》包括总则，产品质量的监督，生产者、销售者的产品质量责任和义务，损害赔偿，罚则，附则，共6章74条。企业产品质量应该达到或者超过行业标准、国家标准和国际标准。可能危及人体健康和人身、财产安全的产品，必须符合保障人体健康和人身、财产安全的国家标准、行业标准；未制定国家标准、行业标准的，必须符合保障人体健康和人身、财产安全的要求。禁止生产、销售不符合保障人体健康和人身、财产安全的标准和要求的产品。产品质量应当不存在危及人身、财产安全的不合理的危险，有保障人体健康和人身、财产安全的国家标准、行业标准的，应当符合该标准；具备产品应当具备的使用性能；符合在产品或者其包装上注明采用的产品标准，符合以产品说明、实物样品等方式表明的质量状况。

（五）《消费者权益保护法》

《中华人民共和国消费者权益保护法》（以下简称《消费者权益保护法》）包括总则、消费者的权利、经营者的义务、国家对消费者合法权益的保护、消费者组织、争议的解决、法律责任、附则，共8章63条。为了保护消费者的合法权益，维护社会经济秩序，促进社会主义市场经济健康，国家制定强制性标准，应当听取消费者和消费者协会等组织的意见。消费者协会参与制定有关消费者权益的强制性标准。经营者提供商品或者服务有下列情形之一的，应当承担民事责任：商品或者服务存在缺陷的；不具备商品应当具备的使用性能而出售时未作说明的；不符合在商品或者其包装上注明采用的商品标准的；不符合商品说明、实物样品等方式表明的质量状况的。

茶产业活动相关的法律还有《中华人民共和国商标法》（以下简称《商标法》）、《中华人民共和国电子商务法》、《中华人民共和国广告法》、《中华人民共和国进出口商品检验法》（以下简称《进出口商品检验法》）、《计量法》、《中华人民共和国反不正当竞争法》（以下简称《反不正当竞争法》）、《环境保护法》、《中华人民共和国农业法》（以下简称《农业法》）、《合同法》、《中华人民共和国非物质文化遗产保护法》等。

二、茶产业活动相关的主要规章

目前，中国涉及茶产业活动的规章主要有相关法律的实施条例、实施细则等，如《国家标准管理办法》《农业标准化管理办法》《行业标准管理办法》《团体标准管理规定》《地方标准管理办法》《企业标准化管理办法》《食品安全国家标准管理办法》《食品安全地方标准管理办法》《食品安全国家标准制（修）订项目管理规定》《采用国际标准管理办法》《全国专业标准化技术委员会管理规定》《食品生产许可管理办法》《新食品原料安全性审查管理办法》《定量包装商品计量监督管理办法》《集体商标、证明商标注册和管理办法》《地理标志产品保护规定》《农产品地理标志管理办法》

《重要农业文化遗产管理办法》等。

第 四 节　本教材的研究内容及学习方法

一、本教材的研究内容

　　茶叶标准与法规是研究茶叶的产地环境、农业投入品、病虫草害防治、种植管理、加工、检验、运输、储藏、销售和服务等相关的法律法规、标准和合格评定程序的一门综合性学科。茶叶标准与法规的研究对象是"从茶园到餐桌"的茶叶相关产业链，目的是确保人类和动植物生命健康的安全、保护自然环境、促进市场贸易、规范企业生产。茶叶标准与法规是政府管理监督的依据，是茶叶生产者、经营者的行为准则，是消费者保护自身合法利益的武器，是国际贸易的共同行为准则。

　　茶叶标准与法规的主要内容有标准基础知识、食品法律法规基础知识、中国茶叶标准体系、茶叶通用标准、茶叶产品标准、茶叶团体标准与企业标准、茶叶种植与加工技术规程、茶叶认证与质量管理、国际茶叶标准与法规等。

二、本教材的学习方法

　　茶叶标准与法规是一门综合性管理学科，它贯穿于茶叶生产流通全过程，即"从茶园到餐桌"；既包括标准与法律法规的制定、实施过程，又涵盖了对其进行监督监测和评定认证体系；既规范协调企业和消费者双方，又涉及政府、行业组织等管理机构和监督检测、合格评定等第三方中性机构。因此茶叶标准与法规的学习不只是简单的记忆，更应该注意其全面性。

　　学习本课程首先必须掌握茶叶生产过程中所必须掌握的各种标准与法规，坚持理论与实践相结合，通过学习可以结合企业的实际情况，根据所学知识，制定切实可行的茶叶生产加工的安全性控制方案。同时应充分认识到标准与法规是一个变化发展的过程，因此在学习茶叶标准与法规的时候应该学会采取发展的观点来看问题。本书中介绍的内容可能随时因政策调整而不再适用，我们应该不断追踪其前后变化脉络来看待和理解相关的茶叶标准与法规。

参考文献

　　[1] 张建新，陈宗道. 食品标准与法规 [M]. 北京：中国轻工业出版社，2017.
　　[2] 陈宗懋，杨亚军. 中国茶经 [M]. 上海：上海文化出版社，2011.

第二章 标准基础知识

第 一 节 标准化基础知识

一、标准化的概念

GB/T 20000.1—2014《标准化工作指南 第1部分：标准化和相关活动的通用术语》中"标准化"的定义是："为了在一定范围内获得最佳秩序，对现实问题或潜在问题制定共同使用和重复使用的条款的活动"，是有目的、有组织的活动过程。同时注明：上述活动主要包括编制、发布和实施标准的过程；标准化的主要作用在于为了其预期目的改造产品、过程或服务的适用性，防止贸易壁垒，并促进技术合作。

该定义等同采用 ISO/IEC 对"标准化"的定义。

在国民经济的各个领域中，凡具有多次重复使用和需要制定标准的具体产品，以及各种定额、规划、要求、方法、概念等，都可以作为标准化对象。标准化对象一般可以分为两类：一类是标准化的具体对象，即需要制定标准的具体事物；另一类是标准化总体对象，即各种具体对象的总和所构成的整体，通过它可以研究各种具体对象的共同属性、本质和普遍规律。

从定义中概括出的"标准化"具有以下含义：

（1）"标准化"不是一个孤立的事物，而是一个活动过程　是指在经济、技术、科学和管理等社会实践中，对重复性的事物和概念，通过制定、发布和实施标准达到统一，以获得最佳秩序和社会效益的过程。同时，这个过程也不是一次性的，而是一个不断循环、螺旋上升的运动过程。每完成一次循环，标准的水平就提高一步。标准化作为一门学科就是研究标准化过程中的规律和方法；标准化作为一项工作，就是根据客观情况的变化，不断促进这种循环过程的进行和发展。标准是标准化活动的产物。

标准化的目的，都是要通过制定、实施、修订具体的标准来体现的，这也是标准化的基本任务和主要内容。标准化的效果也只能是标准得到应用实施后才能体现，绝不是制定出一个标准就会有效果，标准再多、再好，没有得到应用和实施，不会有任何效果。因此，所谓"标准化"，"化"字是关键。

（2）标准化是一项有目的的活动　目的包括品种控制、可用性、兼容性、互换性、健康、安全、环境保护、产品防护、相互理解、经济效益、贸易中的一个或多个，以使产品、过程或服务具有适用性。一般来说,标准化的主要作用,除改进产品、过程或服务的适用性之外,还包括防止贸易壁垒、促进技术合作等。

二、标准和标准化的特征

（一）标准的特征

1. 科学性

标准的基础和依据是科学技术和实践经验。制定一项标准,必须将一定时期内科学研究的成就、技术进步的新成果同实践中积累的先进经验相互结合,在综合分析、实验验证的基础上形成标准的内容。所以,标准是以科学、技术、实践经验的综合成果为基础的,是根据一定的科学技术理论并经过科学试验验证制定出来的。它反映了某一时期科学技术发展水平的高低。

2. 时效性

标准产生以后,并不是永久有效的。随着时间的推移,科学技术的进步和发展,消费者要求的提高,原有标准可能大大落后于标准化对象已经达到的实际水平,落后于消费者的使用要求,标准就失效了,需要重新修订。所以,标准都有一定的时效期。根据我国的有关规定,一般产品标准的有效期为 3~5 年,少数也有 10 年左右的,而基础标准的有效期要长些,一般为 10~20 年。

3. 非强制性

《WTO/TBT 协定》明确规定了标准的非强制性的特征,非强制性也是标准区别于技术法规的一个重要特点。尽管标准是一种规范,但它本身不具有强制力,即使是所谓的强制性标准,其强制性质也是法律授予的,如果没有法律支持,它是无法强制执行的。因为标准中不规定行为主体的权利和义务,也不规定不行使义务应承担的法律责任,它与其他规范立法程序完全不同。

大多数国家的标准是由国家授权的民间机构制定的,即使是政府机构颁发的标准,它也不由像法律、法规那样象征国家权力的机构审议批准,而是由各方利益的代表审议,政府行政主管部门批准。所以标准是通过利益相关方之间的平等协商达到的,是协调的产物,不存在一方强加于另一方的问题,更不具有代表国家意志的属性,它更多的是以科学合理的规定,为人们提供一种适当的选择。

值得说明的是,我国出台的国家标准既有非强制性标准,也有强制性标准。我国的强制性标准,如食品安全国家标准,是必须执行的强制性标准。

4. 应用的广泛性和通用性

标准应用非常广泛,影响面大,涉及行业和领域的方方面面。食品标准中除了大量的产品标准以外,还有术语标准、生产方法标准、试验方法标准、包装标准、标识或标签标准、安全标准以及合格评定标准、质量管理标准、制定标准的标准等,广泛涉及人类生产、生活及消费的各个方面。

5. 标准对贸易的双向作用

对市场贸易而言,标准是把双刃剑,良好的标准可以提高生产效率、确保产品质量、促进国际贸易、规范市场秩序,但同时人们也可以利用标准技术水平的差异设置国际贸易壁垒、保护本国市场和利益。

标准对产品本身及生产过程的技术要求是明确的、具体的，一般都是量化的。因此其对进入国际贸易产品的影响也是显而易见的，即显性的贸易壁垒。与之比较，技术法规的技术要求虽然明确，但通常是非量化的，有很大的演绎和延伸的余地，因此其对进入国际贸易的产品的壁垒作用是隐性的。

（二）标准化的特征

1. 经济性

不能只考虑某一方面的经济效果，或某一个部门、某企业的经济效果，但可有主次之分。

2. 科学性

标准化以生产实践的经验总结和科学技术研究的成果为基础。生产实践经验需要科学实验的验证与分析，科学技术的水平，奠定了当前实验验证与分析的基础。科学研究的深入与发展，会不断提高事物认识的层次，促进标准化活动的进一步发展，标准化活动对科学研究具有强烈的依赖性。

3. 民主性

标准化活动是为了所有有关方面的利益，所有有关方面的利益是客观存在的，但认识上的分歧也是普遍存在的，为了更好地协调各方面的利益，就必须进行协商与相互协作，只有在所有有关方面的协作下，才能有效地进行"有秩序的特定活动"，这是标准化工作的最基本要求，这也充分体现了标准化活动的民主性。

三、标准化的目的

标准化是一项有目的的活动，目的是获得最佳的、全面的经济效果和社会效益，经济效果应该是"全面的"，而不是"局部的"或"片面的"。一般来说，标准化的主要作用，除改进产品、过程或服务的适用性之外，还包括防止贸易壁垒、促进技术合作等。标准化的目的，都是要通过制定、实施、修订具体的标准来体现的，这也是标准化的基本任务和主要内容。标准化的效果也只能是标准得到应用实施后才能体现，绝不是制定出一个标准就会有效果，标准再多、再好，没有得到应用和实施，不会有任何效果。因此，所谓"标准化"，"化"字是关键。

标准化的具体目的（以国际标准化为例）如下。

（1）获得最佳秩序，促进最佳的共同效益　标准以科学合理的规定，为人们提供最佳选择，不仅能被广泛认同，成为规范人们行为的准则，而且达到促进最佳社会效益的目的。

（2）消除和减少贸易壁垒，营造公平、高效的市场环境　经济全球化，市场在全球建立、产品在全球生产、商品在全球流通，都要求有全球标准的支持。国际标准成为国际贸易的基本要求，标准基础上的合格评定是建立买卖双方信用的基础，"一个标准，一次检验，全球接受"是建立公平、高效市场环境的理想目标。

（3）为技术发展提供平台，促进技术交流　国际标准具有一定的先进性，广泛的适用性和国家权威性，既是共同遵守的技术规则，又是增进相互理解的统一的符合系统（国际通用语言），世界各国借助这个平台进行全球沟通，共享标准化成果，提升技术水平。

（4）缩短跨越"数字技术分水岭"的时间 "数字技术分水岭"把国家分为享有"信息通信技术"（ICT）的"富国"、不享有"信息通信技术"的"穷国"，广泛参与国际标准化是跨越和消除分水岭的必要条件。联合国拉美经济委员会测算，跨越无线电分水岭用了 70 年，跨越电视分水岭用了 40 年，ISO、国际电工委员会（IEC）、国际电信联盟（ITU）通过标准化，大大缩短了跨越数字分水岭的时间。

四、标准化的主要作用

标准化是组织专业化大生产的前提，是实现科学管理和现代化管理的基础；是提高产品质量保证安全、卫生的技术保证；是合理利用资源、节约能源和节约原材料的有效途径；是推广新材料、新技术、新科研成果的桥梁；是消除贸易障碍、促进国际贸易发展的通行证。具体体现在以下几个方面。

（1）标准化为科学管理奠定了基础 所谓科学管理，就是依据生产技术的发展规律和客观经济规律对进行管理，而各种科学管理制度的形式，都以标准化为基础。

（2）促进经济全面发展，提高经济效益 标准化应用于科学研究，可以避免在研究上的重复劳动；应用于产品设计，可以缩短设计周期；应用于生产，可使生产在科学和有秩序的基础上进行；应用于管理，可促进统一、协调、高效率等。

（3）标准化是科研、生产、使用之间的桥梁 一项科研成果，一旦纳入相应标准，就能迅速得到推广和应用。因此，标准化可使新技术和新科研成果得到推广应用，从而促进技术进步。

（4）标准化是建立最佳秩序的工具 随着科学技术的快速发展，生产的社会化程度越来越高、分工越来越细，必须通过制定和使用标准，来保证各生产部门的活动，在技术上保持高度的统一和协调，以使生产正常进行，为组织现代化生产创造前提条件，确立共同遵循的准则，建立稳定的秩序。

（5）标准化是保证市场有效运转的重要手段 普通消费者并不具备（也没必要）检验商品质量的方法和能力，建立在标准化基础上的合格评定制度，为购销双方提供了可信保证，消费者只需选择具有合格标志的商品，即可享受标准化产品质量的保证，维护了消费者利益，降低了交易风险和交易成本，提高了市场运行质量和运行效率。

（6）标准化是提高国际市场竞争力的重要措施 当今国际市场是一系列经济因素的全球化组合，即生产全球化、贸易全球化、金融全球化、投资全球化、人力资源全球化等，在全球统一大市场的发展过程中，标准化对消除贸易障碍，促进国际技术交流和贸易发展，提高国际市场竞争力的作用越来越明显，世界各国都对标准化予以格外重视。《WTO/TBT 协议》规定各成员国应以国际标准或其他相应部分作为制定本国技术法规的基础，强化了国际标准在协调各国技术法规的功能，直接或间接地发挥了对市场的调节作用，标准在国际市场中的游戏规则作用日益凸显。一个产品标准一旦被国际认可，就有可能在产品的生产、销售过程中获得垄断利润。因此，各国都在顺应经济全球化浪潮，实施标准化战略，抢占国际标准化制高点。

（7）标准化是建设创新型国家、保障健康和安全的重要支撑　创新不仅有成本，而且有风险。大量的环保标准、卫生标准和安全标准制定发布后，用法律形式强制执行，对保障人民的身体健康和生命财产安全具有重大作用。

五、标准化的基本原则

（一）超前预防的原则

标准作为共同使用和重复使用的一种规范性文件，需要具有一定的稳定性，为了更好地适应科技的快速发展，标准化的对象不仅要在依存主体的实际问题中选取，更应从潜在问题中选取，以有效地应对其多样化和复杂化，避免该对象非标准化造成的损失。

（二）协商一致的原则

标准是通过标准化活动，按照规定的程序经协商一致制定，大家共同使用和重复使用的一种规范性文件。基于"共同使用"和"重复使用"，标准化的成果应建立在相关各方协商一致的基础上，最终形成一致的标准，才能在实际生产和工作中得到顺利的贯彻实施。

（三）统一有度的原则

技术指标反映标准水平，要根据科学技术的发展水平和产品、管理等方面实际情况来确定技术指标，必须坚持统一有度的原则。如同一类食品，食品安全标准中应有统一的上限（食品中污染物、微生物等）和统一的下限（食品中营养成分的含量）。同一类产品的企业标准，要与相应的行业标准、地方标准以及国家标准相统一，可严于相应的行业、地方及国家标准，但不得松于其规定的指标。

（四）动变有序的原则

标准应依据其所处环境的变化，按规定的程序适时修订，才能保证标准的先进性。一个标准制定完成之后，并不是一成不变的，应随着科学技术的发展、人民生活水平的提升以及人民对食品安全要求的不断提高进行修订。国家标准一般每五年修订一次，企业标准一般每三年修订一次。

（五）互相兼容的原则

标准应尽可能地使不同的产品、过程或服务实现互换和兼容，以扩大标准化经济效益和社会效益。在标准中要统一计量单位、统一制图符号，对同一类的产品在核心技术上应制定统一的技术要求。如在食品中微生物指标限量表示方法中菌落总数的单位均为 CFU/g 或 CFU/mL，检验参考标准为统一的 GB 4789.2—2016《食品安全国家标准　食品微生物学检验菌落总数测定》。单位和检测方法的兼容统一，利于资源、技术共享。

（六）系列优化的原则

标准化的对象优先考虑其依存主体能获得经济效益。在标准制定中，尤其是系列标准的制定中，一定应坚持系列优化的原则。如《食品中农药残留量的测定方法》《食品微生物学检验方法》和《食品理化分析检验方法》都是一系列通用的方法，是不断完善、系列优化的检验标准，不同种类的食品都可以引用这些检验方法，也便于测定结果的相互比较，保证质量安全。

（七）阶梯发展的原则

标准的发展是一个阶梯发展的过程。科学技术的发展和进步以及人们认识水平的提高，对标准化的发展有明显的促进作用。

（八）滞阻即废的原则

当标准制约或阻碍依存主体的发展时，应及时进行更正、修订或废止，以适应社会经济的发展需要。近些年，我国一直进行食品标准的清理工作，食品安全标准体系也初步形成。

第二节　标准的分类

世界各国标准种类繁多，分类方法不尽统一。根据我国实际情况，并参照国际上最普遍使用的标准分类方法，本书对标准进行如下分类。

一、按标准的约束力划分

按照标准实施的约束力，我国标准分为强制性标准和推荐性标准。

（一）强制性标准

强制性标准的强制性是指标准应用方式的强制性，即利用国家法制强制实施。这种强制性不是标准固有的，而是国家法律法规所赋予的。是国家通过法律的形式，明确要求对于一些标准所规定的技术内容和要求必须执行，不允许以任何理由或方式加以违反、变更，这样的标准称之为强制性标准。强制性标准必须执行。

（二）推荐性标准

强制性标准以外的标准是推荐性标准。推荐性标准是倡导性、指导性、自愿性的标准。通常，国家和行业主管部门鼓励企业采用这类标准，企业则完全按自愿原则自主决定是否采用。但企业一旦采用了某推荐性标准作为产品标准，或与商定将某推荐性标准作为合同条款，则对于该企业这个标准同样具备强制标准的约束力，标准中规定的产品各项指标必须被满足后方可出厂。推荐性国家标准、行业标准、地方标准、团体标准、企业标准的技术要求不得低于强制性国家标准的相关技术要求。

二、按标准制定的主体划分

根据标准制定的主体，从世界范围来看，标准分为国际标准、区域标准、国家标准、行业标准、地方标准与企业标准。

（一）国际标准

国际标准是指国际标准化组织（ISO）、国际电工委员会（IEC）和国际电信联盟（ITU）制定的标准，以及国际标准化组织确认并公布的其他国际组织制定的标准。即国际标准包括两大部分：第一部分是三大国际标准化机构制定的标准，分别称为 ISO标准、IEC 标准和 ITU 标准；第二部分是其他国际组织制定的标准，但必须经过 ISO 认可并公布，如食品法典委员会（CAC）标准、国际法制计量组织（OIML）标准等；只有经过 ISO 确认并列入 ISO 国际标准年度目录中的标准才是国际标准。

1. 国际标准分类法标准

ISO 推出的国际标准分类法（ICS）是一种以专业划分为主的标准分类方法，其中，IEC 标准分为八大类，ISO 标准分为九大类，即：通用、基础和科学标准；卫生、安全和环境标准；工程技术标准；电子、信息技术和电信标准；货物运输和分配标准；农业和食品技术标准；材料技术标准；建筑标准；特种技术标准。

2. 事实上的国际标准

在上述正式的国际标准以外，一些国际组织、专业组织和跨国公司制定的标准在国际经济技术活动中客观上起着国际标准的作用，人们将其称为"事实上的国际标准"。这些标准在形式上、名义上不是国际标准，但在事实上起着国际标准的作用。例如，美国率先提出的危害分析和关键控制点标准已发展成为国际食品行业普遍采用的食品安全管理标准，已作为食品企业质量安全体系认证的依据。

（二）区域标准

区域标准是指由区域标准化组织或区域标准组织通过并公开发布的标准。目前有影响的区域标准主要有欧洲标准化委员会（CEN）标准，独联体跨国标准化、计量与认证委员会（EASC）标准，东盟标准与质量咨询委员会（ACCSQ）标准，泛美标准化委员会（COPANT）标准，非洲地区标准化组织（ARSO）标准，阿拉伯标准化与计量组织（ASMO）标准等。

（三）国家标准

我国国家标准的分类是按专业划分标准种类。《标准化法》将标准分为国家标准、行业标准、地方标准和企业标准、团体标准。国家标准又分为强制性标准、推荐性标准；行业标准、地方标准是推荐性标准；团体标准，由本团体成员约定采用或者按照本团体的规定供社会自愿采用。

1. 强制性国家标准

《标准化法》规定，强制性标准是指对保障人身健康和生命财产安全、国家安全、生态环境安全以及满足经济社会管理基本需要的技术要求，应当制定强制性国家标准。强制性国家标准由国务院批准发布或者授权批准发布。法律、行政法规和国务院决定对强制性标准的制定另有规定的，从其规定。食品安全标准是《食品安全法》中明确规定的唯一强制性食品标准。

强制性国家标准代号由大写字母"GB"表示，强制性国家标准的编号由国家标准的代号、标准顺序号和发布年代号组成，见图 2-1。如 GB 2763—2016《食品安全国家标准　食品中农药最大残留限量》。

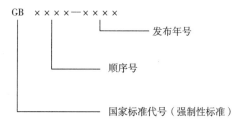

图 2-1　强制性国家标准编号

2. 推荐性国家标准

对满足基础通用、与强制性国家标准配套、对各有关行业起引领作用等需要的技术要求，可以制定推荐性国家标准。

推荐性国家标准代号由大写字母"GB/T"表示。推荐性国家标准的编号由国家标准的代号、标准顺序号和发布年代号组成，见图2-2。如 GB/T 22291—2017《白茶》。推荐性国家标准由国务院标准化行政主管部门制定。

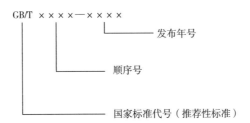

图2-2　推荐性国家标准编号

（四）行业标准

对没有国家标准、需要在全国某个行业范围内统一的技术要求，可以制定行业标准。行业标准是对国家标准的补充，是专业性、技术性较强的标准。行业标准由国务院有关行政主管部门制定，报国务院标准化行政主管部门备案。行业标准由行业标准归口部门统一管理。行业标准在相应的国家标准实施后，即行废止。国家规定的不同的行业标准代码见表2-1。

表2-1　　　　　　　　　　**中华人民共和国行业标准代码**

序号	行业标准代码	行业标准类别	序号	行业标准代码	行业标准类别
1	AQ	安全生产	14	LD	劳动和劳动安全
2	BB	包装	15	LS	粮食
3	CJ	城镇建设	16	LY	教育
4	CY	新闻出版	17	NY	农业
5	DA	档案	18	QB	轻工
6	GA	公共安全	19	QX	气象
7	GH	供销合作	20	SB	国内贸易
8	GM	国密	21	SC	水产
9	HJ	环境保护	22	SL	水利
10	JB	机械	23	SW	税务
11	JR	金融	24	WM	外经贸

续表

序号	行业标准代码	行业标准类别	序号	行业标准代码	行业标准类别
12	JT	交通	25	YC	烟草
13	JY	教育	……		

《标准化法》规定，行业标准均为推荐性标准，推荐性行业标准的代号是在行业标准代码后面加"/T"，如"GH/T"表示供销行业标准代号。行业标准的编号由行业标准的代码、标准顺序号和发布年代号组成，见图2-3。如GH/T 1090—2014《富硒茶》。

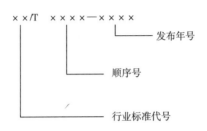

图2-3 行业标准编号

（五）地方标准

我国地方标准是指在某个省、自治区、直辖市范围内需要统一的标准。没有国家标准和行业标准而又需要在省、自治区、直辖市范围内统一的食品安全、卫生要求，为满足地方自然条件、风俗习惯等特殊技术要求，可以制定地方标准。地方标准只在本行政区域内使用。

地方标准由省、自治区、直辖市人民政府标准化行政主管部门制定；设区的市级人民政府标准化行政主管部门根据本行政区域的特殊需要，经所在地省、自治区、直辖市人民政府标准化行政主管部门批准，可以制定本行政区域的地方标准。地方标准由省、自治区直辖市人民政府标准化行政主管部门报国务院标准化行政主管部门备案，由国务院标准化行政主管部门通报国务院有关行政主管部门。

地方标准的编号由地方标准的代码、标准顺序号和发布年代号组成，见图2-4。地方标准代号为"DB+行政区代码/T"（表2-2），如浙江省地方标准DB33/T 225—2010《开化龙顶茶生产技术规程》。

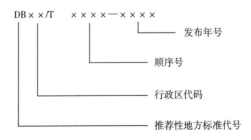

图2-4 推荐性地方标准编号

各省、自治区、直辖市行政区划代码见表2-2。

表2-2　　　　　　　　　省、自治区、直辖市行政区划代码

序号	地区	代码	序号	地区	代码
1	北京市	11	18	湖南省	43
2	天津市	12	19	广东省	44
3	河北省	13	20	广西壮族自治区	45
4	山西省	14	21	海南省	46
5	内蒙古自治区	15	22	重庆市	50
6	辽宁省	21	23	四川省	51
7	吉林省	22	24	贵州省	52
8	黑龙江省	23	25	云南省	53
9	上海市	31	26	西藏自治区	54
10	江苏省	32	27	陕西省	61
11	浙江省	33	28	甘肃省	62
12	安徽省	34	29	青海省	63
13	福建省	35	30	宁夏回族自治区	64
14	江西省	36	31	新疆维吾尔自治区	65
15	山东省	37	32	台湾省	71
16	河南省	41	33	香港特别行政区	81
17	湖北省	42	34	澳门特别行政区	82

（六）企业标准

企业可以根据需要自行制定企业标准或者与其他企业联合制定企业标准。

企业标准的代号由"Q/"加企业代号组成，企业代号可用汉语拼音大写字母或阿拉伯数字或两者兼用，一般常见企业代号为大写字母。企业标准的编号由企业标准的代号、标准顺序号和发布年代号组成，见图2-5。

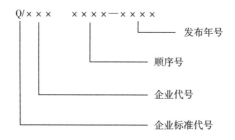

图2-5　企业标准编号

国家鼓励食品生产企业制定严于食品安全国家标准或者地方标准的企业标准，在本企业适用，并报省、自治区、直辖市人民政府卫生行政部门备案。

（七）团体标准

国家鼓励学会、协会、商会、联合会、产业技术联盟等社会团体协调相关市场主体共同制定满足市场和创新需要的团体标准，由本团体成员约定采用或者按照本团体的规定供社会自愿采用。

制定团体标准，应当遵循开放、透明、公平的原则，保证各参与主体获取相关信息，反映各参与主体的共同需求，并应当组织对标准相关事项进行调查分析、实验、论证。国务院标准化行政主管部门会同国务院有关行政主管部门对团体标准的制定进行规范、引导和监督。

团体标准编号依次由团体标准代号、社会团体代号、团体标准顺序号和年代号组成，见图 2-6。社会团体代号由社会团体自主拟定，可使用大写拉丁字母或大写拉丁字母与阿拉伯数字的组合。如中国茶叶流通协会团体标准 T/CTMA 002—2018《骏眉红茶》。社会团体代号应当合法，不得与现有标准代号重复。

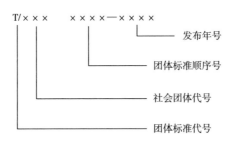

图 2-6　团体标准编号

三、按标准对象的基本属性划分

根据标准对象的基本属性，可将标准分为技术标准、管理标准和工作标准。

（一）技术标准

对标准化领域中需要统一的技术事项所制定的标准，主要是事物的技术性内容。技术标准形式多样，主要包括如下内容。

1. 规范性文件

提供规则、指南或特性，供共同使用和重复使用的技术规范、技术规程等文件，包括基础标准、产品标准、设计标准、工艺标准、检验和试验标准、信息标识、包装、搬运、贮存、装备标准、安全标准、环境标准等。

2. 标准样品实物

对下列需要统一的技术要求，应当制定标准：

（1）工业产品的品种、规格、质量、等级或安全、卫生要求；

（2）工业产品的设计、生产、试验、检验、包装、贮存、运输、使用的方法或者生产、贮存、运输过程中的安全、卫生要求；

（3）有关环境保护的各项技术要求和检验方法；

（4）建设工程的勘察、设计、施工、验收的技术要求和方法；

（5）有关工业生产、工程建设和环境保护的技术术语、符号、代号、制图方法、互换配合要求；

（6）农业（含林业、牧业、渔业）产品（含种子、种苗、种畜、种禽）的品种、规格、质量、等级、检验、包装、储存、运输以及生产技术、管理技术的要求；

（7）信息、能源、资源、交通运输的技术要求。

3. 技术标准

技术标准是标准体系的主体，量大、面广、种类繁多，以下介绍几类茶叶行业常见的标准。

（1）基础标准　基础标准是在一定范围内作为其他标准的基础并普遍使用，具有广泛指导意义的标准。基础标准可以直接应用，也可以作为其他标准的基础。如 GB/T 14487—2017《茶叶感官审评术语》、GB/Z 26576—2011《茶叶生产技术规范》等。

（2）产品标准　产品标准是对产品必须达到的某些或全部特性要求所制定的标准。产品标准的主要作用是规定产品的质量要求，包括品种（产地）、规格（等级）、质量特性及技术要求、试验方法、检验规则、包装、标志、运输和贮存要求等。如 GB/T 14456.2—2017《绿茶　第 2 部分：大叶种绿茶》、GB/T 20354—2006《地理标志产品　安吉白茶》等。

（3）工艺标准　工艺标准指依据产品标准要求，对产品实现过程中原材料、零部件、元器件进行加工、制造、装配的方法，以及有关技术要求的标准，使生产过程固定、稳定，达到生产出符合规定要求的产品。如 GB/T 18526.1—2011《速溶茶辐照杀菌工艺》、GH/T 1182—2017《茶叶拣梗机型式与主参数》。

（4）检验和试验标准　检验和试验标准指通过观察和判断，适当结合测量、试验所进行的符合性评价。检验的目的是判断是否合格。如 GB 2763—2016《食品安全国家标准　食品中农药最大残留限量》、GB/T 8313—2008《茶叶中茶多酚和儿茶素类含量的检测方法》、GB/T 21729—2008《茶叶中硒含量的检测方法》等。

（5）信息标识、包装、搬运、贮存、安装标准　如 GB/T 30375—2013《茶叶贮存》、GH/T 1070—2011《茶叶包装通则》、GB 23350—2009《限制商品过度包装要求　食品和化妆品》等。

（二）管理标准

对标准化领域中需要统一的管理事项所制定的标准。主要针对管理目标、项目、程序、组织。如 GB/Z 35045—2018《茶产业项目运营管理规范》等。

管理标准与技术标准的区别是相对的，一方面管理标准也会涉及技术事项，另一方面技术标准也适用于管理。随着管理的现代化、信息化，管理标准已呈快速发展的趋势。

企业管理活动中所涉及的管理事项包括经营管理、开发与设计管理、采购管理管理、质量管理、设备与基础设施管理、安全管理、职业健康管理、环境管理、信息管理、人力资源管理、财务管理等。其中与管理现代化，特别是与企业信息化建设关系最密切的标准，主要有：

1. 管理体系标准

管理体系标准通常是指 ISO 9000 质量管理体系标准、ISO 14000 环境管理体系标准、OHSAS 18000 职业健康安全管理体系标准、ISO 50001 能源管理体系标准以及其他管理体系标准。

2. 管理程序标准

管理程序标准通常是在管理体系标准的框架结构下，对具体管理事务（事项）的过程、流程、活动、顺序、环节、路径、方法的规定，是对管理体系标准的具体展开。

（三）工作标准

工作标准指对标准化领域中需要统一的工作事项所制定的标准。包括部门工作标准和岗位（个人）工作标准，对工作责任、权利、范围、质量要求、程序、效果、检查方法所制定的标准。如 GB/Z 21722—2008《出口茶叶质量安全控制规范》、GH/T 1119—2015《茶叶标准体系表》等。

四、按标准信息载体划分

按标准信息载体，标准分为标准文件（文字形式）和标准样品（实物形式）。标准文件的作用主要是提出要求或作出规定，作为某一领域的共同准则；标准样品的作用主要是提供实物，作为质量检验鉴定的对比依据，作为测量设备检定、校准的依据，以及作为判断测试数据准确性和精确度的依据。

（一）标准文件

标准文件有不同的形式，包括标准、技术规范、规程，以及技术报告、指南等。

1. 标准

标准是最基本的规范性文件形式，主要内容是对产品、过程、方法、概念等做出统一规定，作为共同使用和重复使用的准则。

2. 技术规范

技术规范指规定产品、过程或服务应满足的技术要求的文件。

3. 规程

规程指为设备、构件或产品的设计、制造、安装、维护或使用而推荐惯例或程序的文件。规程可以是标准、标准的一部分或与标准无关的文件。

4. 指南

指南其特点是文件的内容不作为某一领域共同遵守的准则，而是作为一种专业或行业的指南、指导、倡导或参考，或作为企业（组织）内部的一种技术工具或管理工具。

5. 技术报告

技术报告其特点是对产品、过程等对象做出详尽的描述，特别是对有关特性给出各项技术数据。国家标准中的《国家标准化指导性技术文件》（代号：GB/Z）就其文件形式而言，与技术报告类似；就其实施约束力而言，可认为是推荐性标准。

（二）标准样品

标准样品是具有足够均匀的一种或多种化学的、物理的、生物学的、工程技术的或感官的等性能特征，经过技术鉴定，并附有说明有关性能数据证书的一批样品。标准样品作为实物形式的标准，按其权威性和适用范围分为内部标准样品和有证标准样品。

1. 内部标准样品

内部标准样品是在企业（组织）内部使用的标准样品，其性质是一种实物形式的企业内控标准。如西湖龙井茶叶实物样、大红袍茶叶参考样。内部标准样品可以由组织自行研制，也可以从外部购买。

2. 有证标准样品

有证标准样品是具有一种或多种性能特征，经过技术鉴定附有说明上述性能特征的证书，并经国家标准化管理机构批准的标准样品。

有证标准样品的特点是经过国家标准化管理机构批准并发给证书，并由经过审核和准许的组织生产和销售。有证标准样品既广泛用于企业内部质量控制和产品出厂检验，又大量用于社会上或国际贸易中的质量检验、鉴定，测量设备检定、校准，以及环境监测等方面。

第三节　标准的制定

标准是社会广泛参与的产物，严格按照统一规定的程序开展标准制定工作，是保障标准编制质量，提高标准技术水平，缩短标准制定周期，实现标准制定过程公平、公正、协调、有序的基础和前提。

一、标准制定的基本原则

制定标准时，起草人员除了要明确制定标准的范围、用途和目的以外，还要掌握制定标准的基本原则。

（一）科学性

标准是技术成果的积累，为技术创新提供了平台，通过标准化平台可以提高创新效率。但同时，标准又是对事物的固定和对活动的约束，如果固定约束得不得当，就会走向反面，对创新、对技术进步起阻碍作用。关键是要把握好"度"，通过深入细致的调查研究和协调，把最佳结果写进标准。

（二）公正性

标准体现的必须是"最佳公共效益"，即标准相关方的共同效益，不能仅仅是某一方或局部的效益。必须做到：第一，标准化工作组人员构成要合理，能充分表达各相关方的要求，专业人员同时要维护标准的科学性和适用性，而不把本单位、本部门的局部利益强加给标准化工作机构，这是标准化工程师的职业道德；第二，做好标准的协调工作，本质上也是个相关方的利益协调，主要表现为标准中相关要求的提出及参数值的确定。需经过必要的技术论证，确保能取得"最佳公共效益"。

（三）适用性与可行性

这是产品标准的核心技术要求，越符合实际、越适用就越受欢迎。不能简单用指标高低来衡量标准的技术水平高低，即标准文本质量的评价也不能简单化，真正的难点是对标准的要求和规定做到宽严适度、简繁相宜。

标准的内容应便于实施，并且易于被其他的标准或文件所引用；充分考虑使用要求，并兼顾全社会的综合效益。满足使用要求是制定标准的重要目的。

（四）与现行标准协调一致

制定茶叶标准要做到与现行茶叶标准的协调、配套，避免重复制定标准，更不能与现行标准相抵触。标准的本质是统一，因此，制定标准时也要遵循统一的原则，要考虑与现行有关标准协调、统一。标准的术语以及确立的定义与现行标准要统一。标准的技术指标与现行标准的技术指标要协调一致，不应与现行标准相抵触、相矛盾。

（五）文本质量的规范性

在起草标准之前应确定标准的预计结构和内在关系，尤其应考虑内容的划分。通常一个标准化对象应编制成一项标准并作为整体出版。为了保证一项标准或一系列标准的及时发布，从起草工作开始到随后的所有阶段均应遵守 GB/T 1.1—2020《标准化工作导则　标准化文件的结构和起草原则》规定的程序，根据编写标准的具体情况还应遵守 GB/T 20000《标准化工作指南》、BT 20001《标准编写规则》和 GB/T 20002《标准中特定内容的起草》等标准中相应部分的规定。

二、制定标准的程序

国家对标准制定程序有具体规定，制定标准时应严格遵守。具体程序和内容如下。

（一）预备阶段

起草单位对拟立项的新项目进行研究和必要论证基础上，提出项目建议书，内容包括：新标准名称、范围，制定的依据、目的、意见、主要工作内容，国内外相应标准情况及有关科技成就的简要说明，工作步骤、计划进度、任务分工，制定过程中可能出现的问题及解决措施，标准草案或大纲，经费预算等。

（二）立项阶段

主管部门对起草单位提出的新项目建议，进行审查、汇总、协调、确定，主管部门应评定制定标准的必要性和重要性，直至列入标准制定计划并批准下达。

（三）起草阶段

起草单位接到下达的项目计划后，要会同参加单位及时研究，成立起草工作组，确定项目负责人，制订具体工作计划，开始起草标准草案。主要工作如下。

1. 收集资料

各类资料是起草标准的重要依据，充分掌握资料可以减少甚至不走弯路，节省人力、无力、财力和时间，提高工作效率，缩短起草周期。包括各种相关标准、科技文献、出版刊物、专利情况、发明证书、样本样机、产品目录、各种手册等。

2. 调查研究

采取各种方式，做好调查研究。一般问题，有针对性地列出调查提纲，可以使用函件进行面上调查；重点问题、关键问题，必须深入实际，进行现场调查。如：了解厂家生产数量、产品质量、生产能力、生产条件、技术水平等关键问题，必须进行实地调查。也可以进行用户调查，听取对产品或服务的反映、意见、建议等，从用户使用中了解对实物质量、工作效率、可靠性、产品寿命、能源消耗、维修记录、性能测试等第一手资料。对收集到的各种资料进行综合分析和比较，掌握最新趋势和最新成果，供起草标准是参考和借鉴。

3. 实验验证

进入标准的技术指标，必须以实验数据为依据。重点是收集原始数据、鉴定资料、鉴定结果及结论，当然包括收集同行其他单位或相同对象的各种数据和资料作为参考。缺乏可靠的资料做依据，必须按要求对技术特性进行实验验证，确保技术标准的各项指标建立在科学基础上。

4. 起草征求意见

在收集资料、调查研究、实验验证基础上，认真做好方案构思、内容选择、技术参数确定、采用国际标准可行性分析等工作。对各种要求和数据进行综合研究时，数据少的可用对比分析法就可进行简单整理，对于数据多的，则需要用统计方法进行处理，找出数据间的规律，达到指标科学化。然后，根据标准化对象和目的，按编写要求起草技术标准草案征求意见稿。

5. 起草编制说明

编制说明是起草过程的真实记录，在技术标准的审定、实施和修订时，通过编制说明可了解标准起草过程中有关内容的取舍及合理性等情况。编制说明的内容一般为：工作简讯，包括任务来源、协作单位、主要过程等；编制原则、技术内容的确定，包括试验、统计数据等，如果是修订要包括新老标准水平的对比；主要试验或实验验证的分析、综述报告，技术经济认证，预期经济效果；与现行法律法规和相关技术标准的关系；重大分歧意见处理经过和依据；实施标准的要求和建议；其他需说明的事项，如参考资料目录、主要内容解释等。

（四）征求意见阶段

标准草案征求意见稿起草后，应广泛印发相关单位征求意见。还可以对主要问题组织专题讨论，直接听取意见。征求意见过程中，起草工作组要与各相关方加强联系与协调，掌握主要分歧意见。对于一时难以统一的意见，进一步调查研究，提出解决方案。在征求意见截止后，对反馈意见及时进行汇总，研究处理，确定取舍意见，对征求意见稿及编制说明进行修改，完成标准草案送审稿，报主管部门。若分歧意见很大，需对标准文本进行重大修改的，则应再次征求意见。

（五）审查阶段

送审稿的审查由主管部门组织，包括会审和函审两种方式，主要由具有代表性的生产、销售、使用、科研、检验及高等院校的代表参加。对技术、经济意义较大的应组织会审，其他的可进行函审，具体由组织者决定。审查重点是送审稿是否符合或达到预定目的和要求，与有关法律或强制性标准的要求是否一致，与相关国际标准是否协调，贯彻标准的措施和建议，标准实施的过渡办法等。标准的审查实质是对标准内容的协调和优选过程，需认真听取各方意见，充分讨论和协商，特别是对反对意见需慎重对待，只要有论据，能使标准充分反映各方面利益，就不要轻易否定。在审查协商一致基础上，起草单位形成标准报批稿和审查会议纪要或函审结论。若送审稿审查没通过，则需要重新征求意见或修改后形成新的送审稿，再次进行审查。

（六）批准阶段

报批稿按规定报主管部门对标准草案报批稿及报批材料进行程序和技术审核，完成必要的协调和完善工作。对不符合要求的，一般将退回起草单位，限时解决问题后再报。报批稿材料主要包括报批稿文本、编制说明、审查会议纪要或函审结论、意见汇总处理表、主要的研究实验报告、有关国家标准、贯彻标准的措施和建议等。报批稿经主管部门复核后批准，统一编号发布。起草单位应按档案管理的规定，对有关资料报主管部门进行归档。

（七）出版阶段

标准出版阶段自标准出版单位收到标准出版稿起，至标准正式出版止。此阶段将标准出版稿编辑出版，提供标准出版物。时间周期不超过 3 个月。

（八）复审阶段

标准实施到一定阶段后，应当根据科学技术的发展和经济建设的需要，由该国家标准主管部门组织有关单位适时进行复审，国家标准的复审周期一般不超过 5 年。复审的目的是确定标准是否继续有效，修改、修订或废止。需要制定、修订相关食品安全国家标准的，国家有关部门将立即制定、修订。一般国家、行业、地方标准复审年限不超五年，企业标准为三年。

（九）废止阶段

对于经复审后确定为无存在必要的标准予以废止。

三、标准编写的具体要求

GB/T 1.1—2020《标准化工作导则　第 1 部分：标准化文件的结构和起草原则》确立了标准化文件的结构及其起草的总体原则和要求，并规定了文件名称、层次、要素的编写和表述规则以及文件的编排格式。

（一）概述

1. 标准化文件（standardizing document）

通过标准化活动制定的文件。

2. 标准（standard）

通过标准化活动，按照规定的程序经协商一致制定，为各种活动或其结果提供规则、指南或特性，供共同使用和重复使用的文件。

3. 基础标准（basic standard）

以相互理解为编制目的形成的具有广泛适用范围的标准。

4. 通用标准（general standard）

包含某个或多个特定领域普遍适用的条款的标准。

5. 结构（structure）

文件中层次、要素以及附录、图和表的位置和排列顺序。

6. 正文（main body）

从文件的范围到附录之前位于版心中的内容。

7. 规范性要素（normative element）

界定文件范围或设定条款的要素。

8. 资料性要素（informative element）

给出有助于文件的理解或使用的附加信息的要素。

9. 必备要素（required element）

在文件中必不可少的要素。

10. 可选要素（optional element）

在文件中存在与否取决于起草特定文件的具体需要的要素。

11. 条款（provision）

在文件中表达应用该文件需要遵守、符合、理解或做出选择的表述。

12. 要求（requirement）

表达声明符合该文件需要满足的客观可证实的准则，并且不允许存在偏差的条款。

13. 指示（instruction）

表达需要履行的行动的条款。

14. 推荐（recommendation）

表达建议或指导的条款。

15. 允许（permission）

表达同意或许可（或有条件）去做某事的条款。

16. 陈述（statement）

阐述事实或表达信息的条款。

17. 条文（text）

由条或段表述文件要素内容所用的文字和/或文字符号。

（二）要素的编写

1. 封面

封面这一要素用来给出标明文件的信息。

在封面中应标明以下必备信息：文件名称、文件的层次或类别（如"中华人民共和国国家标准""中华人民共和国国家标准化指导性技术文件"等字样）、文件代号（如"GB"）、文件编号、国际标准分类（ICS）号、中国标准文献分类（CCS）号、发布日期、实施日期、发布机构等。

2. 目次

目次这一要素用来呈现文件的结构。为了方便查阅文件内容，通常有必要设置目次。

3. 前言

前言用来给出诸如文件起草依据的其他文件、与其他文件的关系和编制、起草者的基本信息等文件自身内容之外的信息。

4. 引言

引言用来说明与文件自身内容相关的信息，不应包含要求型条款。分为部分的文件的每个部分，或者文件的某些内容涉及了专利，均应设置引言。

5. 范围

范围用来界定文件的标准化对象和所覆盖的各个方面，并指明文件的适用界限。必要时，范围宜指出那些通常被认为文件可能覆盖，但实际上并不涉及的内容。

6. 规范性引用文件

（1）界定和构成　规范性引用文件这一要素用来列出文件中规范性引用的文件，由引导语和文件清单构成。该要素应设置为文件的第 2 章，且不应分条。

（2）引导语　规范性引用文件清单应由以下引导语引出：

"下列文件中的内容通过文中的规范性引用而构成本文件必不可少的条款。其中，注日期的引用文件，仅该日期对应的版本适用于本文件；不注日期的引用文件，其最新版本（包括所有的修改单）适用于本文件。"

（3）文件清单

①文件清单中应列出该文件中规范性引用的每个文件，列出的文件之前不给出序号。

②根据文件中引用文件的具体情况，文件清单中列出的引用文件的排列顺序为：

a. 国家标准化文件；

b. 行业标准化文件；

c. 本行政区域的地方标准化文件（仅适用于地方标准化文件的起草）；

d. 团体标准化文件（需符合规定的限制条件）；

e. ISO、ISO/IEC 或 IEC 标准化文件；

f. 其他机构或组织的标准化文件（需符合规定的限制条件）；

g. 其他文献。

7. 术语和定义

（1）界定和构成　术语和定义用来界定为理解文件中某些术语所必需的定义，由引导语和术语条目构成。

（2）引导语　根据列出的术语和定义以及引用其他文件的具体情况，术语条目应分别由下列适当的引导语引出：

①"下列术语和定义适用于本文件"（如果仅该要素界定的术语和定义适用时）；

②"……界定的术语和定义适用于本文件"（如果仅其他文件中界定的术语和定义适用时）；

③"……界定的以及下列术语和定义适用于本文件"（如果其他文件以及该要素界定的术语和定义适用时）。

（3）术语条目

①通则：术语条目宜按照概念层级分类和编排，如果无法或无须分类可按术语的汉语拼音字母顺序编排。术语条目的排列顺序由术语的条目编号来明确。条目编号应

在章或条编号之后使用下脚点加阿拉伯数字的形式。

每个术语条目应包括四项内容：条目编号、术语、英文对应词、定义。根据需要还可增加其他内容。

②需定义术语的选择：术语和定义这一要素中界定的术语应同时符合下列条件：

文件中至少使用两次；

专业的使用者在不同语境中理解不一致；

尚无定义或需要改写已有定义；

属于文件范围所限定的领域内。

③定义：定义的表述宜能在上下文中代替其术语。定义宜采取内涵定义的形式，其优选结构为："定义=用于区分所定义的概念同其他并列概念间的区别特征+上位概念"。

④来源：在特殊情况下，如果确有必要抄录其他文件中的少量术语条目，应在抄录的术语条目之下准确地标明来源。当需要改写所抄录的术语条目中的定义时，应在标明来源处予以指明。具体方法为：在方括号中写明"来源：文件编号，条目编号，有修改"。

8. 符号和缩略语

（1）界定和构成 符号和缩略语用来给出为理解文件所必需的、文件中使用的符号和缩略语的说明或定义，由引导语和带有说明的符号和/或缩略语清单构成。

（2）引导语 根据列出的符号、缩略语的具体情况，符号和/或缩略语清单应分别由下列适当的引导语引出：

①"下列符号适用于本文件"（如果该要素列出的符号适用时）；

②"下列缩略语适用于本文件"（如果该要素列出的缩略语适用时）；

③"下列符号和缩略语适用于本文件"（如果该要素列出的符号和缩略语适用时）。

（3）清单和说明 无论该要素是否分条，清单中的符号和缩略语之前均不给出序号，且宜按下列规则以字母顺序列出：

①大写拉丁字母置于小写拉丁字母之前（A、a、B、b 等）；

②无角标的字母置于有角标的字母之前，有字母角标的字母置于有数字角标的字母之前（B、b、C、C_m、C_2、c、d、d_{ext}、d_{int}、d_1 等）；

③希腊字母置于拉丁字母之后（Z、z、A、α、B、β、…、Λ、λ 等）；

④其他特殊符号置于最后。

9. 分类和编码/系统构成

（1）分类和编码用来给出针对标准化对象的划分以及对分类结果的命名或编码，以方便在文件核心技术要素中针对标准化对象的细分类别做出规定。

（2）对于系统标准，通常含有系统构成这一要素。该要素用来确立构成系统的分系统，或进一步的组成单元。

（3）分类和编码/系统构成通常使用陈述型条款。根据编写的需要，该要素可与规范、规程或指南标准中的核心技术要素的有关内容合并，在一个复合标题下形成相关内容。

10. 总体原则和/或总体要求

总体原则用来规定为达到编制目的需要依据的方向性的总框架或准则。文件中随后各要素中的条款或者需要符合或者具体落实这些原则，从而实现文件编制目的。总体要求这一要素用来规定涉及整体文件或随后多个要素均需要规定的要求。

11. 核心技术要素

核心技术要素是各种功能类型标准的标志性的要素，它是表述标准特定功能的要素。标准功能类型不同，其核心技术要素就会不同，表述核心要素使用的条款类型也会不同。

12. 其他技术要素

根据具体情况，文件中还可设置其他技术要素，如试验条件、仪器设备、取样、标志、标签和包装、标准化项目标记、计算方法等。如果涉及有关标准化项目标记的内容，应符合附录 B 规定。

13. 参考文献

参考文献用来列出文件中资料性引用的文件清单，以及其他信息资源清单，如起草文件时参考过的文件，以供参阅。

14. 索引

索引这一要素用来给出通过关键词检索文件内容的途径。如果为了方便文件使用者而需要设置索引，那么它应作为文件的最后一个要素。

第 四 节　标准的实施、监督与管理

一、标准的监督与管理体制

（一）发展过程

标准是由科研成果和实践经验转化的规范性文件，标准化不仅括规范化过程，而且包括标准的实施以及改进、提高的无限循环过程。标准作为一门学科，其研究对象就是这个过程以及对这个过程进行管理的理论、原则和方法。

标准具有系统属性，标准管理包括微观层面和宏观层面。从微观层面看，标准管理（以技术标准为例）就是运用计划、组织、监督、控制、调节等手段对标准包含的品种、规格、技术要素、试验方法、检验规则以及包装、标志、贮存、运输内部各要素同外部环境进行协调，正确处理标准发展过程中的各种矛盾，促进标准系统健康发展。

经济发展的全球化趋势，是人类社会发展不可阻挡的潮流。贸易全球化、经济全球化，都直接影响着世界各国的标准化。从宏观层面看，标准化是科学管理的有效手段，在一个国家直至全世界范围内普遍建立了相应的标准化机构，有组织、有计划地开展标准化工作。在我国，党和政府十分重视标准化工作。1949 年 10 月成立了中央技术管理局，内设标准化规格化处，1952 年颁发了我国第一批钢铁标准。1961 年国务院颁发了我国第一个标准化管理法规——《工农业产品和工程建设技术标准管理办法》。

1978 年 5 月国务院批准成立了国家标准总局，加强了对标准化工作的管理。1988 年 7 月国务院决定成立国家技术监督局，统一管理全国的标准化工作，1988 年 12 月国家颁布了《标准化法》，自 1989 年 4 月 1 日起施行，进一步规定了标准化工作管理体制。至此，我国的标准化事业取得了长足发展。截止到 2018 年 12 月，我国共设立了 1274 个全国专业标准化技术委员会和 737 个分技术委员会；拥有现行国家标准 35081 项、行业标准 58539 项、地方标准 37377 项，企业标准超过百万项；行业标准发布部门 42 个；标准化技术委员会专家近 5 万名。其中：全国农业标准体系中国家标准 7000 项，行业标准 6400 项；食品安全国家标准 2760 项。

（二）2018 年 1 月 1 日起施行的《标准化法》

为了进一步加强标准化工作，提升产品和服务质量，促进科学技术进步，保障人身健康和生命财产安全，维护国家安全、生态环境安全，提高经济社会发展水平，2017 年 11 月 4 日第十二届全国人民代表大会常务委员会第三十次会议修订通过了《中华人民共和国标准化法》，自 2018 年 1 月 1 日起施行。本法所称标准（含标准样品）是指农业、工业、服务业以及社会事业等领域需要统一的技术要求；包括国家标准、行业标准、地方标准和团体标准、企业标准；国家标准分为强制性标准、推荐性标准，行业标准、地方标准是推荐性标准；强制性标准必须执行。国家鼓励采用推荐性标准。

1. 新《标准化法》确定的改革总目标

确定改革总目标为一个市场，一个底线，一个标准。建立政府主导制定的标准与市场自主制定的标准协同发展，协调配套的新型标准体系。

2. 新《标准化法》遵循的原则

（1）坚持问题导向　政府与市场角色错位、市场主体活力未能充分发挥；标准体系不完善；标准管理体制不顺畅。

（2）坚持改革导向　建立高效权威的标准化统筹协调机制；整合精简强制性标准；优化完善推荐性标准；优化完善推荐性标准；放开搞活企业标准；提高标准国际化水平。

（3）坚持实践导向。

3. 新《标准化法》主要内容变化

主要变化是大幅调整标准体系结构、标准制定主体大调整、标准制定管理要求提高、强化标准实施事中事后监管。

政府进一步强化强制性标准的制定、实施和监督。将现行强制性国家标准、行业标准和地方标准整合为强制性国家标准，取消强制性行业标准、地方标准（第九条第一款）。

法律、行政法规和国务院决定对强制性标准的制定另有规定的，从其规定。

4. 新《标准化法》的内容体系

内容体系共六章四十五条，包括总则、标准的制定、标准的实施、监督管理、法律责任、附则。

（1）国务院标准化行政主管部门统一管理全国标准化工作，负责强制性国家标准的立项、编号和对外通报，对拟制定的强制性国家标准是否符合规定进行立项审查；

国务院建立标准化协调机制，统筹推进标准化重大改革，研究标准化重大政策，对跨部门跨领域、存在重大争议标准的制定和实施进行协调。

（2）国务院有关行政主管部门分工管理本部门、本行业的标准化工作，依据职责负责强制性国家标准的项目提出、组织起草、征求意见和技术审查；在标准制定、实施过程中出现争议的，由国务院标准化行政主管部门组织协商，协商不成的由国务院标准化协调机制解决；根据标准实施信息反馈、评估、复审情况，对有关标准之间重复交叉或者不衔接配套的，会同国务院有关行政主管部门做出处理或者通过国务院标准化协调机制处理。

（3）县级以上地方人民政府标准化行政主管部门统一管理本行政区域内的标准化工作，有关行政主管部门分工管理本行政区域内本部门、本行业的标准化工作；县级以上人民政府应当支持开展标准化试点示范和宣传工作，传播标准化理念，推广标准化经验，推动全社会运用标准化方式组织生产、经营、管理和服务，发挥标准对促进转型升级、引领创新驱动的支撑作用；县级以上人民政府标准化行政主管部门、有关行政主管部门依据法定职责，对标准的制定进行指导和监督，对标准的实施进行监督检查。

二、标准的宣贯与应用实施

标准化的实践主要是围绕标准的制定和应用实施来展开。

（一）标准实施的意义

（1）只有通过应用实施，制定标准才有意义，才能实现制定标准的目的。任何一项标准批准发布后，仅停留在纸面上、锁在抽屉里，不组织实施，不会自动产生任何作用，毫无效果可言。只有把科学技术、实践经验的综合成果应用到生产实践中，才能转化为生产力。因此，必须开展好标准的宣传贯彻、应用实施活动，使其在生产、建设中得到全面有效执行，标准规定的各项要求真正得到落实，实现制定标准的目的。

（2）只有通过应用实施，才能检验标准的适用性。标准制定得是否科学合理，能否实现预期目的，只有通过实践才能得到检验。由于人们的经验和认识都要局限性，标准能否考虑周全，在实施过程中，有关问题就会反映出来，这有助于进一步修改完善，使其更好地实现预定目的。

（3）只有通过应用实施，才能促进标准向更高层次发展。人类社会是不断发展进步的，随着科学技术、生产实践的不断发展，人们认识也会不断提高，标准的应用实施过程中就会出现新的不适应、不适用，有些需要修订，有些则需要废止，通过应用实施，促进标准化工作不断向前发展。

（二）标准应用实施的主要任务

1. 标准的宣贯

这是标准应用实施的首要工作。起草单位需对标准的主要内容、范围、复杂程度等进行广泛宣传，提供标准文本、宣贯材料，有关实施建议，实施中应注意的主要问题，做好咨询，解答问题，说明目的意义以及标准的重要性，使各有关方充分了解标准的内容和要求，增强各有关方面实施标准的自觉性，保证标准得到顺利实施。宣贯形式：包括编写、提供各种宣贯资料，做好技术咨询，进行分类培训，召开专门宣贯会等。

2. 标准的贯彻执行

根据新《标准化法》规定，强制性标准必须执行，标准中的各项规定和要求不得擅自更改或降低，违反的将会依法处理。企业进行产品研制、技术改造、设备和技术的引进、工程建设的设计和施工等，必须符合标准化要求。推荐性标准由各有关方自愿采用，国家一般不做强制要求，但鼓励贯彻执行。但推荐性标准被合同、协议所引用时，由于合同、协议受相关法律约束，推荐性标准便相应具有法律约束力，如不贯彻执行推荐性标准，便要承担相应法律责任；企业应当按照标准组织生产经营活动，其生产的产品、提供的服务应当符合企业公开标准的技术要求。使用者声明其产品符合某项推荐性标准时，可以进行产品质量认证获取产品使用合格标志，提高信誉度和知名度，但如果不贯彻执行该标准，将会受到查处。

3. 标准的监管

标准实施后，有关部门将进行各种形式的监督检查，保证标准的应用实施得到认真的贯彻执行。新《标准化法》第三十二条明确规定：县级以上人民政府标准化行政主管部门、有关行政主管部门依据法定职责，对标准的制定进行指导和监督，对标准的实施进行监督检查。监督检查的主要形式是对产品质量进行国家监督检查、地方监督检验、市场抽查和专项检查，对获得认证的产品和企业进行法定的监督检验等。

三、标准的修订

标准实施一段时间后，为保证标准的适用性，必须根据科技发展和经济建设的需要，对标准的内容和其中规定的有关要求是否仍能适应当前科技和生产的先进性要求进行审查，这种对标准实施后进行的定期审查称为复审。一般对实施五年的标准要进行复审，由该标准的主管部门组织进行，人员一般由参加过该项标准审查工作的单位和人员参加。

复审结果的处理方式如下。

（一）确认

标准内容不需要修改，仍能适应当前生产和使用，符合当前技术水平，确认继续有效。

（二）修改

标准内容主体不动，只需对局部或个别内容进行修改，可通过技术勘误或修改单完成，标准重版时将修改内容纳入新文本即可。

（三）修订

标准的内容大部分需要修改，应作为标准修订项目，提交项目建议，列入标准制修订工作计划，按新制定标准的程序要求进行。

（四）废止

标准内容不适应当前生产和使用，或有新标准替代，已无存在必要，应予废止。

参考文献

[1] 李春田.标准化概论[M].6 版.北京：中国人民大学出版社，2014.

[2] 杨兆艳.食品标准与法规[M].北京：中国医药科技出版社，2019.

[3] 杨玉红.食品标准与法规[M].北京：中国轻工业出版社，2014.

[4] 吴澎，赵丽欣，张淼.食品法律法规与标准[M].2 版.北京：化学工业出版社，2015.

第三章 食品法律法规基础知识

第一节 食品法律法规的制定和实施

一、食品法律法规概述

（一）我国食品法律法规的产生和发展

1958年1月中央人民政务院批准了《卫生部关于全国卫生行政会议与第二届全国卫生会议的报告》，正式提出了"卫生监管制度"的概念，规定了食品卫生的监督管理体系、对违法行为所应承担的相关法律责任等。但尚未上升到法律层面，缺乏法律强制力的保障。

1978年，十一届三中全会后，我国食品安全的各项法规制度开始建立完善，特别是改革开放以来，我国在政治、经济、社会、文化方面都发生了巨大变化，人们生活水平得到普遍提高，在基本温饱问题得到解决的前提下，人们对生活质量的要求也随之提高。1982年11月全国人大常委会公布了《中华人民共和国食品卫生法》（以下简称《食品卫生法》，1983年7月1日试行），该法是新中国第一部食品安全方面的专门法，也是中国食品安全方面的基本法。

1995年10月，第八届人大常委会审议通过了经过修订的《食品卫生法》，该法规定凡在中华人民共和国领域内从事食品生产经营的，都必须遵守。该法适用于一切食品，食品添加剂，食品容器、包装材料和食品用工具、设备、洗涤剂、消毒剂；也适用于食品的生产经营场所、设施和有关环境。提出了食品生产经营过程必须符合卫生要求，禁止生产经营"不符合食品卫生标准和卫生要求的食品"以及监督管理、法律责任等要求。这标志着国家食品安全法律体系的建立。

2009年2月28日，十一届全国人大常委会第七次会议通过了《食品安全法》，从制度上解决现实生活中存在的各种食品安全问题。该项法律确立了以食品安全风险监测和评估为基础的科学管理制度，并明确指出要将食品安全的风险评估结果作为制定、修订食品安全标准的科学依据。与之配套的《中华人民共和国食品安全法实施条例》（以下简称《食品安全法实施条例》）已经2009年7月国务院常务会议通过，2009年7月20日起施行。

随着我国形势的发展，2013年《食品安全法》启动修订，2015年4月24日，新修订的《食品安全法》经第十二届全国人大常委会第十四次会议审议通过，共十章，154 条，2015 年 10 月 1 日起正式施行。同时 2009 年发布的《食品安全法实施条例》于 2016 年 2 月 6 日《国务院关于修改部分行政法规的决定》（国务院令第 666 号）修订完成。

2018 年 12 月 29 日第十三届全国人民代表大会常务委员会第七次会议《关于修改〈中华人民共和国产品质量法〉等五部法律的决定》中，对《食品安全法》进行了修正，主要内容：相关条例中的"食品药品监督管理"修改为"食品安全监督管理"；删除相关条款中的"质量监督"或修改为"食品安全监督管理"；"食品药品监督管理、质量监督部门履行各自食品安全监督管理职责"修改为"食品安全监督管理部门履行食品安全监督管理职责"；条款中的"环境保护"修改为"生态环境"。同时《食品安全法实施条例》已经 2019 年 3 月 26 日国务院第 42 次常务会议修订通过，修订后的《食品安全法实施条例》，自 2019 年 12 月 1 日起施行。

（二）食品法律法规的渊源

法的渊源简称法源，主要指法律规范的来源或源头，是指能作为法律决定的前提的那些法律文件的总称。我国食品法律法规的法律渊源有以下几个方面组成。

1. 宪法及宪法相关法

是我国社会制度、国家制度、公民的基本权利和义务及国家机关的组织与活动的原则等方面法律规范的总和。它规定国家和社会生活的根本问题，不仅反映我国社会主义法律的本质和基本原则，而且确立各项法律的基本原则。最基本的规范体现在宪法中。除此之外，还包括了国家机构的组织和行为方面的法律，民族区域自治方面的法律，特别行政区方面的基本法律，保障和规范公民政治权利方面的法律，以及有关国家领域、国家主权、国家象征、国籍等方面的法律。

2. 食品法律

食品法律是由全国人民代表大会和全国人民代表大会常务委员会已经过特定的立法程序制定的有关食品的规范性法律文件。地位和效力仅次于宪法，它有两种：一种是由全国人民代表大会制定的食品法律，称为基本法；第二种是由全国人民代表大会常务委员会制定的食品基本法律以外的食品法律，如《食品安全法》。基本法律和基本法律以外的一般法律在效力上是有差别的，前者高于后者，后者不得与前者相抵触。此外，对于全国人民代表大会及其常务委员会所作出的其他决议和决定，若其中含有规范性内容，则也属于法源的范畴，与法律具有同等效力。

就效力而言，法律的效力仅次于宪法。《立法法》第七十九条规定："法律的效力高于行政法规、地方性法规、规章。"

3. 食品行政法规

食品行政法规是由国家最高行政机关（国务院）根据宪法和法律以及全国人大及其常委会的授权制定的有关国家行政管理方面的规范性法律文件，其效力仅次于宪法和法律。党中央和国务院联合发布的决议指示，既是党中央的决议和指示，又是国务院的行政法规或其他规范性文件，具有法的效力。国务院各部委所发布的具有规范性的命令、指示和规章，也具有法的效力，但其法律地位低于行政法规。

食品规章分为两种类型：一种是由国务院行政部门依法在其职权范围内制定的食品行政管理规章制度文件，在全国范围内具有法律效力；第二种是由各省、自治区、直辖市和经国务院批准的较大的市的人民政府，根据食品法律、食品行政法规和本省、自治区的地方性法规制定和发布的有关本地方食品管理方面的规范性文件的总称，仅在本地区内有效，如《北京市储备粮管理办法》等。除地方性法规外，地方各级权力机关及其常设机关、执行机关所制定的决定、命令、决议，凡属规范性者，在其辖区范围内，也都属于法的渊源。地方性法规和地方其他规范性文件不得与宪法、食品法律和食品行政法规相抵触，并报全国人民代表大会常务委员会备案，才可生效。

5. 特别行政区的规范性法律文件

特别行政区可享有依法在本行政区内进行立法的权限，另外，回归前予以保留的法律文件继续有效。

6. 食品法律解释

法律解释是指一定的解释主体根据法定权限和程序，按照一定的标准和原则，对法律的含义及法律所使用的概念、术语等进行进一步说明的活动。《立法法》第四十二条规定："法律解释权属于全国人民代表大会常务委员会"。第四十三条规定："国务院、中央军事委员会、最高人民法院、最高人民检察院和全国人民代表大会各专门委员会以及省、自治区、直辖市的人民代表大会常务委员会可以向全国人民代表大会常务委员会提出法律解释要求。"第四十七条规定："全国人民代表大会常务委员会的法律解释同法律具有同等效力。"

7. 食品标准

食品法规的内容具有技术控制和法律控制的双重性质，因此食品标准如 GB 2760—2014《食品安全国家标准 食品添加剂使用标准》就成为食品法规渊源的一个重要组成部分。标准、规范和规程可分为国家和地方两级，其法律效力虽然不及法律、法规，但在具体的执法过程中，它们的地位又是相当重要的。只有食品法律、法规对某种行为做出了规范，食品标准、规范和规程对这种行为的控制才具有极高的法律效力。

食品安全标准分食品安全国家标准、食品安全地方标准和食品安全企业标准三类。

（1）食品安全国家标准 由国务院卫生行政部门会同国务院食品药品监督管理部门制定、公布，国务院标准化行政部门提供国家标准编号。食品中农药残留、兽药残留的限量规定及其检验方法与规程由国务院卫生行政部门、国务院农业行政部门会同国务院食品药品监督管理部门制定。

（2）食品安全地方标准 对地方特色食品，没有食品安全国家标准的，省、自治区、直辖市人民政府卫生行政部门可以制定并公布食品安全地方标准，报国务院卫生行政部门备案。食品安全国家标准制定后，该地方标准即行废止。

（3）食品安全企业标准 国家鼓励食品生产企业制定严于食品安全国家标准或者地方标准的企业标准，在本企业适用，并报省、自治区、直辖市人民政府卫生行政部门备案。

8. 国际条约

我国与外国缔结的，或者我国加入并生效的国际法规范性文件。它可由国务院按

43

第三章 食品法律法规基础知识

职权范围同外国缔结相应的条约和协定。这种与食品有关的国际条约虽然不属于我国国内法的范畴，但其一旦生效，除我国声明保留的条款外，也与我国国内法一样对我国国家机关和公民具有约束力。

（三）食品法律法规体系

食品安全法律法规体系是指以法律或政令形式颁布的，有关食品生产和流通质量安全的，对全社会有约束力的权威性规定。它既包括食品法律规范，也包含以食品技术规范为基础所形成的各种法规。我国食品安全法律法规体系由食品法律、食品行政法规、部门食品规章、其他规范性文件和食品标准五部分组成，见图3-1。

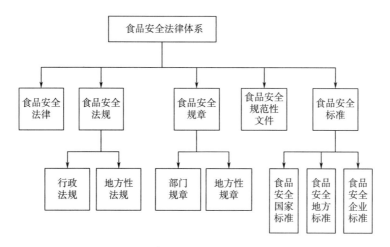

图3-1　食品安全法律体系示意图

二、食品法律法规制定的基本原则

食品法律法规制定的基本原则是指食品立法主体进行食品立法活动所必须遵循的基本行为准则，是立法指导思想在立法实践中的重要体现，食品立法活动必须遵循以下基本原则。

（一）遵循宪法的基本原则

《立法法》第三条规定："立法应当遵循宪法的基本原则，以经济建设为中心，坚持社会主义道路、坚持人民民主专政、坚持中国共产党的领导、坚持马克思列宁主义毛泽东思想邓小平理论，坚持改革开放。"这是实现国家长治久安的根本保证，是我们的立国之本，是人民群众根本利益和长远利益的集中反映，是我国所有立法的最根本的指导思想，也是食品立法所必须遵循的基本原则。各有关机关都必须在宪法、法律规定的范围内行使职权，不能超越法定的权限范围。国家机关超越法定权限的越权行为，是违法的、无效的。

（二）合规性原则

法律制定程序即立法程序，是指有法律制定权的国家机关在创制、认可、修改或者废止规范性法律文件的活动中所必须遵守的步骤和方法。食品安全法律法规制定也必须遵守法律的权限与程序。

对于立法的权限，宪法和有关法律对监督机制做了规定，《立法法》根据我国立法的实际情况，规定了相应的监督机制。对立法监督机制的规定，主要表现为：第一，行政法规、地方性法规、自治条例和单行条例和规章，应当依法向有关机关备案。备案是为了进行审查，是进行监督的需要；第二，上级机关对下级机关进行监督，国家权力机关对本级国家行政机关进行监督。加强对立法工作的监督，是立法活动能够依法进行的保障。

（三）保障人民健康安全原则

食品安全法律法规制定的主要目的是保证食品安全，保障公众身体健康和生命安全。新的食品安全法以建立严格的食品安全监管制度为重点，用法律形式固定监管体制改革成果，完善食品安全监管体制机制度，强化监管手段，提高执法能力，落实企业的主体责任，动员社会各界积极参与，着力解决当前食品安全领域存在的突出问题，以法治思维和法治方式维护食品安全，为最严格的食品安全监管提供法律制度保障。新食品安全法的颁布施行，对于更好地保证食品安全，保障公众身体健康和生命安全具有重要意义。

（四）民主立法原则

食品法律法规在整个立法过程中，国家坚持民主立法的价值取向，使社会公众参与和监督立法的全过程，建立充分反映民意、广泛集中民智的立法机制，推进法制建设的科学化、民主化，使法律真正体现和表达公民的意志，真正成为保护人民财产权利和人身权利的良法。《食品安全法》制定过程中，全国人大广泛征求意见，通过各地实地调查听取政府有关部门、食品生产经营者、专家学者对草案进行修改，认真研究、集思广益、充分体现科学立法和民主立法的精神。

（五）一切从实际出发原则

食品安全法律的制定，必须不断地顺应历史发展和时代的变化，实事求是，一切从实际出发，制定符合时代需要的法律。如2009年，在《食品卫生法》基础上，制定了《食品安全法》。党的十八大以来，我国进一步改革完善食品安全监管体制，着力建立最严格的食品安全监管制度，积极推进食品安全社会共治格局。

（六）预防性原则

食品安全关系人民身体健康，制定食品安全法律法规要考虑将食品安全事后规制变为重点预防事故的发生，食品安全各项工作要关口前移，不要等到发生问题再查处、追责，要通过加强日常的监管工作，消除隐患，防患于未然。如《食品安全法》中对食品生产经营过程中存在的安全隐患、食品安全系统性风险及食品安全事故的潜在风险，均应采取措施及时消除。

三、食品法律法规的制定依据

（一）法律依据——宪法

宪法是我国的根本大法，是国家最高权力机关通过法定程序制定的具有最高法律效力的规范性法律文件。它规定和调整国家的社会制度和国家制度、公民的基本权利和义务等最根本的全局性的问题。它不仅是食品法的重要渊源，也是其他法律的重要渊源，是制定食品法律、法规的来源和基本依据。

（二）政策依据——食品政策

政策是国家政权机关、政党组织和其他社会政治集团为了实现自己所代表的阶级、阶层的利益与意志，以权威形式标准化地规定在一定的历史时期内，应该达到的奋斗目标、遵循的行动原则、完成的明确任务、实行的工作方式、采取的一般步骤和具体措施。法律是代表统治阶级的意志，以权利和义务为手段调整社会关系的社会行为规范。食品法律法规的制定，必定考虑了国家政权和国家利益，考虑我国食品发展的政策要求。

（三）科学依据——食品科学

食品科学包括：化学（有机化学、生物化学、食品化学、分析化学等）、生物学、食品科学、食品工程、微生物学、化工和食品技术、肉制品加工、乳制品加工、蛋制品加工等。新实施的《食品安全法》确立了以食品安全风险监测和评估为基础的科学管理制度，明确了以食品安全风险评估结果作为制定、修订食品安全标准和对食品安全实施监督管理的科学依据。

（四）物质依据——社会经济条件

经济基础决定上层建筑，上层建筑是指社会意识形态以及相应的政治法律制度、组织和设施的总和。法律就属于上层建筑，一定的经济基础决定了法律的产生，所以法律的产生要基于一定的社会物质生活条件。目前我国食品安全中所存在的问题主要包括经济和社会两个方面原因：食品生产水平低、食品消费水平不高；群众对食品安全意识淡薄等。食品安全不仅会给企业和行业带来打击，更会对一个品牌和企业的发展造成严重影响，甚至还会直接影响到国家和社会经济发展的安定和稳定。随着我国市场经济的发展，食品安全已经成为人们生活中的重要部分，同时食品安全问题也是政府进行监管的主要职责。在市场经济条件下，应该将市场中涉及的理念引入到食品安全的管理中，在市场机制下，发挥食品安全的主体作用。食品安全的发展要符合市场经济规律的要求，食品安全问题涉及多个领域，在这些领域中，政府需要对人们做出正确的引导，对食品市场进行监管，在市场规律作用下，应该以市场化的方式解决食品安全问题。

四、食品法律法规的实施

（一）食品法律法规实施的概念

法律法规实施是指法律法规在社会实际生活中的具体运用和实现，也就是通过一定的方式使法律规范的要求和规定在社会生活中得到贯彻和实现的活动。这是法律法规作用与社会关系的特殊形式，主要包括以下两方面：一是国家机关及其公职人员严格执行法律法规，运用法律法规保证法律法规的实现；二是一切国家机关、社会团体和个人，即凡行为受法律法规调整的个人和组织都要遵守法律法规。只有通过法律法规实施才能把法律规范中设定的抽象的权利和义务转化为现实生活中具体的权利和义务，转化为人们实际的法律活动。

食品法律法规的实施方式分为两种方式：法律遵守和法律适用。法律遵守要求每一个组织和个人都必须自觉遵守食品法律法规的规定，从自身做起，规范自我行为。法律适用又有广义和狭义之分。

（二）食品法律法规的遵守

食品法律法规的遵守，又称食品守法，是指一切国家机关和武装力量、各政党和各社会团体、各企业事业组织和全体公民都必须恪守食品法律法规的规定，严格依法办事。食品法律法规的遵守是食品法律法规实施的一种重要形式，也是法制的基本内容和要求。

1. 食品法律法规遵守的主体

主体既包括一切国家机关、社会组织和全体中国公民，又包括在中国领域内活动的国际组织、外国组织、外国公民和无国籍人。

2. 食品法律法规遵守的范围

范围极其广泛，主要包括宪法、食品法律、食品行政法规、地方性食品法规、食品自治条例和单行条例、食品规章、食品标准、特别行政区的食品法、我国参加的世界食品组织的章程、我国参与缔结或加入的国际食品条约和协定等。

3. 法律法规遵守的内容

食品法律法规的遵守不是消极、被动的，它不但要求国家机关、社会组织和公民依法承担和履行食品质量安全义务（职责），更包括国家机关、社会组织和公民依法享有权利、行使权利，其内容包括依法行使权利和履行义务两个方面。

（三）食品法律法规的适用

食品法律法规的适用有广义和狭义之分，广义的食品法律法规的适用是指食品安全监督管理部门从事食品安全监督管理和具体适用食品法律、法规和规章，处理食品行政案件的一切活动。狭义的食品法律法规的适用仅指食品安全监督管理部门按照食品法律法规的规定做出具体行为的过程。

1. 食品法律法规的适用特点

食品法律法规具有权威性、目的特定性、合法性、程序性、国家强制性和要式性的特点；它的适用是享有法定职权的国家机关以及法规授权的组织，在其法定的或授予的权限范围内，依法实施食品法律法规的专门活动，其他任何国家机关、社会组织和公民个人都不得从事此项活动；它的根本目的是保护公民的生命健康权，有关机关及授权组织对食品管理事物或案件的处理，应当有相应的法律依据，否则无效，甚至还必须承担相应的法律责任；它的适用是有关机关及授权组织依照法定程序所进行的活动，是以国家强制力为后盾实施食品法律法规的活动，对有关机及授权组织依法做出的决定，任何当事人都必须执行，不得违抗；它的适用必须有表明适用结果的法律文书，如食品生产许可证、罚款定书、判决书等。

2. 食品法律法规的适用规则

食品法律法规的适用规则指食品法律法规之间发生冲突时，如何选择适用食品法律问题，主要包括：上位法优于下位法；特别规定优于一般规定，即"特别法优于一般法"；新的规定优于旧的规定，即"新法优于旧法"；不溯及既往原则，溯及既往原则指新法生效后，对其生效以前未经审判或者判决尚未确定的行为具有溯及力，任何食品法律法规都没有溯及既往的效力，但为了更好地保护公民、法人和其他组织的权利和利益而做出的特别规定除外。

3. 食品法律法规的适用范围

法律的适用范围即法律的效力范围，由国家主权及立法体制确定。食品法律法规的适用范围包括以下三个方面。

（1）空间效力 即食品法律法规可以在什么领域内适用。在我国，由全国人大及其常委会制定的法律在全国范围内适用，由有立法权的各级地方人大及其常委会制定的地方性法规，只能在该行政区域内适用，并不得与国家法律规定相抵触。

（2）时间效力 即食品法律法规何时生效、何时终止生效以及对生效前发生的行为有无溯及力。法律的时间效力由国家立法机关根据实施国家管理的需要，通过立法决定。

（3）对人的效力 即食品法律法规在确定的时间和空间内适用于哪些人，包括自然人和法人。

第 二 节　食品行政执法与监管

一、食品行政执法与监管概述

（一）食品行政执法与监管的概念

食品行政执法，即食品相关法的执行，是指食品行政主体及其公职人员以及受食品行政主体委托的组织和个人，依照法定的职权和程序，履行法定职责（义务）、行使法定管理职权，实施法律的活动。食品安全行政执法，包括两方面的含义：第一，它是指食品安全行政执法主体及其公职人员以及受食品安全行政执法主体委托的组织和个人，将现行食品安全行法律、法规作用于具体的人或事的行为；第二，它又是指享有食品安全行政执法立法权的机关依法制定食品安全行政执法规章的行为。

现代社会，国家行政机关被称为是国家权力机关或者立法机关的执行机关，即指由国家权力机关或立法机关制定法律和其他规范性法律文件，由国家行政机关贯彻、执行，付诸实施和实现。我国食品安全行政机关的执法，正是对食品安全法的贯彻、执行，付诸实施和实现。

（二）食品安全行政执法与监管的特点

食品安全行政执法特点主要包括：食品安全行政执法具有国家权威性；食品安全行政执法具有国家强制性；食品安全行政执法具有主动性、单方面性和服务性；食品安全法的执行的含义具有层次性。

我国的食品安全行政机关从国家安全、国家利益、国家公共食品安全利益出发，根据各自地区食品安全状况的实际情况，在各自的权限内，积极主动地制定适合于本地区的规范性法律文件。食品安全行政部门的上述"立法"活动，也是食品安全法执行的一部分。

（三）食品安全行政执法与监管的主体及内容

1. 食品安全行政执法与监管的主体

食品安全行政执法的主体，是国家食品安全行政机关及其公职人员。在我国，食品安全法的执行主体主要是国务院和地方各级人民政府中的食品安全行政职能部门。

国务院和地方各级人民政府中的食品安全行政职能部门，在对全国或者本地区进行食品安全行政管理的同时，就是在全国或者本地区执行国家食品安全法律、法规的过程，地方各级食品安全行政机关依法在本地区进行管理的同时，就是在本地区执行、实施食品安全法律、法规、规章的过程。

2. 食品安全行政监管职责分工

（1）农业行政主管部门　农业行政主管部门主要负责生产环节的工作，包括：食用农产品生产基地的规划和组织建设；种子、种畜、种禽、肥料、农药、兽药、饲料、饲料添加剂等生产、经营、使用的监督管理；畜禽及其产品防疫、检疫的监督；先进农业技术的推广和应用。

（2）商业行政主管部门　商业行政主管部门负责商业流通领域的行业管理，包括：家畜产品屠宰加工的行业管理和安全监管；水产品的行业管理和安全监管；协同有关部门进行食用农产品批发市场、农副产品集贸市场的监督管理。

（3）市场监管部门　市场监管部门负责食用农产品国家和行业标准的组织实施，地方标准的制定和监督实施；食用农产品加工和流通领域安全卫生的监督管理；食用农产品经营行为的监督管理；进出口食用农产品的检验检疫和监督管理。

（4）环境保护行政部门　环境保护行政部门负责食用农产品生产基地环境状况的指导和监督。规划、土地、财政、交通、公安等有关行政部门在各自的职责范围内，协助做好食用农产品的安全监管工作。

二、食品行政执法与监管的制度

（一）食品生产许可制度

《食品安全法》第三十五条规定："国家对食品生产经营实行许可制度。从事食品生产、食品销售、餐饮服务，应当依法取得许可。但是，销售食用农产品，不需要取得许可。"

食品生产许可是指行政部门根据食品生产经营者的申请，依法准许其从事食品生产经营活动的行政行为，通过授予生产许可证来赋予其生产经营该食品的权利，或者确认其具有该种食品生产经营的资格。

（二）食品安全行政监督检查制度

《食品安全法》规定："县级以上人民政府食品安全监督管理部门履行食品安全监督管理职责，有权采取措施，对生产经营者遵守本法的情况进行监督检查。""县级以上地方人民政府组织本级食品安全监督管理、农业行政等部门制定本行政区域的食品安全年度监督管理计划，向社会公布并组织实施。""县级以上人民政府食品安全监督管理部门应当建立食品生产经营者食品安全信用档案，记录许可颁发、日常监督检查结果、违法行为查处等情况，依法向社会公布并实时更新；对有不良信用记录的食品生产经营者增加监督检查频次，对违法行为情节严重的食品生产经营者，可以通报投资主管部门、证券监督管理机构和有关的金融机构。"

（三）食品安全行政处罚制度

《食品安全法》规定："违反本法规定，未经许可从事食品生产经营活动，由有关主管部门按照各自职责分工，没收违法所得，并处罚款。情节严重的，责令停产停业，直至吊销许可证；造成人身、财产或者其他损害的，依法承担赔偿责任。构成犯罪的，依法追究刑事责任。违反本法规定，食品安全监督管理部门或者承担食品检验职责的机构、食品行业协会、消费者协会以广告或者其他形式向消费者推荐食品的，由有关主管部门没收违法所得，依法对直接负责的主管人员和其他直接责任人员给予记大过、降级、撤职或者开除的处分。"

（四）食品安全行政强制措施

食品安全行政强制措施是食品安全法律、法规授予食品安全行政执法主体的特别职权，主要是指行政机关采用强制手段保证食品安全行政管理秩序、维护公共利益、迫使行政相对人履行义务的行政执法行为。食品安全行政强制措施的具体实施条件如下。

（1）实施主体必须是具有法定强制权的行政机关或授权组织。

（2）被强制对象必须符合法定条件。行政机关只有在有足够的证据证实对象符合条件时，才可以按照规定的程序采取强制措施，并且一定要适度，尽量减少对相对人权益的限制以及对财物的损害。采用强制措施以达到特定的目的为限，不能超过一定的限度。

（3）必须办理必要的手续，符合规定的期限。

（4）必须按照法定的种类运用强制措施，不可滥用。

（五）食品质量安全市场准入制度

市场准入制度也称市场准入管制，是为保证食品的质量安全，具备规定条件的生产者才允许进行生产经营活动，具备规定条件的食品才允许生产销售的监管制度。实行食品质量安全市场准入制度是一种政府行为，是一项行政许可制度。

食品质量安全市场准入制度包括三项具体制度：对食品生产企业实施生产许可证制度、对企业生产的食品实施强制检验制度、对实施食品生产许可证制度的产品实行市场准入编号制度。

（六）产品质量监督体制

执行产品质量监督的主体，以监督权限划分作基础，所设置的监督机构和监督制度，以及监督方式和方法体系的总称。产品质量监督体制是我国经济监督体制的主要组成部分，其主要内容包括多级监督主体权限划分，为实现科学、公正的监督而建立的各项制度，采取的方式、方法。

（七）计量监督制度

计量监督是指为保证《计量法》的有效实施进行的计量法制管理，是为保障生产活动的顺利进行所提供的计量保证。它是计量管理的一种特殊形式。计量法制监督，就是依照计量法的有关规定所进行的强制性管理，或称作计量法制管理。

第 三 节　茶叶生产经营许可与质量安全监管

一、茶叶生产经营许可

（1）《食品安全法》第三十五条规定："国家对食品生产经营实行许可制度。从事食品生产、食品销售、餐饮服务，应当依法取得许可。但是，销售食用农产品，不需要取得许可。"县级以上地方人民政府食品安全监督管理部门应当依照《行政许可法》的规定，审核申请人提交的本法第三十三条第一款第一项至第四项规定所要求的相关资料，必要时对申请人的生产经营场所进行现场核查；对符合规定条件的，准予许可；对不符合规定条件的，不予许可并书面说明理由。企业法人、合伙企业、个人独资企业、个体工商户、农民专业合作组织等经合法注册，取得营业执照，并且在营业执照中的经营范围中，有茶叶或食品生产经营的，生产经营茶叶时，需要取得许可，办理食品生产许可证（有生产过程的），方可开展茶叶的生产加工。如果没有生产过程，只有零售或批发经营的，需要取得食品经营许可证，才能批发或零售经营。因此，许可的类型，有食品生产许可和食品经营许可。

（2）茶叶生产许可的申请、受理、审查、决定及其监督检查，按照国家市场监督管理总局《食品生产许可管理办法》执行。

①茶叶及相关制品在原《食品生产许可分类目录》中列为第十四类食品，包括茶叶、边销茶、茶制品、调味茶、代用茶五个品种。

②2020 年 2 月 23 日，国家市场监督管理总局发布公告（2020 年第 8 号）：根据《食品生产许可管理办法》（国家市场监督管理总局令第 24 号），对《食品生产许可分类目录》进行修订，自 2020 年 3 月 1 日起施行。《食品生产许可证》中"食品生产许可品种明细表"按照新修订《食品生产许可分类目录》填写。

③茶叶及制品类新旧分类目录主要变化：删除了原 1402 边销茶（花砖茶、黑砖茶、茯砖茶、康砖茶、沱茶、紧茶、金尖茶、米砖茶、青砖茶、方包茶、其他）的类别，调整至紧压茶类别中。新修订的《食品生产许可分类目录》（茶叶及相关制品类）见表 3-1。

表 3-1			《食品生产许可分类目录》（茶叶及相关制品）
茶叶及相关制品	1401	茶叶	1. 绿茶：龙井茶、珠茶、黄山毛峰、都匀毛尖、其他
			2. 红茶：祁门工夫红茶、小种红茶、红碎茶、其他
			3. 乌龙茶：铁观音茶、武夷岩茶、凤凰单丛茶、其他
			4. 白茶：白毫银针茶、白牡丹茶、贡眉茶、其他
			5. 黄茶：蒙顶黄芽茶、霍山黄芽茶、君山银针茶、其他
			6. 黑茶：普洱茶（熟茶）散茶、六堡茶散茶、其他
			7. 花茶：茉莉花茶、珠兰花茶、桂花茶、其他

续表

茶叶及相关制品	1401	茶叶	8. 袋泡茶：绿茶袋泡茶、红茶袋泡茶、花茶袋泡茶、其他
			9. 紧压茶：普洱茶（生茶）紧压茶、普洱茶（熟茶）紧压茶、六堡茶紧压茶、白茶紧压茶、花砖茶、黑砖茶、茯砖茶、康砖茶、沱茶、紧茶、金尖茶、米砖茶、青砖茶、其他紧压茶
	1402	茶制品	1. 茶粉：绿茶粉、红茶粉、其他
			2. 固态速溶茶：速溶红茶、速溶绿茶、其他
			3. 茶浓缩液：红茶浓缩液、绿茶浓缩液、其他
			4. 茶膏：普洱茶膏、黑茶膏、其他
			5. 调味茶制品：调味茶粉、调味速溶茶、调味茶浓缩液、调味茶膏、其他
			6. 其他茶制品：表没食子儿茶素没食子酸酯、绿茶茶氨酸、其他
	1403	调味茶	1. 加料调味茶：八宝茶、三炮台、枸杞绿茶、玄米绿茶、其他
			2. 加香调味茶：柠檬红茶、草莓绿茶、其他
			3. 混合调味茶：柠檬枸杞茶、其他
			4. 袋泡调味茶：玫瑰袋泡红茶、其他
			5. 紧压调味茶：荷叶茯砖茶、其他
	1404	代用茶	1. 叶类代用茶：荷叶、桑叶、薄荷叶、苦丁茶、其他
			2. 花类代用茶：杭白菊、金银花、重瓣红玫瑰、其他
			3. 果实类代用茶：大麦茶、枸杞子、决明子、苦瓜片、罗汉果、柠檬片、其他
			4. 根茎类代用茶：甘草、牛蒡根、人参（人工种植）、其他
			5. 混合类代用茶：荷叶玫瑰茶、枸杞菊花茶、其他
			6. 袋泡代用茶：荷叶袋泡茶、桑叶袋泡茶、其他
			7. 紧压代用茶：紧压菊花、其他

（3）按照《食品经营许可管理办法》第十条规定，茶叶经营许可主体业态为食品销售经营者。茶叶经营者申请通过网络经营应当在主体业态后以括号标注。茶叶经营许可经营项目分为预包装茶叶销售和散装茶叶销售。

（4）茶农对茶鲜叶进行初制加工后形成的毛茶，属于食用农产品，不需要取得许可。

二、茶叶质量安全监管

（一）茶叶生产企业主体责任

茶叶生产属于食品生产，需严格执行《食品安全法》《农产品质量安全法》《食品生产许可管理办法》等。茶叶生产企业应当严格按照食品安全法等法律、法规、标准和相关文件的规定，切实落实茶叶质量安全主体责任。

1. 严把原料进厂安全关

茶叶生产企业应当严把原料采购关，确保采购的原料符合相关规定。认真落实原料进货查验记录制度，必要时对原料的农药残留、污染物、着色剂等项目进行检验，包括对原料中可能添加的铅铬绿、孔雀石绿、苏丹红等非食品原料进行检验。外购茶叶原料的茶叶生产企业，应当建立供应商名录，相对固定原料来源，并定期审核评估。鼓励企业建立茶叶原料基地，并对茶叶种植过程农业投入品的使用按要求严格控制，严禁使用国家明令禁止的农药。

2. 严格组织生产

茶叶生产企业要严格按照相关法律、法规、标准和生产许可条件等组织生产，保证生产条件持续符合规定。新修订的《茶叶生产许可审查细则》，对原辅料、生产过程、产品出厂等全环节质量安全控制，提出更加严格的要求。企业在生产许可证有效期届满换证时，必须遵照执行。

3. 不得使用食品添加剂

茶叶生产企业要遵照 GB 2760—2014《食品安全国家标准　食品添加剂使用标准》的规定，生产茶叶不允许使用任何食品添加剂。

4. 不得使用非食品原料生产茶叶

茶叶生产企业要严格执行原辅料采购、生产过程管控、贮存管理等食品安全管理制度，加强对原辅料和成品在贮存、运输环节的质量安全管理，严禁使用铅铬绿、孔雀石绿、苏丹红或其他工业染料等非食品原料生产加工茶叶。

5. 严格规范标签标识

茶叶生产企业要按照《食品安全法》、《总局关于进一步加强茶叶质量安全监管工作的通知》、GB 7718—2011《食品安全国家标准　预包装食品标签通则》、企业明示采用标准和相关茶叶标准等规定，严格规范标签标识。严格做到"五个不准"：不准虚假标注产品执行标准、质量等级；不准生产无标识、标识不全或标识信息不真实的茶叶；不准虚假标注生产日期；不准虚假标注茶叶原料种植地区或类似表述；不准虚假标注手工制作、野生、贮存年份或类似表述。

6. 强化出厂检验

茶叶生产企业要按照相关食品安全国家标准和企业明示采用标准，进行产品出厂检验，检验不合格的，一律不得出厂销售。企业不具备自检能力的，要委托有法定资质的食品检验机构进行检验。一旦发现产品中铅、农药残留等安全指标不合格的，或发现检出着色剂、非食品原料的，要立即停产、彻查原因、召回产品，并向所在地食品药品监管部门报告。

7. 建立安全追溯体系

茶叶生产企业要按照有关法律法规以及《食品药品监管总局关于推动食品药品生产经营者完善追溯体系的意见》（食药监科〔2016〕122 号）和《关于发布食品生产经营企业建立食品安全追溯体系若干规定的公告》（食品药品监管总局公告 2017 年第 39

号）要求，建立安全追溯体系，确保实现全程追溯。

（二）全面加强监督管理

1. 强化生产许可

严格审查茶叶生产企业资质，达不到许可条件要求的，一律不予许可。完善退出机制，对不能持续满足生产许可条件、不能保证茶叶质量安全和整改后仍达不到要求的，必须依法关停，强制退出。建立和完善茶叶生产企业食品安全信用档案，促进企业依法生产、诚信经营、优胜劣汰。

2. 加强监督检查

加强对茶叶生产企业的监督检查，加大对企业原辅料采储、生产环境条件、生产记录、出厂检验、销售记录等各环节检查力度，监督企业持续满足生产许可条件，确保产品符合标准要求。研究制定具体措施，加强对茶叶生产加工小作坊和原料茶、毛茶交易市场的监督管理，落实监管责任，对监督检查中发现的涉及其他部门的应及时通报。

3. 加大监督抽检和风险监测力度

结合属地实际，制定监督抽检和风险监测计划，持续开展茶叶抽检监测工作。

4. 加大飞行检查力度

质量监管执法部门组织开展茶叶生产企业飞行检查，严厉查处违法行为。对在监督检查和监督抽检等工作中发现的茶叶中农药残留超标、污染物超标、着色剂、非食品原料及标签标识等问题，以及企业原材料把关不严、使用食品添加剂或非食品原料生产加工茶叶、不严格产品出厂检验等问题的，组织飞行检查，查处存在的问题，依照相关规定予以公开。

5. 严厉打击违法违规行为

执法部门依法查处茶叶生产销售中的违法违规行为，严厉打击未取得食品生产许可证生产茶叶、使用不合格原料及工业染料等非食品原料生产茶叶、滥用食品添加剂生产茶叶等违法行为；坚决取缔制假售假黑窝点、黑作坊；加强与公安机关的协作配合，涉嫌犯罪的，及时移送公安机关追究刑事责任。

第四章　中国茶叶标准体系

第一节　茶叶标准化发展历程

我国茶叶标准由国家标准、行业标准、地方标准和企业标准构成，根据 2017 年新修订的标准化法，又增加了团体标准。自 20 世纪 50 年代起，我国就开始了茶叶标准化工作，当时主要是针对出口茶叶建立了多套商品茶实物标准样，商检部门统一对照实物标准样进行检验出口，供销系统建立了各类茶叶用于收购毛茶实物标准样。20 世纪 80 年代起，国家、有关部门和地方逐步发布、实施了各类茶叶的标准。2008 年 3 月 22 日全国茶叶标准化技术委员会正式成立，进一步建立和完善了茶叶标准体系，促进了茶叶的生产、贸易、质量检验和技术进步，更好地推动和完善了茶叶标准化工作。经过各部门 30 余年的标准化工作，建立了我国的茶叶标准体系。

一、我国茶叶基础通用标准的发展

基础通用标准，是为某个领域或多个领域的基础和共性技术所制定的，或者对其他标准具有普遍指导作用的标准。

（一）我国茶叶卫生安全标准的发展

1. GBn 144—1981《绿茶、红茶卫生标准》

我国最早的茶叶卫生安全标准是 1982 年 6 月 1 日实施的 GBn 144—1981《绿茶、红茶卫生标准》。其主要内容如下。

（1）感官指标　具有该茶类正常的商品外形及固有的色、香、味，不得混有异种植物叶，不含非茶类物质，无异味，无异臭，无霉变。

（2）理化指标　砷（mg/kg，以 As 计）小于或等于 0.5，铅（mg/kg，以 Pb 计）小于或等于 2，铜（mg/kg，以 Cu 计）小于或等于 60，六六六（mg/kg）小于或等于 0.4，滴滴涕（mg/kg）小于或等于 0.2。

2. GB 9679—1988《茶叶卫生标准》

1988 年卫生部根据《绿茶、红茶卫生标准》执行情况，制定发布了 GB 9679—1988《茶叶卫生标准》，代替 GBn 144—1981《绿茶、红茶卫生标准》，1989 年 6 月 1 日正式实施。

GB 9679—1988 与 GBn 144—1981 相比，主要变化：根据历年来检测结果，茶叶中砷含量没有超标现象的事实，取消了重金属元素砷的检测项目。

（1）感官指标　具有该茶类正常的商品外形及固有的色、香、味，不得混有异种植物叶，不含非茶类物质，无异味，无异臭，无霉变。

（2）理化指标　铅（mg/kg，以 Pb 计）小于或等于 2（紧压茶小于或等于 3），铜（mg/kg，以 Cu 计）小于或等于 60，六六六（mg/kg）小于或等于 0.2（紧压茶小于或等于 0.4），滴滴涕（mg/kg）小于或等于 0.2。

3. GB 2763—2005《食品中农药最大残留限量》和 GB 2762—2005《食品中污染物限量》

随着人们对茶叶质量安全越来越关注，原国家标准提出的茶叶卫生质量要求已不能满足市场的需要，卫生部和国家标准化委员会于 2005 年 1 月 25 日发布了 GB 2763—2005《食品中农药最大残留限量》和 GB 2762—2005《食品中污染物限量》，并于 2005 年 10 月 1 日实施。将茶叶作为食品列入了上述两个新标准中，对茶叶产品提出了新的要求。

新标准的主要变化：对茶叶的农药残留的检测由 2 种农药增加到 9 种农药，其中，菊酯类农药占 5 种，有机磷农药 2 种，有机氯类农药 2 种。对污染物提出了 2 项要求，铅的限量标准由 2mg/kg 修改为 5mg/kg，与国外标准达成一致，减少了国内外市场的风险。由于茶叶中铜的超标现象极少，污染物中取消了对铜的限量要求。标准中增加了稀土限量指标 2mg/kg，这是我国茶叶产品中新增的一项污染物标准，也是全世界任何其他国家都未提出过的一个限量指标，2017 年取消了稀土指标。2000—2009 年颁布实施的 GB/T 8321《农药合理使用准则》系列国家标准也规定了 16 种茶叶农药最大残留限量。

4. 农业部对农产品中无公害食品农药最大残留限量要求

农业部 2000 年组织启动实施了"无公害食品行动计划"，无公害茶生产和消费是政府主张的市场准入的最低要求，2001 年发布实施了 NY 5017—2001《无公害食品　茶叶》，2004 年修订为 NY 5244—2004《无公害食品　茶叶》（2014 年 1 月 1 日作废），提出 7 种农药残留要求，铅的限量标准为 5mg/kg。此外，对有害微生物大肠菌群也进行了限量要求。NY 1500.5.10—2007、1500.15.4—2007 和 1500.17.6—2007《农产品中农药最大残留限量》提出 3 种茶叶农药最大残留限量。NY 1500.55—2009《农药最大残留限量》提出除虫脲 1 种茶叶农药最大残留限量。

目前主要实行的是 GB 2762—2017《食品安全国家标准　食品中污染物限量》和 GB 2763—2019《食品安全国家标准　食品中农药最大残留限量》。

5. 茶叶含氟量要求

茶树具有富集土壤中氟元素的能力。适量的氟有益于健康，可以增强对龋齿的抵抗力，但过量的氟会引起氟中毒（包括氟齿症）。一般红、绿茶中氟的含量较低，嫩芽中含氟量低，粗老叶中的含氟量较高。卫生部、国家标准化管理委员会联合颁布，于 2006 年 5 月 1 日起实施的 GB 19965—2005《砖茶含氟量》规定：砖茶（又称紧压茶）允许最大含氟量为 300mg/kg。农业部颁布实施的 NY 659—2003《茶叶中铬、镉、砷和氟化物限量》，规定了上述 5 种元素的限量指标。这是世界上茶叶第一个多项元素限量标准，提出了更高的茶叶质量安全指标。该标准规定作为饮料的茶叶允许含氟量为 200mg/kg，严于国家标准。

6. 有机茶和绿色食品茶卫生标准要求

有机茶和绿色食品茶生产是企业行为，是生产发展的更高要求。NY/T 228—2002《绿色食品　茶叶》和 NY 5196—2002《有机茶》分别提出 13 种和 18 种农药残留要求，有机茶要求各项农药的最大残留量为 LOD。GB/T 19630.1—2005《有机产品　第 1 部分：生产》规定，有机产品的农药残留不能超过国家食品卫生标准相应产品限值的 5%，重金属含量也不能超过国家食品卫生标准相应产品的限值。有机茶目前主要采用 GB/T 19630—2019《有机产品　生产、加工、标识与管理体系要求》。

（二）我国其他茶叶基础通用标准

这类标准主要有茶叶分类、茶叶感官审评术语、相关的茶叶感官审评室基本条件、茶叶标准样品制备技术条件、茶树种苗等国家标准，以及茶叶加工技术术语、茶叶产地环境技术条件、包装运输等行业标准等，将在后续章节中阐述。

二、我国茶叶产品标准的发展

产品标准，为规范某一类产品或若干类产品（包括服务）应满足的要求，包括品种、规格、质量、等级、设计、生产、包装、运输、贮存以及工艺要求而制定的标准。如：工业产品、农业产品的品种、规格、质量、等级标准，以及产品相应的生产技术、管理技术的通用要求，信息、能源、资源、交通运输的有关其适用性的标准。

1950 年中央人民政府贸易部在全国第一次商品检验会议上，制定了《全国统一输出茶叶检验暂行标准》，1955 年、1962 年和 1981 年先后做了三次修改，形成了 WMB 48（1）—1981《茶叶品质规格》标准，奠定了我国出口茶叶标准的基础。并针对出口茶叶建立了多套商品茶实物标准样，商检部门统一对照实物标准样进行检验出口。

同时，供销系统建立了各类茶叶用于收购的毛茶实物标准样。20 世纪 80 年代初，当时由内销茶主管部门商业部茶畜局制定了 GH 016—1984《屯婺遂舒杭温平七套初制炒青绿茶》标准，1984 年 4 月实施。接着商业部茶畜局又提出 ZBB 35001—1988《炒青绿茶　鲜叶》和 ZBB 35002—1988《炒青绿茶　技术条件》，1988 年 3 月 1 日实施。

1984 年商业部杭州茶叶加工研究所承担制定的 GB/T 9172—1988《花茶级型坯》由商业部 1988 年 4 月 30 日批准，于 1988 年 7 月 1 日实施，这是我国第一个茶叶产品国家标准（2004 年 10 月废止）。从此，中国主要绿茶炒青和内销大宗花茶两大茶类，有了正式的文字标准和实物样标准。

1987 年和 1988 年商业部批准发布茯砖、黑砖、花砖、康砖、金尖、紧茶、沱茶七个压制茶国家标准。1993 年又制定了米砖茶和青砖茶紧压茶国家标准。至此，我国主要的紧压茶产品基本建立了国家标准，2002 年和 2013 年修订了上述标准。2004 年农业部制定发布了 NY/T 779—2004《普洱茶》标准，2008 年 GB/T 22111—2008《地理标志产品　普洱茶》发布实施。2009 年发布了 GB/T 24614—2009《紧压茶原料要求》和 GB/T 24615—2009《紧压茶生产加工技术规范》。

红茶标准：20 世纪 90 年代，参照历年来红碎茶四套加工标准样设置的花色和产品质量水平，结合国际市场惯例，在非等效采用国际标准 ISO 3720—1986《红茶　定义及基本要求》的基础上，制订了一、二、四套红碎茶国家标准，于 1992 年发布实施了第二套、第四套，1997 年发布实施了第一套红碎茶标准。2008 年该系列标准修订为 GB/T 13738.1—2008《红茶　第 1 部分：红碎茶》（2017 年修订），将红碎茶产品统一调整为大叶种红碎茶和中小叶种红碎茶两种，合并缩减了产品的花色。并制定发布实施了 GB/T 13738.2—2008《红茶　第 2 部分：工夫红茶》（2017 年修订）和 GB/T 13738.3—2012《红茶　第 3 部分：小种红茶》标准。

绿茶标准：我国绿茶根据加工工艺的不同，有炒青、烘青、晒青、蒸青之分，但是在国际上统称为绿茶。1993 年 9 月 7 日国家技术监督局批准，1994 年 5 月 1 日实施的 GB/T 14456—1993《绿茶》国家标准，主要对我国绿茶的感官品质特点和主要理化指标做了规定。2008 年该标准修订为 GB/T 14456.1—2008《绿茶　第 1 部分：基本要求》（规定了绿茶感官品质的基本要求，但未规定产品各品名、花色、等级的感官指标，对主要理化指标作了规定）和 GB/T 14456.2—2008《绿茶　第 2 部分：大叶种绿茶》（2018 修订），并先后又制定 GB/T 14456.3—2016《绿茶　第 3 部分：中小叶种绿茶》、GB/T 14456.4—2016《绿茶　第 4 部分：珠茶》、GB/T 14456.5—2016《绿茶　第 5 部分：眉茶》、GB/T 14456.6—2016《绿茶　第 6 部分：蒸青茶》等标准。

2002 年开始根据原产地域产品保护制度（原产地域产品 2005 年开始统一称为地理标志产品），先后发布实施了 GB 18650—2002《原产地域产品　龙井茶》、GB 18665—2002《蒙山茶》等国家标准（2008 年修订），2004 年农业部也制定发布了部分名茶行业标准，从此，我国具有地域特色的名优茶叶产品逐步建立了国家和行业标准，名优茶发展走上规范化、科学化、标准化之路。

乌龙茶标准：2002 年发布实施了 GB 18745—2002《武夷岩茶》（2006 年修订），又逐渐发布实施了 GB 19598—2004《原产地域产品　安溪铁观音》（2006 年修订）、GB/T 21824—2008《地理标志产品　永春佛手》等国家标准。以后又先后制定了 GB/T 30357.1—2013《乌龙茶　第 1 部分：基本要求》、GB/T 30357.2—2013《乌龙茶　第 2 部分：铁观音》、GB/T 30357.3—2015《乌龙茶　第 3 部分：黄金桂》、GB/T 30357.4—2015《乌龙茶　第 4 部分：水仙》、GB/T 30357.5—2015《乌龙茶　第 5 部分：肉桂》、GB/T 30357.6—2017《乌龙茶　第 6 部分：单丛》、GB/T 30357.7—2017《乌龙茶　第 7 部分：佛手》等。

黄茶标准：2008 年 GB/T 21726—2008《黄茶》（2018 年修订）、GB/T 22291—2008《白茶》发布实施（2017 年修订）和 GB/T 22109—2008《地理标志产品　政和白茶》，2015 年制定了 GB/T 31751—2015《紧压白茶》。

黑茶标准：黑茶先后制定了 GB/T 32719.1—2016《黑茶　第 1 部分：基本要求》、GB/T 32719.2—2016《黑茶　第 2 部分：花卷茶》、GB/T 32719.3—2016《黑茶　第 3 部分：湘尖茶》、GB/T 32719.4—2016《黑茶　第 4 部分：六堡茶》、GB/T 32719.5—2018《黑茶　第 5 部分：茯茶》等。

花茶和袋泡茶标准：农业部 2004 年制定发布了 NY/T 456—2001《茉莉花茶》标准，2008 年 GB/T 22292—2008《茉莉花茶》发布实施（2017 年修订）。2009 年 GB/T

24690—2009《袋泡茶》发布实施（2018 年修订）。

茶叶深加工产品标准：2004 年国家轻工业局制定发布了 QB 2499—2000《茶饮料》标准，2008 年 GB/T 21733—2008《茶饮料》发布实施。QB 2154—1995《食品添加剂 茶多酚》产品标准，由中国轻工总会于 1995 年 10 月 24 日批准，1996 年 6 月 1 日实施，2016 年发布 GB 1886.211—2016《食品安全国家标准 食品添加剂 茶多酚（又名维多酚）》。我国还先后制定了 GB/T 18798.4—2013《固态速溶茶 第 4 部分：规格》、GB/T 31740.1—2015《茶制品 第 1 部分：固态速溶茶》、GB/T 31740.2—2015《茶制品 第 2 部分：茶多酚》、GB/T 31740.3—2015《茶制品 第 3 部分：茶黄素》等标准。

至此，我国的主要茶叶产品大部分都制定了国家标准或行业标准。1995 年由农业部提出的 NY/T 288—1995《绿色食品 红茶和绿茶》产品标准实施，2002 年修订为 NY/T 288—2002《绿色食品 茶叶》。农业部 2001 年发布了 NY 5017—2001《无公害食品 茶叶》，2004 年修订为 NY 5244—2004《无公害食品 茶叶》（2014 年 1 月 1 日废止）；2002 年发布了 NY 5196—2002《有机茶》。上述标准主要是对茶叶卫生安全指标提出了较严格的要求。

三、我国茶叶方法和规范、 规程标准的发展

试验方法标准，是在适合指定目的的精密度范围内和给定环境下，全面描述试验活动以及得出结论方式的标准。规定产品、过程或服务需要满足的要求以及用于判定其要求是否得到满足的实证方法的标准。规程标准，为产品、过程或服务全生命周期的相关阶段推荐良好惯例或程序的标准。

（一）茶叶感官审评方法标准的发展

茶叶感官审评是茶叶品质检验方法之一，目前，世界各国对茶叶品质、等级、价格的确定，主要依靠感官检验。作为一种传统的品质鉴别方法，经过不断改进，逐渐形成了较为规范的检验方法。

由原内销茶主管部门商业部发布实施的 GH 016—1984《屯婺遂舒杭温平七套初制炒青绿茶》（附录 A：感官审评和附录 B：感官审评常用品质标准术语、名词和虚词），是我国第一个有关茶叶感官审评方法的标准。我国最早制定的茶叶感官审评方法标准是 1986 年由国家进出口商品检验局发布实施的出口茶叶感官审评方法（2000 年修订）。随后部分茶叶产品国家标准中规定了相应的茶叶感官审评方法，如 GB/T 9172—1988《花茶级型坯》（附录 A：感官检验方法）等。商业部 1993 年发布了 SB/T 10157—1993《茶叶感官审评方法》，农业部 2004 年发布 NY/T 787—2004《茶叶感官审评通用方法》。三个行业标准不完全一致，进出口茶叶采用商检行业标准，内销茶叶则商业行业标准和农业行业标准均有采用。2009 年 5 月 12 日 GB/T 23776—2009《茶叶感官审评方法》发布，2009 年 9 月 1 日实施，结束了茶叶感官审评方法无国家标准的历史，2018 年进行了修订。

（二）茶叶理化检测方法标准基本完善

1987 年 11 月 19 日商业部批准茶叶取样、磨碎试样的制备及其干物质含量的测定、水分测定、水浸出物测定、总灰分测定、水溶性灰分和水不溶性灰分测定、水不溶性

灰分碱度测定、酸不溶性灰分、粗纤维测定、粉末和碎茶含量测定、咖啡碱测定、茶多酚测定、游离氨基酸总量测定 13 项茶叶理化检测方法国家标准，于 1988 年 7 月 1 日实施，我国常规茶叶理化检测方法基本建立了国家标准，2002 年和 2013 年修订了上述标准，2008 年又修订了茶多酚测定标准，并增加了儿茶素测定（2018 年修订）。2002 年制定了速溶茶相关测定方法，2008 年修订（后又修订）。2008 年制定了茶叶中硒含量的检测方法和茶叶中茶氨酸的测定方法（2017 年修订）。并制定了茶叶卫生安全指标的检测方法标准。

在此之前，1986 年国家进出口商品检验局发布了 12 项出口茶叶理化检测方法标准，1987 年 7 月 1 日实施。1986 年又制定了出口茶叶中硒的测定方法标准。1986 年、1987 年又发布和实施了出口茶叶包装检验、重量鉴定方法等标准。随后又多次对上述标准进行了修订。

（三）茶叶生产加工技术等相关规范规程标准

先后制定了 GB/T 24615—2009《紧压茶生产加工技术规范》、GB/Z 26576—2011《茶叶生产技术规范》、GB/T 30377—2013《紧压茶茶树种植良好规范》、GB/T 31748—2015《茶鲜叶处理要求》GB/T 32742—2016《眉茶生产加工技术规范》、GB/T 32743—2016《白茶加工技术规范》、GB/T 34779—2017《茉莉花茶加工技术规范》、GB/T 35863—2018《乌龙茶加工技术规范》、GB/T 35810—2018《红茶加工技术规范》，以及农药合理使用准则、田间药效试验准则等国家标准和行业标准。

四、我国茶叶管理标准的发展

管理标准，为规范各类管理事项（事务）而制定的标准，或者管理机构为行使其管理职能而制定的具有特定管理功能的标准。茶叶方面主要有 GB/T 20014.12—2013《良好农业规范　第 12 部分：茶叶控制点与符合性规范》、GB/T 33915—2017《农产品追溯要求　茶叶》、GB/T 32744—2016《茶叶加工良好规范》、GB/Z 35045—2018《茶产业项目运营管理规范》等国家标准和行业标准。

五、完善我国茶叶标准体系的建议

（一）我国茶叶标准存在的问题

1. 茶叶标准体系不完善

由于我国茶叶品类的多样性、加工工艺的复杂性和生产的地域性，使得茶叶标准的制（修）定难度较大。尽管我国茶叶方法标准和产品标准数量比较多，但仍有许多茶类产品缺乏标准，无标准可依，特别与之相配套的物流标准，生产、加工技术规程等标准严重欠缺，难以实现从源头和流通环节保证茶叶质量的要求，不适应茶叶生产发展的要求。

2. 部分标准难以实施

部分标准制定时脱离茶叶生产经营实际，发布后难以在生产中组织实施，成了形同虚设的空文，出现问题既无机构承担相关责任又无相关人员解释有关条款。如大部分茶叶产品标准均要求制备实物标准样，但由哪个部门制备并未明确规定。

3. 部分标准相互交叉重复，技术指标要求不一

由于我国茶叶标准政出多门，体系不健全，部分国家标准、行业标准及地方标准统一性不够，一些标准之间相互交叉重复，特别是许多行业标准与国家标准重复，一些技术指标要求不一，甚至存在冲突，企业无所适从。如 GB 19965—2005《砖茶含氟量》规定：砖茶（又称紧压茶或边销茶）允许含氟量为 300mg/kg，而农业部颁布实施的农业行业标准 NY 659—2003《茶叶中铬、镉、砷和氟化物限量》规定，作为饮料的茶叶允许含氟量为 200mg/kg，严于国家标准。

部分标准修订不及时，标龄较长，特别是制定了新的标准后，而相关标准修订不及时。部分茶叶产品标准分级名称不一，比较混乱，如在常见的特级之上还有极品、特贡、贡品、精品、珍品、超特等级别名称，导致消费者不易确定茶叶品质，不利于茶叶销售市场的规范化。茶叶产品标准理化指标项目数量不一，同类茶叶指标要求不一。

（二）完善我国茶叶标准体系的建议

1. 认真分析茶叶标准现状

2009 年国家标准管理委员会决定，组织实施国家标准化体系建设工程。全国茶叶标准化技术委员会应充分利用这一契机，对茶叶标准现状进行认真分析，包括国家标准、行业标准的现状分析，强制性标准和推荐性标准分析，标准体系结构和布局分析，标准数量和质量分析，子体系之间或标准之间的协调性分析，标准的缺失和滞后分析，标准的适用性和时效性分析等。

2. 清理茶叶相关的行业标准

对我国现有茶叶行业标准进行清理，废止与国家标准交叉重复、没有出版、长期无人使用、存在严重问题及技术内容陈旧落后的标准，解决行业标准存在的标准老化、采标率低、市场适用性较差等问题，建立与国家标准协调配套、先进科学，适应社会主义市场经济体制的行业标准体系。

3. 构建完善的茶叶标准体系

要加快茶叶标准体系建设，加强标准制定的科学性与合理性，根据国际贸易需要规划我国国家标准的体系构架，建立茶叶分类标准，并在科学分析的基础上，制定各茶类的产品标准。加快制定茶叶生产、加工技术规程、物流与贮存标准。各相关部门根据分管的职责，制定相关的行业标准以辅助和支撑国家标准。由国家标准和行业标准组成我国茶叶标准的主干体系。地方标准作为细化的标准，充分体现产品的特色和特征，强化我国丰富多彩的茶叶产品个性，成为茶叶标准化体系的分支体系。而企业标准根据自身生产环境，以建立企业最佳秩序、稳定和提高茶叶质量、保护企业自身及消费者的利益为目标进行制定，是进入市场的具体标准。

在标准的要求中，同类同花色产品执行统一的安全指标和理化指标，进一步规范茶叶分级，及时修订标准，防止标准之间要求的参数不统一导致生产、监督和管理出现混乱的局面。要根据国内外市场的变化，及时制定茶叶产品标准，特别是一些新产品标准，一方面突出我国丰富的茶类产品优势，另一方面保证中国茶叶的品质，提升我国茶叶的市场竞争力。随着中国经济的崛起，把茶叶生产大国建成标准制定大国，引领世界茶叶消费的潮流。

第 二 节　茶叶标准体系

　　我国茶叶标准体系由国家标准体系（茶叶）、全国茶叶标准化技术委员会体系和 GH/T 1119—2015《茶叶标准体系表》三个部分组成。

一、国家标准体系（茶叶）

　　国家标准体系（茶叶）框架，见表4-1。

表4-1　　　　　　　　　　　国家标准体系（茶叶）框架表

ID	体系类目代码	体系类目名称	GB/T 4754分类编码	SAC/TC编号	SAC/TC名称	重点领域	国际标准化组织TC编号及名称	专业部	业务指导单位	ICS	中标分类
29	000-12	地理标志产品	—	SWG4	原产地域产品	—	—	农业食品部	国家标准化管理委员会	—	—
75	000-19-06	食品安全	—	TC313	食品安全管理技术	—	—	—	原国家卫计委	—	—
130	101-00	农业通用		TC37	农作物种子	中长期		农业食品部	国家农业农村部	65.020.01 农业和林业综合	B21 种子与育种
172	101-03-02	茶叶种植	0164	TC339	全国茶叶标准化技术委员会	农业	ISO/TC34/SC8 食品/茶	农业食品部	中华全国供销合作总社		
349	202-02-00	食品制造通用	—	3-2	食品标签	—	—	农业食品部	原国家卫计委	67.040 食品综合	X00/09 食品综合
431	202-03-04	精制茶加工	1530	TC339	全国茶叶标准化技术委员会	农业	ISO/TC34/SC8 食品/茶	农业食品部	中华全国供销合作总社	67.140.10 茶	X55 茶叶制品
431	202-03-04-00	精制茶加工的基础通用	1530	TC339	全国茶叶标准化技术委员会	农业	ISO/TC34/SC8 食品/茶	农业食品部	中华全国供销合作总社	67.140.10 茶	X55 茶叶制品
431	202-03-04-01	精制茶加工的产品标准	1530	TC339	全国茶叶标准化技术委员会	农业	ISO/TC34/SC8 食品/茶	农业食品部	中华全国供销合作总社	67.140.10 茶	X5 茶叶制品
431	202-03-04-02	精制茶加工的方法标准	1530	TC339	全国茶叶标准化技术委员会	农业	ISO/TC34/SC8 食品/茶	农业食品部	中华全国供销合作总社	67.140.10 茶	X55 茶叶制品

续表

ID	体系类目代码	体系类目名称	GB/T 4754 分类编码	SAC/TC 编号	SAC/TC 名称	重点领域	国际标准化组织 TC 编号及名称	专业部	业务指导单位	ICS	中标分类
431	202-03-04-03	精制茶加工的管理标准	1530	TC339	全国茶叶标准化技术委员会	农业	ISO/TC34/SC8 食品/茶	农业食品部	中华全国供销合作总社	67.140.10 茶	X55 茶叶制品

国家标准体系（茶叶）框架的表格是由国家标准化管理委员会统一制定。其中第 1 栏 ID 为体系类序号；第 2 栏和第 3 栏分别为体系类目代码和对应的体系类目名称；第 4 栏是指 GB/T 4754—2017《国民经济行业分类》中的分类编号，茶叶加工在此标准中的分类编号为 1530，其中 15 代表饮料制造业、30 为茶叶加工。

二、全国茶叶标准化技术委员会体系

全国茶叶标准化技术委员会体系框架见表 4-2。

表 4-2　　　　　　　　　全国茶叶标准化技术委员会体系框架表

ID	体系类目代码	体系类目名称	GB/T 4754	体系类目说明	SAC/TC 编号	SAC/TC 名称	国际标准化组织 TC 编号及名称	业务指导单位	ICS	中标分类
172	101-03-02	茶及其他饮料作物的种植	0164	指茶、可可、咖啡等饮料作物的种植，以及茶叶、可可和咖啡等的采集和简单加工	TC339	茶叶	ISO/TC34/SC8 食品/茶 ISO/TC34/SC15 食品/咖啡	ISO/TC34/SC8 食品/茶 ISO/TC34/SC15 食品/咖啡	ISO/TC34/SC8 食品/茶 ISO/TC34/SC15 食品/咖啡	ISO TC34/SC8 食品/茶 ISO TC34/SC15 食品/咖啡
431	202-03-04	精制茶加工	1530	—	TC339	茶叶	ISO/TC34/SC8 食品/茶	中华全国供销合作总社	67.140.10 茶	X55 茶叶制品
	202-03-04-00	精制茶加工的基础通用标准	1530	茶叶的基础通用类标准	TC339	茶叶	ISO/TC34/SC8 食品/茶	中华全国供销合作总社	67.140.10 茶	X55 茶叶制品
	202-03-04-01	精制茶加工的产品标准	1530	茶叶的产品类标准	TC339	茶叶	ISO/TC34/SC8 食品/茶	中华全国供销合作总社	67.140.10 茶	X55 茶叶制品
	202-03-04-02	精制茶加工的方法标准	1530	茶叶的检测方法类标准	TC339	茶叶	ISO/TC34/SC8 食品/茶	中华全国供销合作总社	67.140.10 茶	X55 茶叶制品

续表

ID	体系类目代码	体系类目名称	GB/T 4754	体系类目说明	SAC/TC编号	SAC/TC名称	国际标准化组织TC编号及名称	业务指导单位	ICS	中标分类
	202-03-04-03	精制茶加工的管理标准	1530	茶叶的管理类标准	TC339	茶叶	ISO/TC34/SC8 食品/茶	中华全国供销合作总社	67.140.10	X55 茶叶制品

三、GH/T 1119—2015《茶叶标准体系表》

该标准是将我国茶叶标准（不含茶叶机械标准），按其内在联系以一定的形式排列起来的图表。它包括正在制定的、应有的和预计需要制定的国家和供销合作行业茶叶标准，它表明茶叶标准的主要组成。

该标准是一种指导性的技术文件，是编制标准制定、修订计划的依据。茶叶标准体系表将随着我国茶叶行业和科学技术的发展而不断更新和充实。

本标准规定了茶叶（国家标准和供销合作行业标准但不包括茶叶机械标准）标准体系表的层次、框图和标准明细表，适用于茶叶行业标准化工作。

标准体系表是将已有的标准、正在制定（尚未发布）的标准和预计未来将要制定的标准综合在一起，进行标准体系的层次划分，形成标准体系表的层次结构框图。标准体系表的第一层为茶通用（包括基础、质量、方法、物流等）标准，第二层为茶类标准，第三层为再加工茶类标准。

标准体系表层次结构框见图4-1，各层次标准明细表见表4-3～表4-19。其中有标准编号的为已发布实施的标准，没有标准编号的为正在制定的或预计需要制定的标准。

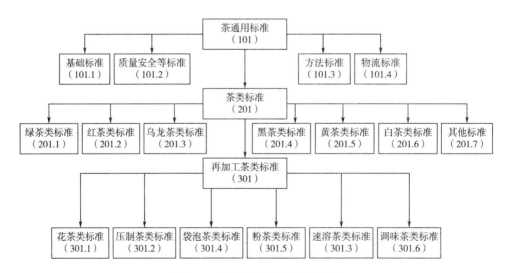

图4-1　标准体系表层次结构框

表 4-3　　　　　　　　　**101.1 茶通用标准——基础标准**

序号	标准名称	标准代号和编号	标准类别	采用国际、国外标准的程度	采用的或相应的国际、国外标准号	备注
1	茶树种苗	GB 11767—2003	国家	—	—	已发布实施
2	茶叶感官审评术语	GB/T 14487—2017	国家	—	—	已发布实施
3	茶叶标准样品制备技术条件	GB/T 18795—2012	国家	—	—	已发布实施
4	茶叶感官审评室基本条件	GB/T 18797—2012	国家	修改采用 MOD	ISO 8589：2007/	已发布实施
5	良好农业规范　第 12 部分：茶叶控制点与符合性规范	GB/T 20014.12—2008	国家	—	—	已发布实施
6	茶叶加工技术规范	GB/Z 26576—2011	国家	—	—	已发布实施
7	茶叶分类	GB/T 30766—2014	国家	—	—	已发布实施
8	茶鲜叶处理要求	GB/T 31748—2015	国家	—	—	已发布实施
9	茶叶加工良好规范	GB/T 32744—2016	国家	—	—	已发布实施
10	茶叶化学分类方法	GB/T 35825—2018	国家	—	—	已发布实施
11	茶叶加工技术规程	GH/T 1076—2011	行业	—	—	已发布实施
12	茶叶加工技术规程	GH/T 1077—2011	行业	—	—	已发布实施
13	茶叶加工术语	GH/T 1124—2016	行业	—	—	已发布实施
14	茶叶标准体系表	GH/T 1119—2015	行业	—	—	已发布实施
15	生态茶园建设规程	GH/T ××××—××××	行业			正在制定
16	待定	GB/T ×××××—××××	国家			
17	待定	GH/T ××××—××××	行业			

表 4-4　　　　　　　　　**101.2 茶通用标准——质量标准**

序号	标准名称	标准代号和编号	标准类别	采用国际、国外标准的程度	采用的或相应的国际、国外标准号	备注
1	食品安全国家标准　食品中污染物限量	GB 2762—2017	国家	—	—	已发布实施
2	食品安全国家标准　食品中农药最大残留限量	GB 2763—2016	国家	—	—	已发布实施
3	出口茶叶质量安全控制规范	GB/Z 21722—2008	国家	—	—	已发布实施

续表

序号	标准名称	标准代号和编号	标准类别	采用国际、国外标准的程度	采用的或相应的国际、国外标准号	备注
4	茶叶氟含量控制技术规程	GH/T 1125—2016	行业			已发布实施
5	茶叶稀土含量控制技术规程	GH/T 1126—2016	行业			已发布实施
6	待定	GB/T ××××—××××	国家			
7	待定	GH/T ××××—××××	行业			

表 4-5   101.3 茶通用标准——方法标准

序号	标准名称	标准代号和编号	标准类别	采用国际、国外标准的程度	采用的或相应的国际、国外标准号	备注
1	茶 取样	GB/T 8302—2013	国家	非等效	ISO 1839：1980	已发布实施
2	茶 磨碎试样的制备及其干物质含量测定	GB/T 8303—2013	国家	修改	ISO 1572：1980	已发布实施
3	茶 水分测定	GB/T 8304—2013	国家	修改	ISO 1573：1980	已发布实施
4	茶 水浸出物测定	GB/T 8305—2013	国家	修改	ISO 9768：1994	已发布实施
5	茶 总灰分测定	GB/T 8306—2013	国家	修改	ISO 1575：1987	已发布实施
6	茶 水溶性灰分和水不溶性灰分测定	GB/T 8307—2013	国家	修改	ISO 1576：1988	已发布实施
7	茶 酸不溶性灰分测定	GB/T 8308—2013	国家	修改	ISO 1577：1987	已发布实施
8	茶 水溶性灰分碱度测定	GB/T 8309—2013	国家	修改	ISO 1578：1975	已发布实施
9	茶 粗纤维测定	GB/T 8310—2013	国家	修改	ISO 15598：1999	已发布实施
10	茶 粉末和碎茶含量测定	GB/T 8311—2013	国家	—	—	已发布实施
11	茶 咖啡碱测定	GB/T 8312—2013	国家	修改	1SO10727：2002	已发布实施
12	茶叶中茶多酚和儿茶素类含量的检测方法	GB/T 8313—2008	国家	修改	ISO：14502	正在修订
13	茶 游离氨基酸总量测定	GB/T 8314—2013	国家	—	—	已发布实施
14	茶中有机磷及氨基甲酸酯农药残留量的简易检验方法（酶抑制法）	GB/T 18625—2002	国家	—	—	已发布实施
15	茶叶中硒含量的检测方法	GB/T 21729—2008	国家	—	—	需要修订

续表

序号	标准名称	标准代号和编号	标准类别	采用国际、国外标准的程度	采用的或相应的国际、国外标准号	备注
16	茶叶中茶氨酸的测定 高效液相色谱法	GB/T 23193—2017	国家	—	—	已发布实施
17	茶叶中 519 种农药及相关化学品残留量的测定 气相色谱 - 质谱法	GB/T 23204—2008	国家	—	—	已发布实施
18	茶叶中 448 种农药及相关化学品残留量的测定 液相色谱—串联质谱法	GB/T 23205—2008	国家	—	—	已发布实施
19	茶叶中农药多残留测定 气相色谱/质谱法	GB/T 23376—2009	国家	—	—	已发布实施
20	水果、蔬菜及茶叶中吡虫啉残留的测定 高效液相色谱	GB/T 23379—2009	国家	—	—	已发布实施
21	茶叶感官审评方法	GB/T 23776—2018	国家	—	—	已发布实施
22	茶叶中铁、锰、铜、锌、钙、镁、钾、钠、磷、硫的测定 电感耦合等离子体原子发射光谱法	GB/T 30376—2013	国家	—	—	已发布实施
23	茶叶中茶黄素测定 - 高效液相色谱法	GB/T 30483—2013	国家	—	—	已发布实施
24	待定	GB/T ×××××—××××	国家			
25	待定	GH/T ××××—××××	行业			

表 4-6 　　　　　101.4 茶通用标准——物流标准

序号	标准名称	标准代号和编号	标准类别	采用国际、国外标准的程度	采用的或相应的国际、国外标准号	备注
1	食品安全国家标准 预包装食品标签通则	GB 7718—2011	国家	—	—	已发布实施
2	限制商品过度包装要求 食品和化妆品	GB 23350—2009	国家	—	—	已发布实施
3	茶叶贮存	GB/T 30375—2013	国家	—	—	已发布实施
4	茶叶交易服务规范	GB/T ×××××—××××	国家			已申请立项

续表

序号	标准名称	标准代号和编号	标准类别	采用国际、国外标准的程度	采用的或相应的国际、国外标准号	备注
5	茶叶包装通则	GH/T 1070—2011	行业	—	—	已发布实施
6	茶叶贮存通则	GH/T 1071—2011	行业	—	—	已发布实施
7	待定	GB/T ××××—××××	国家			
8	待定	GH/T ××××—××××	行业			

表 4-7　　　　　　　　　　201.1 茶类标准——绿茶类标准

序号	标准名称	标准代号和编号	标准类别	采用国际、国外标准的程度	采用的或相应的国际、国外标准号	备注
1	绿茶　第1部分：基本要求	GB/T 14456.1—2017	国家	—	—	已发布实施
2	绿茶　第2部分：大叶种绿茶	GB/T 14456.2—2017	国家	—	—	已发布实施
3	地理标志产品　龙井茶	GB/T 18650—2008	国家	—	—	已发布实施
4	地理标志产品　蒙山茶	GB/T 18665—2008	国家	—	—	已发布实施
5	地理标志产品　洞庭（山）碧螺春茶	GB/T 18957—2008	国家	—	—	已发布实施
6	地理标志产品　黄山毛峰茶	GB/T 19460—2008	国家	—	—	已发布实施
7	地理标志产品　狗牯脑茶	GB/T 19691—2008	国家	—	—	已发布实施
8	地理标志产品　太平猴魁茶	GB/T 19698—2008	国家	—	—	已发布实施
9	地理标志产品　安吉白茶	GB/T 20354—2006	国家	—	—	已发布实施
10	地理标志产品　乌牛早茶	GB/T 20360—2006	国家	—	—	已发布实施
11	地理标志产品　雨花茶	GB/T 20605—2006	国家	—	—	已发布实施
12	地理标志产品　庐山云雾茶	GB/T 21003—2007	国家	—	—	已发布实施
13	地理标志产品　信阳毛尖茶	GB/T 22737—2008	国家	—	—	已发布实施
14	地理标志产品　崂山绿茶	GB/T 26530—2011	国家	—	—	已发布实施
15	珠茶生产加工技术规范	GB/T ××××—××××	国家			正在制定
16	绿茶　第3部分：中小叶种绿茶	GB/T 14456.3—2016	国家			已发布实施
17	绿茶　第4部分：珠茶	GB/T 14456.4—2016	国家			已发布实施
18	绿茶　第5部分：眉茶	GB/T 14456.5—2016	国家			已发布实施
19	绿茶　第6部分：蒸青茶	GB/T 14456.6—2016	国家			已发布实施

续表

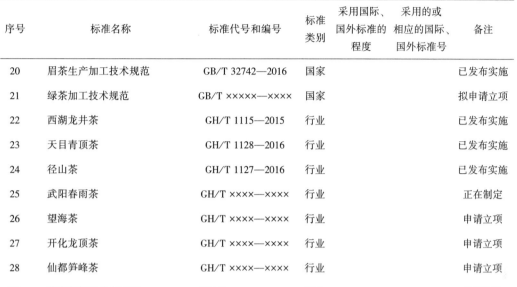

序号	标准名称	标准代号和编号	标准类别	采用国际、国外标准的程度	采用的或相应的国际、国外标准号	备注
20	眉茶生产加工技术规范	GB/T 32742—2016	国家			已发布实施
21	绿茶加工技术规范	GB/T ××××—××××	国家			拟申请立项
22	西湖龙井茶	GH/T 1115—2015	行业			已发布实施
23	天目青顶茶	GH/T 1128—2016	行业			已发布实施
24	径山茶	GH/T 1127—2016	行业			已发布实施
25	武阳春雨茶	GH/T ××××—××××	行业			正在制定
26	望海茶	GH/T ××××—××××	行业			申请立项
27	开化龙顶茶	GH/T ××××—××××	行业			申请立项
28	仙都笋峰茶	GH/T ××××—××××	行业			申请立项
29	蒸青茶加工技术规范	GH/T ××××—××××	行业			申请立项
30	待定	GB/T ××××—××××	国家			

表 4-8 　　　　　　　**201.2 茶类标准——红茶类标准**

序号	标准名称	标准代号和编号	标准类别	采用国际、国外标准的程度	采用的或相应的国际、国外标准号	备注
1	红茶　第1部分：红碎茶	GB/T 13738.1—2017	国家	—	—	已发布实施
2	红茶　第2部分：工夫红茶	GB/T 13738.2—2017	国家	—	—	已发布实施
3	红茶　第3部分：小种红茶	GB/T 13738.3—2017	国家	—	—	已发布实施
4	地理标志产品　坦洋工夫	GB/T 24710—2009	国家			已发布实施
5	红茶加工技术规范	GB/T 35810—2018	国家			申请立项
6	九曲红梅	GH/T 1116—2015	行业			已发布实施
7	金骏眉	GH/T 1118—2015	行业			已发布实施
8	英德红茶	GH/T 1243—2019	行业			已发布实施
9	信阳红茶	GH/T 1248—2019	行业			已发布
10	祁门红茶	GH/T ××××—××××	行业			正在修订
11	待定	GB/T ××××—××××	国家			
12	待定	GH/T ××××—××××	行业			

表 4-9 201.3 茶类标准——乌龙茶类标准

序号	标准名称	标准代号和编号	标准类别	采用国际、国外标准的程度	采用的或相应的国际、国外标准号	备注
1	地理标志产品 武夷岩茶	GB/T 18745—2006	国家	—	—	已发布实施
2	地理标志产品 安溪铁观音	GB/T 19598—2006	国家	—	—	已发布实施
3	地理标志产品 永春佛手	GB/T 21824—2008	国家	—	—	已发布实施
4	乌龙茶 第1部分：基本要求	GB/T 30357.1—2013	国家	—	—	已发布实施
5	乌龙茶 第2部分：铁观音	GB/T 30357.2—2013	国家	—	—	已发布实施
6	乌龙茶 第3部分：黄金桂	GB/T 30357.3—2015	国家	—	—	已发布实施
7	乌龙茶 第4部分：水仙	GB/T 30357.4—2015	国家	—	—	已发布实施
8	乌龙茶 第5部分：肉桂	GB/T 30357.5—2015	国家	—	—	已发布实施
9	乌龙茶 第6部分：单丛	GB/T 30357.6—2017	国家			已发布实施
10	乌龙茶 第7部分：佛手	GB/T 30357.6—2017	国家			已发布实施
11	乌龙茶 第8部分：大红袍	GB/T ××××—××××	国家			正在制定
12	乌龙茶加工技术规范	GB/T 35863—2018	国家			已发布实施
13	诏安八仙茶	GH/T 1236—2018	行业			已发布实施
14	漳平水仙茶	GH/T 1241—2019	行业			已发布实施

表 4-10 201.4 茶类标准——黑茶类标准

序号	标准名称	标准代号和编号	标准类别	采用国际、国外标准的程度	采用的或相应的国际、国外标准号	备注
1	地理标志产品 普洱茶	GB/T 22111—2008	国家	—	—	已发布实施
2	黑茶 第1部分：基本要求	GB/T 32719.1—2016	国家			已发布实施
3	黑茶 第2部分：花卷茶	GB/T 32719.2—2016	国家			已发布实施
4	黑茶 第3部分：湘尖茶	GB/T 32719.3—2016	国家			已发布实施
5	黑茶 第4部分：六堡茶	GB/T 32719.4—2016	国家			已发布实施
6	黑茶 第5部分：茯茶	GB/T 32719.5—2018	国家			已发布实施

序号	标准名称	标准代号和编号	标准类别	采用国际、国外标准的程度	采用的或相应的国际、国外标准号	备注
7	黑茶　第6部分：	GB/T ××××—××××	国家	—	—	拟申请立项
8	黑茶　第7部分：	GB/T ××××—××××	国家			拟申请立项
9	黑茶加工技术规范	GB/T ××××—××××	国家			拟申请立项
10	雅安藏茶	GH/T 1120—2015	行业			已发布实施
11	茯茶加工技术规范	GH/T 1246—2019	行业			已发布实施
12	待定	GB/T ××××—××××	国家			
13	待定	GH/T ××××—××××	行业			

表 4-11　　　　　　　　　　**201.5 茶类标准——黄茶类标准**

序号	标准名称	标准代号和编号	标准类别	采用国际、国外标准的程度	采用的或相应的国际、国外标准号	备注
1	黄茶	GB/T 21726—2008	国家	—	—	已发布实施
2	黄茶加工技术规范	GB/T ××××—××××	国家			正在修订
3	莫干黄芽	GH/T 1235—2018	行业			已发布实施
4	待定	GH/T ××××—××××	行业			

表 4-12　　　　　　　　　　**201.6 茶类标准——白茶类标准**

序号	标准名称	标准代号和编号	标准类别	采用国际、国外标准的程度	采用的或相应的国际、国外标准号	备注
1	白茶	GB/T 22291—2018	国家	—	—	已发布实施
2	地理标志产品　政和白茶	GB/T 22109—2008	国家	—	—	已发布实施
3	紧压白茶	GB/T 31751—2015	国家	—	—	已发布实施
4	白茶加工技术规范	GB/T 32743—2016	国家	—	—	已发布实施
5	紧压白茶加工技术规范	GH/T 1242—2019	行业			已发布实施
6	待定	GB/T ××××—××××	国家			
7	待定	GH/T ××××—××××	行业			

表 4-13　　　　　　　　　　**201.7 茶类标准——其他标准**

序号	标准名称	标准代号和编号	标准类别	采用国际、国外标准的程度	采用的或相应的国际、国外标准号	备注
1	富硒茶	GH/T 1090—2014	行业	—	—	已发布实施
2	有机茶加工技术规范	GB/T ××××—××××	国家			
3	生态茶园建设规范	GH/T 1245—2019	行业			已发布实施
4	待定	GH/T ××××—××××	行业			

表 4-14　　　　　　　　　**301.1 再加工茶类标准——花茶类标准**

序号	标准名称	标准代号和编号	标准类别	采用国际、国外标准的程度	采用的或相应的国际、国外标准号	备注
1	茉莉花茶	GB/T 22292—2017	国家	—	—	已发布实施
2	花茶加工技术规范	GB/T 34779—2017	国家			已发布实施
3	桂花茶	GH/T 1117—2015	行业			已发布实施
4	待定	GB/T ××××—××××	国家			
5	待定	GH/T ××××—××××	行业			

表 4-15　　　　　　　　　**301.2 再加工茶类标准——压制茶类标准**

序号	标准名称	标准代号和编号	标准类别	采用国际、国外标准的程度	采用的或相应的国际、国外标准号	备注
1	紧压茶　第1部分：花砖茶	GB/T 9833.1—2013	国家	—	—	已发布实施
2	紧压茶　第2部分：黑砖茶	GB/T 9833.2—2013	国家	—	—	已发布实施
3	紧压茶　第3部分：茯砖茶	GB/T 9833.3—2013	国家	—	—	已发布实施
4	紧压茶　第4部分：康砖茶	GB/T 9833.4—2013	国家	—	—	已发布实施
5	紧压茶　第5部分：沱茶	GB/T 9833.5—2013	国家	—	—	已发布实施
6	紧压茶　第6部分：紧茶	GB/T 9833.6—2013	国家	—	—	已发布实施
7	紧压茶　第7部分：金尖茶	GB/T 9833.7—2013	国家	—	—	已发布实施
8	紧压茶　第8部分：米砖茶	GB/T 9833.8—2013	国家	—	—	已发布实施
9	紧压茶　第9部分：青砖茶	GB/T 9833.9—2013	国家	—	—	已发布实施
10	砖茶含氟量	GB 19965—2005	国家	—	—	已发布实施

序号	标准名称	标准代号和编号	标准类别	采用国际、国外标准的程度	采用的或相应的国际、国外标准号	备注
11	砖茶含氟量的检测方法	GB/T 21728—2008	国家	—	—	需要修订
12	紧压茶原料要求	GB/T 24614—2009	国家	—	—	已发布实施
13	紧压茶生产加工技术规范	GB/T 24615—2009	国家	—	—	已发布实施
14	紧压茶茶树种植良好规范	GB/T 30377—2013	国家	—	—	已发布实施
15	紧压茶企业良好规范	GB/T 30378—2013	国家	—	—	已发布实施
16	待定	GB/T ××××—××××	国家			
17	待定	GH/T ××××—××××	行业			

表4-16　　　　　　　301.3 再加工茶类标准——速溶茶类标准

序号	标准名称	标准代号和编号	标准类别	采用国际、国外标准的程度	采用的或相应的国际、国外标准号	备注
1	固态速溶茶　取样	GB/T 18798.1—2017	国家	等效	ISO 7516	已发布实施
2	固态速溶茶　第2部分：水分测定	GB/T 18798.2—2008	国家	等效	ISO 7513	正在修订
3	固态速溶茶　第3部分：总灰分测定	GB/T 18798.3—2018	国家	等效	ISO 7514	已发布实施
4	固态速溶茶　第4部分：规范	GB/T 18798.4—2013	国家	修改	ISO 6079	已发布实施
5	固态速溶茶　第5部分：自由流动和紧密 堆积密度的测定	GB/T 18798.5—2013	国家	修改	ISO 6770	已发布实施
6	速溶茶辐照杀菌工艺	GB/T 18526.1—2011	国家	—	—	已发布实施
7	固态速溶茶　儿茶素类含量的检测方法	GB/T 21727—2008	国家	修改	ISO 14502-2	已发布实施
8	茶制品　第1部分：固态速溶茶	GB/T 31740.1—2015	国家	—	—	已发布实施
9	茶制品　第2部分：茶多酚	GB/T 31740.2—2015	国家	—	—	已发布实施
10	茶制品　第3部分：茶黄素	GB/T 31740.3—2015	国家	—	—	已发布实施
11	固态速溶茶中农药多残留的测定　气相色谱-质谱法/液相色谱-质谱法	GB/T ××××—××××	国家	—	—	申请立项

续表

序号	标准名称	标准代号和编号	标准类别	采用国际、国外标准的程度	采用的或相应的国际、国外标准号	备注
12	固态速溶茶中水分、茶多酚、咖啡碱含量的近红外光谱快速测定法	GH/T ××××—××××	行业			正在制定
13	茶多酚制品中水分、茶多酚、咖啡碱含量的近红外光谱快速测定法	GH/T ××××—××××	行业			正在制定
14	固态速溶普洱茶	GH/T ××××—××××	行业			正在制定
15	待定	GB/T ××××—××××	国家			
16	待定	GH/T ××××—××××	行业			

表 4-17　　　　　301.4 再加工茶类标准——袋泡茶类标准

序号	标准名称	标准代号和编号	标准类别	采用国际、国外标准的程度	采用的或相应的国际、国外标准号	备注
1	袋泡茶	GB/T 24690—2008	国家	—	—	已发布实施
2	待定	GB/T ××××—××××	国家			
3	待定	GH/T ××××—××××	行业			

表 4-18　　　　　301.5 再加工茶类标准——粉茶类标准

序号	标准名称	标准代号和编号	标准类别	采用国际、国外标准的程度	采用的或相应的国际、国外标准号	备注
1	抹茶	GB/T 34778—2017	国家	—	—	已发布实施
2	粉茶	GH/T ××××—××××	行业			申请立项
3	待定	GH/T ××××—××××	行业			

表 4-19　　　　　301.6 再加工茶类标准——调味茶类标准

序号	标准名称	标准代号和编号	标准类别	采用国际、国外标准的程度	采用的或相应的国际、国外标准号	备注
1	调味茶	GH/T 1247—2019	行业			已发布实施
2	待定	GH/T ××××—××××	行业			申请立项

参考文献

［1］郭桂义，曹璐，王在群，等 . 我国的茶叶标准（一）［J］. 中国茶叶加工，2010（3）：19-23.

［2］郭桂义，曹璐，王在群，等 . 我国的茶叶标准（二）［J］. 中国茶叶加工，2010（4）：19-22.

［3］郭桂义，王广铭，夏晓娟，等 . 我国的茶叶产品和安全标准现状及建议［J］. 食品科技，2011（1）：289-295.

［4］郭桂义，王广铭 . 我国茶叶产品国家标准理化指标分析［J］. 中国茶叶加工，2014（3）：45-52.

第五章　茶叶通用标准

第一节　茶叶分类方法

一、茶叶分类概述

（一）按加工工艺分类

目前，我国和国际上通行的茶叶分类，是当代"茶圣"陈椽教授（1908—1999）结合品质的系统性和制法（加工方法）的系统性，所建立的"六大茶类分类系统"，以茶多酚氧化程度将茶叶分为绿茶、黄茶、黑茶、白茶、青茶（乌龙茶）和红茶六大茶类。再加工茶即以六大基本茶类的茶叶作为原料，进行再加工形成各种各样的茶，如花茶、紧压茶、袋泡茶、速溶茶、粉茶、超微茶粉、果味茶和含茶饮料等。

进入 21 世纪以来，我国茶叶行业快速发展，全国茶叶标准化技术委员会（SAC/TC339, National Technical Committee 339 on Tea of Standardization of Administration of China，简称全国茶标委）根据茶叶生产、茶叶加工的特点和行业发展需求，以六大茶类分类为基础，确立了以加工工艺和产品特性为主，结合茶树品种、鲜叶原料、生产地域等，对我国茶叶进行了分类，发布并实施了我国茶叶标准体系中最为基础的标准——GB/T 30766—2014《茶叶分类》。此标准首次将我国的茶叶以标准的形式进行了分类，对于规范我国的茶叶生产、加工、科研和消费，推动茶行业健康发展、促进茶叶消费具有重要的现实和长远意义。

2020 年 2 月 26 日，国家市场监管总局发布了《食品生产许可分类目录的公告》（2020 年第 8 号），在茶叶及相关制品中分为：

（1）1401 茶叶　绿茶、红茶、乌龙茶、白茶、黄茶、黑茶、花茶、袋泡茶和紧压茶；

（2）1402 茶制品　茶粉、固态速溶茶、茶浓缩液、茶膏、调味茶制品和其他茶制品（表没食子儿茶素没食子酸酯、绿茶茶氨酸、其他）；

（3）1403 调味茶　加料调味茶、加香调味茶、混合调味茶、袋泡调味茶和紧压调味茶；

（4）1404 代用茶　叶类代用茶、花类代用茶、果实类代用茶、根茎类代用茶、混合类代用茶、袋泡袋用茶和紧压代用茶。

此公告从生产许可角度规定了茶叶及相关制品的分类。其中 1404 代用茶，为非"茶"之茶（饮料的代名词）。而茶饮料从生产许可角度划归到饮料大类中 603 茶类饮料：原茶汁（茶汤/纯茶饮料）、茶浓缩液、茶饮料、果汁茶饮料、奶茶饮料、复合茶饮料、混合茶饮料、其他茶（类）饮料，以及 606 固体饮料中茶固体饮料。除了 1404 代用茶之外，其他四类 1401、1402、1403 和 603 均归属于 GB/T 30766 的分类范畴。

对于一个特定茶叶而言，如何判断其属于哪个茶类，更多的是依赖茶叶审评专家的感官审评，不同程度地存在一定的经验性。这种依赖专业感官审评的茶叶类别判别方法，对于普通消费者，特别是国外的茶叶消费者而言，存在着一定的难度。而在红茶、绿茶 ISO 标准中，着重提出了以茶多酚和（或）儿茶素含量的限制指标。基于此，茶学家以 GB/T 30766—2014《茶叶分类》为基础，通过国内外六大茶类的大量收集和专业的理化成分分析检测，结合数理统计判别分析，进一步制定发布并实施了 GB/T 35825—2018《茶叶化学分类方法》。这种基于茶叶特征化学成分含量的统计分析对特定的茶叶类别进行判别，进一步提升了茶叶分类标准的科学性，是在现行茶叶分类基础上的一种创新，必将进一步促进贸易公平，提升国外消费者认知，推动中国茶更好地走向国际市场。

（二）按原料成分分类

中国认证认可协会（China Certification & Accreditation Association，CCAA）2014 年颁布并实施的团体标准 T/CCAA 0017—2014《食品安全管理体系　茶叶、含茶制品及代用茶加工生产企业要求》（替代 CNCA/CTS 0027—2008《食品安全管理体系　茶叶加工企业要求》），将茶的部分分为茶叶和含茶制品。此标准将茶叶定义为六大茶类和再加工茶，其中再加工茶包括花茶、紧压茶和袋泡茶等；将含茶制品定义为包括以茶叶为原料加工的速溶茶类和以茶叶为原料配以各种可食用物质或食用香料等制成的调味茶类等，其中还包括（抹）茶粉、固态速溶茶（含奶茶、果味茶等）和液态速溶茶（含调味、调香浓缩茶汁）。此外，在此标准中将代用茶定义为用可食用植物的叶、花、果（实）、根茎为原料加工制作的、采用类似茶叶冲泡（浸泡）方式供人们饮用的产品。

我国作为全球领先的茶叶生产国和贸易国，近些年有超过 30 万 t 以上的茶叶出口量。在国际茶叶出口中，茶叶主要分为红茶（已发酵茶）、绿茶（不发酵茶）和半发酵茶三大类。

二、GB/T 30766—2014《茶叶分类》 解读

（一）茶叶分类的重要性

茶叶是我国的传统产业，在全球首先发现茶、利用茶，通过长期不断的实践，采用不同的茶树品种原料和各种加工工艺，逐渐形成了我国特有的六大茶类。目前，我国的六大茶类经不断完善加工工艺，根据市场需求，各种茶叶产品已琳琅满目、丰富多彩；通过六大茶类的再加工，又形成了花茶、袋泡茶、紧压茶、粉茶等为主的再加工茶。因此，统一、规范茶叶分类国家标准的制定与实施，对于我国茶叶行业健康可持续发展具有十分重要的作用。

（二）茶叶分类的适用范围

GB/T 30766—2014《茶叶分类》由中华全国供销合作总社杭州茶叶研究院负责，中国标准化研究院、安徽农业大学、福建农林大学等单位共同制定，于 2014 年 3 月发布，同年 10 月开始实施。此标准规定了茶叶的术语和定义、分类原则和类别，适用于茶叶的生产、科研、教学、贸易、检验及相关标准的制定。

（三）茶叶分类的原则

根据我国茶叶加工的特点和茶叶分类的需要，该标准规定了"鲜叶""茶叶""萎凋""杀青""做青""闷黄""发酵""渥堆""绿茶""红茶""黄茶""白茶""青茶（乌龙茶）""黑茶"和"再加工茶"15 个茶叶行业的专用术语和定义；确定了以加工工艺和产品特性为主，结合茶树品种、鲜叶原料、生产地域进行分类的原则；将我国的茶叶产品分为绿茶、红茶、黄茶、白茶、青茶（乌龙茶）、黑茶和再加工茶。其中绿茶分为炒青绿茶、烘青绿茶、蒸青绿茶、晒青绿茶；红茶分为红碎茶、工夫红茶、小种红茶；黄茶分为芽型（黄芽茶）、芽叶型（黄小茶）和多叶型（黄大茶）；白茶分为芽型（白毫银针）、芽叶型（白牡丹）和多叶型（贡眉和寿眉）；青茶（乌龙茶）分为闽南乌龙茶、闽北乌龙茶、广东乌龙茶、台式（湾）乌龙茶、其他地区乌龙茶；黑茶分为湖南黑茶、四川黑茶、湖北黑茶、广西黑茶、云南黑茶和其他地区黑茶；再加工茶分为花茶、紧压茶、袋泡茶和粉茶。

茶叶分类及相应基本加工工序见图 5-1。

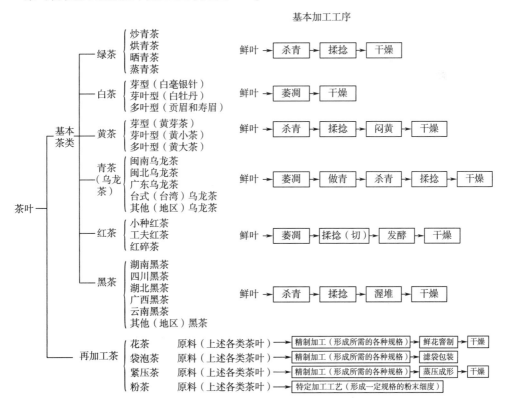

图 5-1 茶叶分类及相应基本加工工序

三、GB/T 35825—2018《茶叶化学分类方法》 解读

（一）茶叶化学分类方法的必要性

GB/T 30766—2014《茶叶分类》，根据产品特征及对应的加工工艺，侧重在工艺特征的表述上，品质上侧重于感官审评，而缺乏量化的分类方法和指标。这种分类对于国外消费者和国际贸易商来说，存在着一定的难度。在国际贸易中，由于茶类不同感官审评评判规则有异，也容易造成对茶样认识的差异而导致贸易纠纷。此外，在国际标准化组织/食品技术委员会/茶叶分委会（ISO/TC34/SC8）制定的红、绿茶 ISO 标准中，着重提出了以茶多酚和（或）儿茶素含量的限制指标。因此，中国茶叶专家在现行的 GB/T 30766—2014《茶叶分类》基础上，应用茶叶中特征性化学成分的分析，结合数学判别方法，建立了 GB/T 35825—2018《茶叶化学分类方法》，作为现行 GB/T 30766—2014《茶叶分类》的有益补充，推动中国茶更好地走向世界。

（二）茶叶化学分类方法的适用范围

GB/T 35825—2018《茶叶化学分类方法》由安徽农业大学负责，中华全国供销合作总社杭州茶叶研究院、福建农林大学、中国农业科学院茶叶研究所等单位共同制定，2018 年 2 月发布，同年 6 月开始实施。此标准规定了茶叶化学分类方法的术语和定义、原理、特征性成分因子的检测和表述、分步判别方法、分类结果的复判。标准适用于绿茶、红茶、青茶（乌龙茶）、白茶、黄茶和黑茶的分类，不适用于以这些基本茶类为原料的再加工茶叶产品。

（三）茶叶化学分类方法的主要内容

在此标准中，主要利用国际上现行的 ISO 茶叶标准中茶多酚和儿茶素（ISO 14502）、咖啡碱（ISO 10727）和茶氨酸（ISO 19563）的检测方法，对收集的国内外六大茶类总计 1100 余个样品进行分析检测，对数据进行统计分析，按照"发酵"（氧化）程度和 Fisher 逐步判别方法（图 5-2），制定了 GB/T 35825—2018《茶叶化学分类方法》。此标准利用茶叶特征性化学成分咖啡碱、儿茶素和茶氨酸等的含量，按照茶类"发酵"（氧化）程度进行逐步判别，最终建立了六大茶类的化学分类方法，判别率在85.7%～98.9%。同时规定对于化学分类结果存在争议的样品，由茶叶审评专家按 GB/T 23776—2018《茶叶感官审评方法》的规定进行最终判别。GB/T 35825—2018《茶叶化学分类方法》基于特征化学成分含量的统计分析，提升了茶叶分类标准的系统性和科学性，是在传统茶叶分类基础上的一种创新。

六大茶类 Fisher 分步判别示意图见图 5-2。

$Fisher1 = 0.732 X_1 + 0.270 X_2 + 0.062 X_3 + 6.102 X_4 + 1.751 X_5 - 1.183 X_6 - 4.548$

$Fisher2 = 1.269 X_1 - 0.283 X_2 + 0.462 X_3 - 0.753 X_4 + 2.358 X_5 - 1.971 X_6 - 1.486$

$Fisher3 = -0.619 X_1 + 0.394 X_2 - 0.202 X_3 + 0.861 X_4 + 0.820 X_5 - 0.441 X_6 - 0.300$

$Fisher4 = 0.808 X_1 - 0.196 X_2 + 9.328 X_3 - 1.408 X_4 - 3.488 X_5 - 0.145 X_6 - 2.894$

$Fisher5 = -4.357 X_1 + 0.512 X_2 - 4.452 X_3 + 6.831 X_4 - 2.604 X_5 + 3.058 X_6 + 1.377$

式中　X_1——咖啡碱含量

X_2——儿茶素总量 ［EGCG+ECG+EGC+EC+（+）C］

X_3——茶氨酸含量

X_4——EGCG 含量/儿茶素总量

X_5——茶氨酸含量×茶氨酸含量

X_6——茶氨酸含量×咖啡碱含量

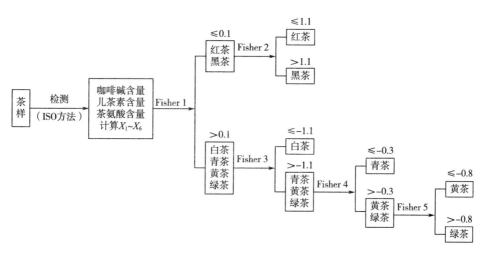

图 5-2 六大茶类 Fisher 分步判别示意图

四、我国出口茶叶分类

按照《中华人民共和国海关进出口商品规范申报目录》（2019 年版），茶叶归属在《第 2 类 植物产品》下的《第 9 章 咖啡、茶、马黛茶及调味香料》，其中茶叶进出口的商品编码分类见图 5-3。

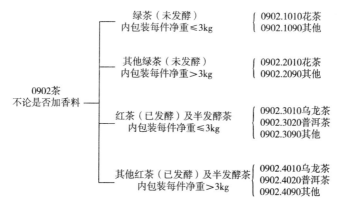

图 5-3 进出口茶叶海关编码

目前我国出口茶叶以散装茶叶和小包装茶叶为主，进出口茶叶（海关编码［HS 编码］0902）主要分为绿茶（未发酵茶）、红茶（已发酵）和半发酵茶三大类。在实际贸易中，进出口茶按照最相近的原则归属到未发酵类、已发酵类或半发酵类商品中。如白茶由于是轻发酵茶，一般归属在绿茶（未发酵）类，HS 编码为 0902.1090 或 0902.2090；黑茶中的六堡茶归属到 0902.3090 或 0902.4090 中；抹茶由于原料是绿茶，归属到 0902.1090 或 0902.2090 中。

海关编码即 HS 编码，为编码协调制度的简称，其全称为《商品名称及编码协调制度的国际公约》（International Convention for Harmonized Commodity Description and Coding System），简称协调制度（Harmonized System，缩写为 HS）。

第 二 节　茶叶感官审评方法

一、茶叶感官审评标准化概述

茶叶感官审评是审评人员运用正常的视觉、嗅觉、味觉、触觉等辨别能力，对茶叶产品的外形、汤色、香气、滋味与叶底等品质因子进行综合分析和评价的过程。其分析与评价的依据是审评人员对该茶产品的原料特征、加工工艺与技术、品质变化和产品标准的充分了解，在此基础上所做的评价与判断是正确而有效的，否则无法做好评价，甚至会做出错误的判断。

2009 年 5 月 12 日首次颁布 GB/T 23776—2009《茶叶感官审评方法》，同年 9 月 1 日实施。标准对感官审评做了定义，规定了茶叶感官审评的条件、各类茶的感官审评方法、审评结果的计算与判定。

2016 年开始对 GB/T 23776—2009《茶叶感官审评方法》进行修订，新版本 2018 年颁布实施，即 GB/T 23776—2018《茶叶感官审评方法》。新版本完善了部分茶类的茶汤的准备方法与评分权数，增加了附录 A 评茶标准杯碗形状与尺寸示意图，进一步规范了审评用具。

二、茶叶感官审评方法

（一）感官审评条件

感官审评需要在相似的环境下，应用统一的设备与器具，其审评的结果更具可比性。为了全国各地所建立的审评实验室环境条件更趋一起，制定有 GB/T 18797—2012《茶叶感官审评室基本条件》，要求感官审评室内光线均匀、充足、柔和、明亮，一天之内变化较小，避免阳光直射。地处北半球地区的评茶室应背南朝北，窗户宽敞，不装有色玻璃，保证光线不受干扰。当室内自然光线不足时，应有可以调控的接近自然光线的光源进行辅助照明。

评茶室内外不能有异色反光和遮断光线的障碍物，因此，地板、墙面、天花板及家具要用灰色、白色等颜色的材料。评茶台面光线柔和、均匀、明亮、无投影。光线不足时可在干、湿评台上方悬挂一组标准的昼光灯管，灯管色温选用 5000~6000K，使用人造光源时要注意与自然光源的协调。干评台工作面光线照度要求约 1000lx。湿评台面照度不低于 750lx。

评茶室要求干燥清洁，最好设在楼层高、光线好的位置，避免地面潮湿。审评室要配置温度计、湿度计、空调机、去湿及通风设备，以便控制室内的温度与湿度。室内最好保持温度在17~27℃、相对湿度在40%~70%。评茶室最好与贮茶室相连，避免生化分析室、生产资料仓库、食堂、卫生间等异味场所相距太近，也要远离歌厅、闹市，确保宁静。室内严禁吸烟，地面不要打蜡，评茶人员不施有气味的脂粉，以免影响评茶的准确性。在有条件的单位，可在审评室附近建立更衣室与休息室。

（二）茶叶感官审评室设备、用具与人员要求

感官审评室的设备与用具比较简单，设备主要有干评台和湿评台。用具主要是审评专用的杯碗、烧水设备、计量器、计时器、刻度尺等。

1. 审评台

审评台分干评台和湿评台，干评台用于审评茶叶的外形，不需要用水。湿评台用于冲泡茶汤，是审评汤色、香气、滋味与叶底的平台。干评台高度控制800~900mm，宽度600~750mm，台面为黑色亚光；湿评台高度控制在750~800mm，宽度450~500mm，台面为白色亚光。湿评台最好一头与饮用水管道相连、另一头与下水通道直接相连，便于清洁台面。审评台长度视实际需要而定。

2. 审评用具

评茶用具是专用品，应数量备足，规格一致，质量上乘，力求完善，尽量减少因用具而产生的客观上产生的误差。

（1）评茶标准杯碗 审评用杯碗是专用且有规定的，用于冲泡茶样。按照GB/T 23776—2018《茶叶感官审评方法》要求白色瓷质，颜色组成参照GB/T 15608—2006《中国颜色体系》中规定的中性色（N），要求N≥9.5。大小、厚薄、色泽一致。根据审评茶样的不同分为：

①初制茶（毛茶）审评杯碗：杯呈圆柱形，高75mm、外径80mm、容量250mL。具盖，盖上有一小孔，杯盖上面外径92mm，与杯柄相对的杯口上缘有三个呈锯齿形的滤茶口。口中心深4mm，宽2.5mm。碗高71mm，上口外径112mm，容量440mL，具体参照附录A。

②精制茶（成品茶）审评杯碗：杯呈圆柱形，高66mm，外径67mm，容量150mL。具盖，盖上有一小孔，杯盖上面外径76mm，与杯柄相对的杯口上缘有三个呈锯齿形的滤茶口，口中心深3mm，宽2.5mm。碗高56mm，上口外径95mm，容量240mL，具体参照附录A。

③乌龙茶审评杯碗：杯呈倒钟形，高52mm，上口外径83mm，容量110mL。具盖，盖外径72mm。碗高51mm，上口外径95mm，容量160mL，具体参照附录A。

（2）评茶盘 评茶盘用于审评茶叶的外形，用木板或胶合板制成，正方形，外围边长230mm，边高33mm，盘的一角开有缺口，缺口呈倒等腰梯形，上宽50mm，下宽30mm。涂以白色油漆，无气味。

（3）分样盘 分样盘用于茶样缩分或均匀茶样，用木板或胶合板制，正方形，内围边长320mm，边高35mm。盘的两端各开一缺口，涂以白色，无气味。

（4）叶底盘 用于审评叶底的品质，有黑色叶底盘和白色搪瓷盘之分。黑色叶底

盘用于审评精制茶的叶底，为正方形，外径：边长 100mm，边高 15mm；搪瓷盘为长方形，外径：长 230mm，宽 170mm，边高 30mm。供审评初制茶叶和名茶的叶底使用。

（5）其他用具 称量用的天平，按照要求感量为 0.1g 和 1g。计时器如定时钟或特制砂时计，精确到秒。刻度尺：刻度精确到毫米；网匙：不锈钢网制半圆形小勺子，捞取碗底沉淀的碎茶用；茶匙：不锈钢或瓷匙，容量约 10mL；茶筅：竹制，搅拌粉茶用。还有电炉、塑料桶等。

3. 审评用水

感官审评用水必须清洁、干净、卫生，理化指标及卫生指标符合 GB 5749—2006《生活饮用水卫生标准》的规定，无异臭、异味，无肉眼可见物，不能含有病原微生物、有害化学物质、有害放射性物质，pH 控制在 6.5~8.5。感官审评用水可以选择自来水、纯净水、地表水，也可以选用天然矿泉水。选择地表水为感官审评用水时应符合 GB 3838—2002《地表水环境质量标准》的要求，选用天然矿泉水为感官审评用水时，应符合 GB 8537—2018《食品安全国家标准 饮用天然矿泉水》的要求，且矿泉水中的矿物质不能影响茶叶感官审评的汤色与香味。

可以选择理化指标及卫生指标要求高于 GB 5749，且符合感官审评要求的其他饮用水，但同一批茶叶审评用水水质应一致，且在审评结果的报告单中要注明审评时采用的饮用水类别。

感官审评所有茶类用于冲泡的水温都是 100℃。感官审评用水的水温不因绿茶、红茶、乌龙茶等茶类，也不因名优茶、大宗茶或等级、五级等嫩度的因素而改变冲泡的水温。

4. 审评人员

从事茶叶感官审评的人员必须身体健康且有较敏锐的嗅觉与味觉器官，经过学习系统的茶学知识体系，打下良好的理论基础，通过规范的审评技能培训，掌握应有的茶叶品质审评技能与质量评价知识，获有评茶员国家职业资格证书，持证上岗。

审评人员在审评过程中不能使用有气味的洗护用品，不得吸烟。

（三）茶叶感官审评取样方法

1. 初制茶取样方法

取样要有代表性。初制茶，也称毛茶，由于鲜叶加工成干茶后没有经过整理，干茶的均净度比差，外观上大小、形态不一致，单叶、黄片、茎梗、碎末多，不同等级的茶混杂在一起，同一产品品质差异性大，取样的难度大。这类产品如数量不多，一般采用"匀堆取样法"，即将该批茶叶拌匀成堆，然后，从堆的各个部位分别扦取样茶，扦样点不得少于 8 个。如果数量多，且已经包装成袋（或箱），就采用"就件取样法"，即从每件上、中、下、左、右五个部位各扦取一把小样置于扦样匾（盘）中，并查看样品间品质是否一致。若单件的上、中、下、左、右五部分样品差异明显，应将该件茶叶倒出，充分拌匀后，再扦取样品。如果货物数量很大，且品质比较一致，也可以采用"随机取样法"，先按 GB/T 8302—2013《茶 取样》规定的抽取件数随机抽件，再按"就件扦取法"扦取样品。

上述各种方法取样后，均应将扦取的原始样茶充分拌匀，用分样器或对角四分法扦取 100~200g 两份作为审评用样，其中一份直接用于感官审评，另一份留存备用。

2. 精制茶取样方法

初制茶经过筛分、拣梗、风选、色选等精制工序，加工成筛号茶，然后按照产品的品质要求拼配匀堆成精制茶。精制茶外观整齐一致、平伏匀称、匀净度高，同一产品品质变化小。精制茶取样按照 GB/T 8302—2013《茶 取样》规定执行。精制茶取样根据取样的时间分包装时取样与包装后取样。

（1）包装时取样 是在产品包装过程中取样。在茶叶定量装件时，每装若干件（按照 GB/T 8302 中 6.1.1.1 规定的数量）后，用取样铲取出样品约 250g。所取的原始样品盛于有盖的专用茶箱中，然后混匀用分样器或四分法逐步缩分至 200~400g，作为平均样品，分装于两个茶样罐中，每份 100~200g，其中一份直接用于感官审评，另一份留存备用。

（2）包装后取样 即在产品成件打包、刷唛后取样。分大包装茶与小包装茶取样。大包装茶取样，在整批茶叶包装完成后的堆垛中，从不同堆放位置，随机抽取规定的件数。逐件开启后，分别将茶叶全部倒在符合卫生标准的场所，用取样铲各取出有代表性的样品约 250g，置于有盖的专用茶箱中，混匀。用分样器或四分法逐步缩分至 200~400g，作为平均样品，分装于两个茶样罐中，每份 100~200g，其中一份直接用于感官审评，另一份留存备用。小包装茶取样，在整批包装完成后的堆垛中，从不同堆放位置随机抽取规定的件数，逐件开启。从各件内不同位置处，取出 2~3 盒（听、袋）。所取样品保留数盒（听、袋），盛于防潮的容器中，供进行单个检验。其余部分现场拆封，倒出茶叶混匀. 再用分样器或四分法逐步缩分至 200~400g，作为平均样品，分装于两个茶样罐中，每份 100~200g，其中一份直接用于感官审评，另一份留存备用。

3. 取样的其他要求

（1）取样的工作环境应满足食品卫生的有关规定，防止外来杂质混入样品。

（2）取样的用具和盛器（包装袋）应符合食品卫生的规定，即清洁、干燥、无锈、无异味，盛器（包装袋）应能防潮、避光。

（3）所取的样品要迅速装在符合食品卫生的规定的茶样罐或包装袋内并贴上封样条与样品标签，详细标明样品名称、等级、生产日期、批次、取样基数、产地、样品数量、取样地点、日期、取样者的姓名及所需说明的重要事项。并及时送达检验部门。

（4）取样结束要形成一份《取样报告单》，一式三份，应写明容器或包装袋的外观，以及影响茶叶品质的各种因素，包括下列内容：取样地点；取样日期；取样时间；取样者姓名；取样方法；取样时样品所属单位盖章或证明人签名；品名、规格、等级、产地、批次、取样基数；样品数量及其说明；包装质量；取样包装时的气候条件。

（四）茶叶感官审评内容

1. 感官审评因子

初制茶审评因子按照茶叶的外形（包括形状、嫩度、色泽、整碎和净度）、汤色、香气、滋味和叶底"五项因子"进行。

精制茶审评因子按照茶叶外形的形状、色泽、整碎和净度，内质的汤色、香气、滋味和叶底"八项因子"进行。

2. 感官审评因子的审评要素

（1）外形　散茶干茶外形审评的要素是形状、嫩度、色泽、整碎和净度；紧压茶审评其形状规格、松紧度、匀整度、表面光洁度和色泽。分里、面茶的紧压茶，审评是否起层脱面，包心是否外露等。茯砖加评"金花"是否茂盛、均匀及颗粒大小。以下是散茶的外形要素。

①形状：是茶品应具有一定的外形规格，是区别商品茶种类和等级的依据，是产品特有的风格。茶叶形状有条形、针形、颗粒形、圆形、扁形、卷曲形等众多类型，同是条形有紧结重实的，也有细紧苗秀的。同是扁形有扁平、光滑、尖削、挺直、匀齐的，也有扁平、粗糙、短钝和带浑条的。形状是产品风格的重要体现。

②嫩度：是指芽的含量与叶子的柔嫩程度，是决定茶叶品质的基本条件，是产品定等级的重点依据。一般来说，嫩叶中可溶性物质含量高，饮用价值也高，又因叶质柔软，叶肉肥厚，有利于初制中成条和造型，故条索紧结重实，芽毫显露，完整饱满，外形美观。而嫩度差的则条索不易揉紧，条索表面凸凹起皱较粗糙，外形较粗松。产品不同、等级不同，对嫩度的要求是不一样的，如乌龙茶要求开面采、特级龙井要求一芽一叶初展。审评嫩度，主要看整盘茶中芽叶比例与叶质老嫩，有无锋苗和毫毛及外观的光糙度。

③色泽：干茶色泽包括色度和光泽度两方面。色度即指茶叶的颜色及色的深浅程度，光泽度指茶叶接受外来光线后，一部分光线被吸收，一部分光线被反射出来，形成茶叶色面的亮暗程度。各类茶叶因其自身的特色对色泽均有其一定的要求，如红茶有乌黑油润、黑褐油润，绿茶有翠绿油润、嫩绿油润、深绿光润，乌龙茶则有青褐光润、砂绿润泽。不同等级，色系一致，原料细嫩的高级茶颜色深，随着茶叶级别下降颜色渐浅，油润度下降。

④整碎：是指外形的匀整程度。毛茶基本上要求保持茶叶的自然形态，完整的为好，断碎的为差。精制的整碎主要评比各孔茶的拼配比例是否恰当，要求筛档匀称不脱档，面张茶平伏，下盘茶含量不超标准样品，上、中、下三段茶互相衔接。

⑤净度：是指茶叶中含夹杂物的程度。不含夹杂物的为净度好，反之则净度差。茶叶夹杂物有茶类夹杂物和非茶类夹杂物之分。茶类夹杂物指茶梗、茶籽、茶朴、茶末、毛衣等，非茶类夹杂物指采制、贮运中混入的杂物，如竹屑、杂草、砂石、棕毛等。茶叶是供人们饮用的食品，要求符合卫生规定，对非茶类夹杂物或严重影响品质的杂质，必须拣剔干净，禁止混入茶中。对于茶梗、茶籽、茶朴等，应根据标准样的含量多少来评定净度是否符合要求。

（2）汤色　感官审评茶汤的颜色种类与色度、明暗度和清浊度等。

汤色是指茶叶冲泡后溶解在热水中的溶液所呈现的色泽。汤色审评要快，因为溶于热水中的多酚类等物质与空气接触后易氧化变色，会使汤色变深，尤其绿茶变化更快。汤色审评主要从颜色种类与色度、亮度和清浊度等方面去审评。

茶汤的颜色种类很多，与加工工艺密切相关，有红色、绿色、金黄色、橙黄色、黄绿色，每个茶品应该有自己正常的颜色。色度指茶汤颜色的深浅。茶汤色度除与加工工艺有关外，与茶树品种、鲜叶老嫩、存放的时间也有很大的关系。同是绿茶，由于原料品种与嫩度能产生不同的绿色，存放后，随时间延长，陈化程度加深，颜色加深。

亮度指亮暗程度。亮表明射入茶汤中的光线被吸收的少，反射出来的多，暗则相反。凡茶汤亮度好的，品质也好。清浊度指茶汤清澈或混浊程度。清指汤色纯净透明，无混杂，清澈见底。浊与混或浑含义相同，指汤不清，视线不易透过汤层，汤中有沉淀物或细小悬浮物。茶汤冷了产生冷后浑或发生酸、馊、霉、陈变等劣变的茶叶，其茶汤多是混浊不清。

（3）香气　茶叶香气感官审评其类型、浓度、纯异、持久性。

茶叶香气是茶叶冲泡后随水蒸气挥发出来的气味。茶叶的香气受茶树品种、产地、季节、采制方法等因素影响，使得各类茶具有独特的香气风格，审评茶叶香气时，应辨别香气的类型，比较香气的纯异、浓度和持久性。

①类型：是指香气的种类与特点，如红茶的甜香、绿茶的清香、乌龙茶的花果香等。即使是同一类茶，也会因产地不同而表现出地域性香气特点。

②浓度：是指香气物质含量的高低与刺激性的强弱。所谓"浓"是指香气高，充沛有活力，刺激性强。"淡"指香气低、刺激性弱，但无异杂气味。

③纯异："纯"指某茶品应有的香气，如绿茶要有清香，黄大茶要有锅巴香，黑茶和小种红茶要松烟香，白茶要有毫香，祁门红茶要有蜜香等。"异"指茶香中夹杂有其他气味。轻的尚能嗅到茶香，重的则以异气为主。香气不纯如烟焦、酸馊、陈霉、日晒、水闷、青草气等，还有鱼腥气、木气、油气、药气等。

④持久性：是指长香气持续的时间，也有用"长短"来表示。从热嗅到冷嗅都能嗅到香气，表明香气长、持久性好，反之则短、持久性差。

（4）滋味　滋味审评茶汤的浓淡、厚薄、强弱、醇涩、鲜钝和纯异等。

滋味是茶汤在审评人员的口腔中反应。"浓、厚"指浸出的内含物丰富，有稠厚的感觉；"淡、薄"则相反，指内含物少，淡薄无味。"强"指茶汤进入口中感到刺激性或收敛性强，"弱"则相反，入口刺激性弱，吐出茶汤口中味平淡。"醇"表示茶味浓淡厚薄刺激性适中，口感柔顺；"涩"似食生柿，有麻嘴、厚唇、紧舌之感。"鲜"似食新鲜水果感觉，有清新之感；"钝"不活泼，有滞感。"纯"指品质正常的茶应有的滋味；"异"指滋味不正或变质带有其他的滋味。

（5）叶底　叶底审评其嫩度、色泽、明暗度和匀整度（包括嫩度的匀整度和色泽的匀整度）。

叶底即冲泡后的叶子，冲泡时干茶吸水膨胀，芽叶展开，叶质老嫩、色泽、匀度及鲜叶加工合理与否，均可在展开的叶子中显露出来。审评叶底主要依靠视觉和触觉，看叶底的嫩度、色泽和匀整度。

嫩度以芽及嫩叶含量比例和叶质老嫩来衡量。芽以含量多、肥壮而长得好，瘦细而短的差。叶质老嫩可从软硬度和有无弹性来区别，手指揿压叶底柔软，放手后不松起的嫩度好；质硬有弹性，放手后松起表示粗老。叶脉隆起触手的为叶质老，叶脉不隆起平滑不触手的为嫩。叶边缘锯齿状明显的为老，反之为嫩。叶肉厚软的为嫩，软薄者次之，硬薄者为差。叶的大小与老嫩无关，因为大的叶片嫩度好也是常见的。

色泽主要看色度和亮度，其含义与干茶色泽相同。审评时掌握本茶类应有的色泽和当年新茶的正常色泽。

匀整度主要从老嫩、大小、厚薄、色泽和整碎去看。老嫩、大小、厚薄、色泽一致匀称的为匀度好，反之则差。匀度与鲜叶的采制技术与加工技术有关。匀度是评定叶底品质的辅助因子，匀度好不等于品质好，不匀也不等于品质就不好，需要综合其他因子判定。

（五）茶叶感官审评技术方法

1. 外形审评方法

（1）初制茶　将缩分后的有代表性的茶样 100~200g，置于评茶盘中，双手握住茶盘对角，用回旋筛转法，使茶样按粗细、长短、大小、整碎顺序分层并顺势收于评茶盘中间呈圆馒头形，根据上层（也称面张、上段）、中层（也称中段、中档）、下层（也称下段、下脚），按"五因子"的审评内容，用目测审评面张茶；接着用手轻轻地将大部分上、中段茶抓在手中，审评没有抓起的留在评茶盘中的下段茶的品质；然后，抓茶的手反转、手心朝上摊开，将茶摊放在手中，用目测审评中段茶的品质。同时，用手掂估同等体积茶（身骨）的重量。

（2）精制茶　将缩分后的有代表性的茶样 100~200g，置于评茶盘中，双手握住茶盘对角，用回旋筛转法，使茶样按粗细、长短、大小、整碎顺序分层并顺势收于评茶盘中间呈圆馒头形，根据上层（也称面张、上段）、中层（也称中段、中档）、下层（也称下段、下脚），按"八因子"的审评内容，用目测审评面张茶；接着双手握住评茶盘，用"簸"的手法，让茶叶在评茶盘中从内向外按形态呈现从大到小的排布，分出上、中、下档，然后目测审评各档茶的品质水平。同时，用手掂估同等体积茶（身骨）的重量。

上述动作可以反复多次，通过翻动茶叶、调换位置，反复查看比较外形，综合做出评判。

2. 茶汤制备方法与各因子审评顺序

制备茶汤，俗称开汤，为湿评内质的重要步骤。制备茶汤前应先将审评杯碗洗净擦干，按号码次序排列在湿评台上。开汤冲泡时用沸滚适度的开水以同一方式冲泡每一杯茶，泡水量应齐杯口一致。冲泡第一杯即应计时，等速冲泡，随泡随加杯盖，盖孔朝向杯柄，闷泡到时按冲泡次序等速将杯内茶汤滤入审评碗内，倒茶汤时，杯应卧搁在碗口上，杯中残余茶汁应完全滤尽。

（1）红茶、绿茶、黄茶、白茶、乌龙茶（柱形杯审评法）取有代表性茶样 3.0g 置于相应的评茶杯中，按照茶水比（质量体积比）1∶50，注满沸水、加盖、计时，按表 5-1 选择冲泡时间，依次等速滤出茶汤，留叶底于杯中，按汤色、香气、滋味、叶底的顺序逐项审评。

表 5-1	各类茶茶样量及冲泡时间	
茶 类		冲泡时间/min
绿茶		4
红茶		5
乌龙茶（条型、卷曲型）		5
乌龙茶（圆结型、拳曲型、颗粒型）		6
白茶		5
黄茶		5

（2）乌龙茶（盖碗审评法）沸水烫热评茶杯碗，称取有代表性茶样 5.0g，置于 110mL 倒钟形评茶杯中，快速注满沸水，用杯盖刮去液面泡沫，加盖。1min 后，揭盖嗅其盖香，评茶叶香气，至 2min 沥茶汤入评茶碗中，评汤色和滋味。接着第二次冲泡，加盖，1~2min 后，揭盖嗅其盖香，评茶叶香气，至 3min 沥茶汤入评茶碗中，再评汤色和滋味。第三次冲泡，加盖，2~3min 后，评香气，至 5min 沥茶汤入评茶碗中，评汤色和滋味。最后闻嗅叶底香，并倒入叶底盘中，审评叶底。结果以第二次冲泡为主要依据，综合第一、第三次，统筹评判。

（3）黑茶（散茶）取有代表性茶样 3.0g 或 5.0g，茶水比（质量体积比）1∶50，置于相应的审评杯中，注满沸水，加盖浸泡 2min，按冲泡次序依次等速将茶汤沥入评茶碗中，审评汤色、嗅杯中叶底香气、尝滋味后，进行第二次冲泡，时间 5min，沥出茶汤依次审评汤色、香气、滋味、叶底。结果汤色以第一泡为主评判，香气、滋味以第二泡为主评判。

（4）紧压茶 称取有代表性的茶样 3.0g 或 5.0g 茶水比（质量体积比）1∶50，置于相应的审评杯中，注满沸水，依紧压程度加盖浸泡 2~5min，按冲泡次序依次等速将茶汤沥入评茶碗中，审评汤色、嗅杯中叶底香气、尝滋味后，进行第二次冲泡，时间 5~8min，沥出茶汤依次审评汤色、香气、滋味、叶底。结果以第二泡为主，综合第一泡进行评判。

（5）花茶 拣除茶样中的花瓣、花萼、花蒂等花类夹杂物，称取有代表性茶样 3.0g，置于 150mL 精制茶评茶杯中，注满沸水，加盖浸泡 3min，按冲泡次序依次等速将茶汤沥入评茶碗中，审评汤色、香气（鲜灵度和纯度）、滋味；第二次冲泡 5min，沥出茶汤，依次审评汤色、香气（浓度和持久性）、滋味、叶底。结果以两次冲泡综合评判。

（6）袋泡茶 取一茶袋置于 150mL 评茶杯中，注满沸水，加盖浸泡 3min 后揭盖上下提动袋茶两次（两次提动间隔 1min），提动后随即盖上杯盖，至 5min 沥茶汤入评茶碗中，依次审评汤色、香气、滋味和叶底。叶底审评茶袋冲泡后的完整性。

（7）粉茶取 0.6g 茶样，置于 240mL 的评茶碗中，用 150mL 的审评杯注入 150mL 的沸水，定时 3min 并茶筅搅拌，依次审评其汤色、香气与滋味。

3. 内质审评方法

（1）汤色审评方法　茶汤依靠视觉进行审评，茶汤制备好后，用目测审视茶汤颜色类型与色度、明亮度和浑浊度，比较各自之间的差距。汤色易受光线强弱、茶碗规格、茶碗色度、容量多少、排列位置、沉淀物多少、冲泡时间长短等各种外因的影响，在审评时应引起足够注意。如果审评碗色度不一、茶汤水平不一，应及时调整。如茶汤混入茶渣残叶，应以网丝匙捞出。如有沉积物应用茶匙在碗里打一圆圈，使沉淀物旋集于碗中央。如场地光线不够均匀一致，可调换审评碗的位置以减少环境光线对汤色的影响。

（2）香气审评方法　香气是依靠嗅觉来辨别的。审评香气时应一手持已倒出茶汤的审评杯，另一手揭开杯盖，嗅评杯中香气。

审评香气分热嗅（杯温约75℃）、温嗅（杯温约45℃）、冷嗅（杯温接近室温）结合进行。热嗅时半开杯盖，用鼻靠近杯沿轻嗅；温嗅或冷嗅时可半开杯盖，也可全开将整个鼻部深入杯内接近叶底以增加嗅感或深嗅。为了正确判别香气的类型、浓淡和持久性，嗅别时应重复1~2次，但每次嗅的时间不宜过久，因嗅觉易疲劳，嗅香过久，嗅觉易失去敏感性。一般每次嗅别时持续2~3s，嗅后随即合上杯盖。每次嗅评时可将杯内叶底抖动翻个身，在未评定香气前，杯盖不得打开。审评香气时还应避免外界因素的干扰，如抽烟、抹擦有气味的护肤品、用有气味的洗手液洗手等都会影响鉴别香气的准确性。

（3）滋味审评方法　审评滋味应在评汤色后立即进行，茶汤温度要适宜，一般以50℃左右较为合适，如茶汤太烫，味觉受强烈刺激而麻木，影响正常评味，如茶汤温度低了，味觉受两方面因素影响，一是味觉对温度较低的茶汤灵敏度差，二是味觉对不同温度茶汤中的滋味反映不一致。

审评滋味前，每个茶碗中放置一个茶匙，不要混用，以免相互影响。审评滋味前，用茶匙取适量（5mL）茶汤于口内，通过吸吮使茶汤在口腔内循环打转，接触舌头各部位，由于舌的不同部位对滋味的感觉不同，茶汤入口在舌头上循环滚动，才能正确地较全面地辨别滋味。茶汤在舌面上滞留2~3s后吐出茶汤或咽下，按照滋味的浓淡、强弱、醇涩、鲜滞及纯异来评定品质的高低。

（4）叶底审评方法　精制茶采用黑色叶底盘，毛茶与乌龙茶等采用白色搪瓷叶底盘。

审评叶底时，将审评杯中的茶叶全部倒入叶底盘中，其中白色搪瓷叶底盘中要加入适量清水，让叶底漂浮起来。充分发挥眼睛和手指的作用，用视觉观察叶底的嫩度、芽叶的比例、色泽、明亮度，用手指按揿叶底的软硬、厚薄等，综合审评叶底。

三、茶叶感官审评结果与判定

茶叶品质审评通过上述干茶外形和汤色、香气、滋味、叶底等因子的综合评审，才能正确评定品质的优次和等级价格的高低。理论与实践证明，单一因子的审评不能反映出产品的整体品质，每个因子都要认真审评、仔细比较，然后下结论。对于品质接近或有疑难的茶样，应冲泡双杯审评，消除冲泡产生的误差，取得正确评比结果。

每次感官审评时都应严格按照评茶操作程序和规则，做好记录。感官审评结果的评定，根据目的有级别评定、合格评定和品质评定。

（一）级别判定

级别判定适用于没有确定等级的产品，是对未知等级的产品，对照标准样进行等级确定的过程。主要用于初制茶，具体方法：取该产品的标准实物样品，对照一组标准样品，比较未知茶样品与标准样品之间某级别在外形和内质的相符程度（或差距）。首先，对照一组标准样品的外形，从外形的形状、嫩度、色泽、整碎和净度五个方面综合判定未知样品等于或约等于标准样品中的某一级别，即定为该未知样品的外形级别；然后从内质的汤色、香气、滋味与叶底四个方面综合判定未知样品等于或约等于标准样中的某一级别，即定为该未知样品的内质级别。

未知样最后的级别判定是外形占50%，内质占50%。结果按式（5-1）计算：

$$未知样的级别 = （外形级别+内质级别）÷2 \qquad (5-1)$$

（二）合格判定

合格判定适用于已经确定了等级的产品。是对照该产品等级的标准样，从外观的形状、色泽、整碎和净度，内质的汤色、香气、滋味和叶底"八因子"对该产品的等级逐项进行核实与验证，用高、较高、稍高、相当、稍低、较低、低"七档制"来判定产品是否合格。该方法主要用于产品的出厂检验、市场产品抽检、产品等级纠纷等。

1. 七档次评分

以产品标准样或成交样或贸易标准样等相应等级的色、香、味、形的品质要求为水平依据，按每个茶类规定的审评因子（大多数为八因子，具体详见表5-2）和审评方法，将待审评样对照标准样或成交样逐项对比审评，判断结果按"七档制"（表5-3）方法进行评分。

表5-2　　　　　　　　　　　　各类成品茶品质审评因子

茶类	外形				内质			
	形状（A）	整碎（B）	净度（C）	色泽（D）	香气（E）	滋味（F）	汤色（G）	叶底（H）
绿茶	√	√	√	√	√	√	√	√
红茶	√	√	√	√	√	√	√	√
乌龙茶	√	√	√	√	√	√	√	√
白茶	√	√	√	√	√	√	√	√
黑茶（散茶）	√	√	√	√	√	√	√	√
黄茶	√	√	√	√	√	√	√	√
花茶	√	√	√	√	√	√	√	√
袋泡茶	√	×	√	×	√	√	√	√
紧压茶	√	×	√	√	√	√	√	√
粉茶	√	×	√	√	√	√	√	×

注："×"为非审评因子。

表 5-3 　　　　　　　　　　　　　　　七档制审评方法

七档制	评分	说明
高	+3	差异大，明显好于标准样
较高	+2	差异较大，好于标准样
稍高	+1	仔细辨别才能区分，稍好于标准样
相当	0	标准样或成交样的水平
稍低	-1	仔细辨别才能区分，稍差于标准样
较低	-2	差异较大，差于标准样
低	-3	差异大，明显差于标准样

2. 结果计算

审评结果按式（5-2）计算：

$$Y = A_n + B_n + \cdots\cdots H_n \tag{5-2}$$

式中　　　Y——茶叶审评总得分

A_n、B_n、$\cdots$、H_n——表示各审评因子的得分

3. 结果判定

任何单一审评因子中得-3 分者判该样品为不合格。总得分小于或等于-3 分者该样品为不合格。

（三）品质评定

品质评定是通过一组有丰富经验的评茶师（一般 3 人及以上），按照之前积累的经验，从外形、汤色、香气、滋味和叶底五个方面（五因子）用打分与评语相结合的方法审评待评定的茶样。打分可参照 GB/T 23776 中的附录 B，评语引用 GB/T 14487—2017《茶叶感官审评术语》。品质评定的方法适用于各类产品的评比活动，如名优茶评比、加工技能比赛、科学实验结果比较等。

1. 评分形式

品质评分形式分为独立评分与集体评分。

（1）独立评分　即整个审评过程由一个或若干个评茶员独立完成。

（2）集体评分　即整个审评过程由三人或三人以上（奇数）评茶员一起完成。参加审评的人员组成一个审评小组，推荐其中一人为主评。审评过程中由主评先评出分数，其他人员根据品质标准对主评出具的分数进行修改与确认，对观点差异较大的茶进行讨论，最后共同确定分数，如有争论，投票决定。并加注评语，评语引用 GB/T 14487。

2. 评分方法

品质顺序的排列样品应在两只（含两只）以上，评分前工作人员对茶样进行分类、密码编号，审评人员在不了解茶样的来源、密码条件下进行盲评，根据审评知识与品质标准，按外形、汤色、香气、滋味和叶底"五因子"，采用百分制，在公平、公正条

件下给每个茶样每项因子进行评分，并加注评语，评语引用 GB/T 14487。评分标准参见附件 B。

3. 分数确定

茶样每项因子所得的分数为每个评茶员所评的分数相加的总和除以参加评分的人数所得的分数；当独立评分评茶员人数达五人以上，可在评分的结果中去除一个最高分和一个最低分，其余的分数相加的总和除以其人数所得的分数。

4. 结果计算

将单项因子的得分与该因子的评分系数相乘，并将各个乘积值相加，即为该茶样审评的总得分。计算公式如下：

$$Y = A \times a + B \times b + \cdots E \times e \tag{5-3}$$

式中　Y——茶叶审评总得分

　　A、B——E 表示各品质因子的审评得分

a、b、$\cdots$、e——表示各品质因子的评分系数

各茶类审评因子评分系数见表 5-4。

表 5-4		各类茶品质因子评分权数		单位:%	
茶类	外形（a）	汤色（b）	香气（c）	滋味（d）	叶底（e）
绿茶	25	10	25	30	10
工夫红茶（小种红茶）	25	10	25	30	10
（红）碎茶	20	10	30	30	10
乌龙茶	20	5	30	35	10
黑茶（散茶）	20	15	25	30	10
紧压茶	20	10	30	35	5
白茶	25	10	25	30	10
黄茶	25	10	25	30	10
花茶	20	5	35	30	10
袋泡茶	10	20	30	30	10
粉茶	10	20	35	35	0

5. 结果评定

将每个茶样的总分根据计算结果，按分数从高到低的次序排列，得出审评的结果。如遇分数相同者，则按"滋味→外形→香气→汤色→叶底"的次序比较单一因子得分的高低，高者居前。

第 三 节 茶叶质量安全标准

作为世界上主要的茶叶生产、消费和贸易国，保证茶叶的质量安全对我国茶产业的可持续发展具有重要的意义。为此，我国颁布了一系列茶叶质量安全相关标准，以更好地管控我国茶叶产品的质量安全。

一、我国茶叶质量安全标准发展历程

1982 年 6 月 1 日实施的 GBn 144—1981《绿茶、红茶卫生标准》是我国最早的茶叶卫生安全标准，该标准于 1988 年由 GB 9679—1988《茶叶卫生标准》代替。该标准中规定了感官指标和理化指标，在理化指标中对铅、铜、六六六和滴滴涕做了限量要求，目前该标准已经废止。

随着人民生活水平的提高，消费者对食品的质量安全要求也越来越高。2005 年，卫生部颁布了 GB 2763—2005《食品中农药最大残留限量》，对茶叶的乙酰甲胺磷、氯氰菊酯、滴滴涕、溴氰菊酯、六六六等 9 项农残做了最大残留限量要求。同年，卫生部颁布了 GB 2762—2005《食品中污染物限量》，对茶叶中的铅和稀土做了限量要求。农业部也颁布了 NY 661—2003《茶叶中氟氯氰菊酯和氟氰戊菊酯的最大残留限量》、NY 5244—2004《无公害食品 茶叶》等一系列茶叶质量安全相关的行业标准，对农残、重金属、微生物等指标做了相应的限量要求，如在 NY 5244—2004 中，对污染物铅、联苯菊酯等 7 项农药残留及大肠菌群做了限量要求，在 NY 659—2003《茶叶中铬、镉、汞、砷及氟化物限量》中，对重金属铬、镉、汞、砷、氟化物做了限量要求。

2009 年我国颁布实施了《食品安全法》，该法律明确要求政府有关职能部门对现行的食品农产品质量安全标准、食品卫生标准、食品质量标准和有关食品的行业标准中强制执行的标准予以整合，统一公布为食品安全国家标准。根据此法于 2010 年成立了国务院食品安全委员会，分析食品安全形势，研究部署、统筹指导食品安全工作，提出食品安全监管的重大政策措施，督促落实食品安全监管责任。委员会随后对我国有关食品质量安全的标准进行整体规划，安全限量和检测方法均作为强制性标准由卫生部统一发布，涉及农产品的农药残留和兽药残留由农业部和卫生部共同发布。自2010 年起，卫生部、农业部相继出台了一些包含茶叶在内的农药残留限量指标的食品安全国家标准。如 GB 26130—2010《食品中百草枯等 54 种农药最大残留限量》、GB 28260—2011《食品中阿维菌素等 85 种农药最大残留限量》等。

在此基础上，原卫生部、农业部联合相关部门，对涉及农药残留限量、污染物限量的国家标准、行业标准进行了全面清理、整合，以我国食品生产和监测数据及居民膳食消费结构情况为基础，开展食品安全风险评估，广泛征求了社会公众和相关行业部门的意见，完成了对原有标准的整合修订任务，统一为 GB 2763—2012《食品安全国家标准 食品中农药最大残留限量》和 GB 2762—2012《食品安全国家标准 食品中污染物限量》。此后，由 GB 2762—2017 版替代了 GB 2762—2012。GB 2763 也几经调整，从 GB 2763—2012、GB 2763—2014 到 GB 2763—2016、GB 2763.1—2018。2019 年 8 月

15 日，国家卫生健康委员会、国家市场监督管理总局和农业农村部联合发布了 GB 2763—2019《食品安全国家标准　食品中农药最大残留限量》，该标准代替 GB 2763—2016《食品安全国家标准　食品中农药最大残留限量》和 GB 2763.1—2018《食品安全国家标准　食品中百草枯等 43 种农药最大残留限量》，于 2020 年 2 月 15 日正式实施。

二、我国现行的茶叶质量安全标准

2015 年 4 月 24 日，新修订的《食品安全法》由中华人民共和国第十二届全国人大常委会第十四次会议通过，并于 2015 年 10 月 1 日起正式执行。在修订后的《食品安全法》第三章第二十六条中规定，食品安全标准包括以下内容：

（1）食品、食品相关产品中的致病性微生物、农药残留、兽药残留、重金属、污染物质以及其他危害人体健康物质的限量规定；

（2）食品添加剂的品种、使用范围、用量；

（3）专供婴幼儿和其他特定人群的主辅食品的营养成分要求；

（4）对与食品安全、营养安全有关的标签、标识、说明书的要求；

（5）食品生产经营过程的卫生要求；

（6）与食品安全有关的质量要求；

（7）食品检验方法与规程；

（8）其他需要制定为食品安全标准的内容。

截至 2020 年 2 月 17 日，国家共发布了 500 项以食品国家安全标准命名的标准（现行有效）。其中茶叶安全相关因子主要包括农药残留、污染物、微生物和食品添加剂等，涉及的标准列举如下。

（一）农药残留

1. GB 2763—2019《食品安全国家标准　食品中农药最大残留限量》主要内容

本标准中规定了食品中 483 种农药 7107 项最大残留限量，较废止的 GB 2763—2016《食品安全国家标准　食品中农药最大残留限量》和 GB 2763.1—2018《食品安全国家标准　食品中百草枯等 43 种农药最大残留限量》，新增了 51 种农药、2967 项农残限量指标；删除了氟吡禾灵 1 种农药，修订了 21 种农药每日允许摄入量等信息、5 种农药中英文通用名、28 项农药最大残留限量值；将草胺膦等 12 种农药的部分限量值由临时限量修改为正式限量，将二氰蒽醌等 17 种农药的部分限量值由正式限量修改为临时限量；增加了 45 项检测方法标准，删除了 17 项检测方法标准，变更了 9 项检测方法标准；修订了规范性附录 A，增加了羽扇豆等 22 种食品名称，修订了 7 种食品名称和 2 种食品分类；修订了规范性目录 B，增加了 11 种农药。

2. 2019 版标准中涉及茶叶的农残限量共 65 项

此版本与 GB 2763—2016 和 GB 2763.1—2018 相比，有以下几方面的变化：一是新增了 15 项农残限量；二是最大残留限量变更。甲基对硫磷的最大残留限量由原来的 2mg/kg 变更 0.02mg/kg。三是部分检测方法变更。苯醚甲环唑、吡虫啉、哒螨灵等 27 个项目增加或变更了检测方法。

GB 2763—2019 具有以下特点：

（1）新增 9 项茶树上已登记批准使用的农药，包括百菌清、吡唑醚菌酯、呋虫胺、甲氨基阿维菌素苯甲酸盐、醚菊酯、噻虫啉、西玛津、印楝素和莠去津。目前，很多农药虽然已被批准在茶树上使用，但缺少限量标准，无法进行有效监管，新标准解决了"有农药登记、无限量标准"的问题。

（2）新增 6 项与国际贸易相关的农药，包括丙溴磷、毒死蜱、氟虫脲、甲萘威、噻虫胺和唑虫酰胺。截至目前，国际食品法典委员会已制定 22 项茶叶中农药残留限量指标，但 GB 2763 还未完全覆盖 22 项指标，新增的 6 项农残指标使得新标准覆盖食品法典委员会的 21 项指标，为我国茶叶国际贸易质量安全提供重要保障。

（3）新增了新种类农药，包括 2 种杀菌剂（百菌清和吡唑醚菌酯）、2 种除草剂（西玛津和莠去津）和 1 种生物农药（印楝素）。随着农药科学使用管理水平不断提高，茶园中杀虫剂的使用比例正在不断下降，杀菌剂和除草剂的使用比例不断上升，低毒高效的生物农药被推广使用，新标准的农残限量指标充分体现了我国茶园农药使用的实际情况。

（4）限量指标推荐的检测方法发生较大变化。如果按照 GB 2763—2016 和 GB 2763.1—2018 为 50 项限量指标进行检测，实验室至少需要 17 种检测方法对所有指标进行检测，很大程度地影响了检测效率。新标准对检测方法进行了精简，根据统计，实验室只需 12 种检测方法对 65 项限量指标进行检测。在检测技术方面，新标准新增了 GB 23200.113—2018《食品安全国家标准 植物源性食品中 208 种农药及其代谢物残留量的测定 气相色谱-质谱联用法》，该方法结合快速前处理技术和色谱-串联质谱联用技术，可对植物源性食品中 208 种农药及其代谢物进行快速测定，具有通用性，新标准有 27 项指标推荐了 GB 23200.113。在新标准中，丁醚脲、草铵膦和氯噻啉等 3 项指标仍未推荐检测方法。

3. 发展趋势

茶叶中的农残限量由 GB 2763—2005 规定的 9 项，到 GB 2763—2012 中的 25 项、GB 2763—2014 中的 28 项，再到 GB 2763—2016 和 GB 2763.1—2018 中的 50 项，直到最新的 GB 2763—2019 中的 65 项，之后 GB 2763 等食品安全国家标准必定还会不断修改。而在 GB/T 8321《农药合理使用准则》系列标准中，茶叶涉及了溴氰菊酯、氰戊菊酯等 15 项农残限量指标，对茶叶的源头也设定了相应的管控。由此可见，我国对于茶叶农残的管控力度在不断加强。

（二）污染物

1. NY 659—2003《茶叶中铬、镉、汞、砷及氟化物限量》相关规定

农业部在 2003 年发布该标准，该标准规定了在我国范围内生产和销售的仅作为饮料的茶叶中铬、镉、汞、砷及氟化物的限量和检验方法，此标准仍现行有效。

2. GB 2762—2005《食品中污染物限量》

卫生部和国家标准化管理委员会于 2005 年发布了 GB 2762—2005《食品中污染物限量》，该标准对茶叶中的铅和稀土做了限量要求，其中铅限量 5mg/kg，稀土限量 2.0mg/kg，未对铬、镉、汞、砷及氟化物做限量要求。2013 年 6 月 1 日实施的 GB

2762—2012《食品安全国家标准 食品中污染物限量》中，规定了食品中铅、镉、汞、砷等 13 种污染物的限量指标，但涉及茶叶的污染物限量仍然为铅和稀土两项，铅的限量为 5.0mg/kg，比 2005 版更加精确，稀土限量指标按原 GB 2762—2005 执行。

3. GB 2762—2017《食品安全国家标准　食品中污染物限量》

国家卫生和计划生育委员会、国家食品药品监督管理总局于 2017 年 3 月 17 日联合发布了 GB 2762—2017《食品安全国家标准　食品中污染物限量》，并于 2017 年 9 月 17 日正式实施。相较于 2012 版，2017 版标准删除了茶叶中对稀土的限量要求，只对茶叶中的铅做了限量要求，限量指标仍为 5.0mg/kg。

4. 砖茶含氟限量

2005 版、2012 版和 2017 版的 GB 2762 对氟都没有做限量要求，但是在 GB 19965—2005《砖茶含氟量》中对砖茶的含氟量做了特别要求，每 1kg 砖茶允许含氟量不高于 300mg。新旧标准对茶叶污染物限量的具体比较见表 5-5。

表 5-5　　　　　　新旧标准对茶叶中污染物限量要求对比　　　　单位：mg/kg

序号	污染物名称	GB 2762—2017《食品安全国家标准　食品中污染物限量》	GB 2762—2012《食品安全国家标准　食品中污染物限量》	GB 2762—2005《食品中污染物限量》	NY 659—2003《茶叶中铬、镉、汞、砷及氟化物限量》	GB 19965—2005《砖茶含氟量》
		现行有效	已废止	已废止	现行有效	现行有效
1	铅（以 Pb 计）	5.0	5.0	5	—	—
2	稀土（以稀土氧化物总量计）	—	2.0	2.0	—	—
3	氟	—	—	—	200	300
4	铬	—	—	—	5	—
5	镉	—	—	—	1	—
6	汞	—	—	—	0.3	—
7	砷	—	—	—	2	—

（三）微生物

我国目前的食品安全标准中涉及微生物的项目主要有大肠菌群、致病菌、冠突散囊菌等，不同标准对这些项目的限量也不同。在黑茶加工中，某些特定的微生物群体的参与还对其独特品质的形成起着至关重要的作用，如茯砖茶的"发花"，正是由于冠突散囊菌的作用才形成茯砖茶特殊的风味。个别茶叶标准中对一些微生物项目有限量要求，如 GB/T 22111—2008《地理标志产品　普洱茶》、GB/T 9833.3—2013《紧压茶　第 3 部分：茯砖茶》、GB/T 18745—2006《地理标志产品　武夷岩茶》、GB/T 20354—2006《地理标准产品　安吉白茶》，具体限量及检测方法见表 5-6。还有一些企业标准对菌落总数、霉菌和酵母菌有限量要求，在实际生产中，参考相应的执行标准。

表 5-6　　　　　　　　　国家标准中茶叶微生物限量要求及检测方法

序号	微生物名称	GB/T 22111—2008《地理标志产品　普洱茶》	GB/T 9833.3—2013《紧压茶第 3 部分：茯砖茶》	GB/T 18745—2006《地理标志产品　武夷岩茶》	GB/T 20354—2006《地理标准产品 安吉白茶》	检测方法
1	大肠菌群/（MPN/100g）	≤300	—	≤300	≤300	GB 4789.3—2016《食品安全国家标准　食品微生物学检验　大肠菌群计数》
2	沙门菌		—	—	—	GB 4789.4—2016《食品安全国家标准　食品微生物学检验 沙门菌检验》
3	志贺菌		—	—	—	GB 4789.5—2012《食品安全国家标准　食品微生物学检验 志贺菌检验》
4	致病菌 金黄色葡萄球菌	不得检出	—	—	—	GB 4789.10—2016《食品安全国家标准　食品微生物学检验 金黄色葡萄球菌检验》
5	溶血性链球菌		—	—	—	GB 4789.11—2014《食品安全国家标准 食品微生物学检验 β 型溶血性链球菌检验》
6	冠突散囊菌/（CFU/g）	—	20×10⁴	—	—	GB 4789.15—2016《食品安全国家标准　食品微生物学检验　霉菌和酵母计数》

（四）食品添加剂

1. 概念

食品添加剂是指为改善食品品质和色、香、味，以及为防腐、保鲜和加工工艺的需要而加入食品中的人工合成或者天然物质。包括食品用香料、胶基糖果中基础剂物质、食品工业用加工助剂等。按照 GB 2760—2014《食品安全国家标准　食品添加剂使用标准》规定，茶叶不得使用食品添加剂且不得添加食品用香料、香精。在茶（类）饮料及茶制品生产中可根据需要适量使用食品添加剂，可添加的食品添加剂名单见表 5-7。

表 5-7　　　GB 2760—2014 中规定在茶（类）饮料及茶制品生产中
可适量使用的食品添加剂限量

序号	食品添加剂名称	功能	食品名称	限量/（g/kg）	关联标准
1	苯甲酸及其钠盐	防腐剂	茶（类）饮料	1	—
2	$N-[N-(3,3-$二甲基丁基$)]-L-\alpha-$天门冬氨酸$-L-$苯丙氨酸1-甲酯（又名纽甜）	甜味剂	茶（类）饮料	0.05	GB 29944—2013《食品安全国家标准　食品添加剂 $N-[N-(3,3-$二甲基丁基$)]-L-\alpha-$天门冬氨$-L-$苯丙氨酸1-甲酯（纽甜）》
3	二甲基二碳酸盐（又名维果灵）	防腐剂	茶（类）饮料	0.25	GB 1886.68—2015《食品安全国家标准　食品添加剂二甲基二碳酸盐（又名维果灵）》
4	$\beta-$胡萝卜素	着色剂	茶（类）饮料	2	GB 8821—2011《食品安全国家标准　食品添加剂 $\beta-$胡萝卜素》 GB 28310—2012《食品安全国家标准　食品添加剂 $\beta-$胡萝卜素（发酵法）》
5	琥珀酸单甘油酯	乳化剂	茶（类）饮料	2	GB 1886.185—2016《食品安全国家标准　食品添加剂　琥珀酸单甘油酯》
6	$\beta-$环状糊精	增稠剂	茶（类）饮料	0.5	GB 1886.180—2016《食品安全国家标准　食品添加剂　$\beta-$环状糊精》
7	焦糖色（亚硫酸铵法）	着色剂	茶（类）饮料	10	GB 1886.64—2015《食品安全国家标准　食品添加剂　焦糖色》
8	$L(+)-$酒石酸，$dl-$酒石酸	酸度调节剂	茶（类）饮料	5	GB 25545—2010《食品安全国家标准　食品添加剂 $L(+)-$酒石酸》 GB 1886.42—2015《食品安全国家标准　食品添加剂 $dl-$酒石酸》
9	双乙酰酒石酸单双甘油酯	乳化剂、增稠剂	茶（类）饮料	5	GB 25539—2010《食品安全国家标准　食品添加剂　双乙酰酒石酸单双甘油酯》
10	天门冬酰苯丙氨酸甲酯（又名阿斯巴甜）	甜味剂	茶（类）饮料	0.6	GB 1886.47—2016《食品安全国家标准　食品添加剂　天门冬酰苯丙氨酸甲酯（又名阿斯巴甜）》
11	甜菊糖苷	甜味剂	茶制品（包括调味茶和代用茶类）	10	GB 8270—2014《食品安全国家标准　食品添加剂　甜菊糖苷》

续表

序号	食品添加剂名称	功能	食品名称	限量/（g/kg）	关联标准
12	维生素 E（dl-α-生育酚，d-α-生育酚，混合生育酚浓缩物）	抗氧化剂	茶（类）饮料	0.2	GB 29942—2013《食品安全国家标准 食品添加剂 维生素 E（dl-α-生育酚）》
13	硬脂酰乳酸钠，硬脂酰乳酸钙	乳化剂、稳定剂	茶（类）饮料	2	GB 1886.92—2016《食品安全国家标准 食品添加剂 硬脂酰乳酸钠》
					GB 1886.179—2016《食品安全国家标准 食品添加剂 硬脂酰乳酸钙》
14	竹叶抗氧化物	抗氧化剂	茶（类）饮料	0.5	GB 30615—2014《食品安全国家标准 食品添加剂 竹叶抗氧化物》

2. GB 2760—2014 有关规定

1，2-二氯乙烷可作为加工助剂用于茶叶提取工艺中，膨润土可作为加工助剂（吸附剂、助滤剂、澄清剂、脱色剂）用于茶饮料的加工工艺中。GB 2760—2014 的表 C.3 中还列出了允许使用的食品用天然香料、合成香料，可在各类食品加工过程中使用且残留量不需限定的加工助剂及食品用酶制剂名单，在此不一一列出。

GB 2760—2014 中规定，茶多酚（又名维多酚）可作为抗氧化剂适量用于基本不含水的脂肪和油、油炸面制品、即食谷物、方便米面制品、糕点、酱卤肉制品类、发酵肉制品类、预制水产品、复合调味料、植物蛋白饮料等食品类别。

3. 国务院卫生行政管理部门其他相关规定

（1）2016 年国家卫计委第 14 号文件《关于食品用香料新品种 9-癸烯-2-酮、茶多酚等 7 种食品添加剂扩大使用范围和食品营养强化剂钙扩大使用范围的公告》将茶多酚的使用范围扩大到果酱和水果调味糖浆。相关标准见 GB 1886.211—2016《食品安全国家标准 食品添加剂 茶多酚（又名维多酚）》。

（2）2016 年第 8 号公告《关于海藻酸钙等食品添加剂新品种的公告》中，规定茶黄素也可作为抗氧化剂适量用于油炸面制品、方便面制品、焙烤食品、熟肉制品、碳酸饮料、固体饮料、风味饮料、果冻、膨化食品以及茶制品（包括调味茶和代用茶）等食品中，其中在茶制品中的限量为 0.2g/kg。规定抗坏血酸棕榈酸酯也可以作为抗氧化剂用于茶（类）饮料，限量为 0.2g/kg。不溶性聚乙烯聚吡咯烷酮可作为食品工业用加工助剂（吸附剂）用于茶（类）饮料加工工艺中，按生产需要适量使用。

（3）2017 年第 8 号公告《关于爱德万甜等 6 种食品添加剂新品种、食品添加剂环己基氨基磺酸钠（又名甜蜜素）等 6 种食品添加剂扩大用量和使用范围的公告》中增加食品添加剂新品种爱德万甜（N-｛N-［3-（3-羟基-4-甲氧基苯基）丙基］-L-α-天冬氨酰｝-L-苯丙氨酸-1-甲酯），可作为甜味剂用于茶（类）饮料，最大使用量为 0.003g/kg。

（4）2017 年第 13 号公告《关于食品营养强化剂新品种 6S-5-甲基四氢叶酸钙以及氮气等 8 种扩大使用范围的食品添加剂的公告》中扩大氮气的使用范围，规定氮气作为食品添加剂可按生产需要适量用于茶（类）饮料。

4. 茶制品相关标准

GB/T 31740.1—2015《茶制品　第 1 部分：固态速溶茶》、GB/T 31740.2—2015《茶制品　第 2 部分：茶多酚》和 GB/T 3174.03—2015《茶制品　第 3 部分：茶黄素》等茶制品系列标准中规定茶制品加工过程中所用食品添加剂和食品加工助剂应符合 GB 2760 的规定。

三、把好茶叶质量安全关的重点工作

茶叶质量安全标准体系将更加完善，《茶叶及相关制品类产品生产许可审查细则》和《食品安全国家标准　茶叶》、《食品安全国家标准　代用茶》等系列标准将陆续出台。把好茶叶质量安全关，重点要做到以下几点：

（一）把好源头质量安全关

茶叶生产企业在茶园管理过程中，不要使用在茶树上禁限用的农药，对于其他农药，应认真遵守农药使用准则，规范、科学、合理使用农药，严格执行用量、配比、安全间隔期等要求，尽量不用或少用限量指标值低于 1mg/kg 的农药。考虑到茶产业未来发展趋势，应尽量少用化肥、农药、除草剂，逐步实施以"茶园生态化"为主的质量安全发展模式，走可持续健康发展之路。

（二）把好过程质量安全关

在收购原料过程中，要按照国家市场监管总局关于加强茶叶质量安全的相关规定，严格把好原料进货验收关，建立供应商评价制度，加强源头管理，确保茶叶原料符合标准要求；在茶叶加工过程中，要严格遵守国家规定，不添加国家禁止添加的物质，按照相关执行标准对产品进行检测，保证产品达到标准要求，做到诚信生产，诚信经营。

（三）把好质量安全宣传关

在今后的工作中，相关部门还应加强标准的宣贯实施，加大质量安全标准制定力度，加强对茶企的监管力度，引导消费者树立理性的茶叶质量安全观。通过全产业链的质量安全把控，让消费者喝上放心的健康茶。

第 四 节　茶叶检测方法标准

一、茶叶质量安全检测方法标准

（一）我国茶叶质量安全现行标准

1. 2005 年版标准

茶叶已列入食品管理同时又列为初级加工农产品管理，2005 年我国食品质量安全标准开始发布，茶叶质量安全执行 GB 2763—2005《食品中污染物最大残留限量》和 GB 2762—2005《食品中最大农药残留限量》标准，在这两个国家标准中，涉及茶叶的农药残留限量有 9 种，铅和稀土各 1 种。

2. 2016 年版农药残留限量标准

GB 2763—2016《食品安全国家标准　食品中最大农药残留限量》于 2016 年 12 月 18 日正式发布，2017 年 6 月 18 日正式实施，该标准规定了茶叶中 48 项最大农药残留限量。

3. 2019 年版标准

2019 年 8 月，国家卫生健康委、农业农村部、市场监管总局三部门联合发布了 GB 2763—2019《食品安全国家标准　食品中农药最大残留限量》，并于 2020 年 2 月 15 日正式实施。该标准完全替代现行的 GB 2763—2016 和 GB 2763.1—2018《农药最大残留限量》标准，该标准规定了茶叶中 65 项最大农药残留限量。

4. 2017 年版污染物限量标准

GB 2762—2017《食品安全国家标准　食品中污染物限量》已于 2017 年 3 月 17 日发布，2017 年 9 月 17 日正式施行。根据中国居民膳食稀土元素暴露风险评估，该标准取消了植物性食品中稀土限量要求。

综上，目前新版食品安全标准为 GB 2762—2017 和 GB 2763—2019，涉及茶叶的农药残留限量有 65 种，铅 1 种。

（二）茶叶中污染物限量——铅的测定

现行测定茶叶中铅含量为 GB 5009.12—2017《食品安全国家标准　食品中铅的测定》和 GB 5009.268—2016《食品安全国家标准　食品中多元素的测定》。测定方法包含石墨炉原子吸收光谱法、电感耦合等离子体质谱法、火焰原子吸收光谱法和二硫腙比色法。

1. 石墨炉原子吸收光谱法

本方法对应 GB 5009.12—2017 的第一法。

（1）原理　试样消解处理后，经石墨炉原子化，在 283.3nm 处测定吸光度。在一定浓度范围内铅的吸光度值与铅含量成正比，与标准系列比较定量。

（2）测定方法　试样前处理，包括湿法消解、微波消解、压力罐消解；测定步骤，包括标准曲线的制作、试样溶液的测定。

2. 电感耦合等离子体质谱法

本方法对应 GB 5009.12—2017 的第二法、GB 5009.268—2016 的第一法。

（1）原理　试样经消解后，由电感耦合等离子体质谱仪测定，以元素特定质量数（质荷比，m/z）定性，采用外标法，以待测元素质谱信号与内标元素质谱信号的强度比与待测元素的浓度成正比进行定量分析。

（2）测定方法　试样前处理，包括湿法消解法、压力罐消解法；测定步骤，包括标准曲线的制作、试样溶液的测定。

3. 火焰原子吸收光谱法

本方法对应 GB 5009.12—2017 的第三法。

（1）原理　试样经处理后，铅离子在一定 pH 条件下与二乙基二硫代氨基甲酸钠

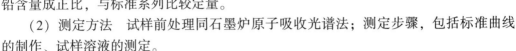

（DDTC）形成络合物，经4-甲基-2-戊酮（MIBK）萃取分离，导入原子吸收光谱仪中，经火焰原子化，在283.3nm处测定的吸光度。在一定浓度范围内铅的吸光度值与铅含量成正比，与标准系列比较定量。

（2）测定方法　试样前处理同石墨炉原子吸收光谱法；测定步骤，包括标准曲线的制作、试样溶液的测定。

4. 二硫腙比色法

本方法对应GB 5009.12—2017的第四法。

（1）原理　试样经消化后，在pH8.5~9.0时，铅离子与二硫腙生成红色络合物，溶于三氯甲烷。加入柠檬酸铵、氰化钾和盐酸羟胺等，防止铁、铜、锌等离子干扰。于波长510nm处测定吸光度，与标准系列比较定量。

（2）测定方法　试样前处理同石墨炉原子吸收光谱法；测定步骤，包括标准曲线的制作、试样溶液的测定。

5. 结果表示

计算结果保留三位有效数字。

（三）茶叶中农药残留的测定

茶叶中农药残留重点检测种类以杀虫剂为主，其次分别为除草剂、杀螨剂、杀菌剂和植物调节剂等。国内外对作物中这些农药残留检测方法主要有色谱法（气相色谱-质谱法、高效液相色谱法、高效液相色谱-质谱联用法等）、光谱法（分光光度法、气相色谱-红外光谱联用）、酸碱指示剂法、速测卡法、免疫分析法、生物传感技术等，不同种类农药的检测方法有所侧重，多成分残留检测法成为食品安全检测及标准改进的重心。现行测定茶叶中农药残留主要包括GB/T 23204—2008《茶叶中519种农药及相关化学品残留量的测定气相色谱-质谱法》和GB 23200.13—2016《食品安全国家标准　茶叶中448种农药及相关化学品残留量的测定　液相色谱-质谱法》。

1. 气相色谱-质谱法：茶叶中519种农药及相关化学品残留量的测定

本方法对应GB/T 23204—2008的测定方法。

（1）原理　试样用乙腈均质提取两次，上清液经过Cleanert-TPT固相萃取柱净化，净化液减压浓缩定容待测；以保留时间和离子相对丰度比进行定性测定，以环氧七氯作为内标物进行单离子定量测定。

（2）测定方法　试样前处理，包括提取、净化；测定步骤，包括标准曲线的制作、定性测定、定量测定。

2. 气相色谱-质谱法：茶叶中29种酸性除草剂残留量的测定

（1）原理　用乙腈超声振荡提取试样，石墨化炭黑固相萃取柱净化，三甲基硅烷化重氮甲烷衍生化，过弗罗里硅土固相萃取柱净化，用气相色谱-质谱仪测定，以保留时间和离子相对丰度比进行定性测定，以外标法进行定量测定。

（2）测定方法　试样前处理，包括提取、石墨化炭黑固相萃取柱净化、衍生化、弗罗里硅土固相萃取柱净化；测定步骤，包括标准曲线的制作、定性测定、定量测定。

3. 液相色谱-质谱法

本方法对应GB 23200.13—2016《食品安全国家标准　茶叶中448种农药及相关化

学品残留量的测定 液相色谱–质谱法》

（1）原理 试样用乙腈匀浆提取两次，提取液氮吹干后用 Cleanert-TPT 固相萃取柱净化，净化液浓缩定容待测；以保留时间和离子相对丰度比进行定性测定，以外标–标准曲线法进行定量测定。

（2）测定方法 试样前处理，包括提取、净化；测定步骤，包括标准曲线的制作、定性测定、定量测定。

4. 气相色谱–串联质谱法

本方法对应 GB 23200.113—2018《食品安全国家标准 植物源性食品中 208 种农药及其代谢物残留量的测定 气相色谱–质谱联用法》。

（1）原理 试样用乙腈提取，提取液经固相萃取或分散固相萃取净化，气相色谱–质谱联用仪检测，内标法定量。

（2）测定方法 试样前处理包括 QuEChERS 法（一种快速样品前处理技术）和固相萃取前处理法。QuEChERS 法用乙腈涡旋提取，加水、硫酸镁和醋酸钠盐析，上清液用硫酸镁、PSA、C18 和 GCB 净化。固相萃取法用乙腈均质提取，提取液用石墨化炭黑–氨基复合柱净化。通过保留时间、定性离子和定量离子的相对丰度比定性，用环氧七氯进行内标法定量。定量限为 $0.01 \sim 0.05 mg/kg$。

二、茶叶理化成分测定方法标准（水分、灰分、水浸出物、粗纤维等）

茶叶的化学组成相当复杂，国内外公认的决定茶叶色、香、味的主要成分是茶多酚类（其中主要是茶多酚中的儿茶素类）、氨基酸类、生物碱（主要为咖啡碱）、芳香物质、叶绿素等，红茶还应将茶黄素、茶红素等多酚氧化产物列为品质成分。茶叶中的有益元素主要包括硒、锌等。

茶叶理化成分测定方法标准，经历了如下发展历程：1987 年国家组织专家制定了编号为 GB 8302~8314—1987《茶理化检验方法》系列标准 13 个，大大丰富了我国茶叶检验方法标准的内容。2002 年、2008 年和 2013 年几次修订，目前 2013 版是最新有效测定方法标准。GB 8302~8314—2013 版，同时将理化成分的茶黄素、儿茶素、茶氨酸测定进行补充，使茶叶标准更加完善。随着人们对茶叶中有益元素的认识，有益元素茶叶中硒的测定方法的制定、食品中锌的测定标准方法也被茶叶所采用。

（一）茶叶中水分含量的测定

现行测定茶叶中水分含量的是 GB 5009.3—2016《食品安全国家标准 食品中水分的测定》。茶叶中水分测定采用该标准第一法——直接干燥法。

本方法对应 GB 5009.3—2016 的第一法。

1. 原理

利用食品中水分的物理性质，在 101.3kPa（标准），温度 101~105℃条件下采用挥发方法测定样品中干燥减失的重量，包括吸湿水、部分结晶水和该条件下能挥发的物质，再通过干燥前后的称量数值计算出水分的含量。

2. 分析步骤

茶叶按固体操作，包括器皿准备、测定。

3. 结果表示

水分含量≥1g/100g 时，计算结果保留三位有效数字。

（二）茶叶中灰分含量的测定

现行测定茶叶中灰分的是 GB 5009.4—2016《食品安全国家标准　食品中灰分的测定》和 GB/T 8309—2013《茶　水溶性灰分碱度测定》。

GB 5009.4—2016 包含第一法《食品中总灰分的测定》、第二法《食品中水溶性灰分和水不溶性灰分的测定》、第三法《食品中酸不溶性灰分的测定等涉及灰分》的三种方法。GB/T 8309—2013 只包含《茶　水溶性灰分碱度测定》的内容。

1. 茶叶中总灰分的测定

本方法对应 GB 5009.4—2016 的第一法。

（1）原理　食品经灼烧后所残留的无机物质称为灰分。灰分数值系用灼烧、称重后计算得出。

（2）分析步骤　茶叶按含磷量较高的食品和其他食品，包括坩埚预处理、测定。

（3）结果表示　灰分含量≤10g/100g 时，计算结果保留两位有效数字。

2. 茶叶中水溶性灰分和水不溶性灰分的测定

本方法对应 GB 5009.4—2016 的第二法。

（1）原理　用热水提取总灰分，经无灰滤纸过滤、灼烧、称量残留物，测得水不溶性灰分，由总灰分和水不溶性灰分的质量之差计算水溶性灰分。

（2）分析步骤　包括坩埚预处理、测定。

（3）结果表示　灰分含量≤10g/100g 时，计算结果保留两位有效数字。

3. 茶叶中酸不溶性灰分的测定

本方法对应 GB 5009.4—2016 的第三法。

（1）原理　用盐酸溶液处理总灰分，过滤、灼烧、称量残留物。

（2）分析步骤　包括坩埚预处理、测定。

（3）结果表示　灰分含量≤10g/100g 时，计算结果保留两位有效数字。

4. 茶叶中水溶性灰分碱度测定

本方法对应 GB/T 8309—2013 的测定方法。

（1）原理　用甲基橙作指示剂，以盐酸标准溶液滴定来自水溶性灰分的溶液。

（2）分析步骤　包括坩埚预处理、测定。

（3）结果表示　使用两次测定水溶性灰分和水不溶性灰分的滤液，平行测定两次。在重复条件下同一样品获得的两次测定结果的绝对差值不得超过算术平均值的 10%。计算结果保留两位有效数字。

（三）茶叶中水浸出物的测定

现行测定茶叶中水浸出物的为 GB/T 8305—2013《茶　水浸出物测定》。

1. 原理

用沸水回流提取茶叶中的水可溶性物质，再经过滤、冲洗、干燥、称量浸提后的茶渣，计算水浸出物。

2. 分析步骤

分析步骤包括器皿准备、测定。

3. 结果表示

在重复条件下同一样品获得的测定结果的绝对差值不得超过算术平均值的 2%。计算结果保留三位有效数字。

（四）茶叶中粗纤维的测定

现行茶叶中粗纤维测定为 GB/T 8310—2013《茶　粗纤维测定》。

1. 原理

用一定浓度的酸、碱消化处理试样，残留物再经灰化、称量。由灰化时的质量损失计算粗纤维含量。

2. 分析步骤

分析步骤包括酸消化、碱消化、干燥、灰化。

3. 结果表示

在重复条件下同一样品获得的测定结果的绝对差值不得超过算术平均值的 5%。计算结果保留三位有效数字。

（五）茶叶中茶多酚的测定

现行茶叶中茶多酚测定为 GB/T 8313—2018《茶叶中茶多酚和儿茶素类含量的检测方法》。

1. 原理

茶叶磨碎样中的茶多酚用 70% 的甲醇在 70℃ 水浴上提取，福林酚（Folin - Ciocalteu）试剂氧化茶多酚中—OH 并显蓝色，最大吸收波长 λ 为 765nm，用没食子酸作校正标准定量茶多酚。

2. 分析步骤

分析步骤包括供试液的制备、测定。

3. 结果表示

同一样品茶多酚含量的两次测定值相对误差应不高于 5%。计算结果保留三位有效数字。

（六）茶叶中儿茶素类的测定

现行茶叶中儿茶素类测定为 GB/T 8313—2018《茶叶中茶多酚和儿茶素类含量的检测方法》。

1. 原理

茶叶磨碎试样中的儿茶素类用 70% 的甲醇溶液在 70℃ 水浴上提取，儿茶素类的测定用 C18 柱、检测波长 278nm、梯度洗脱、HPLC 分析，用儿茶素类标准物质外标法直接定量，也可用 ISO 国际环试结果儿茶素类与咖啡碱的相对校正因子（RRFStd）来定量。

2. 分析步骤

分析步骤包括供试液的制备、测定、进样。

3. 结果表示

同一样品儿茶素含量的两次测定值相对误差应不高于10%。计算结果保留三位有效数字。

（七）茶叶中茶黄素的测定

现行茶叶中茶黄素测定为 GB/T 34048—2013《茶叶中茶黄素的测定-高效液相色谱法》。

1. 原理

茶叶磨碎试样中的茶黄素用70%的甲醇溶液在70℃水浴上提取，速溶茶用热的10%乙腈溶解。茶黄素的测定用 C18 柱、检测波长 278 nm、梯度洗脱、HPLC 分析，用茶黄素标准物质外标法直接定量。

2. 分析步骤

分析步骤包括供试液的制备、测定、进样。

待流速和柱温稳定后，进行空白运行。准确吸取 10μL 混合标准系列工作液注射入HPLC。在相同的色谱条件下注射 10μL 测试液。测试液以峰面积定量。

3. 结果表示

同一样品茶黄素含量的两次测定值相对误差应不高于10%。计算结果保留三位有效数字。

（八）茶叶中咖啡碱的测定

现行茶叶中茶多酚测定为 GB/T 8312—2013《茶　咖啡碱测定》，标准包括高效液相色谱法、紫外分光光度法。

1. 高效液相色谱法

（1）原理　茶叶中咖啡碱经沸水和氧化镁混合提取后，经高效液相色谱仪、C18分离柱、紫外检测器检测，与标准系列比较定量。

（2）分析步骤　包括供试液的制备、测定、进样。

（3）结果表示　同一样品茶多酚含量的两次测定值相对误差应不高于10%。计算结果保留三位有效数字。

2. 紫外分光光度法

（1）原理　茶叶中的咖啡碱易溶于水，除去干扰物质后，用特定波长测定其含量。

（2）分析步骤　包括供试液的制备、测定、进样。

（3）结果表示　同一样品咖啡碱含量的两次测定值相对误差应不高于10%。计算结果保留三位有效数字。

（九）茶叶中茶氨酸的测定

现行茶叶中茶氨酸测定为 GB/T 23193—2017《茶叶中茶氨酸测定高效液相色谱法》。

1. 原理

茶叶样品中茶氨酸经沸水加热提取、净化处理后，采用分离强极性化合物的 RP-18 柱，检测波长 210nm，用高效液相色谱仪进行测定，与标准系列比较定性、定量。

2. 分析步骤

分析步骤包括供试液的制备、测定、色谱条件、进样。

3. 结果表示

同一样品茶多酚含量的两次测定值相对误差应不高于 10%。计算结果保留三位有效数字。

（十）茶叶中游离氨基酸总量测定

现行茶叶中游离氨基酸总量测定为 GB/T 8314—2013《茶　游离氨基酸总量的测定》。

1. 原理

α-氨基酸在 pH 8.0 的条件下与茚三酮共热，形成紫色络合物，用分光光度法在特定的波长下测定其含量。

2. 分析步骤

分析步骤包括供试液的制备、测定、氨基酸标准曲线的制作、定量与计算。

3. 结果表示

同一样品游离氨基酸总量的两次测定值相对误差应不高于 5%。计算结果保留三位有效数字。

三、茶叶中矿质元素测定

茶叶中的无机元素一直是引人注目的研究领域，主要包括铁、锰、铜、锌、钙、镁、钾、钠、磷、硫、硒等。

（一）茶叶中硒的测定

现行茶叶中硒的测定为 GB 5009.93—2017《食品安全国家标准　食品中硒的测定》和 GB 5009.268—2016《食品安全国家标准　食品中多元素的测定》。

1. 原子荧光法

本方法对应 GB 5009.93—2017 的第一法。

（1）原理　茶叶试样经酸加热消化后，在 6mol/L HCl 介质中，将样品中的六价硒还原成四价硒，用硼氢化钾作为还原剂，将四价硒在盐酸介质中还原成硒化氢，并由载气带入原子化器中进行原子化，在硒空心阴极灯照射下，基态硒原子被激发至高能态，在去活化回到基态时，发射出特征波长的荧光，其荧光强度与硒含量成正比，与标准系列比较定量。

（2）分析步骤　包括供试液的制备、标准溶液配制、定量与计算。

2. 电感耦合等离子体质谱法（ICP-MS）

该测定方法具体见下面的茶叶中多元素的测定。

3. 结果表示

同一样品硒的两次测定值相对误差应不高于 15%。计算结果保留三位有效数字。

（二）茶叶中多元素的测定

GB 5009.268—2016《食品安全国家标准　食品中多元素的测定》本标准规定了食品中多元素测定的电感耦合等离子体质谱法（ICP-MS）和电感耦合等离子体发射光谱法（ICP-OES）。第一法适用于食品中硼、钠、镁、铝、钾、钙、钛、钒、铬、锰、铁、钴、镍、铜、锌、砷、硒、锶、钼、镉、锡、锑、钡、汞、铊、铅的测定，第二法适用于食品中铝、硼、钡、钙、铜、铁、钾、镁、锰、钠、镍、磷、锶、钛、钒、锌的测定。本标准也适用于茶叶中多元素的测定。

1. 食品中多元素测定的电感耦合等离子体质谱法（ICP-MS）

（1）原理　试样经消解后，由电感耦合等离子体质谱仪测定，以元素特定质量数（质荷比，m/z）定性，采用外标法，以待测元素质谱信号与内标元素质谱信号的强度比与待测元素的浓度成正比进行定量分析。

（2）分析步骤　包括试样前处理、测定、标准曲线的制作、试样溶液的测定。

2. 电感耦合等离子体发射光谱法（ICP-OES）

（1）原理　样品消解后，由电感耦合等离子体发射光谱仪测定，以元素的特征谱线波长定性；待测元素谱线信号强度与元素浓度成正比进行定量分析。

（2）分析步骤　包括试样前处理、测定。

3. 结果表示

计算结果保留三位有效数字。

第五节　茶叶物流标准

茶叶物流标准主要指茶叶的包装、标签、仓储等方面的国家和行业标准。这方面的标准有 GB 7718—2011《食品安全国家标准　预包装食品标签通则》、GB 28050—2013《食品安全国家标准　预包装食品营养标签通则》、GB 23350—2009《限制商品过度包装要求　食品和化妆品》、GB/T 30375—2013《茶叶贮存》、GH/T 1070—2011《茶叶包装通则》。

一、GB 7718—2011《食品安全国家标准 预包装食品标签通则》

（一）概要

GB 7718 的制定是依据国际通行规则，非等效采用国际食品法典委员会（CAC）CODEX STAN 1《预包装食品标签通用标准》制定。自 1987 年首次制定以来，经过了多次的修订，历次发布的版本有 GB 7718—1987、GB 7718—1994、GB 7718—2004、GB 7718—2011。标准名称由 1987 版的《食品标签通用标准》改为 2004 版的《预包装食品标签通则》，再改为 2011 版的《食品安全国家标准　预包装食品标签通则》。

1. GB 7718—2011 主要变化

与 GB 7718—2004 比较，该标准的主要技术变化是：

修改了适用范围；修改了预包装食品和生产日期的定义，增加了规格的定义，取消了保存期的定义；修改了食品添加剂的标示方式；增加了规格的标示方式；修改了生产者、经销者的名称、地址和联系方式的标示方式；修改了强制标示内容的文字、符号、数字的高度不小于 1.8mm 时的包装物或包装容器的最大表面积；增加了食品中可能含有致敏物质时的推荐标示要求；修改了附录 A 中最大表面面积的计算方法；增加了附录 B 和附录 C。

2. 适用范围

本标准适用于直接提供给消费者的预包装食品标签和非直接提供给消费者的预包装食品标签。本标准不适用于为预包装食品在储藏运输过程中提供保护的食品储运包装标签、散装食品和现制现售食品的标识。

（二）GB 7718—2011 技术要求

1. 基本要求

（1）应符合法律、法规的规定，并符合相应食品安全标准的规定。

（2）应清晰、醒目、持久，应使消费者购买时易于辨认和识读。

（3）应通俗易懂、有科学依据，不得标示封建迷信、色情、贬低其他食品或违背营养科学常识的内容。

（4）应真实、准确，不得以虚假、夸大、使消费者误解或欺骗性的文字、图形等方式介绍食品，也不得利用字号大小或色差误导消费者。

（5）不应直接或以暗示性的语言、图形、符号，误导消费者将购买的食品或食品的某一性质与另一产品混淆。

（6）不应标注或者暗示具有预防、治疗疾病作用的内容，非保健食品不得明示或者暗示具有保健作用。

（7）不应与食品或者其包装物（容器）分离。

（8）应使用规范的汉字（商标除外）。具有装饰作用的各种艺术字，应书写正确，易于辨认。

（9）预包装食品包装物或包装容器最大表面面积大于 $35cm^2$ 时（最大表面面积计算方法见附录 A），强制标示内容的文字、符号、数字的高度不得小于 1.8mm。

（10）一个销售单元的包装中含有不同品种、多个独立包装可单独销售的食品，每件独立包装的食品标识应当分别标注。

（11）若外包装易于开启识别或透过外包装物能清晰地识别内包装物（容器）上的所有强制标示内容或部分强制标示内容，可不在外包装物上重复标示相应的内容；否则应在外包装物上按要求标示所有强制标示内容。

2. 标示内容

（1）直接向消费者提供的预包装食品标签标示内容　包括：食品名称、配料表、净含量和规格、生产者和经销者的名称、地址和联系，贮存条件，食品生产许可证编号，产品标准代号，其他标示内容等。

（2）非直接提供给消费者的预包装食品标签标示内容　非直接提供给消费者的预包装食品标签应标示食品名称、规格、净含量、生产日期、保质期和贮存条件，其他内容如未在标签上标注，则应在说明书或合同中注明。

3. 标示内容的豁免

（1）下列预包装食品可以免除标示保质期：酒精度大于等于 10% 的饮料酒；食醋；食用盐；固态食糖类；味精。

（2）当预包装食品包装物或包装容器的最大表面面积小于 $10cm^2$ 时（最大表面面积计算方法见附录 A），可以只标示产品名称、净含量、生产者（或经销商）的名称和地址。

4. 推荐标示内容

（1）批号　根据产品需要，可以标示产品的批号。

（2）食用方法　根据产品需要，可以标示容器的开启方法、食用方法、烹调方法、复水再制方法等对消费者有帮助的说明。

（3）致敏物质　食品及其制品可能导致过敏反应，如果用作配料，宜在配料表中使用易辨识的名称，或在配料表邻近位置加以提示。

（4）如加工过程中可能带入上述食品或其制品，宜在配料表临近位置加以提示。

5. 其他

按国家相关规定需要特殊审批的食品，其标签标识按照相关规定执行。

（三）效果评估

GB 7718 是国家强制性标准，经过标准的历次修订，标准的科学性和适用性有了进一步的加强。2011 版根据《中华人民共和国食品安全法》的规定，标准名称改为《食品安全国家标准　预包装食品标签通则》，对预包装食品的标签进行了更有力的规范。

由于茶叶产品与一般的食品存在理解方面的不同，因此 GB 7718—2011 在实施过程中对茶叶产品还存在诸多的不适应性。

1. 标准的适用性

茶叶在食用农产品和食品的界限上很难明确，初制茶与精制茶的界限、专业市场与茶庄和商场的界限、简易包装和预包装的界限等方面在该项标准的实施中存在争议。

2. 标准中"4.1.4"项的配料标注

标准的 2004 版明确规定单一食品无须标注，2011 版明确单一食品须标注。茶叶产品属单一食品，茶叶的各项标准均明确规定不得含有非茶类物质、不含任何添加剂。因此在茶叶配料的标注上由于认识不同，出现有标注"茶树鲜叶"或"茶叶"的，有根据产品执行标准标注"红茶""绿茶""乌龙茶"等的，而茉莉花茶产品的标注就更乱，有的将加工过程中使用的白兰花、茉莉花及茶坯均写上。由于各地管理部门认识不一，存在一定的不适应性。

3. 标准中"4.1.6.1.2"项的有关产地的规定

"产地应当按照行政区划标注到地市级地域"是指生产企业（取得生产许可的企业）。茶叶产品具有其地域特征明显的品质，部分产品的品质特征可追溯至县及县以下的村。因此生产企业的产地并不能代表茶叶原料的产地，且地市级地域也不能表达茶叶原料产地的特殊性。因此，该项规定也对茶叶产品存在一定的不适应性。

4. 标准中"4.1.7"项的保质期规定

茶叶是一种特殊的食品，在严格控制其水分含量的情况下均可饮用。2004 版的标准中规定了食品的保质期和保存期，2011 版时取消了食品的保存期，统一规定标注保质期，致使许多茶叶产品无所适从。

二、GB 28050—2011《食品安全国家标准　预包装食品营养标签通则》

（一）概要

GB 28050—2011《食品安全国家标准　预包装食品营养标签通则》，于 2011 年 10 月 12 日首次发布，2013 年 1 月 1 日实施。该项标准制定的目的是与国际的通行惯例接轨，提醒人们在消费食品时要注意食品的营养，防止饮食的过营养化。

本标准适用于预包装食品营养标签上营养信息的描述和说明。本标准不适用于保健食品及预包装特殊膳食用食品的营养标签标示。

（二）GB 28050 技术要求

1. 基本要求

对预包装食品营养标签标示做了详细规定。

2. 强制标示内容

（1）所有预包装食品营养标签强制标示的内容包括能量、核心营养素的含量值及其占营养素参考值（NRV）的百分比。

（2）在营养成分表中还应标示出进行了营养声称或营养成分功能声称的营养成分的含量及其占营养素参考值（NRV）的百分比。

（3）使用了营养强化剂的预包装食品，在营养成分表中还应标示强化后食品中该营养成分的含量值及其占营养素参考值（NRV）的百分比。

（4）食品配料含有或生产过程中使用了氢化和（或）部分氢化油脂时，在营养成分表中还应标示出反式脂肪（酸）的含量。

（5）上述未规定营养素参考值（NRV）的营养成分仅需标示含量。

3. 豁免强制标示营养标签的预包装食品

下列预包装食品豁免强制标示营养标签：

（1）生鲜食品，如包装的生肉、生鱼、生蔬菜和水果、禽蛋等；

（2）乙醇含量≥0.5%的饮料酒类；

（3）包装总表面积≤100cm^2 或最大表面面积≤20cm^2 的食品；

（4）现制现售的食品；

（5）包装的饮用水；

（6）每日食用量≤10g 或 10mL 的预包装食品；

（7）其他法律法规标准规定可以不标示营养标签的预包装食品。

豁免强制标示营养标签的预包装食品，如果在其包装上出现任何营养信息时，应按照本标准执行。

（三）效果评估

此项标准对茶叶产品的科学性和适用性不强。我国的茶叶消费主要是饮用茶汤，而茶汤中几乎不含有脂肪、蛋白质和碳水化合物。因此茶叶产品的营养标签无实际意义。经全国茶叶标准化技术委员会向有关管理部门递交报告后，在标准的实施之前，由当时的卫生部在 2012 年 7 月 9 日，发布关于该标准实施的问答时，明确将茶叶归于该项标准的第 7 章豁免强制标示营养标签的预包装食品中的"每日食用量≤10g 或 10mL 的预包装食品"中，但类似茶叶的其他产品如代用茶和调味茶等并没有明确。

三、GB 23350—2009《限制商品过度包装要求　食品和化妆品》

（一）概要

GB 23350—2009《限制商品过度包装要求　食品和化妆品》，于 2009 年 3 月 31 日首次发布，2010 年 4 月 1 日实施。该项标准制定的目的是与国际的通行惯例接轨，提醒人们注意节约资源、减少浪费，维护全球的生态环境。

本标准规定了限制食品和化妆品过度包装的要求和限量指标的计算方法。适用于食品和化妆品的销售包装。

（二）GB 23350 技术要求

1. 基本要求

（1）包装设计应科学、合理，在满足正常的包装功能需求的前提下，包装材料、结构和成本应与内装物的质量和规格相适应，有效利用资源，减少包装材料的用量。

（2）应根据食品和化妆品的特征和品质，选择适宜的包装材料。包装宜采用单一材质，或采用便于材质分离的包装材料。鼓励使用可循环再生、回收利用的包装材料。

（3）应合理简化包装结构及功能，不宜采用烦琐的形式或复杂的结构，尽量避免包装层数过多、空隙过大、成本过高的包装。

（4）应考虑包装全生命周期成本，不仅应采取有效措施，控制包装直接成本，还应考虑包装回收再利用和废弃处理时对环境的影响及产生的相关成本。

（5）对于包装功能完成后还可作为其他功能使用的包装，应充分考虑其经济性与实用性，避免为了追求其他功能而增加包装成本。

2. 限量要求

部分食品和化妆品包装空隙率及包装层数做了限量规定。

（三）效果评估

茶叶产品存在过度包装和豪华包装的现象。此项标准对规范茶叶产品的包装、特别是盒装产品的包装非常重要。标准具有较好的科学性和适用性，对于建设资源节约型社会具有良好的引领作用。

四、GB/T 30375—2013《茶叶贮存》

（一）概要

GB/T 30375—2013《茶叶贮存》，于 2013 年 12 月 31 日首次发布，2014 年 6 月 22 日实施。该项标准是在原 GH/T 1071—2011《茶叶贮存通则》的基础上制定，是为了指导各类茶叶产品进行科学、合理的仓储，保持茶叶产品的品质、减少茶叶产品的变质和浪费。标准规定了各类茶叶产品贮存的要求、管理、保质措施、试验方法。适用于我国各类茶叶产品的贮存。

（二）GB/T 30375 技术要求

1. 基本要求

对产品、库房、包装材料等做了相应规定。

2. 贮存管理

对入库、堆码、库检、温度和湿度控制、卫生管理、安全防范做了相应规定。

3. 保质措施

对库房、包装、温度和湿度做了相应规定。

4. 试验方法

（1）茶叶取样按 GB/T 8302 的规定执行。

（2）库房温度、湿度采用温度计、湿度计直接读取，垛内温度采用温度传感器测试。

（3）茶叶感官品质按 GB/T 23776 的规定执行。

（4）茶叶的含水率按 GB/T 5009.3 的规定执行。

（5）茶叶的污染物按 GB 2762 的规定执行。

（6）茶叶的农药残留按 GB 2763 的规定执行。

（三）效果评估

茶叶贮存对于保持茶叶产品质量、促进茶叶生产和消费、节约资源和提高效益等方面均有非常重要的现实意义。在茶叶贮存过程中，影响茶叶品质的因素较多，除环境卫生条件和温度、湿度的影响外，产品包装材料的性能也是非常重要的。由于绿茶、红茶、乌龙茶、白茶、黄茶、黑茶、花茶、紧压茶等各类茶叶产品的品质特点不同，贮存的条件和要求也会有相应不同。因此，本标准在许多内容方面是推荐性的，标准的许多条款中也多次使用了"宜"字，以利于生产和流通企业能因地制宜。

此项标准专业指导茶叶产品的仓储，具有良好的科学性和适用性。标准针对我国六大茶叶产品的特点，从入库的茶叶产品、库房和包装材料做了专业的要求，对库房的管理做了相应的规定，对仓储的保质措施作了指导性的建议，并对相应的试验方法作了具体的规定。对于指导茶叶产品科学合理地进行贮存，减少茶叶产品的损失和浪费具有较好的经济效益和社会效益。

五、GH/T 1070—2011《茶叶包装通则》

（一）概要

GH/T 1070—2011《茶叶包装通则》，于 2011 年 4 月 1 日首次发布，2011 年 7 月 1 日实施。此项供销合作行业标准是在原商业部行业标准 SB/T 10035—1992《茶叶销售包装通用技术条件》、SB/T 10036—1992《紧压茶运输包装》、SB/T 10037—1992《红茶、绿茶、花茶运输包装》、SB/T 10094—1992《毛茶运输包装》的基础上制定（上述四项行业标准在本标准发布实施后废止）。

本标准规定了茶叶包装的基本要求、运输包装、销售包装、试验方法和标签、标志，适用于我国各类茶叶的包装。

（二）GH/T 1070 技术要求

1. 基本要求

（1）包装物上的文字内容和符号应符合我国相关法律、法规的规定。

（2）包装物应符合环保、低碳和维护消费者权益的要求。

（3）包装材料应符合相关的卫生要求。

（4）包装材料使用的黏合剂应无毒、无异味、对茶叶无污染。

2. 运输包装

对外包装、内包装都做了相应规定。

3. 销售包装

（1）包装的设计和使用　应符合 GB 23350 的规定。

（2）包装容器和材料　各种包装容器应外观平整、无皱纹、封口良好。各种材料应符合相应规定。

（3）包装类型　对袋、盒、罐等各种类型都做了相应规定。

4. 试验方法

（1）各种纸袋、纸罐、内衬纸等包装用纸的卫生指标检验按 GB/T 5009.78 的规定执行。

（2）各种塑料袋、塑料罐和内衬塑料薄膜的卫生指标检验按 GB/T 5009.60 的规定执行。

（3）各种陶瓷制容器的卫生指标检验按 GB/T 5009.62 的规定执行。

（4）各种金属制容器的卫生指标检验按 GB/T 5009.72 的规定执行。

（5）各种长度的检验采用卷尺直接量取。

（6）各种厚度的检验采用游标卡尺直接量取。

5. 标志、标签

（1）运输包装的标志　必须醒目、清晰、整齐，符合 GB/T 191—2008《包装储运图示标志》的规定。标志的内容应符合 GB/T 6388—1986《运输包装收发货标志》的规定。

（2）销售包装的标签　各种包装的标签内容应符合 GB 7718 和国家质量监督检验检疫总局（2009）第 123 号令的规定。

（3）包装条形码应符合 GB/T 18127—2009《商品条码　物流单位编码与条码表示》的规定、条形码应印刷清洗，线条光滑。

（4）包装回收标志应符合 GB/T 18455—2010《包装回收标志》的规定。

（三）效果评估

该项标准具有较好的科学性和适用性。标准针对我国茶叶的各类运输包装的材质和类型、各类销售包装的材质和类型的实际情况作了相应的规定；对茶叶包装的基本要求、试验方法和标签标志作了规范；对于指导我国各类茶叶进行科学、合理的包装，保持茶叶产品的品质、减少茶叶产品的变质和浪费具有良好的社会效益和经济效益。

参考文献

［1］陈椽. 茶叶分类的理论与实际［J］. 茶业通报，1979（增刊1）：48-56；94.

［2］宋丽，丁以寿. 陈椽茶叶分类理论［J］. 茶业通报，2009，31（1）：34-35.

［3］翁昆，张亚丽. GB/T 30766—2014《茶叶分类》简介［J］. 中国标准导报，2015（1）：34-35.

［4］2019 年版《中华人民共和国海关进出口商品规范申报目录》［EB/OL］.（2018-12-29）［2019-03-15］.

［5］国家茶叶质量监督检验中心. 对新修订的国家标准 GB 2763—2019 中涉茶农药最大残留限量的解读［J］. 中国茶叶加工，2019（3）：79.

第六章 茶叶产品标准

第一节 绿茶标准

一、我国绿茶标准的建立和发展过程

我国现行的茶叶标准是从新中国成立后开始逐步建立和完善的，最初以实物样为基准，按茶叶初制、精制的不同加工工艺和内销、外销及边销等不同销售市场分为毛茶标准样、加工标准样和贸易标准样三类。

（一）毛茶标准样

毛茶标准样又称毛茶收购实物标准样，是收购毛茶的质量标准，是对样评茶，正确评定毛茶等级及价格的实物依据。

1. 毛茶标准样的建立

（1）第一阶段　1949 年底成立了中国茶叶公司，在中央人民政府贸易部领导下，统一经营管理全国茶叶购销业务。1951 年制定颁发了"中准标准样"，以中准标准样的精制率为 70% 作依据。各省根据中准标准样水平，结合各地实际情况，自行制定分级办法与分级标准。

（2）第二阶段　1953 年建立全国统一毛茶分级标准样。内外销红、绿毛茶分为五个级别，乌龙毛茶、老青茶分为三个级别，黑毛茶分为四个级别。在收购评茶计价上，1953 年以前，一般采用按精制率及品质分数双轨评定，各半计价的办法。但该方法计价烦琐，且容易出现一茶数价的现象。从 1954 年起取消精制率与品质分数，改为评等。绿茶与红茶在原设的五个级别及各级别标准样不变的原则下，一、二级各分为五等级，三、四级各分为三个等级，五级分为两个等级，共为五级十八等。实行以外形定等，内质升降，多升少降，升降幅度最多不超过二个等级，一等一价的评茶计价办法。各产茶省根据具体情况，对各级的分等级可多分或少分，但最多不超过二十一个等级。这样比以前的评分办法有了很大的简化，等与等之间的品质差距也较明显。

（3）第三阶段　1967 年开始，各产茶省先后进行了毛茶新标准的改革试点。经过多种改革方案的试点与比较，1979 年在全国各茶区实行新标准。绿茶与红茶设六级十二等（晒青毛茶五级十等），逢双等设一个实物标准样，为各级最低界限。其中四级八等为中准样（晒青毛茶三级六等为中准样）。1983 年中华全国供销合作总社制定了初

制炒青绿茶标准，以实物样为主要依据，对部管的屯炒青、婺炒青、遂炒青、舒炒青、杭炒青、温炒青、平炒青等七套炒青绿茶，规定了品质规格及基本要求、感官特征、理化指标，以部标准 GH 016—1984《屯婺遂舒杭温平七套　初制炒青绿茶标准》发布实施，使毛茶标准样正式列入了标准化管理。

2. 毛茶标准样的管理与审批

20 世纪 90 年代以前由国家主管茶叶收购部门实行统一领导和分级管理。

（1）产量较大涉及面较广的主要茶类及品种均由商业部管理，称部标准，共有 40 套。其中：绿毛茶类中的屯、婺、遂、舒、杭、温、平、湘、鄂、豫炒青，徽、浙、闽、湘、苏、粤烘青，桂、滇、黔、川、陕晒青等 23 套；祁毛红、滇毛红、宁毛红、宜毛红、湖毛红、浙毛红、川毛红、闽毛红、粤毛红等红毛茶类 9 套；黑毛茶类的六堡毛茶、湖南黑茶、湖北老青茶、川南边茶、康南边茶等 5 套；乌龙毛茶类的粤水仙、闽南色种 2 套；黄茶类的黄大茶 1 套。

（2）产量较少而有一定代表性的品种由省级主管收购茶叶部门管理，称省标准，即地方标准。毛茶标准样换配的品质水平及审批，按部管标准执行，由商业部下达和审批；省管标准，由省下达和审批。

20 世纪 90 年代以后，由于茶叶市场放开，国家茶叶主管部门不再统一下达毛茶标准样的制订及换配计划，改由行业主管部门下达相关的国家标准及行业标准的制修订任务，将部分毛茶产品按照标准化管理的要求，列入国家、行业标准的管理规范中。部分毛茶产品由省级质量监督部门会同供销、农业、科研、茶叶公司、茶厂等单位，制订地方标准，并负责进行毛茶实物标准样的审核。

（二）加工标准样

加工标准样又称加工验收统一标准样，是对毛茶再加工时按照外销、内销、边销成品茶标准茶样进行对样加工，是产品质量规格化的实物依据，也是成品茶交接验收的主要依据。1953 年开始制订各类茶叶加工标准样，其中内销、边销茶加工标准样根据各地区产品特点和传统风格制订，由内贸主管茶叶部门审定和管理；外销茶加工标准样根据对外贸易需要结合生产实际制订，由外贸主管部门审定和管理。加工标准样茶有绿茶、红茶、乌龙茶、压制茶等。

（1）绿茶加工标准样　主要是外销眉茶、珠茶及花茶级型坯。眉茶加工标准样于 1953 年开始制订，当时分苏销、新销和资销三种规格，即分别销苏联、新民主主义国家和资本主义国家。实际品质分为苏销、资销两种，从标准样品质分数上看，苏销样稍高于新销样。1963 年取消苏销茶，建立统一加工标准样，并分两种方式制订，一是按地区品质特征单独制样，分珍眉、贡熙、特针、秀眉、绿片等花色。珍眉从一级至七级（七级之一、之二）共 8 个级别，贡熙从一级至五级（五级之一、之二）共分 6 个级别。另一种方式是根据外销茶的传统风格及市场需要，采用各茶区眉茶拼配的方法制成标准样，分特珍、珍眉、雨茶、贡熙、特针、秀眉、茶片等花色。珠茶标准样分珠茶、雨茶等花色，其中珠茶分为一级至五级，雨茶分为一级、二级。

（2）花茶级型坯是烘青毛茶经精制加工后用于窨制花茶的素茶。为便于销区统一拼配不再返工筛制，规定了统一的外形筛制规格，制订了全国标准水平的"统一茶坏"。1967年将原来的特级至七级改为一级至六级，1988年发布实施了国家标准 GB 9172—1988《花茶级型坯》标准。

（三）贸易标准样

贸易标准样专指对外贸易标准样，是国际茶叶贸易中成交计价和货物交接的实物依据。我国贸易标准样茶于1954年开始建立，首先从大宗出口绿茶着手建立等级标准茶号，接着建立了外销工夫红茶、小种红茶、乌龙茶、白茶等其他茶类的等级标准样茶，至1962年已初步达到了贸易标准样规格化和标准化的要求。其中绿茶有眉茶、珠茶、龙井茶等，花茶有茉莉花茶、珠兰花茶、玫瑰花茶等。各茶类各花色按品质不同分若干级，各级都编有固定号码，即贸易标准茶号或样号，例如，珍眉一级至四级分别为9369、9368、9367、9366。贸易中可直接凭茶号买卖，同时贸易标准样与加工标准样相适应，便于产销结合和货源供应。

二、GB/T 14456—1993《绿茶》

1988年6月商业部茶畜局部署了制订绿茶国家标准的任务，由商业部杭州茶叶加工研究所（现中华全国供销合作总社杭州茶叶研究院）牵头，上海茶叶进出口公司、浙江省茶叶公司、安徽省茶叶公司、江西省茶果公司等单位参与标准的制订；1989年4月商业部局发（89）茶字第18号文正式批准制订。1993年9月国家技术监督局发布 GB/T 14456—1993《绿茶》，1994年5月1日实施。现已废止。

三、GB/T 14456.1《绿茶 第1部分：基本要求》

（一）GB/T 14456.1制定和修订过程

1. 标准的制订

根据我国绿茶生产实际，国家质量监督检验检疫总局和中华全国供销合作总社2005年下达标准制修订工作计划，将 GB/T 14456—1993《绿茶》修订为《绿茶 第1部分：基本要求》，另制定《绿茶 第2部分：大叶种绿茶》国家标准，由中华全国供销合作总社杭州茶叶研究院牵头承担制修订工作。2008年5月国家质量监督检验检疫总局、国家标准化管理委员会同时发布了 GB/T 14456.1—2008和 GB/T 14456.2—2008两项标准，2008年10月1日实施。

2. 标准的修订

根据生产实际和标准实施情况，2014年国家标准化管理委员会《关于下达2014年第二批国家标准制修订计划的通知》（国标委综合〔2014〕89号），由中华全国供销合作总社杭州茶叶研究院牵头，杭州艺福堂茶业有限公司、国家茶叶质量监督检验中心、中国茶叶流通协会、浙江大学等单位对 GB/T 14456.1—2008标准进行修订。2017年11月国家质量监督检验检疫总局、国家标准化管理委员会发布 GB/T 14456.1—2017，2018年2月1日实施。

（二）GB/T 14456.1—2017主要内容

与 GB/T 14456.1—2008相比，GB/T 14456.1—2017主要技术变化有以下几项。

（1）规范性引用文件 引用 GB 2762—2017《食品安全国家标准 食品中污染物

限量》、GB 2763—2019《食品安全国家标准　食品中农药最大残留限量》和 GB 7718—2011《食品安全国家标准　预包装食品标签通则》三项食品安全国家标准；增加引用 GB/T 8313—2018《茶叶中茶多酚和儿茶素含量的检测方法》、GB/T 23776—2018《茶叶感官审评方法》、GB/T 30375—2013《茶叶贮存》三项国家标准和 GH/T 1070—2011《茶叶包装通则》、JJF 1070—2005《定量包装商品净含量计量检验规则》等相关标准。

（2）理化指标　增加了茶多酚和儿茶素指标，明确了粗纤维、酸不溶性灰分、水溶性灰分、水溶性灰分碱度为参考指标。

（3）检验方法　感官检验方法改为 GB/T 23776 标准，增加了茶多酚和儿茶素的检测方法。

（4）标志、标签、包装、运输和贮存　将包装要求改为"应符合 GH/T 1070 的规定"，贮存要求改为"应符合 GB/T 30375 的规定"。

（5）标准使用　重新起草法修改采用 ISO 11287：2011《绿茶　定义及基本要求》，并列出与 ISO 11287：2011 的主要技术性差异。

四、GB/T 14456.2《绿茶　第 2 部分：大叶种绿茶》

（一）GB/T 14456.2 制定和修订过程

1. 标准的制定

2005 年《绿茶　第 2 部分：大叶种绿茶》列入了国家质量监督检验检疫总局和中华全国供销合作总社国家标准制修订计划，由中华全国供销合作总社杭州茶叶研究院牵头承担制修订工作。2008 年 5 月国家质量监督检验检疫总局、国家标准化管理委员会发布了 GB/T 14456.2—2008《绿茶　第 2 部分：大叶种绿茶》，2008 年 10 月 1 日实施。

2. 标准的修订

2015 年《绿茶　第 2 部分：大叶种绿茶》列入了国家标准化管理委员会下达的第三批国家标准制修订计划（国标委综合〔2015〕73 号），由中华全国供销合作总社杭州茶叶研究院、云南省产品质量监督检验研究院、云南省腾冲市高黎贡山生态茶业有限公司等单位承担标准的修订工作。2018 年 2 月国家质量监督检验检疫总局、国家标准化管理委员会发布了 GB/T 14456.2—2018，2018 年 6 月 1 日实施。

（二）GB/T 14456.2—2018 主要内容

与 GB/T 14456.2—2008 相比，GB/T 14456.2—2018 主要技术变化有：

（1）规范性引用文件　将 GB 5009.3—2016《食品安全国家标准　食品中水分的测定》替代了 GB/T 8304—2013《茶　水分测定》；GB 5009.4—2016《食品安全国家标准　食品中灰分的测定》替代了 GB/T 8306—2013《茶　总灰分测定》、GB/T 8307—2013《茶　水溶性灰分和水不溶性灰分测定》和 GB/T 8308—2013《茶　酸不溶性灰分测定》；GH/T 1070《茶叶包装通则》替代了 SB/T 10035、SB/T 10037、SB/T 10095 三个标准；GB/T 23776《茶叶感官审评方法》替代了 SB/T 10157；增加了 GB/T 8313《茶叶中茶多酚和儿茶素类含量的检测方法》、GB/T 30375《茶叶贮存》和 JJF

1070《定量包装商品净含量计量检验规则》。

（2）术语和定义　增加了蒸青绿茶、炒青绿茶、烘青绿茶、晒青绿茶的定义。

（3）产品规格与实物标准样　炒青绿茶、烘青绿茶和晒青绿茶不再细分毛茶和精制茶，对各茶类感官品质要求进行了修改。

（4）理化指标　不再区分毛茶和精制茶，将碎末茶指标改为粉末；增加了茶多酚和儿茶素指标，并根据大叶种绿茶的大量理化检测结果，将茶多酚指标定为≥16%，儿茶素指标定为≥11%，粉末指标定为≤0.8%，晒青绿茶理化指标中水分指标定为≤9.0%。

（5）检验方法　感官检验方法改为 GB/T 23776 标准，增加了 GB/T 8313《茶叶中茶多酚和儿茶素类含量的检测方法》。

（6）标志、标签、包装、运输和贮存　将包装要求改为"应符合 GH/T 1070 的规定"，贮存要求改为"应符合 GB/T 30375 的规定"。

五、GB/T 14456.3～6—2016《绿茶　第3部分至第6部分》系列

（一）GB/T 14456.3～6—2016 制定过程

根据国家标准化管理委员会《关于下达 2013 年第一批国家标准制修订计划的通知》（国标委综合〔2013〕56 号）和中华全国供销合作总社《关于下达 2013 年第一批国家标准制修订计划的通知》（供销厅科字〔2013〕65 号），《绿茶　第3部分：中小叶种绿茶》、《绿茶　第4部分：珠茶》和《绿茶　第5部分：眉茶》国家标准列入了制修订计划，由中华全国供销合作总社杭州茶叶研究院牵头，负责制修订工作。

《绿茶　第6部分：蒸青茶》是根据国家标准化管理委员会《关于下达 2013 年第二批国家标准制修订计划的通知》和中华全国供销合作总社《关于下达 2013 年第二批国家标准制修订计划的通知》进行制修订的。由杭州市余杭区径山蒸青茶业协会、中华全国供销合作总社杭州茶叶研究院、杭州市标准化研究院、杭州径林茶业有限公司、四川省茶叶集团股份有限公司等单位负责起草。

2016 年 6 月国家质量监督检验检疫总局、国家标准化管理委员会发布了 GB/T 14456.3～6—2016《绿茶　第3部分至第6部分》，2017 年 1 月 1 日实施。

（二）GB/T 14456.3～6—2016 的主要内容

1. GB/T 14456.3—2016《绿茶　第3部分：中小叶种绿茶》主要内容

（1）品种划分　该标准规定了中小叶种绿茶的品种为炒青绿茶和烘青绿茶。

（2）产品等级　炒青绿茶按产品形状分为长炒青绿茶、圆炒青绿茶、扁炒青绿茶。不同形状的产品按照感官品质要求分为特级、一级、二级、三级、四级、五级。烘青绿茶产品按照感官品质要求分为特级、一级、二级、三级、四级、五级。

（3）感官品质　该标准规定了炒青、烘青产品各花色、各等级产品感官品质要求。

2. GB/T 14456.4—2016《绿茶　第4部分：珠茶》主要内容

该标准规定了圆炒青原料应符合 GB/T 14456.1 的要求，整形过程中可依据传统工艺适当添加糯米糊，糯米应符合 GB 1354—2018《大米》的规定。在产品和实物标准样条款中，规定了"根据加工和出口需要，产品分为特级（3505）、一级（9372）、二级

（9373）、三级（9374）、四级（9375）"。

感官品质规定了圆炒青各等级产品感官品质要求。

3. GB/T 14456.5—2016《绿茶　第5部分：眉茶》主要内容

该标准规定了眉茶产品分为珍眉、雨茶、秀眉和贡熙。珍眉设特珍特级（41022）、特珍一级（9371）和特珍二级（9370），珍眉一级（9369）、珍眉二级（9368）、珍眉三级（9367）、珍眉四级（9366）；雨茶设雨茶一级（8147）、雨茶二级（8167）；秀眉设秀眉特级（8117）、秀眉一级（9400）、秀眉二级（9376）、秀眉三级（9380）；贡熙设特贡一级（9277）、特贡二级（9377），贡熙一级（9389）、贡熙二级（9417）、贡熙三级（9500）。

感官品质规定了眉茶中珍眉、雨茶、秀眉和贡熙各等级产品的感官品质要求。

4. GB/T 14456.6—2016《绿茶　第6部分：蒸青茶》主要内容

（1）等级划分　该标准规定了产品依据感官品质分为特级、一级、二级、三级、四级、五级和片茶。基本要求规定了应符合 GB/T 14456.1 的要求。

（2）感官品质　该标准规定了蒸青茶特级、一级、二级、三级、四级、五级和片茶 7 个等级产品的感官品质要求。

（3）理化指标　按照《绿茶　第1部分：基本要求》规定的水分、总灰分、粉末、水浸出物、粗纤维、酸不溶性灰分、水溶性灰分、水溶性灰分碱度等八个项目，其中粗纤维、酸不溶性灰分、水溶性灰分、水溶性灰分碱度为参考指标，参照 ISO 11287：2011《绿茶　定义和基本要求》，增加了茶多酚、儿茶素两个项目。各部分按产品级别不同对粗纤维、粉末等项目分别规定指标值。

（4）卫生指标　均采用 GB 2762《食品安全国家标准　食品中污染物限量》及 GB 2763《食品安全国家标准　食品中农药最大残留限量》中相关茶叶产品的规定。

（5）标志、标签、包装、运输和贮存条款　规定了标志应符合 GB/T 191 的要求；标签应符合 GB 7718 和《国家质量监督检验总局关于修改<食品标识管理规定>的决定》的规定；包装应符合 GH/T 1070 的规定；运输工具应清洁、干燥、无异味、无污染，运输时应有防雨、防潮、防暴晒措施，不得与有毒、有害、有异味、易污染的物品混装、混运；贮存应符合 GB/T 30375 的规定。

第二节　红茶标准

一、GB/T 13738.1—2017《红茶　第1部分：红碎茶》

红碎茶主要指以茶树芽、叶、嫩茎为原料，经过萎凋、揉切、发酵、干燥等工艺制成的红茶。目前，红碎茶是国际市场上销售量最大的茶类，红茶占国际茶叶贸易总量的 70% 左右，红碎茶占世界红茶产销总量 95% 以上。我国红碎茶受生产成本、经营方式、产品质量固有水平等因素的制约，市场竞争力弱，红碎茶的出口均价远不及斯里兰卡、肯尼亚、印度等国。我国红碎茶主要产于云南、广东、海南、广西、贵州、湖南、四川、福建等省（自治区），其中以云南、广东、海南、广西用大叶种为原料制作的红碎茶品质最好。

（一）红碎茶发展过程

红碎茶制法始于 1880 年前后，中华人民共和国成立前只有我国台湾生产，成立后迅速发展，我国的红碎茶源于新中国成立后的对外贸易需要，1957 年以工夫红茶原料轧制成红碎茶出口；1964 年全国重点茶区适制红碎茶成功。1967 年，外贸部根据国际市场对红碎茶品质规格的要求，结合中国广大茶区的具体情况制定并颁发了 4 套红碎茶加工统一标准样，供各地区对照标准加工和验收之用。1982 年海南定安县南海茶厂首次引进 CTC（压碎、撕裂、揉卷）成套加工生产线，正式生产 CTC 红碎茶。20 世纪 70 年代末到 80 年代中期，我国广东省粤西农垦局和海南农垦局开始研究 CTC 成套机械，并投放使用。我国的红碎茶生产不断发展，质量提高，红碎茶的制法也不断进行改进。

（二）红碎茶标准制定过程

根据国家标准化管理委员会《关于下达 2014 年第二批国家标准制修订计划的通知》（国标委综合〔2014〕89 号），《红茶　第 1 部分：红碎茶》列入了制修订计划，由中华全国供销合作总社杭州茶叶研究院、福建新坦洋集团股份有限公司、福建农林大学、国家茶叶质量监督检验中心、四川农业大学、湖南省茶业集团股份有限公司、四川省茶业集团股份有限公司等单位负责起草。

在广泛征求各方面的意见和国家茶叶质检中心的理化实验数据基础上，2016 年 3 月全国茶叶标准化技术委员会二届四次会议进行了审定。国家质量监督检验检疫总局、国家标准化管理委员会 2017 年 11 月 1 日发布，2018 年 5 月 1 日实施。

（三）GB/T 13738.1—2017 主要内容

该标准有效规范了红碎茶的产品技术要求，其主要内容有：

（1）感官品质特征　红碎茶主要分为大叶种红碎茶及中小叶种红碎茶，二者之间各规格的红碎茶主要感官品质有差异，具体感官特征见表 6-1 及表 6-2。

表 6-1 　　　　　　　　　　大叶种红碎茶各规格的感官品质要求

规格	外形	内质			
		香气	滋味	汤色	叶底
碎茶 1 号	颗粒紧实、金毫显露、匀净、色润	嫩香强烈持久	浓强鲜爽	红艳明亮	嫩匀红亮
碎茶 2 号	颗粒紧结、重实、匀净、色润	香高持久	浓强尚鲜爽	红艳明亮	红匀明亮
碎茶 3 号	颗粒紧结、尚重实、较匀净、色润	香高	鲜爽尚浓强	红亮	红匀亮
碎茶 4 号	颗粒尚紧结，尚匀净、色尚润	香浓	浓尚鲜	红亮	红匀亮
碎茶 5 号	颗粒紧结，尚匀净、色尚润	香浓	浓厚尚鲜	红亮	红匀尚明亮

续表

规格	外形	内质			
		香气	滋味	汤色	叶底
片茶	片状皱褶、尚匀净、色尚润	尚高	尚浓厚	红明	红匀
末茶	细砂粒状、较重实、较匀净、色尚润	纯正	浓强	深红尚明	

表 6-2   **中小叶种红碎茶各规格的感官品质特征**

规格	外形	内质			
		香气	滋味	汤色	叶底
碎茶 1 号	颗粒紧实、重实、匀净、色润	香高持久	鲜爽浓厚	红亮	嫩匀红亮
碎茶 2 号	颗粒紧结、重实、匀净、色润	香高	鲜浓	红亮	尚嫩匀红亮
碎茶 3 号	颗粒较紧结、尚重实、尚匀净、色尚润	香浓	尚浓	红明	红尚亮
片茶	片状皱褶、匀净、色尚润	纯正	平和	尚红明	尚红
末茶	细砂粒状、匀净、色尚润	尚高	尚浓	深红尚亮	红稍暗

（2）理化指标要求　该标准中涉及的红碎茶理化指标包含水分、总灰分、粉末、水浸出物等，大、中小叶种红碎茶的主要理化指标不同，该指标为红碎茶应满足的最低值，具体数据参见表 6-3。

表 6-3   **大、中小叶种红碎茶理化指标**

项　目	指　标	
	大叶种红碎茶	中小叶种红碎茶
水分（质量分数）/%≤	7	
总灰分（质量分数）/%	≥4.0；≤8.0	
粉末（质量分数）/%≤	2	
水浸出物（质量分数）/%≥	34	32

项　目	指　标	
	大叶种红碎茶	中小叶种红碎茶
水溶性灰分，占总灰分（质量分数）/%≥	45	
水溶性灰分碱度（质量分数）（以 KOH 计）/%	≥1.0*；≤30*	
酸不溶性灰分（质量分数）/%≤	1	
粗纤维（质量分数）/%≤	16.5	
茶多酚（质量分数）/%≥	9	

注：* 水溶性灰分、水溶性灰分碱度、酸不溶性灰分、粗纤维、茶多酚为参考指标。

（3）品质评定准则　红碎茶审评的方法按照 GB/T 23776 的规定严格执行；理化指标的测定同样严格按照 GB/T 8303、GB 5009.3、GB/T 8306、GB/T 8311、GB/T 8305、GB/T 8307、GB/T 8309、GB/T 8308、GB/T 8310、GB/T 8313 进行检测。卫生指标按照 GB 2762 和 GB 2763 的规定执行；净含量应符合《定量包装商品计量监督管理办法》的规定。按上述要求的项目，除参考指标外的任一项不符合规定的产品均判为不合格产品。

（四）效果评估与应用前景展望

该标准自实施以来，广泛应用于红碎茶的生产流通等各环节。严格规范了产品的规格，统一评判标准，对于品质的管控起到约束的作用，无论对于国内市场的消费还是国外市场的出口而言，都建立了品质上的保证，对红碎茶的出口起到积极的推动作用。该标准已经大范围推行，推行效果良好。

由于红碎茶在世界贸易中的特殊地位，在红碎茶市场上有所突破是促进我国茶叶外贸最重要的突破口之一，作为衡量、保障品质的准则，标准的制定与实施是必不可少的。

二、GB/T 13738.2—2017《红茶　第 2 部分：工夫红茶》

工夫红茶最早是由小种红茶演变而来，由于其细致的工艺，制作时颇费时间而得名工夫红茶。最初出现的是正山小种（也称星村小种）的制法，产地在武夷山范围内（即武夷山自然保护区桐木村）。

（一）工夫红茶发展过程

工夫红茶的出现，使中国红茶生产和贸易进入繁盛阶段，在世界茶叶市场上占据重要的地位。工夫红茶产地多，且产量高，部分工夫红茶更是历史悠久，韵味独特。安徽的"祁红"历史悠久，品质超群；湖南的"湘红"产区广阔，产量曾在全国占主要位置；福建的"闽红"包含坦洋工夫、政和工夫、白琳工夫。由于产地及品种差异，"闽红"中各种工夫红茶风味差异较大，20 世纪初，中外茶师将白琳工夫红茶与祁门红茶拼配，曾占领了国内外茶叶市场（1851 年）。云南"滇红工夫"滋味醇和，主销俄罗斯、波兰等东欧各国和西欧、北美等 30 多个国家和地区，内销全国各大城市。除此之外，江西"宁红"、湖北"宜红"、台湾"台红"均历史悠久，风味别具一格，也是我国工夫红茶的代表产品之一。我国的工夫红茶在 19 世纪 40—80 年代期间曾垄断了世界红茶的生产和贸易。而后由于印度、斯里兰卡和印度尼西亚等产茶国家的逐渐兴起，我国红茶在国际茶叶市场的地位开始下降。此外，20 世纪初期红碎茶的研制对工夫红茶的地位产生了巨大的冲击，由于国外的饮茶方式习惯调饮，红碎茶浓强滋味更有利于调饮中的风味体现，红碎茶在世界红茶贸易中逐渐取代工夫红茶的地位，成为出口最多的茶叶种类。如今，世界红茶生产、贸易以红碎茶为主，工夫红茶的产量极少。然而，现在我国的红茶生产仍以工夫红茶为主。尽管在世界茶叶贸易中工夫红茶的交易量较少，但是由于近几年，国内红茶内需的扩增，国内市场成为我国红茶的主体，红茶贸易由原来的扩大外贸转为积极拉动内需，而红茶产品的风格也由迎合外国调饮的红碎茶转为更能满足国内消费的工夫红茶。

（二）工夫红茶标准制定过程

根据国家标准化管理委员会《关于下达 2014 年第二批国家标准制修订计划的通知》（国标委综合〔2014〕89 号），《红茶　第 2 部分：工夫红茶》列入了研制计划，由中华全国供销合作总社杭州茶叶研究院、福建新坦洋集团股份有限公司、福建农林大学、国家茶叶质量监督检验中心等单位负责起草。

在广泛征求各方面的意见基础上，2016 年 3 月全国茶叶标准化技术委员会二届四次会议进行了审定。国家质量监督检验检疫总局、国家标准化管理委员会 2017 年 11 月 1 日发布，2018 年 5 月 1 日实施。

（三）GB/T 13738.2—2017 主要内容

该标准有效规范了工夫红茶的产品技术要求，其主要内容有：

（1）感官品质特征　该标准主要将工夫红茶以叶片大小分为两类，大叶种工夫红茶与中小叶种工夫红茶，大叶种工夫红茶与中小叶种之间的感官品质要求有所不同，具体要求见表 6-4 和表 6-5。

表 6-4　　　　　　　　　　大叶种工夫红茶产品各等级的感官品质

级别	外形				内质			
	条索	整碎	净度	色泽	香气	滋味	汤色	叶底
特级	肥壮紧结多锋苗	匀齐	净	乌褐油润金毫显露	甜香浓郁	鲜浓醇厚	红艳	肥嫩多芽红匀明亮
一级	肥壮紧结有锋苗	较匀齐	较净	乌褐润多金毫	甜香浓	鲜醇较浓	红尚艳	肥嫩有芽红匀亮
二级	肥壮紧实	匀整	尚净稍有嫩茎	乌褐尚润有金毫	香浓	醇浓	红亮	柔嫩红尚亮
三级	紧实	较匀整	尚净有筋梗	乌褐稍有毫	纯正尚浓	醇尚浓	较红亮	柔软尚红亮

续表

级别	外形				内质			
	条索	整碎	净度	色泽	香气	滋味	汤色	叶底
四级	尚紧实	尚匀整	有梗朴	尚乌稍灰	纯正	尚浓	红尚亮	尚软尚红
五级	稍松	尚匀	多梗朴	棕黑稍花	尚纯	尚浓略涩	红欠亮	稍粗尚红稍暗
六级	粗松	欠匀	多梗多朴片	棕稍枯	稍粗	稍粗涩	红稍暗	粗，花杂

表 6-5　　　　　　　　　　　中小叶种工夫红茶产品各等级的感官品质

级别	外形				内质			
	条索	整碎	净度	色泽	香气	滋味	汤色	叶底
特级	细紧多锋苗	匀齐	净	乌黑油润	鲜嫩甜香	醇厚甘爽	红明亮	细嫩显芽红匀亮
一级	紧细有锋苗	较匀齐	净稍含嫩茎	乌润	嫩甜香	醇厚爽口	红亮	匀嫩有芽红亮
二级	紧细	匀整	尚净有嫩茎	乌尚润	甜香	醇和尚爽	红明	嫩匀红尚亮
三级	尚紧细	较匀整	尚净稍有筋梗	尚乌润	纯正	醇和	红尚明	尚嫩匀尚红亮
四级	尚紧	尚匀整	有梗朴	尚乌稍灰	平正	纯和	尚红	尚匀尚红
五级	稍粗	尚匀	多梗朴	棕黑稍花	稍粗	稍粗	稍红暗	稍粗硬尚红稍花
六级	较粗松	欠匀	多梗多朴片	棕稍枯	粗	稍粗淡	暗红	粗硬红暗花杂

（2）理化指标要求　工夫红茶理化指标要求见表 6-6。

表 6-6　　　　　　　　　　　　　工夫红茶理化指标

项 目	指 标		
	特级，一级	二级，三级	四级，五级，六级
水分（质量分数）/%≤	7		
总灰分（质量分数）/%≤	6.5		
粉末（质量分数）/%≤	1	1.2	1.5
水浸出物（质量分数）/%≥　大叶种工夫红茶	36	34	32
水浸出物（质量分数）/%≥　中小叶种工夫红茶	32	30	28
水溶性灰分，占总灰分（质量分数）/%≥	45		
水溶性灰分碱度（以 KOH 计）（质量分数）/%	$\geq 1.0^*$；$\leq 30^*$		

续表

项　目	指　标		
	特级，一级	二级，三级	四级，五级，六级
酸不溶性灰分（质量分数）/%≤	1		
粗纤维（质量分数）/%≤	16.5		
茶多酚（质量分数）/% ≥ 　大叶种工夫红茶	9		
中小叶种工夫红茶	7		

注：＊水溶性灰分、水溶性灰分碱度、酸不溶性灰分、粗纤维、茶多酚为参考指标。

（3）品质评定准则　工夫红茶审评的方法按照 GB/T 23776 的规定严格执行；理化指标的测定同样严格按照国家标准 GB/T 8303、GB 5009.3—2016、GB/T 8306、GB/T 8311、GB/T 8305、GB/T 8307、GB/T 8309、GB/T 8308、GB/T 8310、GB/T 8313 进行检测。卫生指标按照 GB 2762 和 GB 2763 的规定执行；净含量应符合《定量包装商品计量监督管理办法》的规定。按上述要求的项目，除参考指标外的任一项不符合规定的产品均判为不合格产品。

（四）效果评估与应用前景展望

我国产工夫红茶省份众多，地域、种质差异使工夫红茶品质不一，在市场上的流通缺乏统一的评判标准，市场秩序混乱。GB/T 13738.2—2017《红茶　第2部分：工夫红茶》标准的制定有助于规范工夫红茶的规格与品质，统一工夫红茶的评定准则，在生产、销售环节给予指导。该标准的制定有利于工夫红茶生产规模的扩大，有助于稳定工夫红茶品质，增强国际市场竞争力。

该标准的制定参考大量数据，科学合理，其实施效果受茶叶消费者及从业者肯定。该标准自实施以来，规范了茶行业，推动茶行业发展，进一步规范中国红茶生产、加工，加速我国红茶文化传播，在促进红茶生产、扩大出口、提高效益、产业升级等方面发挥了积极作用，但中小叶种工夫红茶茶多酚总量与国际标准有所差距，需要考虑如何与国际标准接轨。

三、GB/T 13738.3—2012　《红茶　第3部分：小种红茶》

（一）小种红茶发展过程

小种红茶首创于武夷山，现在主要的产地依旧是福建武夷山一带地区，相较于工夫红茶而言，小种红茶的产量少。小种红茶一直是传统的出口商品，销往美国、日本、欧盟等国家和地区，深受人们的喜爱。19 世纪 70 年代就开始远销欧美各国，后因国内战事频繁，小种红茶产量逐减，至 1949 年产销几乎绝迹。20 世纪 50 年代后，小种红茶得到恢复和发展，产销开始增加，尤其是近 10 年来，小种红茶产销增加速率较快。

小种红茶包括正山小种和烟小种，是世界上最早的红茶，由福建武夷山茶农于明朝中后期创制而成。"正山"指的是桐木及与桐木周边相同海拔、相同地域，用相同一种传统工艺制作的品质相同，独具桂圆汤味的红茶统称"正山小种"。"小种"是指其茶树品种为小叶种，且产地地域及产量受地域的小气候所限之意，故"正山小种"又称桐木关小种。

（二）小种红茶标准研制过程

根据国家标准化管理委员会和中华全国供销合作总社《关于下达2010年国家标准制修订计划的通知》（国标委综合〔2010〕87号、供销厅科字〔2011〕4号），《红茶　第3部分：小种红茶》列入了制修订计划，由中华全国供销合作总社杭州茶叶研究院负责，福建武夷山国家级自然保护区正山茶业有限公司、福建农林大学等单位参与标准的起草和制定工作。

在广泛征求各方面的意见基础上，2012年3月召开的全国茶叶标准化技术委员会全体委员工作会议审定通过。国家质量监督检验检疫总局、国家标准化管理委员会2012年12月31日发布，2013年7月1日实施。

（三）GB/T 13738.3—2012主要内容

该标准有效规范了小种红茶的产品技术要求，其主要内容如下。

1. 感官品质特征

小种红茶根据产地、加工和品质的不同，分为正山小种和烟小种两个品种。正山小种是指产于武夷山市星村镇桐木村及武夷山自然保护区域内的茶树鲜叶，用当地传统工艺制作，独具似桂圆干香味及松烟香的红茶产品。根据产品质量，分为特级、一级、二级、三级共四个等级。正山小种产品各等级感官品质要求见表6-7。

表6-7　　　　　　　　　　　正山小种产品各等级感官品质要求

级别	外形					内质		
	条索	整碎	净度	色泽	香气	滋味	汤色	叶底
特级	壮实紧结	匀齐	净	乌黑油润	纯正高长、似桂圆干香或松烟香明显	醇厚回甘，显高山韵，似桂圆汤味明显	橙红明亮	尚嫩较软有皱褶古铜色匀齐
一级	尚壮实	较匀齐	稍有茎梗	乌尚润	纯正、有似桂圆干香	厚尚醇回甘，尚显高山韵，似桂圆汤味尚明	橙红尚亮	有皱褶，古铜色稍暗，尚匀齐
二级	稍粗实	尚匀整	有茎梗	欠乌润	松烟香稍淡	尚厚，略有似桂圆汤味	橙红欠亮	稍粗硬，铜色稍暗
三级	粗松	欠匀	带粗梗	乌、显花杂	平正，略有松烟香	略粗，似桂圆汤味浅明，平和	暗红	稍花杂

烟小种是指产于武夷山自然保护区域外的茶树鲜叶，以工夫红茶的加工工艺制作，最后经松烟熏制而成，具松烟香味的红茶产品。根据产品质量，分为特级、一级、二级、三级、四级共5个等级。烟小种产品各等级的感官品质要求见表6-8。

表 6-8   烟小种产品各等级的感官品质要求

级别	外形				内质			
	条索	整碎	净度	色泽	香气	滋味	汤色	叶底
特级	细紧	匀整	净	乌黑油润	松烟香浓长	醇和尚爽	红明亮	嫩匀红尚亮
一级	紧结	较匀整	净稍含嫩茎	乌黑稍润	松烟香浓	醇和	红尚亮	尚嫩匀尚红亮
二级	尚紧结	尚匀整	稍有茎梗	乌黑欠润	松烟香尚浓	尚醇和	红欠亮	摊张,红欠亮
三级	稍粗松	欠匀	有茎梗	黑褐稍花	松烟香稍淡	平和	红稍暗	摊张稍粗,红暗
四级	粗松弯曲	欠匀	多茎梗	黑褐花杂	松烟香淡带粗青气	粗淡	暗红	粗老,暗红

2. 理化指标要求

正山小种及烟小种的主要理化指标应符合表6-9要求。

表 6-9   正山小种及烟小种理化指标

项　目		指　标	
		特级至一级	二级至四级
水分（质量分数）/%		≤7.0	
总灰分（质量分数）/%		≤7.0	
粉末（质量分数）/%		≤1.0	≤1.2
水浸出物（质量分数）/%	正山小种	≥34	≥32
	烟小种	≥32	≥30

3. 品质评定准则

正山小种及烟小种审评的方法按照 GB/T 23776 的规定严格执行；理化指标的测定同样严格按照 GB/T 8303、GB 5009.3—2016、GB/T 8306、GB/T 8311、GB/T 8305、GB/T 8307、GB/T 8309、GB/T 8308、GB/T 8310、GB/T 8313 进行检测。卫生指标按照 GB 2762 和 GB 2763 的规定执行；净含量应符合《定量包装商品计量监督管理办法》的规定。按上述要求的项目，除参考指标外的任一项不符合规定的产品均判为不合格产品。

（四）效果评估与应用前景展望

该标准阐述正山小种的概念，明确正山小种的产地，为准确区分小种红茶提供依据，避免烟小种与正山小种之间的混淆而造成市场秩序的混乱，规范了红茶市场。

该标准的制定和实施是茶叶品质的有效保障，在保证茶叶品质和质量安全上起到重要作用，保护了原产地茶叶从业者的利益，规范了当前小种红茶市场，有利于茶行业的规范化发展，促进小种红茶进一步推广和小种红茶对外的出口贸易。但小种红茶茶多酚总量要求与红茶国际标准也是有一定差距，仍然要做好协调工作。

四、GH/T 1116—2015《九曲红梅茶》

（一）九曲红梅茶的发展

九曲红梅茶以杭州市西湖区所辖区域内（图6-1）如湖埠、双灵、张余、冯家、灵山、社井、仁桥、上阳、下阳一带，种植生长的适制九曲红梅茶的茶树品种芽叶为原料，采用传统的萎凋、揉捻、发酵、干燥工艺在当地加工而成的卷曲形工夫红茶。

九曲红梅茶生产已有近200年历史，近年来随着红茶的畅销，九曲红梅茶开始复兴，经过杭州市政府和西湖区政府的大力扶持，激发了茶农的生产积极性，九曲红梅的价格、产量、知名度、市场占有率大幅提高。九曲红梅茶是浙江省目前28种名茶中唯一的红茶。

图6-1　九曲红梅产区

（二）九曲红梅茶标准制定过程

该标准由中华全国供销总社杭州茶叶研究院、杭州市标准化研究院、杭州九曲红梅茶业有限公司、杭州福海堂茶叶有限公司负责起草，2015 年 12 月 30 日发布，2016年 6 月 1 日实施。

（三）GH/T 1116—2015 主要内容

1. 感官品质特征

九曲红梅茶属于红茶中的一种，其感官品质的要求和红茶标准略有不同，现根据感官要求分为特级、一级、二级、三级。九曲红梅茶各级感官品质要求见表 6-10。

表 6-10　　　　　　　　　　　　九曲红梅茶各级感官品质

级别	外表				内质			
	条索	整碎	色泽	净度	香气	滋味	汤色	叶底
特级	细紧卷曲多锋苗	匀齐	乌黑油润	净	鲜嫩甜香	鲜醇甘爽	橙红明亮	细嫩显芽红匀亮
一级	细紧卷曲有锋苗	较匀齐	乌润	净稍含嫩茎	嫩甜香	醇和爽口	橙红亮	匀嫩有芽红亮
二级	细紧卷曲	匀整	乌尚润	尚净有嫩茎	清纯有甜香	醇和尚爽	橙红明	嫩匀红尚亮
三级	卷曲尚紧细	较匀整	尚乌润	尚净稍有茎梗	纯正	醇和	橙红尚明	尚嫩匀尚红亮

2. 理化指标要求

九曲红梅茶各级理化指标应符合表 6-11 的要求。

表 6-11　　　　　　　　　　　　九曲红梅茶各级理化指标

项　目	要　求
水分/%（质量分数）≤	7.0
总灰分/%（质量分数）≤	6.5
水浸出物/%（质量分数）≥	34
粉末/%（质量分数）≤	1.0

3. 品质评定准则

出厂检验时，凡不符合出厂检验项目的产品，均判为不合格产品，不得出厂。型式检验时应符合上述感官指标及理化指标要求，满足 GB/T 13738.2 要求、卫生指标按照 GB 2762 和 GB 2763 的规定执行；净含量应符合《定量包装商品计量监督管理办法》的规定，凡不符合上述规定的产品，均判定该批产品不合格。

（四）效果评估与应用前景展望

该标准的制定统一了九曲红梅茶的产品标准，各项技术指标科学严谨、规定合理、具可创造性，在相关茶产区广泛适用，对于稳定茶叶品质、提升产业价值、促进产业提质升级起到重要作用，对实际生产有指导性意义，可推动九曲红梅茶产品可持续发展，加快九曲红梅茶文化进一步传播。

五、GH/T 1118—2015《金骏眉茶》

（一）金骏眉茶的发展

金骏眉茶是以武夷山市星村镇桐木村为中心的武夷山国家级自然保护区（图6-2）565 km²内的高山茶树单芽为原料，采用萎凋、揉捻、发酵、干燥的独特工艺制作而成，具有"汤色金黄，汤中带甘，甘里透香"品质特征的红茶。在传承四百余年的红茶文化与传统技艺基础上，2005年江元勋团队在采摘标准、加工技术上通过创新融合，研发出与传统红茶有较大创新的优质红茶金骏眉。2008年正式投放市场，成为红茶产品之一。

图6-2　金骏眉产区

（二）金骏眉茶标准研制过程

该标准由福建武夷山国家自然保护区正山茶业有限公司、中华全国供销合作总社杭州茶叶研究院、武夷山市茶业同业公会、武夷山市茶业局、福建农林大学起草。2015年12月30日发布，2016年6月1日实施。

（三）GH/T 1118—2015主要内容

1. 感官品质特征

金骏眉产品不设等级，其品质特征应符合表6-12要求。

2. 理化指标要求

金骏眉产品的主要理化指标应符合表 6-13 的要求。

表 6-12　　　　　　　　金骏眉产品感官品质特征

外 形				内 质			
条索	整碎	净度	色泽	香气	滋味	汤色	叶底
紧秀重实，锋苗秀挺，略显金毫	匀整	净	金、黄、黑相间，色润	花、果、蜜、薯等综合香型，香气持久	鲜活甘爽	金黄色，清澈透亮，金圈显	单芽，肥壮饱满，鲜活，匀齐，呈古铜色

表 6-13　　　　　　　　金骏眉产品理化指标

项　目	要　求
水分（质量分数）/% ≤	7.0
总灰分（质量分数）/% ≤	6.5
水浸出物（质量分数）/% ≥	36
粉末（质量分数）/% ≤	1.0

3. 品质评定准则

出厂检验时，凡不符合出厂检验项目的产品，均判为不合格产品，不得出厂。型式检验时应符合上述感官指标及理化指标要求，满足 GB/T 13738.2 要求、卫生指标按照 GB 2762 和 GB 2763 的规定执行；净含量应符合《定量包装商品计量监督管理办法》的规定，凡不符合上述规定的产品，均判定该批产品不合格。

（四）效果评估与应用前景展望

金骏眉茶的定义、感官品质特征、理化指标特征在标准中进行了详细规定，标准制定过程严谨，指标比较合理，具有科学性，进一步稳定了产品品质，有利于规范和新产品推广，保障消费者合法权益。

六、GB/T 24710—2009《地理标志产品　坦洋工夫》

（一）坦洋工夫产销概况

坦洋工夫红茶是在福建省福安市现辖行政区域（图 6-3）内的自然生态环境条件下，采自坦洋菜茶和适制红茶的优良茶树品种的幼嫩芽叶，采用工夫红茶初制和精制的传统加工工艺，制成具有特定品质特征的红茶。坦洋工夫红茶的销售主要分为内销及外销，其消费主体依然以国内市场为主，近几年来出口有所增加。

（二）GB/T 24710—2009 制定过程

1. 坦洋工夫研制过程

坦洋工夫红茶，始创于清朝咸丰元年（1851 年），产区包括福建省福安市及周边

图 6-3　坦洋工夫产区

地区。清咸丰元年，福安坦洋村引进崇安小种红茶制法，以当地优质的"坦洋菜茶"为原料，经过改进，制成条索紧结圆直、茶毫微现金黄、色泽乌黑油润，且香气高爽、滋味醇厚、汤色红艳、叶底红亮的"坦洋工夫"红茶。自清光绪年间至民国年间，福安坦洋工夫红茶每年出口上万担（1 担＝50kg），1915 年，福安商会选送的"坦洋工夫"红茶在巴拿马太平洋万国博览会上获得金奖，1937 年，坦洋工夫开始由机制代替手工制茶。

　　2. 标准制定过程

　　该标准由福安市标准化计量测试学会、福安市茶叶协会、福安市茶业事业局、福建坦洋工夫茶业股份有限公司起草，发布时间为 2009 年 11 月 30 日，实施时间为 2010 年 5 月 1 日。

　　3. 科学、适用性情况

　　该标准严格规范了不同等级坦洋工红茶的品质特征，为坦洋工夫红茶品质特征的稳定起到了重要的作用。

（三）GB/T 24710—2009 主要内容

1. 产品分级及品质特征

坦洋工夫茶分为特级、一级、二级、三级以及相应等级的紧压茶。各级坦洋工夫感官品质要求见表6-14。

表6-14　　　　　　　　　　　　各级坦洋工夫感官品质

项目	外形				内质			
	条索	整碎	净度	色泽	香气	滋味	汤色	叶底
特级	肥嫩细紧，毫显，多锋苗	匀整	洁净	乌黑油润	甜香浓郁	鲜浓醇	红艳	细嫩柔软红亮
一级	肥嫩紧细有锋苗	匀整	较洁净	乌润	甜香	鲜醇较浓	较红艳	柔软红亮
二级	较肥壮紧实	较匀整	较净稍有嫩茎	较乌润	香较高	较醇厚	红尚亮	红尚亮
三级	尚紧实	尚匀整	尚净有筋梗	乌尚润	纯正	醇和	红	红欠匀
紧压茶	方形、圆形或心形等；纹理清晰、平滑紧实、厚薄均匀、色泽乌润				参照上述各级内质感官品质特征的指标要求			

2. 理化指标要求

理化指标应符合表6-15规定。

表6-15　　　　　　　　　　　　坦洋工夫理化指标

项　目	特　级	一级、二级	三　级
水分/%（质量分数）≤		7.0	
总灰分/%（质量分数）≤		6.5	
碎茶/%（质量分数）≤	3.0	3.0	5.0
粉末/%（质量分数）≤	0.5	1.0	1.5
水浸出物/%（质量分数）≥		32	30

注：各级紧压茶理化指标参照上述各等级指标要求。

据福建农林大学茶学院对坦洋工夫红茶的标准茶样检测表明，其不同等级之间生化成分存在显著差异。随着等级的降低，水浸出物及游离氨基酸含量逐渐降低，茶氨酸与游离氨基酸呈现相同趋势。低等级的茶黄素及咖啡碱含量相对于高等级含量较高，儿茶素总量随着等级的降低略有上升，其中随着等级的降低酯型儿茶素总量上升，非酯型儿茶素总量下降。

3. 品质评定准则

检验结果的每个项目均符合本标准要求，则判定该批产品合格。检验结果中凡有劣变、有污染、有异味或农药最大残留限量指标和污染物限量指标不合格的产品，均判为不合格。感官品质、理化指标、净含量中若有一项指标不合格时，可从同批产品中加倍随机抽样复检，复检后仍不合格的，则判定该批产品不合格。感官品质指标经综合评判后不合格的，可从同批产品中加倍随机抽样复检，复检后仍不合格的，则判定该批产品不合格。对检验结果有争议时，应对留存品进行复检，或在同批产品中加倍随机抽样，对有争议的项目进行复检，以复检结果为准。

第三节 青茶（乌龙茶）标准

一、GB/T 30357.1—2013《乌龙茶 第1部分：基本要求》

乌龙茶是指以山茶属茶种茶树 [Camellia sinensis（L.）O. Kuntze] 的叶、驻芽和嫩茎，依次经过适度萎凋、做青（晾青、摇青）、杀青、揉捻（或包揉）、干燥等独特工艺加工而成的、具有特定品质特征的茶叶。

乌龙茶属半发酵茶，起源于福建，至今已有1000多年的历史。根据产区不同可分为闽南乌龙、闽北乌龙、广东乌龙和台湾乌龙等。据中国茶叶流通协会统计：2018年乌龙茶产量达27.12万t，占全国茶叶总产量的10.4%。据中国海关统计：2018年，中国乌龙茶出口量1.90万t，同比上升17.19%；出口额1.80亿美元，同比增长53.22%；出口均价9.52美元/kg，同比增长30.74%。

（一）乌龙茶标准制定过程

1998年4月，上海市茶叶学会牵头起草、上海市技术监督局发布了 DB 31/T 215.4—1998《上海市地方标准 乌龙茶（青茶）》。该标准已于2018年3月16日废止。2009年5月26日，福建省质量技术监督局发布了福建农林大学等单位起草的 DB 35/T 943—2009《地理标志产品 福建乌龙茶》，2009年5月30日实施。

2013年12月31日，国家质量监督检验检疫总局和国家标准化管理委员会颁布了GB/T 30357.1—2013《乌龙茶 第1部分：基本要求》，2014年6月22日实施。

（二）GB/T 30357.1—2013主要内容

该标准有效规范了乌龙茶的产品规格，其主要内容有：

（1）感官品质特征 具有正常的色、香、味，无异味，无异臭，无劣变，不含有非茶类物质，不着色，无任何添加剂。各品种乌龙茶的感官品质应符合该产品标准的要求。

（2）理化指标要求 乌龙茶理化指标应符合表6-16的要求。

表6-16 乌龙茶理化指标

项 目	指 标
水分/%（质量分数） ≤	7.0

续表

项　目	指　标
总灰分/%（质量分数）≤	6.5
水浸出物/%（质量分数）≥	32
碎茶/%（质量分数）≤	16
粉末/%（质量分数）≤	1.3

（3）品质评定准则　污染物限量应符合 GB 2762 的规定；农药残留限量应符合 GB 2763 的规定。

（三）效果评估与应用前景展望

GB/T 30357.1—2013《乌龙茶　第 1 部分：基本要求》国家标准反映了乌龙茶的客观实际情况；标准条文严谨、准确，科学合理，所规定指标的科学性、合理性和协调性保持了较高的水平，与乌龙茶产业规模、技术水平、市场条件基本相适应，标准在实际执行过程得到广泛认同。标准自发布后，成为市场质量监督检验的主要依据，是企业组织生产和控制质量的重要依据，逐渐成为消费者选择产品和服务的重要信息指引。

二、GB/T 30357.2—2013《乌龙茶　第 2 部分：铁观音》

铁观音茶是以山茶属茶种茶树 [Camellia sinensis（L.）O. Kuntze] 铁观音品种的叶、驻芽、嫩梢为原料，依次经萎凋、做青、杀青、揉捻（包揉）、烘干等独特工艺过程制成的铁观音茶叶产品。

铁观音发源于福建省安溪县，是闽南乌龙茶的代表，安溪铁观音地理标志保护产品授权企业 121 家，安溪铁观音地理标志证明商标授权企业 108 家（其中 50 家企业获得双授权）。

（一）铁观音茶叶国家标准制定和修订过程

1999 年，福建省技术监督局发布了 DB 35/370-1999《安溪铁观音》，规定安溪铁观音分为特级、一级、二级、三级、四级。2004 年，国家质量监督检验检疫总局和国家标准化管理委员会发布了 GB 19598—2004《原产地域产品　安溪铁观音》，规定了安溪铁观音的原产地域保护范围、术语和定义、要求、试验方法、检验规则、标志、标签及包装、运输、贮存和保质期。2006 年，国家质量监督检验检疫总局和中国国家标准化管理委员会发布了 GB/T 19598—2006《地理标志产品　安溪铁观音》将标准属性由强制性修改为推荐性。

2013 年，国家质量监督检验检疫总局和国家标准化管理委员会发布了 GB/T 30357.2—2013《乌龙茶　第 2 部分：铁观音》，规定了铁观音产品分为清香型铁观音和浓香型铁观音，其中清香型铁观音分为特级、一级、二级、三级；浓香型铁观音分为特级、一级、二级、三级、四级。2016 年 1 月 21 日，国家标准化管理委员会批准 GB/T 30357.2—2013《乌龙茶 第 2 部分：铁观音》国家标准第 1 号修改单，上述修改单自 2016 年 4 月 26 日起实施，在修改单里增加了陈香型铁观音产品标准。

（二）GB/T 30357.2—2013 主要内容

1. 基本要求

品质正常，无异味，无异臭，无劣变，不含有非茶类物质，不着色，无任何添加剂。

2. 感官品质特征

（1）清香型铁观音 清香型铁观音感官指标应符合表 6-17 的要求。

表 6-17 清香型铁观音感官指标

级别	外形				内质			
	条索	整碎	净度	色泽	香气	滋味	汤色	叶底
特级	紧结、重实	匀整	洁净	翠绿润、砂绿明显	清高、持久	清醇鲜爽、音韵明显	金黄带绿、清澈	肥厚软亮、匀整
一级	紧结	匀整	净	绿油润、砂绿明	较清高持久	清醇较爽、音韵较显	金黄带绿、明亮	较软亮、尚匀整
二级	较紧结	较匀整	尚净、稍有细嫩梗	乌绿	稍清高	醇和、音韵尚明	清黄	稍软亮、尚匀整
三级	尚结实	尚匀整	尚净、稍有细嫩梗	乌绿、稍带黄	平正	平和	尚清黄	尚匀整

（2）浓香型铁观音 浓香型铁观音感官指标应符合表 6-18 的要求。

表 6-18 浓香型铁观音感官指标

级别	外形				内质			
	条索	整碎	净度	色泽	香气	滋味	汤色	叶底
特级	紧结、重实	匀整	洁净	乌油润、砂绿显	浓郁	醇厚回甘、音韵明显	金黄、清澈	肥厚、软亮匀整、红边明
一级	紧结	匀整	净	乌润、砂绿较明	较浓郁	较醇厚、音韵明	深金黄、明亮	较软亮、匀整、有红边
二级	稍紧结	尚匀整	较净、稍有嫩梗	黑褐	尚清高	醇和	橙黄	稍软亮、略匀整
三级	尚紧结	稍匀整	稍净、有嫩梗	黑褐、稍带褐红点	平正	平和	深橙黄	稍匀整、带褐红色

续表

级别	外形				内质			
	条索	整碎	净度	色泽	香气	滋味	汤色	叶底
四级	略粗松	欠匀整	欠净、有梗片	带褐红色	稍粗飘	稍粗	橙红	欠匀整、有粗叶及褐红叶

（3）陈香型铁观音　陈香型铁观音感官指标应符合表6-19的要求

表6-19　　　　　　　　　　陈香型铁观音感官指标

级别	外形				内质			
	条索	整碎	净度	色泽	香气	滋味	汤色	叶底
特级	紧结	匀整	洁净	乌褐	陈香浓	醇和回甘、有音韵	深红清澈	乌褐柔软，匀整
一级	较紧结	较匀整	洁净	较乌褐	陈香明显	醇和	橙红清澈	较乌褐柔软，较匀整
二级	稍紧结	稍匀整	较洁净	稍乌褐	陈香较明显	尚醇和	橙红	稍乌褐，稍匀整

3. 理化指标要求

铁观音茶的主要理化指标应符合表6-20的要求。

表6-20　　　　　　　　　　铁观音茶的理化指标

项目	指标
水分/%（质量分数）≤	7.0
总灰分/%（质量分数）≤	6.5
水浸出物/%（质量分数）≥	32
碎茶/%（质量分数）≤	16
粉末/%（质量分数）≤	1.3

4. 品质评定准则

感官指标、理化指标和净含量允许短缺量任一项目首检不符合本部分要求时，可用备用样对不符合检测项目进行复检。若复检结果符合本部分要求，则判定该批产品合格，若复检结果有一项目不符合本部分要求，则判定该批产品为不合格。卫生指标的任一项不符合本部分要求，则判定该批产品不合格。

对检验结果有异议时，可依相关规定选定检验机构，用备用样品对所争议的项目进行复检，以复检结果为准。

（三）效果评估与应用前景展望

GB/T 30357.2—2013《乌龙茶 第2部分：铁观音》反映了铁观音产品的实际情况，规定的技术水平与当前我国铁观音茶的研究水平、工艺水平、生产水平和管理水平等相适应，规定的方法和指标科学合理；标准条文严谨、准确，标准在实际执行可行，得到了行业的广泛认同，有效保证了铁观音茶行业的规范健康发展。

三、GB/T 30357.3—2013《乌龙茶 第3部分：黄金桂》

（一）黄金桂茶叶生产概况

黄金桂是以黄旦品种茶树嫩梢制成的乌龙茶，因其汤色金黄色有奇香似桂花，故名黄金桂。黄旦原产于安溪县虎邱镇罗岩美庄，于清咸丰年间（1850—1860）创制。1985年通过全国农作物品种鉴定委员会认定，编号GS 13008-1985。在福建省和广东、浙江、安徽、四川等省有较大面积引种，黄旦主要产区在安溪县，主要分布于罗岩、大坪、金谷、剑斗、城厢等地，由于香气特高，在福建省和广东、浙江、安徽、四川等省有较大面积引种。

黄旦属小乔木型，中叶类，早芽种。在现有乌龙茶品种中发芽较早，制成的乌龙茶黄金桂，香气特别高，所以在产区被称为"清明茶""透天香"。黄金桂具有"一早二奇"的特点，即萌芽早、采制早、上市早；外形"黄、匀、细"，内质"香、奇、鲜"。黄金桂色泽较一般乌龙茶偏黄，且叶张较软薄。内质香气较强烈，略似水蜜桃香，有香气"露在其外"而一闻而知的特点，故有"透天香"之誉。

（二）GB/T 30357.3—2013主要内容

1. 感官品质特征

黄金桂茶叶是以山茶属茶种茶树 [*Camellia sinensis*（L.）O. Kuntze] 黄旦品种的叶、驻芽和嫩茎为原料，经过适度萎凋、做青、杀青、揉捻（包揉）、烘干等独特工序加而成，具有特定品质特征的茶叶产品。黄金桂茶叶产品分为特级、一级，感官指标应符合表6-21要求。

表 6-21 　　　　　　　　　　　　黄金桂茶叶感官品质

级别	外形				内质			
	条索	整碎	净度	色泽	香气	滋味	汤色	叶底
特级	紧结	匀整	洁净	黄绿有光泽	花香清高持久	清醇鲜爽、品种特征显	金黄明亮	软亮、有余香
一级	紧实	尚匀整	尚洁净	尚黄绿	花香尚清高持久	醇、品种特征显	清黄	尚软亮、匀整

2. 理化指标

黄金桂茶叶理化指标应符合表6-22的规定。

表 6-22	黄金桂茶叶理化指标	
项 目		指 标
水分/%（质量分数） ≤		7.5
总灰分/%（质量分数） ≤		6.5
水浸出物/%（质量分数） ≥		32
碎茶/%（质量分数） ≤		16
粉末/%（质量分数） ≤		1.3

3. 品质评定准则

检验结果中卫生指标有一项不合格则判定该批产品为不合格产品。理化指标中有一项不符合要求或感官品质经综合评判不符合规定级别的，可从同批产品中加倍随机抽样进行复检，复检后仍不符合标准要求的，则判该批产品为不合格。对检验结果有争议时，应对留存样进行复检，或在同批产品中加倍随机抽样复检。重新抽样应由交接双方会同进行。对有争议项目进行复检，以复检结果为准。

（三）效果评估与应用前景展望

GB/T 30357.3—2015《乌龙茶 第 3 部分：黄金桂》反映了黄金桂的客观实际情况，标准中规定的方法和指标科学合理，与黄金桂产业规模、技术水平、市场条件基本相适应。标准条文严谨、准确，且容易把握；标准在实际执行过程中可行，得到行业的广泛认同，并达成共识，被大多数茶叶生产企业和质量监督检测机构应用，成为政府质量监督检查的主要依据，是企业组织生产和控制质量的重要依据，逐渐成为消费者选择产品和服务的重要信息指引；体现了标准制定的科学性。该标准所规定的技术水平与当前我国在黄金桂的研究水平、工艺水平、生产水平和管理水平等相适应，在国际标准中处于领先水平，保证了黄金桂行业的规范健康发展，应用前景广阔。

四、GB/T 30375.4—2015《乌龙茶 第 4 部分：水仙》

（一）水仙茶叶生产概况

福建水仙茶品种原产于福建建阳小湖，广东、浙江、安徽、湖南、四川及台湾等地均曾引种栽培。武夷山、建瓯、漳平、永春种植面积最为广泛，福建水仙品种种植约占武夷山市茶园总面积的 40%，占建瓯市茶园总面积的 80%~90%，约占漳平市总茶园面积的 40%，约占永春县总茶园面积的 30%。福建水仙自起源发展至今，由原来的地方品种发展为全国性良种，1985 年福建水仙被全国农作物品种审定委员会认定为国家品种，编号 GS 13009—1985。

福建水仙品种适制性比较广泛，所制乌龙茶、白茶、绿茶和红茶，品质皆佳，因其叶张肥厚，尤其适制乌龙茶。其茶特有的"兰花香"为其显著特征。水仙茶根据各产茶区制茶工艺和产品风格不同，大致可分为：武夷水仙、闽北水仙、闽南水仙和漳平水仙。

（二）水仙茶国家标准制定过程

为规范市场，维护消费者权益和企业合法利益，由中华全国供销合作总社提出，全国茶叶标准化委员会（SAC/TC 339）归口，2015 年 7 月 3 日发布了由福建农林大学牵头制定的 GB/T 30357.4—2015《乌龙茶 第 4 部分：水仙》，2015 年 11 月 2 日实施。

（三）GB/T 30357.4—2015 主要内容

1. 感官品质特征

水仙茶是以山茶属茶种茶树［Camellia sinensis（L.）O. Kuntze］水仙品种的叶子、驻芽、嫩茎为原料，经适度萎凋、做青、杀青、揉捻、烘干等独特工艺加工而成的水仙茶叶产品，分为条形水仙和紧压形水仙。水仙产品应具有正常的色、香、味，无异味，无异嗅，无劣变；不含有非茶类物质，不着色，无任何添加剂。条形水仙茶感官品质应符合表 6-23 要求，紧压形水仙茶感官品质应符合表 6-24 要求。

表 6-23　　　　　　　　　　　　条形水仙茶感官品质

项　目		级　别			
		特级	一级	二级	三级
外形	条索	壮结	较壮结	尚紧结	粗壮
	整碎	匀整	匀整	尚匀整	稍整齐
	净度	洁净	匀净	尚匀净	带细梗轻片
	色泽	乌油润	较乌润	尚油润	乌褐
内质	香气	浓郁或清长	清香	清纯	纯和
	滋味	鲜醇浓爽或醇厚甘爽	较醇厚尚甘	尚浓	稍淡
	汤色	橙黄明亮	橙黄清澈	橙红	深橙红稍暗
	叶底	肥厚软亮	尚肥厚软亮	尚软亮	欠亮

表 6-24　　　　　　　　　　　　紧压水仙茶感官品质

项　目		级　别			
		特级	一级	二级	三级
外形		四方形或其他形状，平整，乌褐、绿油润	四方形或其他形状，平整，较乌褐、绿油润	四方形或其他形状，较平整，乌褐稍润	四方形或其他形状，较平整，乌褐
内质	香气	清高花香显	清高	清纯	纯正
	滋味	浓醇甘爽	浓醇尚甘	醇和	尚醇和
	汤色	橙黄明亮	尚橙黄明亮	橙黄	橙红
	叶底	肥厚明亮	尚肥厚明亮	稍黄亮	稍暗

2. 理化指标

黄金桂茶叶理化指标应符合表 6-25 规定。

表 6-25　　　　　　　　　　　　水仙茶理化指标

项　目	指　标	
	条形水仙	紧压形水仙
水分/%（质量分数）≤	7.0	
总灰分/%（质量分数）≤	6.5	
水浸出物/%（质量分数）≥	32	
碎茶/%（质量分数）≤	16	—
粉末/%（质量分数）≤	1.3	—

3. 品质评定准则

检验结果中卫生指标有一项不合格则判定该批产品为不合格产品。理化指标中有一项不符合要求或感官品质经综合评判不符合规定级别的，可从同批产品中加倍随机抽样进行复检，复检后仍不符合标准要求的，则判该批产品为不合格。对检验结果有争议时，应对留存样进行复检，或在同批产品中加倍随机抽样复检。重新抽样应由交接双方会同进行。对有争议项目进行复检，以复检结果为准。

（四）效果评估与应用前景展望

GB/T 30357.4—2015《乌龙茶　第 4 部分：水仙》反映了水仙茶的客观实际情况，标准中规定的方法和指标科学合理，被水仙茶生产企业广泛使用和引用，成为福建省各级政府质量监督检查的主要依据，是消费者选择产品和服务的重要信息指引；标准条文严谨、准确，且容易把握；该标准所规定的技术水平与当前我国在水仙茶的研究水平、工艺水平、生产水平、管理水平和市场条件相适应，在国际标准中处于领先水平；标准在实际执行过程中可行，得到行业的广泛认同，并达成共识；体现了标准制定的科学性。

五、GB/T 30357.5—2015《乌龙茶　第 5 部分：肉桂》

（一）肉桂茶叶生产概况

肉桂原产福建武夷山马枕峰，选育于武夷菜茶有性群体，清朝已列为武夷名丛，现为武夷岩茶主栽品种之一，已有近 200 多年的栽培历史。约在 1982 年以后，肉桂得到迅速发展，并且于 1982 年和 1986 年两次获全国名茶称号，1985 年通过福建省农作物品种审定委员会审定，编号闽审茶 1985001。目前武夷山肉桂仍是栽种面积较大品种之一，约 7 万亩（1 亩≈667m²），约占武夷山茶园面积 41%。省内外多有引种。

肉桂茶香气高而浓郁，品质新锐，有强烈的刺激性，品种特征明显。近年来，肉桂推广面积逐步扩增，品质也普遍得到提升，受到越来越多武夷岩茶爱好者的追捧与青睐，并引起市场上一股"肉桂热"等，并因此陆续出现"牛肉"（牛栏坑产地肉桂）、"马肉"（马头岩产地肉桂）、"龙肉"（九龙窠产地肉桂）等多种分门别类的称呼，有效刺激了市场活力。

（二）肉桂茶国家标准制定过程

肉桂茶特征明显，具桂皮味、辛辣味，香气高锐。为此，肉桂有"香不过肉桂"之名。肉桂产区不同、环境不同、管理水平不等，均会影响肉桂品质特征。GB/T 18745—2002 曾将武夷山茶区划分为名岩产区和丹岩产区，名岩产区与丹岩产区所制肉桂茶品质差异显著。虽然 GB/T 18745—2006 取消了这样的划分，但在消费者认可度和售价上，名岩产区和丹岩产区分别所产的肉桂茶仍然存在较大差异。据已有研究可知，不同岩区肉桂鲜叶的生化成分，丹岩产区总体各生化指标均偏低，名岩产区鲜叶内质含量丰富，但不同山场间含量高低差异也较大，可以说是各具特色，由此才有了坑、涧、窠、岩、洞肉桂和高山肉桂等品类，而且品质风格各有千秋，正是因其特征特色及市场发展原因衍生而成。

2015 年 07 月 03 日，国家质量监督检验检疫总局发布了 GB/T 30357.5—2015《乌龙茶　第 5 部分：肉桂》，规定肉桂分为特级、一级和二级。

（三）GB/T 30357.5—2015 主要内容

1. 感官品质特征

武夷肉桂是指以山茶属茶种茶树 [Camellia sinensis（L.）O. Kuntze] 肉桂品种的叶子、驻芽和嫩梢为原料，依次经适度萎凋、做青、杀青、揉捻、干燥等独特工序加工而成的、具有特定品质特征的乌龙茶。肉桂产品分为特级、一级和二级。肉桂茶产品应符合 GB/T 30357.1 的要求，品质正常，无异味，无异嗅，无劣变。不含有非茶类物质，不着色，无任何添加剂。肉桂茶叶产品感官指标应符合表 6-26 要求。

表 6-26　　　　　　　　　　　　　肉桂茶感官要求

项　目		级　别		
		特级	一级	二级
外形	条索	肥壮紧结、重实	较肥壮紧结、较重实	尚结实、稍重实
	色泽	油润	乌润	尚乌润，稍带褐红色或褐绿
	整碎	匀整	较匀整	尚匀整
	净度	洁净	较洁净	尚洁净
内质	香气	浓郁持久，似有乳香或蜜桃香或桂皮香	清高幽长	清香
	滋味	醇厚鲜爽	醇厚	醇和
	汤色	金黄清澈明亮	橙黄较深	深黄泛红
	叶底	肥厚软亮、匀齐、红边明显	较软亮匀齐，红边明显	红边欠匀

2. 理化指标

肉桂茶理化指标应符合表 6-27 的规定。

表 6-27 肉桂茶理化指标

项 目	指 标
水分/%（质量分数） ≤	7.0
总灰分/%（质量分数） ≤	6.5
水浸出物/%（质量分数） ≥	32
碎茶/%（质量分数） ≤	16
粉末/%（质量分数） ≤	1.3

3. 品质评定准则

检验结果中卫生指标有一项不合格则判定该批产品为不合格产品。理化指标中有一项不符合要求或感官品质经综合评判不符合规定级别的，可从同批产品中加倍随机抽样进行复检，复检后仍不符合标准要求的，则判该批产品为不合格。对检验结果有争议时，应对留存样进行复检，或在同批产品中加倍随机抽样复检。重新抽样应由交接双方会同进行。对有争议项目进行复检，以复检结果为准。

（四）效果评估与应用前景展望

乌龙茶肉桂 GB/T 30357.5—2015 反映了肉桂茶的客观实际情况，自发布以来，一直作为肉桂茶产品执行标准，被乌龙茶生产企业广泛使用和引用；成为福建省各级政府质量监督检查的主要依据，是企业组织生产和控制质量的重要依据，逐渐成为消费者选择产品和服务的重要信息指引；标准中规定的方法和指标科学合理，所规定的技术水平与当前我国在乌龙茶肉桂的研究水平、工艺水平、生产水平和管理水平等相适应，在国际标准中处于领先水平；标准在实际执行过程中可行，得到行业的广泛认同，并达成共识；标准条文严谨、准确，且容易把握，体现了标准制定的科学性，保证了肉桂茶行业的规范健康发展，应用前景广阔。

六、GB/T 30357.6—2017《乌龙茶 第 6 部分：单丛》

（一）单丛茶叶生产概况

单丛茶是从原始品种的有性群体或者起源于同一单株、同类植株，遗传性状相对一致，经过反复单株选育，培育出优异单株并加以分离培植，实行单株采摘，已通过品种比较试验，尚未进行区域试验或未经审定的作为育种材料的一群同类个体，通过独特的加工工艺而成的特有品质特征的单丛产品，依据品质、形状、地点等不同特点命以"花名"。单丛茶独特加工工艺和独特品质，形成比较固有的商品茶，以广东的凤凰单丛、岭头单丛和武夷山的单丛为多，如武夷山单丛有白鸡冠、铁罗汉、水金龟、半天妖等将近 830 多种。

（二）单丛茶国家标准制定过程

为规范茶叶市场，维护消费者权益和企业合法利益，由中华全国供销合作总社提出，全国茶叶标准化委员会（SAC/TC 339）归口，制定了 GB/T 30357.6—2017《乌龙茶　第6部分：单丛》。2017 年 9 月 7 日，由国家质量监督检验检疫总局和国家标准化管理委员会联合发布，并于 2018 年 1 月 1 日正式实施。

（三）GB/T 30357.6—2017 主要内容

1. 感官品质特征

单丛茶是以山茶属茶种茶树［Camellia sinensis（L.）O. Kuntze］单丛品系的叶、驻芽和嫩梢为原料，经过适度萎凋、做青、杀青、揉捻、烘干等独特工序加工而成，具有特定品质特征的茶叶产品。单丛茶分为条形单丛和颗粒形单丛。

单丛产品应符合 GB/T 30357.1 的要求，具有正常的色、香、味，无异味，无异嗅，无劣变。不含有非茶类物质，不着色，无任何添加剂。感官品质应符合表 6-28、表 6-29 要求。

表 6-28　　　　　　　　　　　　　　条形单丛茶感官品质

项　目		级　别			
		特级	一级	二级	三级
外形	条索	紧结重实	较紧结重实	稍紧结重实	稍紧结
	色泽	褐润	较褐润	稍褐润	褐欠润
	整碎	匀整	较匀整	尚匀整	尚匀
	净度	洁净	匀净	尚匀、有细梗	有梗片
内质	香气	花蜜香清高悠长	花蜜香持久	花蜜香纯正	蜜香显
	滋味	甜醇回甘高山韵显	浓醇回甘蜜韵显	尚醇厚蜜韵较显	尚醇稍厚
	汤色	金黄明亮	金黄尚亮	深金黄	深金黄稍暗
	叶底	肥厚软亮、均整	较肥厚软亮、较均整	尚软亮	稍软欠亮

表 6-29　　　　　　　　　　　　　　颗粒形单丛茶感官品质

项　目		级　别			
		特级	一级	二级	三级
外形	条索	结实、卷曲	较结实、卷曲	尚结实、卷曲	稍结实、卷曲
	色泽	褐润	较褐润	尚褐润	褐欠润
	整碎	匀整	较匀整	尚匀整	欠匀整
	净度	匀净	较匀净、稍有细嫩梗	尚净、有细梗片	有梗片

续表

项 目		级 别			
		特级	一级	二级	三级
内质	香气	花蜜香悠长	花蜜香清纯	蜜香纯正	蜜香尚显
	滋味	甜醇回甘高山韵显	浓醇蜜韵显	较醇厚蜜韵尚显	尚醇厚有蜜韵
	汤色	金黄明亮	金黄尚亮	深金黄	深金黄稍暗
	叶底	肥厚软亮	较肥厚软亮	尚软亮	尚软亮

2. 理化指标

单丛茶理化指标应符合表 6-30 的规定。

表 6-30　　　　　　　　　单丛茶理化指标

项 目	指 标
水分/%（质量分数）≤	7.0
总灰分/%（质量分数）≤	6.5
水浸出物/%（质量分数）≥	32
碎茶/%（质量分数）≤	16
粉末/%（质量分数）≤	1.3

3. 品质评定准则

检验结果中卫生指标有一项不合格则判定该批产品为不合格产品。理化指标中有一项不符合要求或感官品质经综合评判不符合规定级别的，可从同批产品中加倍随机抽样进行复检，复检后仍不符合标准要求的，则判该批产品为不合格。对检验结果有争议时，应对留存样进行复检，或在同批产品中加倍随机抽样复检。重新抽样应由交接双方会同进行。对有争议项目进行复检，以复检结果为准。

（四）效果评估与应用前景展望

GB/T 30357.6—2015《乌龙茶　第 6 部分：单丛》反映了单丛茶的客观实际情况，标准中规定的方法和指标科学合理，保持了较高的水平，与单丛产业规模、技术水平、市场条件基本相适应，成为政府质量监督检查的主要依据，被大多数茶叶生产企业和质量监督检测机构应用，是企业组织生产和控制质量的重要依据，逐渐成为消费者选择产品和服务的重要信息指引；标准在实际执行过程中可行，得到行业的广泛认同，并达成共识；标准条文严谨、准确，且容易把握，体现了标准制定的科学性。

七、GB/T 30357.7—2017《乌龙茶　第 7 部分：佛手》

（一）佛手茶叶生产概况

佛手茶又名香橼种、雪梨，因其形似佛手、名贵胜金，又称"金佛手"。佛手本是柑橘属中一种清香诱人、供人观赏和药用的名贵佳果，茶叶以佛手命名这是因为它的叶片和佛手柑的叶子较为相似而制出的干毛茶，冲泡后散出如佛手柑所特有的奇香。福建省泉州市永春县早年引种繁育，最早栽种这种茶叶的是今达埔镇的狮峰村，现主产于永春县苏坑、玉斗和桂洋等乡镇海拔 600~900m 高山处，是福建乌龙茶中风味独特的名品之一。2010 年 11 月永春佛手茶制作技艺被列入省级非物质文化遗产代表作名录。

（二）佛手茶国家标准制定过程

为规范茶叶市场，维护消费者权益和企业合法利益，由中华全国供销合作总社提出，全国茶叶标准化技术委员会（SAC/TC339）归口，佛手茶重点企业参与起草，制定了 GB/T 30357.7—2017《乌龙茶　第 7 部分：佛手》。2017 年 9 月 7 日国家标准化管理委员会联合发布，2018 年 1 月 1 日正式实施。

（三）GB/T 30357.7—2017 主要内容

佛手茶是指以佛手品种的叶子、驻芽和嫩梢为原料，经萎凋、做青、杀青、揉捻（包揉）、烘干等独特工艺加工而成的、具有特定品质特征的乌龙茶。佛手茶条索紧结，肥壮重实，色泽沙绿油润，香气馥郁幽长，汤色金黄明亮，滋味醇厚甜鲜回甘，品饮后齿颊留香，是福建乌龙茶中风味独特的名品。

佛手茶分红芽佛手和绿芽佛手两种，产品香型分为清香型、浓香型和陈香型。

1. 感官品质特征

以山茶属茶种茶树 ［*Camellia sinensis*（L.）O. Kuntze］ 佛手品种的叶子、驻芽和嫩梢为原料，经萎凋、做青、杀青、揉捻（包揉）、烘干等独特工艺加工而成的佛手茶叶产品。佛手茶产品感官品质应符合表 6-31、表 6-32、表 6-33 要求。

表 6-31　　　　　　　　　　　清香型佛手茶感官品质

级别	外形				内质			
	条索	整碎	净度	色泽	香气	滋味	汤色	叶底
特级	圆结重实	匀整	洁净	乌绿润	清高、持久，品种香明显	醇厚甘爽	浅金黄、清澈明亮	肥厚软亮、匀整、叶片不规则红点明
一级	尚圆结	匀整	洁净	乌绿 尚润	尚清高、品种香尚明	清醇尚甘爽	橙黄清澈	尚肥厚、稍软亮、匀整、叶片不规则红点尚明
二级	卷曲、尚结实	尚匀整	尚洁净稍有细梗轻片	乌绿、稍带褐红	清纯，稍有品种香	尚清醇	橙黄尚清澈	黄绿红边明，尚匀整

表 6-32 浓香型佛手茶感官品质

级别	外形				内质			
	条索	整碎	净度	色泽	香气	滋味	汤色	叶底
特级	圆结重实	匀整	洁净	青褐润	熟果香显，火功香轻	醇厚回甘	金黄、清澈明亮	肥厚软亮、匀整、叶片不规则红点明
一级	卷曲似海蛎干	匀整	洁净	青褐尚润	熟果香尚显，火功香稍足	醇厚尚甘	深金黄、清澈尚亮	尚肥厚软亮、匀整、叶片不规则红点明
二级	尚卷曲	尚匀整	尚洁净稍有细嫩梗	乌褐	略有熟果香，火功香足	尚醇厚	橙红、尚清澈	尚软亮红边明
三级	稍卷曲略粗松	欠匀整	带细梗轻片	乌褐略暗	纯正，高火功香	平和略粗	红褐	稍粗硬
四级	粗松	欠匀整	带细梗轻片	乌褐略暗	高火功香，粗飘	平淡稍粗	泛红略暗	粗硬，暗褐

表 6-33 陈香型佛手茶感官品质

级别	外形				内质			
	条索	整碎	净度	色泽	香气	滋味	汤色	叶底
特级	紧结	匀整	洁净	乌褐润	陈香浓郁	醇厚回甘，透陈香	浅金黄、清澈明亮	乌褐软亮，匀整
一级	卷曲似海蛎干	匀整	洁净	乌褐	陈香明显	醇和尚甘	橙红清澈	乌褐柔软，尚匀整
二级	尚卷曲	尚匀整	尚洁净稍有细嫩梗	稍乌褐	陈香较明显	尚醇和	红褐	稍乌褐、略匀整
三级	稍卷曲略粗松	欠匀整	带细梗轻片	乌黑	略有陈香	平和略粗	褐红	乌黑、稍粗梗、欠匀整

2. 理化指标

佛手茶理化指标应符合表 6-34 的规定。

表 6-34 单丛茶理化指标

项 目	指 标
水分/%（质量分数）≤	7.0
总灰分/%（质量分数）≤	6.5
水浸出物/%（质量分数）≥	32
碎茶/%（质量分数）≤	16
粉末/%（质量分数）≤	1.3

3. 品质评定准则

检验结果中卫生指标有一项不合格则判定该批产品为不合格产品。理化指标中有一项不符合要求或感官品质经综合评判不符合规定级别的，可从同批产品中加倍随机抽样进行复检，复检后仍不符合标准要求的，则判该批产品为不合格。对检验结果有争议时，应对留存样进行复检，或在同批产品中加倍随机抽样复检。重新抽样应由交接双方会同进行。对有争议项目进行复检，以复检结果为准。

（四）效果评估与应用前景展望

GB/T 30357.7—2017《乌龙茶 第7部分：佛手》，反映了佛手茶的客观实际情况，规范了佛手乌龙茶的质量水平，清香型、浓香型、陈香型三大类别的佛手产品分类有效，所规定指标的科学性、合理性和协调性保持了较高的水平，与佛手产业规模、技术水平、市场条件基本相适应，得到行业的广泛认同，将有力推动佛手茶产业发展，体现了标准制定的科学性及标准的适用性；标准发布后，成为大面积乌龙茶茶区特别是福建永春县之外乌龙茶茶区佛手生产检验的主要依据。

八、GB/T 18745—2006《地理标志产品 武夷岩茶》

（一）GB/T 18745—2006 制定过程

2002年，武夷岩茶被国家确认为"原产地域保护产品"，规范了一系列生产、制作、产品标准。2002年6月13日，国家质量监督检验检疫总局发布了GB 18745—2002《武夷岩茶》，规定武夷岩茶按茶树品种分为名丛、传统品种二类，按产品分为大红袍、名丛、肉桂、水仙、奇种五类。大红袍、名丛不分等级；肉桂分特级、一级、二级；水仙、奇种分特级、一级、二级、三级。

2006年，国家质量监督检验检疫总局根据国家质量监督检验检疫总局颁布的《地理标志产品保护规定》及GB 17924—1999《原产地域产品通用要求》制定和颁布了GB/T 18745—2006《地理标志产品 武夷岩茶》，根据国家质量监督检验检疫总局颁布的《地理标志产品保护规定》，修改相关名称；取消了武夷岩茶原料产区的划分和茶树品种分类；增加了大红袍产品的等级划分；取消了对保质期的限定；标准属性由强制性改为推荐性。

（二）GB/T 18745—2006 主要内容

武夷岩茶产品分为大红袍、名丛、肉桂、水仙和奇种。

1. 茶青基本要求

合格的茶青应肥壮、完整、新鲜、均匀，每梢为两个"定型叶"。茶青质量分为一级、二级、三级。

2. 品质特征

该标准分别规定了大红袍产品、名丛产品、肉桂产品、水仙产品、奇种产品感官品质和理化指标要求。

3. 品质评定准则

检验结果中卫生指标有一项不合格则判定该批产品为不合格产品。理化指标中有一项不符合要求或感官品质经综合评判不符合规定级别的，可从同批产品中加倍随机抽样进行复检，复检后仍不符合标准要求的，则判该批产品为不合格。对检验结果有争议时，应对留存样进行复检，或在同批产品中加倍随机抽样复检。重新抽样应由交接双方会同进行。对有争议项目进行复检，以复检结果为准。

九、GB/T 19598—2006《地理标志产品　安溪铁观音》

（一）GB/T 19598—2006 制定和修订过程

铁观音原产于安溪县西坪镇，发源于清代年间，至今已有 270 多年的历史。1999年 12 月，福建省质量技术监督局颁布了 DB 35/370—1999《福建省地方标准　安溪铁观音》，2000 年 1 月 1 日起实施。标准规定了安溪铁观音茶叶的定义、质量等级、要求、检验方法、检验规则，标志、标签及包装、运输、贮存等，2017 年 3 月 6 日废止。2004 年 11 月，国家质量监督检验检疫总局和国家标准化管理委员会共同发布了 GB 19598—2004《原产地域产品　安溪铁观音》，2005 年 1 月 1 日起实施；2006 年 12 月颁布了 GB/T 19598—2006《地理标志产品　安溪铁观音》代替 GB 19598—2004。

（二）GB/T 19598—2006 主要内容

根据国家质量监督检验检疫总局颁布的《地理标志产品保护规定》，修改相关名称；删除卫生指标要求，增加污染物限量指标和农药最大残留限量指标要求；将"净含量允差"修改为"净含量允许短缺量"；按地理标志产品专用标志管理办法规定，增加了在其产品上使用防伪专用标志的要求；删除了氮、磷、钾的施肥配比要求；取消了对保质期的限定；标准属性由强制性改为推荐性。将其成品茶分为清香型和浓香型。

1. 基本品质特征

安溪铁观音应品质正常，无异味，无霉变，无劣变；应洁净，不着色，不添加任何添加剂，不得夹杂非茶类物质。

2. 感官指标和理化指标

该标准分别规定了清香型安溪铁观音、浓香型安溪铁观音的感官指标，制定了理化指标要求。

3. 品质评定准则

污染物限量指标应符合 GB 2762 的规定；农药残留最大限量指标应符合 GB 2763的规定；单件定量包装茶叶的净含量允许短缺量，应符合《定量包装商品计量监督管理办法》（国家质量监督检验检疫总局〔2005〕75 号令）的规定。

第四节　白茶标准

一、白茶产销概况

白茶指以茶树芽、叶、嫩茎为原料，经萎凋、干燥、拣剔等特定工艺制作而成的茶叶，属微发酵茶，其品质特点是茶毫显露、汤色杏黄、滋味鲜醇、有毫香，可陈放。我国传统白茶产区主要有福建的福鼎、政和、建阳和松溪以及云南等地区，主要品种有福鼎大毫茶、福鼎大白茶、福安大白茶、政和大白茶和福建水仙等，地域性品质特征比较明显，福建省白茶占全国白茶产量的80%以上。

历史上，白茶以外销为主，内销少、市场占有率低。2010年后，随着中国国内茶叶消费市场的不断变化，各茶类板块轮动效应明显，白茶因独特的健康价值及可陈放的特点而受到消费者和投资者的青睐，产销量与市场占有率不断攀升。

二、GB/T 22291—2017《白茶》

（一）白茶发展过程

据《福建地方志》记载：（传统）白茶的制造约始自100多年前，首先由福鼎市创制于清嘉庆元年（1796年）；白茶原只有本省制造，中华人民共和国成立前几年至1953年广东有少量制造，供内销，台湾也曾大量仿制竞销。政和县于1880年开始繁殖政和大白茶，1889年开始制银针，至1922年制造白牡丹。白茶制造历史先从福鼎开始，以后传到建阳水吉，再传到政和。从白茶种类看，先有银针，后有白牡丹、贡眉、寿眉；先有群体种制的小白，后有大白，再有水仙白。

（二）白茶标准制定和修订过程

2008年，国家质量监督检验检疫总局和国家标准化管理委员会发布了GB/T 22291—2008《白茶》，对白毫银针、白牡丹和贡眉三种白茶产品的感官品质、理化指标和卫生指标等做了明确要求。

2017年根据生产变化，国家质量监督检验检疫总局和国家标准化管理委员会发布了GB/T 22291—2017《白茶》，替代GB/T 22291—2008《白茶》，标准中增加了"寿眉"产品并规定相应的感官品质和理化指标。

（三）GB/T 22291—2017主要内容

1. 感官品质特征

白茶根据茶树品种和原料要求的不同，分为白毫银针、白牡丹、贡眉和寿眉四种产品，感官指标应符合表6-35~表6-38的要求。

表6-35　　　　　　　　　　　　　白毫银针感官品质

级别	外形				内质			
	条索	整碎	净度	色泽	香气	滋味	汤色	叶底
特级	芽头肥壮、茸毛厚	匀齐	洁净	银灰白、富有光泽	清纯、毫香显露	清鲜醇爽、毫味足	浅杏黄、清澈明亮	肥壮、软嫩、明亮
一级	芽针秀长、茸毛略薄	较匀齐	洁净	银灰白	清纯、毫香显	鲜醇爽、毫味显	杏黄、清澈明亮	嫩匀、明亮

表6-36　　　　　　　　　　　　　白牡丹感官品质

级别	外形				内质			
	条索	整碎	净度	色泽	香气	滋味	汤色	叶底
特级	毫心多肥壮、叶背多茸毛	匀整	洁净	灰绿润	鲜嫩、纯爽毫香显	清甜醇爽、毫味足	黄、清澈	芽心多，叶张肥嫩明亮

续表

级别	外形				内质			
	条索	整碎	净度	色泽	香气	滋味	汤色	叶底
一级	毫心较显、尚壮、叶张嫩	尚匀整	较洁净	灰绿尚润	尚鲜嫩、纯爽有毫香	较清甜、醇爽	尚黄清澈	芽心较多、叶张嫩、尚明
二级	毫心尚显、叶张尚嫩	尚匀	含少量黄绿片	尚灰绿	浓纯、略有毫香	尚清甜、醇厚	橙黄	有芽心、叶张尚嫩、稍有红张
三级	叶缘略卷、有平展叶、破张叶	欠匀	稍夹黄片、蜡片	灰绿稍暗	尚浓纯	尚厚	尚橙黄	叶张尚软有破张、红张稍多

表 6-37　　　　　　　　　　　贡眉感官品质

级别	外形				内质			
	条索	整碎	净度	色泽	香气	滋味	汤色	叶底
特级	叶态卷、有毫心	匀整	洁净	灰绿或墨绿	鲜嫩、有毫香	清甜醇爽	橙黄	有芽尖、叶张嫩亮
一级	叶态尚卷、毫尖尚显	较匀	较洁净	尚灰绿	鲜纯、有嫩香	醇厚尚爽	尚橙黄	稍有芽尖、叶张软尚亮
二级	叶态略卷稍展、有破张	尚匀	夹黄片铁板片少量蜡片	灰绿稍暗、夹红	浓纯	浓厚	深黄	叶张较粗、稍摊、有红张
三级	叶张平展、破张多	欠匀	含鱼叶蜡片较多	灰黄夹红稍藏	浓、稍粗	厚、稍粗	深黄微红	叶张粗杂、红张多

表 6-38　　　　　　　　　　　寿眉感官品质

级别	外形				内质			
	条索	整碎	净度	色泽	香气	滋味	汤色	叶底
一级	叶态尚紧卷	较匀	较洁净	尚灰绿	纯	醇厚尚爽	尚橙黄	稍有芽尖、叶张软尚亮
二级	叶态略卷稍展、有破张	尚匀	夹黄片铁板叶少量蜡片	灰绿稍暗、夹红	浓纯	浓厚	深黄	叶张较粗、稍摊、有红张

2. 理化指标

该标准中涉及的白茶理化指标包含水分、总灰分、粉末、水浸出物等，理化指标应符合表 6-39 的要求。

表 6-39　　　　　　　　　　　　　**白茶理化指标**

项　　目	指　标
水分/%（质量分数）≤	8.5
总灰分/%（质量分数）≤	6.5
粉末/%（质量分数）≤	1.0
水浸出物/%（质量分数）≥	30

注：粉末含量为白牡丹、贡眉和寿眉的指标。

3. 品质评定准则

检验结果中卫生指标有一项不合格则判定该批产品为不合格产品。理化指标中有一项不符合要求或感官品质经综合评判不符合规定级别的，可从同批产品中加倍随机抽样进行复检，若复检结果符合标准要求的，则判定该批产品为合格。复检后仍不符合标准要求的，则判定该批产品为不合格。对检验结果有争议时，应对留存样进行复检，或在同批产品中加倍随机抽样复检。重新抽样应由交接双方会同进行。对有争议项目进行复检，以复检结果为准。

4. 卫生安全

卫生安全是白茶可持续发展的生命线，要通过各种有效手段与措施加以维护。标准化的实施是企业生产符合卫生安全白茶产品的基础和手段。组织建立产品的可追溯制度，从源头对生产投入品进行管控，规范茶叶种植、加工，确保白茶的品质和卫生安全。

（四）效果评估与应用前景展望

GB/T 22291—2017 对白茶感官品质、理化指标的要求是基于大量的数据及资料的基础上制定。该标准使白茶的产品质量更加规范化和标准化，有利于白茶生产贸易。自实施以来，广泛应用于白茶的生产和流通等各环节。该标准严格规范了产品的规格，统一评判标准，对于品质的管控起到促进的作用。目前为止，已经大范围推行，效果良好。长期以来白茶主要作为外销茶叶销往海外，以至于国内消费者对白茶并不甚了解，标准化生产的产品，能让消费者能更好地了解和接受，更有利于产品的销售和推广。

三、GB/T 31751—2015《紧压白茶》

（一）紧压白茶概况

2005 年前后，福建品品香茶业有限公司等企业在福建农林大学和福建省农业厅专家支持下开始生产紧压白茶。由于国内白茶市场逐步升温，越来越多企业将白茶制成紧压白茶来销售，白茶经压制后，外形紧密结实，增强了防潮性能，便于携带、运输和贮存，深受消费者喜爱，也得到了市场认同。

（二）紧压白茶标准制定过程

GB/T 31751—2015《紧压白茶》2015 年 7 月 3 日发布，2016 年 2 月 1 日实施。由

福建省福鼎市质量计量检测所、中华全国供销合作总社杭州茶叶研究院、福建农林大学、福建品品香茶业有限公司、福建省天湖茶业有限公司、福建省天丰源茶业有限公司参与制定。标准规定了紧压白茶的定义、分类、要求、试验方法、检验规则、标志标签、包装、运输和贮存等内容。

（三）GB/T 31751—2015 主要内容

1. 感官品质特征

根据原料要求的不同，分为紧压白毫银针、紧压白牡丹、紧压贡眉和紧压寿眉 4 种产品，紧压白茶感官品质应符合表 6-40 要求。

表 6-40   紧压白茶感官品质

产品	外形	内质			
		香气	滋味	汤色	叶底
紧压白毫银针	外形端正匀称、松紧适度，表面平整、无脱层、无洒面；色泽灰白，显毫	清纯、毫香显	浓醇、毫味显	杏黄 明亮	肥厚软嫩
紧压白牡丹	外形端正匀称、松紧适度，表面较平整，无脱层、不洒面；色泽灰绿或灰黄，带毫	浓纯、有毫香	醇厚、有毫味	橙黄 明亮	软嫩
紧压贡眉	外形端正匀称、松紧适度，表面较平整；色泽灰黄夹红	浓纯	浓厚	深黄或微红	软尚嫩、带红张
紧压寿眉	外形端正匀称、松紧适度，表面较平整；色泽灰褐	浓、稍粗	厚、稍粗	深黄或泛红	略粗、有破张、带泛红叶

2. 理化指标

该标准中涉及的紧压白茶理化指标包含水分、总灰分、茶梗、水浸出物等，该指标为紧压白茶应满足的最低值，紧压白茶理化指标应符合表 6-41 要求。

表 6-41   紧压白茶理化指标

项　目	指　标			
	紧压白毫银针	紧压白牡丹	紧压贡眉	紧压寿眉
水分（质量分数）/%	≤8.5			
总灰分（质量分数）/%	≤6.5			≤7.0
茶梗（质量分数）/%	不得检出		≤2.0	≤4.0
水浸出物（质量分数）/%	≥36.0		≥34.0	≥32.0

注：茶梗指木质化的茶树麻梗、红梗、白梗，不包括节间嫩茎。

3. 品质评定准则

检验结果中卫生指标有一项不合格则判定该批产品为不合格产品。理化指标中有一项不符合要求或感官品质经综合评判不符合规定级别的，可从同批产品中加倍随机抽样进行复检，若复检结果符合标准要求的，则判定该批产品为合格。复检后仍不符合标准要求的，则判定该批产品为不合格。对检验结果有争议时，应对留存样进行复检，或在同批产品中加倍随机抽样复检。重新抽样应由交接双方会同进行。对有争议项目进行复检，以复检结果为准。

（四）效果评估与应用前景展望

《紧压白茶》标准直接关系到紧压白茶的产品质量安全，标准紧密结合紧压白茶产品的外形、感官特性，并考虑紧压白茶理化指标、卫生指标方面因素，具有科学性。标准条文严谨、准确，容易把握，可操作性强，发布实施以来，被生产企业广泛使用。有利于规范紧压白茶的研发、生产和市场流通，为企业提供健康有序的竞争环境，并保证消费者得到安全、放心的产品，有利于促进紧压白茶行业快速、健康地发展。

该标准自实施以来，广泛应用于白茶的生产，流通等各环节，解决了紧压白茶没有统一的国家标准和行业标准，避免了因各企业制定的企业标准参差不齐而导致的产品质量得不到规范和保证的情况。

四、GB/T 22109—2008《地理标志产品 政和白茶》

（一）政和白茶研制过程

福建省政和县大约于 12 世纪就发现政和大白茶品种，约在 1880 年开始繁殖，1889年开始制银针，至 1922 年制白牡丹。经过长期的生产实践，政和县茶农逐步掌握了一套丰富的栽培管理经验和精湛的制茶技艺，而我国茶界泰斗陈椽教授在任福建茶叶示范厂技师兼政和制茶所主任时，莅政茶事，开展外销茶加工、改进等工作，为政和茶叶发展和茶叶加工工艺进步做出重大贡献。

（二）政和白茶标准制定过程

2008 年，国家质量监督检验检疫总局和国家标准化管理委员会发布了 GB/T 22109—2008《地理标志产品 政和白茶》，规定了政和白茶的地理标志保护范围、术语和定义、分类、要求、试验方法、检验规则、标志、标签、包装、运输和贮存等内容。该标准适用于国家质量监督检验检疫行政主管部门根据《地理标志产品保护规定》批准保护的政和白茶。

（三）GB/T 22109—2008 主要内容

1. 感官品质特征

在地理标志产品保护范围内的政和白茶，根据原料等级要求不同，产品分为白毫银针、白牡丹，其感官品质特征应符合表 6-42、表 6-43 的要求。

表 6-42 白毫银针感官品质

项目	外形				内质			
	嫩度	色泽	形态	净度	香气	滋味	汤色	叶底
特征	毫芽肥壮	毫芽银白或灰白	单芽肥壮，满披茸毛	净	鲜嫩清纯，毫香明显	清鲜纯爽，毫味显	浅杏黄，清澈明亮	全芽，肥嫩，明亮

表 6-43　　　　　　　　　　　　　白牡丹感官品质

级别	外形				内质			
	嫩度	色泽	形态	净度	香气	滋味	汤色	叶底
特级	芽肥壮，毫显	毫芽银白，叶面灰绿，叶背有白茸毛，灰绿透银白色	叶抱芽、芽叶连枝，匀整，叶缘垂卷	无腊叶和老梗，净	鲜嫩清纯，毫香明显	清鲜纯爽，毫味显	浅杏黄，明亮	毫芽肥壮，叶张嫩，叶芽连枝，色淡绿，叶梗、叶脉微红，叶底明亮
一级	毫芽显，叶张匀嫩	毫芽银白，叶面灰绿或暗绿，部分叶背有茸毛，有嫩绿片	芽叶连枝，尚匀整，有破张，叶缘垂卷	无腊叶和老梗，较净	清鲜，有毫香	尚清鲜，有毫味	黄，明亮	毫芽稍多，叶张嫩，尚完整，叶脉微红，叶底尚明亮
二级	有毫芽，叶张尚嫩	叶面暗绿，稍带少量黄绿叶或暗褐叶	部分芽叶连枝，破张稍多	无腊叶和老梗，有少量嫩绿片和轻片	尚清鲜，略有毫香	醇和	黄，尚亮	稍有毫芽，叶张尚软，叶脉稍红，有破张

2. 理化指标

理化指标包含水分、总灰分、碎茶、粉末、水浸出物等。政和白茶理化指标应符合 6-44 的要求。

表 6-44　　　　　　　　　　　　　政和白茶理化指标

项　目	指　标
水分/%（质量分数）≤	7.0
总灰分/%（质量分数）≤	7.0
碎茶/%（质量分数）≤	10.0
粉末/%（质量分数）≤	1.5
水浸出物/%（质量分数）≥	32.0

3. 质量安全指标

政和白茶质量安全指标包括稀土、重金属及农药残留等，政和白茶质量安全指标应符合表6-45的要求，该指标为政和白茶应满足的最低值。

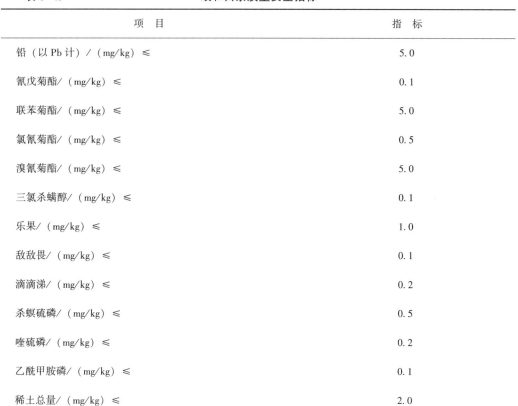

项　目	指　标
铅（以 Pb 计）/（mg/kg）≤	5.0
氰戊菊酯/（mg/kg）≤	0.1
联苯菊酯/（mg/kg）≤	5.0
氯氰菊酯/（mg/kg）≤	0.5
溴氰菊酯/（mg/kg）≤	5.0
三氯杀螨醇/（mg/kg）≤	0.1
乐果/（mg/kg）≤	1.0
敌敌畏/（mg/kg）≤	0.1
滴滴涕/（mg/kg）≤	0.2
杀螟硫磷/（mg/kg）≤	0.5
喹硫磷/（mg/kg）≤	0.2
乙酰甲胺磷/（mg/kg）≤	0.1
稀土总量/（mg/kg）≤	2.0

表 6-45　　政和白茶质量安全指标

4. 品质评定准则

检验结果中卫生指标有一项不合格则判定该批产品为不合格产品。理化指标中有一项不符合要求或感官品质经综合评判不符合规定级别的，可从同批产品中加倍随机抽样进行复检，若复检结果符合标准要求的，则判定该批产品为合格。复检后仍不符合标准要求的，则判定该批产品为不合格。对检验结果有争议时，应对留存样进行复检，或在同批产品中加倍随机抽样复检。重新抽样应由交接双方会同进行。对有争议项目进行复检，以复检结果为准。

五、DB35/T 1076—2010《地理标志产品　福鼎白茶》

（一）福鼎白茶研制过程

据中国著名茶学家张堂恒所著的《中国制茶工艺》中记载：清嘉庆元年（1796年）福鼎茶农采摘当地的"小叶种菜茶"的芽毫制造的"土针"；随着 1857 年福鼎大白茶、福鼎大毫茶品种培育成功，到 19 世纪末大面积推广种植，改用福鼎大白茶、福鼎大毫茶品种制作白毫银针，芽毫肥壮银白品质优异，1890 年前后开始出口东南亚和欧洲。中华人民共和国成立到 20 世纪末，福鼎白茶作为中国特种出口外销茶和主要出口茶类之一。经过长期的生产实践，福鼎市茶农逐步掌握了一套丰富的栽培管理经验和精湛的制茶技艺，福鼎白茶制作技艺成为国家非物质文化遗产保护项目，在茶界泰斗陈椽教授、张天福老先生等老一辈茶界专家的长期指导下，福建省茶界技术专家和政府的共同努力，开展福鼎白茶的加工技艺传承、发扬和改进，推动了福鼎白茶加工工艺的进步和福鼎白茶产业的快速发展。

（二）福鼎白茶地方标准制定过程

2010 年，福建省质量监督局批准发布了 DB35/T 1076—2010《地理标志产品　福鼎白茶》，规定了福鼎白茶的地理标志保护范围、术语和定义、分类、要求、试验方法、检验规则、标志、标签、包装、运输和贮存等内容。该标准适用于国家质量监督检验检疫行政主管部门根据《地理标志产品保护规定》批准保护的福鼎白茶。

（三）DB35/T 1076—2010《地理标志产品　福鼎白茶》 主要内容

1. 感官品质特征

在福建省地方标准地理标志产品保护范围内的福鼎白茶，根据原料等级要求不同，产品分为白毫银针、白牡丹、新工艺白茶，其感官品质特征应符合表 6-46、表 6-47、表 6-48 的要求。

表 6-46　　　　　　　　　　　　　　白毫银针感官品质

级别	外形				内质			
	条索	色泽	匀整度	净度	香气	滋味	汤色	叶底
特级	肥壮挺直	银白、匀亮	匀整	洁净	毫香、浓郁	甘醇、爽口	杏黄、清澈、明亮	软、亮、匀、齐
一级	尚肥壮挺直	尚银白、匀亮	尚匀整	洁净	毫香、持久	鲜醇、爽口	杏黄、清澈、明亮	软、亮

表 6-47　　　　　　　　　　　　　　白牡丹感官品质

级别	外形				内质			
	条索	色泽	匀整度	净度	香气	滋味	汤色	叶底
特级	毫芽显肥壮，叶张幼嫩，叶缘垂卷，芽叶连枝	灰绿或铁青	匀整	洁净	鲜爽，毫香显	甘醇、爽口	杏黄、清澈、明亮	肥嫩、匀亮
一级	毫芽显，叶张尚嫩，芽叶连枝	灰绿或铁青	尚匀整	尚洁净	纯爽，有毫香	尚甘醇爽口	深杏黄、清澈、明亮	尚肥嫩、尚匀亮
二级	毫芽尚显，叶张欠嫩，芽叶稍有破张	欠匀，略有红张	尚匀整	欠洁净	纯正，略有毫香	清醇	深黄、尚清澈	欠匀亮

表 6-48 　　　　　　　　　　　新工艺白茶感官品质

级别	外形				内质			
	条索	色泽	匀整度	净度	香气	滋味	汤色	叶底
特级	显毫，卷曲	青褐	匀整	洁净	清高嫩香	醇厚爽口	浅黄明亮	匀嫩
一级	尚显毫，卷曲挺直	褐	尚匀整	尚洁净	尚清高嫩香	醇厚	尚黄清澈	匀整

2. 理化指标

理化指标包含水分、总灰分、粉末等。福鼎白茶理化指标应符合 6-49 要求。

表 6-49 　　　　　　　　　　　福鼎白茶理化指标

项　目	指　标
水分/%（质量分数）≤	7.0
总灰分/%（质量分数）≤	6.5
粉末（不含白毫银针）/%（质量分数）≤	1.0

3. 质量安全指标

福鼎白茶质量安全指标包括稀土、重金属及农药残留等，质量安全指标应符合 GB 2762 和 GB 2763 的要求。

4. 品质评定准则

检验结果中卫生指标有一项不合格则判定该批产品为不合格产品。理化指标中有一项不符合要求或感官品质经综合评判不符合规定级别的，可从同批产品中加倍随机抽样进行复检，若复检结果符合标准要求的，则判定该批产品为合格。复检后仍不符合标准要求的，则判定该批产品为不合格。对检验结果有争议时，应对留存样进行复检，或在同批产品中加倍随机抽样复检。重新抽样应由交接双方会同进行。对有争议项目进行复检，以复检结果为准。

第 五 节　黄茶标准

一、黄茶产销概况

黄茶是中国特有茶类之一，产销历史悠久。我国黄茶产区主要分布在安徽、湖南、湖北、四川、浙江和广东等省。近年来国内黄茶市场快速发展，黄茶消费快速升温，市场潜力巨大。据统计，全国黄茶产量从 2012 年为 0.18 万 t 到 2018 年的 0.80 万 t，黄茶产量增加了 340%。黄茶作为特种茶出口到英、法、俄等 16 个国家。

二、黄茶标准修订过程

我国黄茶品类因茶树品种、地域及传统加工工艺存在较大差异，且近年来相应的黄茶新产品不断涌现，黄茶市场快速发展，市场上一些黄茶虽茶名在，但实质上是绿茶产品。同时，市场上还出现了以芽叶黄化的茶树品种加工的所谓"黄茶"（实为绿茶）。目前黄茶市场处于启动阶段，但产地分散、规模有限、制法各异，为加快建立完善黄茶标准体系，建立一套统一完整的生产管理标准、加工工艺标准、质量标准等，有助于进一步规范黄茶种植、加工、销售和外贸，切实提升黄茶标准化生产水平和产品质量，有效促进黄茶产业的发展壮大，增强我国黄茶产品国际竞争力。

为应对全国黄茶消费市场的快速发展，全国茶叶标准化技术委员会于 2016 年 3 月正式成立了黄茶工作组，由安徽农业大学任组长单位，安徽省抱儿钟秀茶业股份有限公司为工作组秘书处单位。由中华全国供销合作总社杭州茶叶研究院主持，全国茶叶标准化技术委员会黄茶工作组全体参与，2015 年底启动了 GB/T 21726—2008 修订的工作，将产品分类修改为"芽型、芽叶型、多叶型和紧压型"四类，并对感官品质要求和理化指标进行了相应修改，同时根据相应法规和标准的要求对卫生指标、标志标签、包装和贮存进行了修改。2018 年 2 月，国家质量监督检验检疫总局和国家标准化管理委员会发布了 GB/T 21726—2018《黄茶》，同年 6 月正式实施，替代 GB/T 21726—2008《黄茶》。

当前，国际上对我国黄茶不甚了解，仅有红茶和绿茶的 ISO 标准，尚无相应的黄茶国际标准，而我国有关黄茶的地方标准也较少，据不完全统计，仅有 DB34/T 319—2012《霍山黄芽茶》、DB34/T 3020—2017《地理标志产品 霍山黄大茶》、DB42/T 1015—2014《远安黄茶》和 DB43/T 769—2013《岳阳黄茶》。因此，GB/T 30766—2014《茶叶分类》和 GB/T 21726《黄茶》标准的实施，以标准的形式确定了以"闷黄"为特征的加工工艺的茶叶产品，对于规范快速升温的黄茶市场具有重要意义。

三、GB/T 21726—2018 主要内容

（一）感官品质特征

黄茶是以茶树芽、叶、嫩茎为原料，经摊青、杀青、揉捻（做形）、闷黄、干燥、精制或蒸压成型的特定工艺制成的黄茶产品，黄茶独特的"闷黄"工艺造就了其"黄汤黄叶、味甘鲜爽"的品质特征。GB/T 21726—2018《黄茶》产品分为芽型、芽叶型、多叶型和紧压型四种，相应的感官品质应符合表 6-50 的要求。

表 6-50 黄茶感官品质

种类	外形				内质			
	形状	整碎	净度	色泽	香气	滋味	汤色	叶底
芽型	针形或雀舌形	匀齐	净	嫩黄	清鲜	鲜醇回甘	杏黄明亮	肥嫩黄亮

种类	外形				内质			
	形状	整碎	净度	色泽	香气	滋味	汤色	叶底
芽叶型	条形、扁形或兰花形	较匀齐	净	黄青	清高	醇厚回甘	黄明亮	柔嫩黄亮
多叶型	卷略松	尚匀	有茎梗	黄褐	纯正、有锅巴香	醇和	深黄明亮	尚软黄尚亮有茎梗
紧压型	规整	紧实	—	褐黄	醇正	醇和	深黄	尚匀

（二）理化指标

该标准中涉及的白茶理化指标包含水分、总灰分、粉末、水浸出物等，黄茶理化指标应符合 6-51 要求。

表 6-51 黄茶理化指标

项目	指标			
	芽型	芽叶型	多叶型	紧压型
水分/（g/100g）≤	6.5	6.5	7.0	9.0
总灰分/（g/100g）≤	7.0	7.0	7.5	7.5
碎茶和粉末/%（质量分数）≤	2.0	3.0	6.0	—
水浸出物/%（质量分数）≥	32.0			

（三）卫生安全及评定准则

黄茶产品中的污染物限量指标和农药残留限量指标应分别符合 GB 2762 和 GB 2763 的规定。黄茶产品的净含量应符合《定量包装商品计量监督管理办法》（国家质量监督检验检疫总局〔2005〕第 75 号令）的规定。若上述指标中的任一项达不到要求或不符合规定，则产品判为不合格产品。

第六节 黑茶标准

黑茶是我国六大茶类之一，是唯一由微生物主导发酵并形成特征性品质的茶类。长期以来，我国黑茶主产于湖南、云南、湖北、四川、广西、陕西、浙江、贵州等省（区），主要品类有茯砖茶、花卷茶（即千两茶系列）、黑砖茶、花砖茶、湘尖茶、普洱茶、藏茶（康砖茶、金尖茶、康尖茶等）、青砖茶和六堡茶等。在我国茶叶传统分类中，再加工茶中的紧压茶系列除米砖茶和沱茶外，其他紧压茶都属于黑茶。2000 年以前，黑茶类是以边销、侨销为主，产业整体规模不大，但是相对稳定。进入 21 世纪以后，普洱茶率先引爆了我国黑茶消费热，紧接着湖南安化黑茶、广西六堡茶、四川藏茶、陕西咸阳茯茶、湖北青砖茶先后轮番发力，使得我国黑茶产业在近 10 多年中得到了快速的发展，近 10 年间产量增长了 8 倍多。2018 年全国黑茶产量达 31.89 万 t，占我国茶叶总产量的 12.2%，位居六大茶类第二位，且呈现边疆地区市场基本稳定、内销市场持续增长、外形市场不断拓展的良好发展态势。

一、我国黑茶标准发展历程

我国茶叶标准化工作起步于 20 世纪 80 年代中期，当时由商业部领导下的杭州茶叶加工研究所牵头，联合湖南农学院等高校及紧压茶生产龙头企业，协作攻关，以紧压茶类产品作为突破口，启动了中国第一批茶叶产品质量标准的制定工作。1988 年，我国颁布实施了第一批茶叶品质标准，包括 GB/T 9833.1—1988《紧压茶　花砖茶》、GB/T 9833.2—1988《紧压茶　黑砖茶》、GB/T 9833.3—1988《紧压茶　茯砖茶》。从此，拉开了我国茶叶质量标准化工作的序幕，也是黑茶标准化的起点。紧接着于 1989 年再颁布实施了 GB/T 9833.4—1989《紧压茶　康砖茶》、GB/T 9833.5—1989《紧压茶　沱茶》、GB/T 9833.6—1989《紧压茶　紧茶》、GB/T 9833.7—1989《紧压茶　金尖茶》四个紧压黑茶的国家标准。1993 年继续颁布实施了 GB/T 9833.8—1993《紧压茶　米砖茶》和 GB/T 9833.9—1993《紧压茶　青砖茶》。至此，我国首批颁布实施的 9 个紧压茶国家标准全部问世（相关标准的具体内容将在再加工茶类标准中详细阐述）。在我国实施茶叶标准化的历程中，紧压茶（大部分是黑茶）不仅是我国最先制定国家标准的茶品类，而且为我国茶叶标准化工作的推进做了许多开创性工作、起到了示范作用。

进入 21 世纪，随着边销茶生产与市场管理体制的逐步改革，紧压类产品市场变得多元化。为了适用消费者对黑茶品质日趋严格的要求和市场的变化，2002 年国家组织科教、生产、流通领域的专家对 1988—1993 年首批颁布实施的 9 个紧压茶国家标准进行了第一次修订。这批黑茶国家标准一直持续实施到全国茶标委成立以后，由全国茶标委组织于 2013 年对 2002 版的 9 个紧压茶国家标准进行了全面修订，这些工作是全国茶标委成立以来在黑茶标准化工作方面所完成的一项重要工作。

随着国内黑茶消费热的兴起，黑茶开始从原来的边销或侨销为主，向内销、外销市场快速拓展，仅有以边销为主的传统紧压黑茶系列产品已经不能满足消费者的需求和市场拓展的需要。为此，2014 年 3 月，全国茶标委组织成立了黑茶工作组，专家组成员由涉茶高校、研究机构及全国黑茶龙头企业技术负责人组成，是一支产学研紧密融合的标准化工作团队。黑茶工作组于 2014 年开始研究制订新的黑茶国家标准，国家标准化技术委员会于 2016 年发布了 4 个黑茶国家标准：GB/T 32719.1—2016《黑茶　第 1 部分：基本要求》，GB/T 32719.2—2016《黑茶　第 2 部分：花卷茶》，GB/T 32719.3—2016《黑茶　第 3 部分：湘尖茶》，GB/T 32719.4—2016《黑茶　第 4 部分：六堡茶》。2018 年国家标准委发布了 GB/T 32719.5—2018《黑茶　第 5 部分：茯茶》。由于茯茶是黑茶家族的核心成员和产销规模最大的品类，拥有较大的国际国内市场潜力，全国茶标委还专门成立了茯茶工作组，围绕茯茶全产业链的技术规程制定与茯茶国家标准的贯彻实施开展工作，并于 2019 年发布实施了行业标准 GH/T 1246—2019《茯茶加工技术规范》。

二、GB/T 32719.1—2016《黑茶　第1部分：基本要求》

（一）GB/T 32719.1—2016 的制定背景

进入21世纪，中国茶产业迎来了新一轮发展机遇，六大茶类轮番发力。黑茶家族中普洱茶率先崛起，通过政府、行业、企业联动，产区、销区互动，使普洱茶从云南高原走进了全国各地一二线城市和中高端消费者的生活中。2008年，普洱茶成为黑茶家族中第一个颁布实施地理标志产品国家标准（GB/T 22111—2008《地理标志产品普洱茶》）的品类。该标准的发布实施，对推动普洱茶产业的快速发展、规范普洱茶生产加工与营销行为起到了十分重要的促进作用。随着普洱茶消费热的持续升温，黑茶家族其他品类也先后开始从传统的边销或侨销市场向内地市场及国际市场拓展，湖南安化黑茶、广西梧州六堡茶、四川雅安藏茶、湖北赤壁青砖茶、陕西咸阳茯茶、浙江武义茯茶等黑茶类区域公共品牌迅速崛起，一直以来规模不大且增长缓慢的黑茶产业开始实现产量、规模、效益的全面升级与跨越发展。黑茶加工技术创新造就了产品创新和产品的多元化，标准化在黑茶产业走向规模化的发展过程中越来越重要，也是黑茶实现品牌化运营的基本保障。同时，由于黑茶独特的产品属性与健康属性，黑茶的内销市场快速扩展，黑茶从传统紧压型向方便化、高档化、功能化、时尚化方向不断拓展。因此，主要针对边销的紧压茶系列国家标准，已经不适应黑茶产业发展和市场拓展的要求。为了通过标准化引领全国黑茶产业健康发展，全国茶叶标准化技术委员会黑茶工作组构建了新的黑茶国家标准体系，第一个推出了黑茶基本要求国家标准（GB/T 32719.1—2016）。

我国生产黑茶历史悠久，产品品种较多。由于各地区的黑茶产品各具特色，生产工艺和产品品质具有较强的传统性和地区性。因此，从黑茶产业的实际出发，制定黑茶的系列标准更符合黑茶产品结构的实际，具有科学性、合理性和可操作性。因此，GB/T 32719.1—2016只是黑茶系列国家标准的第1部分，对黑茶产品的基本要求做出了规定，其他部分可根据我国黑茶的主要产品品类制定相应的标准。

（二）GB/T 32719.1—2016 的主要内容

1. 适用范围

该标准规定了黑茶的术语和定义、产品与实物标准样、要求、试验方法、检验规则、标志标签、包装、运输、贮存和保质期。

该标准适用于以茶树［*Camellia sinensis*（L.）O. Kuntze］的芽、叶、嫩茎为原料，经杀青、揉捻、渥堆、干燥等生产工艺制成的黑毛茶及以此为原料生产的各种精制茶和再加工产品。

实物标准样对于黑茶产品的品质的评审非常重要，但制作过程存在一定的难度，因此该标准提出各产品宜设实物标准样、每五年换样一次的要求，实物标准样的制备应符合 GB/T 18795 的规定。

2. 理化指标

所有黑茶系列产品的水分、总灰分、水浸出物、碎茶率、非茶类物质等理化指标应符合表 6-52 的要求。

表 6-52　　　　　　　　　　　　　　**黑茶理化指标**

项　目	指　标	
	散茶	紧压茶
水分/%（质量分数）≤	12.0	15（计重水分12）
总灰分/%（质量分数）≤	8.0	8.5
水浸出物/%（质量分数）≥	24	22
碎茶/%（质量分数）≤	12	—
含梗量/%（质量分数）≤	10.0	

注：采用计重水分换算成品茶的净含量。

理化指标中的水分规定是，散茶按黑茶的特殊要求执行，紧压茶参照紧压茶国家系列标准中的最低要求执行。

3. 保质期

由于黑茶在贮藏过程中将进一步转化而醇化，因此，该标准拟定为：在符合 GB/T 30375 规定的情况下，可以长期保存。

（三）GB/T 32719.1—2016 实施效果与展望

我国黑茶品类较多，主产区分布广泛，黑茶消费热兴起的产业快速发展阶段，该国家标准的及时颁布实施，有效引导了黑茶产业的规范发展，并将对黑茶品质的提高、安全性的保障、新产品的开发均起到积极的促进作用。

三、GB/T 32719.2—2016《黑茶　第 2 部分：花卷茶》

（一）GB/T 32719.2—2016 的制定背景

花卷茶（俗称千两茶）原产于我国湖南省安化县，是安化久负盛名的地方特产，也是我国一种很有特色的茶叶产品，有近 200 年的产销历史。清代同治年间（1862—1874），晋商"三和公"茶行在陕商加工的"百两茶"的基础上创制而成。它是用优质黑毛茶为原料，采用传统的加工方式加工的一种高 150cm、直径 20cm 左右，质量达 36.25kg（原合老秤 1000 两），外形呈树干状圆柱体形，外形和内质非常独特的黑茶产品，故俗称"千两"。因外包装的篾篓编织成花格式样，又因加工过程中有不断"卷紧"的动作，故又称之为花卷茶。

为促进安化黑茶（包括花卷茶）的持续健康发展，规范市场，打击假冒伪劣，实现传统产品的标准化生产，2008 年湖南省质量技术监督局发布了湖南省地方标准 DB 43/389—2008《安化千两茶》，两年后补充修订为 DB43/T 389—2010《安化黑茶千两茶》。花卷茶国家标准是在该湖南省地方标准基础上修订补充完善而成。

（二）GB/T 32719.2—2016 的主要内容

1. 适用范围

GB/T 32719.2—2016 明确了该标准适用于以黑毛茶为原料，按照传统加工工艺，经过筛分、拣剔、半成品拼堆、汽蒸、装篓、压制、（日晒）干燥等工序加工而成的外形呈长圆柱体状以及经切割后形成的不同形状的小规格黑茶产品，即花卷茶。

考虑到花卷茶的生产范围有扩大趋势，该标准没有将原料限制在地理标志产品《安化千两茶》限制的区域范围内。

2. 外形规格及净含量

花卷茶按产品外形尺寸和净含量不同分为万两茶、五千两茶、千两茶、五百两茶、三百两茶、百两茶、十六两茶、十两茶等多种，主要类别外形规格及净含量应符合表6-53的要求。

表6-53　　　　　　　　　花卷茶主要类别的外形规格及净含量要求

产品	长度/cm	直径/cm	净含量/kg
千两茶	150~155	20~25	36.250
五百两茶	115~125	15~20	18.125
三百两茶	90~105	13~16	10.875
百两茶	60~65	10~14	3.625
十六两茶	20~25	5~8	0.362

3. 感官品质特征

花卷茶因其独特的外形、加工工艺和品质风味而成为黑茶品类中最具特色的产品之一。该标准中对花卷茶的外形要求为色泽黑褐、圆柱体形、压制紧密、无蜂窝巢状、茶叶紧结或有"金花"。"金花"，实为冠突散囊菌，在传统黑茶中仅为茯砖茶所独有，由于"金花"对黑茶品质和人类健康的独特作用，已经有越来越多的含有"金花"的花卷茶面市。因此，该标准在规定花卷茶的外形品质要求时，允许有"金花"存在。花卷茶感官品质应符合表6-54的要求。

表6-54　　　　　　　　　　　　　　花卷茶感官品质

项目	外形	内质			
		汤色	香气	滋味	叶底
特征	茶叶外形色泽黑褐，圆柱体形，压制紧密，无蜂窝巢状，茶叶紧结或有"金花"	橙黄或橙红	纯正或带松烟香、菌花香	醇厚或微涩	深褐，尚软亮

4. 理化指标

花卷茶的理化指标应符合表6-55的要求。

表 6-55　　　　　　　　　　　　　花卷茶理化指标

项　目	指　标
水分/%（质量分数）≤	15.0（计重水分 12.0）
总灰分/%（质量分数）≤	8.0
茶梗/%（质量分数）≤	5.0（其中长于 30mm 的梗含量≤0.5）
水浸出物/%（质量分数）≥	24.0

注：采用计重水分换算安化花卷茶的净含量。

（三）GB/T 32719.2—2016 的实施效果与展望

花卷茶独特的外形和加工工艺，形成了与众不同的品质风格，并成为黑茶家族中在市场上非常受欢迎的一个品类。该标准的发布实施为几乎失传的传统黑茶产品恢复规范化生产提供了质量依据。同时，为了满足市场和消费者对花卷茶产品系列化、多样化的需求，该标准包括了千两、五百两、三百两、两百两、十六两五个不同大小的规格。

四、GB/T 32719.3—2016《黑茶　第 3 部分：湘尖茶》

（一）GB/T 32719.3—2016 的制定背景

湘尖茶原产于我国湖南省安化县，始于清代道光年间，中华人民共和国成立后由湖南省白沙溪茶厂定点生产，产品主要销往华北和西北部分省（区）。湘尖茶分天尖、贡尖、生尖，也称湘尖 1 号、2 号、3 号。因湘尖茶的原料要求、加工工艺和产品品质具有很强的地域特征，已经被国家列入地理标志产品保护范围。2010 年，湖南省颁布了 DB 43/T 571—2010《安化黑茶湘尖茶》，湘尖茶国家标准（GB/T 32719.3—2016）的制定参照了湖南省地方标准。

（二）GB/T 32719.3—2016 的主要内容

1. 适用范围

该标准规定了湘尖茶的定义、等级、要求、检验方法、检验规则、标志标签、包装、运输、贮存和保质期。适用于以安化黑毛茶为原料，经过筛分、复火烘焙、拣剔、半成品拼配、汽蒸、装篓、压制成形、打气针、凉置通风干燥、成品包装等工艺过程制成的安化黑茶产品，即湘尖茶。

2. 感官品质特征

该标准明确了湘尖茶以安化黑毛茶为原料，规定了湘尖茶三个等级（天尖、贡尖、生尖）的原料要求。天尖（湘尖 1 号）以特、一级安化黑毛茶为主要原料精制而成；贡尖（湘尖 2 号）以二级安化黑毛茶为主要原料精制而成；生尖（湘尖 3 号）以三级安化黑毛茶为主原料精制而成。湘尖系列是湖南黑茶中原料嫩度相对较高的轻压型篓装散茶，不同等级湘尖茶的感官品质应符合表 6-56 的要求。

表 6-56			湘尖茶感官品质		
等级	外形	内质			
		汤色	香气	滋味	叶底
天尖	团块状，有一定的结构力，解散团块后茶条紧结，扁直，乌黑油润	橙黄	浓纯或带松烟香	浓厚	黄褐夹带棕褐，叶张较完整，尚嫩匀
贡尖	团块状，有一定的结构力，解散团块后茶条紧实，扁直，油黑带褐	橙黄	纯尚浓或带松烟香	醇厚	棕褐，叶张较完整
生尖	团块状，有一定的结构力，解散团块后茶条粗壮尚紧，呈泥鳅条状，黑褐	橙黄	纯正或带松烟香	醇和	黑褐，叶宽大较肥厚

3. 理化指标

湘尖茶的理化指标应符合表 6-57 的要求。

表 6-57	湘尖茶理化指标		
项目	天尖	贡尖	生尖
水分/%（质量分数）≤	14.0	14.0	14.0
		计重水分 12.0	
灰分/%（质量分数）≤	7.5	7.5	8.0
含梗量/%（质量分数）≤	5.0	6.0	10.0（其中长于 30mm 的茶梗不得超过 1.0%）
水浸出物/%（质量分数）≥	23.0	22.0	20.0

注：采用计重水分换算湘尖茶的净含量。

（三）GB/T 32719.3—2016 的实施效果与展望

湘尖茶是湖南黑茶中唯一的散茶系列产品，且原料嫩度普遍高于其他湖南黑茶成员，与其他紧压黑茶相比，湘尖茶方便饮用，市场规模和消费群体在不断扩大。该标准的发布实施为整体提升湖南黑茶产品质量起到了积极的推进作用。

五、GB/T 32719.4—2016《黑茶　第 4 部分：六堡茶》

（一）GB/T 32719.4—2016 的制定背景

六堡茶为中国历史名茶，地理标志产品，在清代嘉庆年间就以其独具槟榔香味而位列全国二十四名茶中，向来以侨销茶著称，在我国粤港澳以及东南亚、日本等地享有盛誉。

近年来，随着六堡茶消费热潮的兴起，六堡茶产业有了很大的发展，生产企业迅速增多，六堡茶产量也快速上升，出现内外销两旺的良好局面。该国家标准的及时制定是引领六堡茶产业和市场消费良性发展的重要举措。

（二）GB/T 32719.4—2016 的主要内容

1. 适用范围

六堡茶国家标准（GB/T 32719.4—2016）适用于选用广西苍梧县群体种、广西大中叶种及其分离、选育的品种、品系茶树［Camellia sinensis（L.）O. Kuntze］的鲜叶为原料，按六堡茶初制工艺制成六堡茶毛茶，再经过筛选、拼配、渥堆、汽蒸、压制成型或不压制成型、陈化、成品包装等工艺过程加工制成的具有独特品质特征的黑茶。

2. 感官品质特征

根据制作工艺和外观形态，六堡茶分为六堡茶散茶和六堡茶紧压茶。六堡茶散茶（Loose Liupao Tea），是未经压制成型，保持了茶叶条索的自然形状，而且条索互不黏结的六堡茶。六堡茶紧压茶（Brick Liupao Tea），是经汽蒸和压制后成形的各种形状的六堡茶，包括竹箩装紧压茶，砖茶、饼茶、沱茶、圆柱茶等，分别以对应等级的六堡茶散茶加工而成，或以六堡茶毛茶加工而成。

六堡茶散茶分为特级、一级至六级共 7 个等级。六堡茶紧压茶分为特级、一级至六级共 7 个等级，分别以对应等级的六堡茶散茶或毛茶加工而成。六堡茶紧压茶外形有圆饼形、砖形、沱形、圆柱形等多种形状和规格，但不设实物标准样，由企业按加工工艺要求进行生产留存。

六堡茶散茶的感官品质应符合表 6-58 的要求。

表 6-58　　　　　　　　　　　六堡茶散茶感官品质

级别	外形				内质			
	条索	整碎	色泽	净度	香气	滋味	汤色	叶底
特级	紧细	匀整	黑褐、黑、油润	净	陈香纯正	陈、醇厚	深红、明亮	褐、黑褐、细嫩柔软、明亮
一级	紧结	匀整	黑褐、黑、油润	净	陈香纯正	陈、尚醇厚	深红、明亮	褐、黑褐、尚细嫩柔软、明亮
二级	尚紧结	较匀整	黑褐、黑、尚油润	净、稍含嫩茎	陈香纯正	陈、浓醇	尚深红、明亮	褐、黑褐、嫩柔软、明亮
三级	粗实、紧卷	较匀整	黑褐、黑、尚油润	净、有嫩茎	陈香纯正	陈、尚浓醇	红、明亮	褐、黑褐、尚柔软、明亮
四级	粗实	尚匀整	黑褐、黑、尚油润	净、有茎	陈香纯正	陈、醇正	红、明亮	褐、黑褐、稍硬、明亮
五级	粗松	尚匀整	黑褐、黑	尚净、稍有筋梗茎梗	陈香纯正	陈、尚醇正	尚红、尚明亮	褐、黑褐、稍硬、明亮
六级	粗老	尚匀	黑褐、黑	尚净、有筋梗茎梗	陈香尚纯正	陈、尚醇	尚红、欠亮	褐、黑褐、稍硬、尚亮

六堡茶紧压茶，外形形状端正匀称、松紧适度、厚薄均匀、表面平整；色泽、净度、香气、滋味、汤色、叶底等感官品质应符合表6-58中对应等级要求。

3. 理化指标

六堡茶散茶理化指标应符合表6-59的要求，六堡茶紧压茶理化指标应符合表6-60的要求。

表6-59 六堡茶散茶理化指标

项目	指标						
	特级	一级	二级	三级	四级	五级	六级
水分/%（质量分数）	≤12.0						
总灰分/%（质量分数）	≤8.0						
粉末/%（质量分数）	≤0.8						
茶梗/%（质量分数）	≤3.0		≤6.5			≤10.0	
水浸出物/%（质量分数）	≥30.0		≥28.0			≥26.0	

表6-60 六堡茶紧压茶理化指标

项目	指标						
	特级	一级	二级	三级	四级	五级	六级
水分/%（质量分数）	≤14.0（计重水分12.0）						
总灰分/%（质量分数）	≤8.5						
茶梗/%（质量分数）	≤3.0		≤6.5			≤10.0	
水浸出物/%（质量分数）	≥30.0		≥28.0			≥26.0	

（三）GB/T 32719.4—2016 的实施效果与展望

该标准的贯彻执行，有效促进了"六堡茶"质量的提高和稳定，从而提高"六堡茶"的信誉和知名度；为做好、做强、做大六堡茶产业提供技术保证，也将会使"六堡茶"生产、质量监督、市场监督、出口检验等工作更科学更严谨，从而能更有效地维护相关各方的合法权益。

根据国家质检总局 2011 年第 33 号公告的规定，六堡茶在 2011 年 3 月 16 日获批准为国家地理标志保护产品，保护范围在梧州市行政辖区范围内，只有在保护范围内生产的产品才能称为六堡茶。国家地理标志保护产品六堡茶执行的标准为 DB45/T 1114—2014《地理标志产品 六堡茶》。国家标准 GB/T 32719.4 与国家地理标志保护产品——六堡茶执行的标准的产品分类、等级、标准样等方面相近，主要区别为 GB/T 32719.4 的产品等级为 7 个、每五年换样一次，而 DB45/T 1114 的产品等级 5 个、每三年换样一次，DB45/T 1114 严于 GB/T 32719.4。与 GB/T 32719.4 相比，DB45/T 1114

标准多了自然环境、品种、栽培技术、采摘、毛茶感官品质和理化指标、陈化起始日期计算、大肠菌群、志贺菌、金黄色葡萄球菌等要求。

六、GB/T 32719.5—2018《黑茶 第5部分：茯茶》

（一）GB/T 32719.5—2018 的制定背景

茯茶是黑茶家族中生产区域分布最广、生产规模最大的品类之一。茯茶具有对原料要求、加工工艺和产品品质具有很强的地域特征，茯茶加工起源于陕西泾阳，在我国已有 600 多年的历史，其加工工艺、品质风味独特，其中茯砖茶一直是我国边销茶中的主要产品。根据国家茶叶生产区域布局，从 20 世纪 50 年代开始，逐渐集中于湖南益阳、安化地区生产，成为湖南供应西北地区主要边销茶产品之一。此外，浙江、四川、贵州、广西等省区也有茯砖茶的生产。近 10 多年来，我国黑茶产业发展迅速，内销市场的不断扩大，茯茶的产品类型、产品质量和消费群体发生了根本性的变化。GB/T 9833.3《茯砖茶》满足不了新产品的要求，如散状茯茶就没有标准可依，茯茶加工原料嫩度已经明显高档化，茯茶产品越来越多样化。茯茶国家标准（GB/T 32719.5—2018）的制定是茯茶产业快速发展的迫切需要。

（二）GB/T 32719.5—2018 的主要内容

1. 适用范围

该标准规定了茯茶的术语和定义、产品分类、技术要求、检验方法、检验规则、标志标签、包装、运输、贮存和保质期。该标准适用于以黑毛茶为原料，经过毛茶筛分、半成品拼配、渥堆、汽蒸、发花、干燥、检验、成品包装等工艺生产的散状黑茶产品或以黑毛茶为原料或经过毛茶筛分、半成品拼配、渥堆、汽蒸、压制成形、发花、干燥、检验、成品包装等工艺制成的条形、圆形状等各种形状的成品和此成品再改形的黑茶产品。

2. 感官品质特征

该标准规定了茯茶产品根据其加工工艺及形状的不同分为散状茯茶和压制茯茶。压制方式为手筑和机压。散状茯茶分为特级和一级，压制茯茶不分等级。各等级均设实物标准样，每 3 年更换一次。

在茯茶的感官评审指标中，"金花"是茯茶的最重要的品质特征。不论散装茯茶还是压制茯茶，都要求金花茂盛无杂菌，有纯正的菌花香。茯茶的感官品质应符合表 6-61 和表 6-62 的要求。

表 6-61 散状茯茶感官品质

级别	外形				内质			
	条索	整碎	色泽	净度	香气	滋味	汤色	叶底
特级	紧结	匀整	乌黑油润，金花茂盛，无杂菌	净	纯正菌花香	醇厚	橙黄或橙红明亮	黄褐，尚嫩，叶片尚完整

续表

级别	外形				内质			
	条索	整碎	色泽	净度	香气	滋味	汤色	叶底
一级	尚紧结	尚匀齐	乌褐尚润，金花茂盛，无杂菌	尚净	纯正菌花香	醇和	橙黄尚亮	黄褐，叶片尚完整

表 6-62　　　　　　　　　　　　压制茯茶感官品质

级别	外形	内质			
		香气	滋味	汤色	叶底
特制	松紧适度，发花茂盛，无杂菌	纯正菌花香	醇正	橙黄明亮	黄褐，叶片尚完整
手筑	松紧适度，发花茂盛，无杂菌	纯正菌花香	醇正	橙黄明亮	黄褐，叶片尚完整

3. 理化指标

该标准规定了茯茶各规格的理化指标中的水分、总灰分、茶梗、水浸出物，卫生指标中的污染物限量、农药残留，净含量的试验方法。还特别规定了茯茶的优势微生物冠突散囊菌的数量指标（≥20×10⁴）。茯茶理化指标应符合表 6-63 的要求。

表 6-63　　　　　　　　　　　　茯茶理化指标

项目	散状茯茶		压制茯茶	
	特级	一级	特制	手筑
水分（质量分数）/%≤	12.0		14（计重水分12.0）	
总灰分（质量分数）/%≤	8.0		8.5	
茶梗（质量分数）/%≤	6	8	10	8
水浸出物（质量分数）/%≥	26	24	24	24
冠突散囊菌（个/g干茶）≥	20×10⁴			

注：采用计重水分换算成品茶的净含量。

（三）GB/T 32719.5—2018 的实施效果与展望

茯茶是我国黑茶中产区分布最广的品类，目前，湖南、陕西、浙江、贵州、四川、广西、湖北等省区均有生产，由于市场的扩展和消费诉求多元化，茯茶的产品创新十分活跃。茯茶特有的发花工艺被应用到其他茶类，"金花"（冠突散囊菌）也成为其他茶类创新的关注点。该标准的发布实施对黑茶产品在多样化的背景下实施标准化具有重要意义。

七、我国黑茶标准制定中需要重点关注的问题

我国黑茶的标准化工作起步早、制定的国家标准数量多，标准体系相对完善，在推进黑茶产业提质增效与快速发展中起到了重要的引领作用。但是由于黑茶是微生物发酵主导品质形成，加之原料成熟度相对较高、加工过程相对复杂，因此，黑茶标准的制定具有特殊性，需要茶叶行业高度关注和统一认识。在黑茶未来的标准化工作中需要高度关注以下几个问题。

（一）黑茶中的含氟限量指标问题

茶树是自然界中富集氟的能力最强的植物之一，随着茶树叶片成熟度的提高，其含氟量明显增加。一般情况下成熟度高于第四片叶子时，其含氟量可能超过 300mg/kg。紧压类黑茶俗称边销茶（包括黑砖茶、花砖茶、茯砖茶、康砖茶、金尖茶、沱茶、紧茶、青砖茶等）是我国千百年来形成的供应边疆少数民族地区的统供饮品，并形成了"宁可三日无粮、不可一日无茶"的生活习惯，黑茶成为边疆地区人们特殊食物结构和饮食习惯下不可或缺的生活必需品。

但是，我国地方病防治机构的流行性病学调研认为，在我国四川、内蒙古、青海、新疆、甘肃等省（区）的部分区域，地氟病的发生率相对较高，这些区域饮用砖茶可能是导致地氟病的重要原因。为此，2005 年卫生部颁布了 GB 19965—2005《砖茶含氟量》，要求砖茶中氟含量在 300mg/kg 以下。自 GB 19965—2005《砖茶含氟量》发布后，原国家质检总局和原农业部在 2006 年 1 月组成联合调查组，深入边疆少数民族地区，对当地的饮茶习惯和饮茶型氟中毒情况进行乡村一级的调研，未发现饮茶型氟中毒的情况。由于全国范围内砖茶高含氟量的安全性问题一直没有科学客观定论，加之行业产品特殊性，该标准自发布以来，一直未强制执行。

但是，随着我国对食品质量安全问题日益重视，黑茶中的含氟量指标是不可回避的话题，在国家层面很有必要就茶叶氟含量的安全性问题开展系统客观的毒理学研究，形成科学、客观、公正的定论，为茶叶中含氟限量指标的制订提供科学依据。2019 年，国家卫生健康委员会和国家标准化委员会计划组织修订了砖茶含氟量国家标准（GB 19965—2005），该标准的名称拟修改为"食品安全国家标准　紧压茶含氟量"，把紧压茶含氟量标准列入强制性国家标准——食品安全国家标准体系中。标准起草组收集数据主要有典型饮茶地氟病区调查结果、2009—2018 年全国饮茶型地氟病监测资料、2016—2018 年新疆饮茶型地氟病流行学调查资料和 2017—2018 年四川饮茶型地氟病流行学调查资料，通过对砖茶摄入量与骨症情的剂效应关系以及病区人群砖茶消耗量情况全面分析，提出了修订后的含氟标准限值仍维持 300mg/kg 不变。经多方面征求意见，建议把标准适用范围修改为饮茶型地氟病流行省（区）的流行县。

（二）关于黑茶保质期与老茶评价标准问题

到目前为止，所有黑茶类国家标准中关于保质期的规定均为在规定的贮藏环境条件下可长期保存。这种可长期保存的依据主要来源于人们长期的实践经验和对贮藏中黑茶感官品质的评审。为论证可长期保存是否具有科学性，拟探明同一黑茶产品在不

同贮藏年份中主要品质成分和功能成分变化规律，为黑茶保质期标准的制订提供科学依据。

此外，随着年份黑茶消费热和收藏热的兴起，越来越多的消费者和经营者关注黑茶类老茶。但是，人们对目前老茶品质评价标准和年份判定依据缺乏而感到十分困惑。年份黑茶的市场状况很乱，以假乱真、以次充好常有发生。因此，全国茶叶标准化委员会很有必要通过严谨的科学实验，探明不同年份黑茶的品质成分与功能成分变化规律，制订出科学客观实用的年份黑茶评价的国家标准。

第七节　再加工茶类标准

一、全国再加工茶标准化工作概况

再加工茶是以茶叶为原料，采用特定工艺加工的、供人们饮用或食用的产品。主要分为花茶、紧压茶、袋泡茶、粉茶等。目前，再加工茶类标准有国家标准 12 项、行业标准 3 项（表6-64），基本建立了以国家标准、行业标准为主体，地方标准、企业标准作为配套和补充的再加工茶类标准体系。对再加工茶的品质卫生要求、试验方法、检验规则、标志、标签、包装、运输、贮存等全过程实施标准化管理，示范带动作用初见成效。但同时也因市场上新产品开发速度较快，标准的制（修）订工作跟不上产品的多元化发展。这也是再加工茶类标准体系需进一步完善的方向。

紧压茶又称边销茶（因其主要销往边疆少数民族地区而得名）、砖茶。作为一种特殊商品，紧压茶具有很强的政治性和政策性。它是边疆少数民族同胞的生活必需品，也是事关民族团结和边疆地区社会稳定的民贸产品。再加工茶类标准体系中包括系列紧压茶、砖茶国家标准。

表 6-64　　　　　　　　　我国部分再加工茶类标准

标准号	标准名称
GB/T 9833.1—2013	紧压茶　第 1 部分：花砖茶
GB/T 9833.2—2013	紧压茶　第 2 部分：黑砖茶
GB/T 9833.3—2013	紧压茶　第 3 部分：茯砖茶
GB/T 9833.4—2013	紧压茶　第 4 部分：康砖茶
GB/T 9833.5—2013	紧压茶　第 5 部分：沱茶
GB/T 9833.6—2013	紧压茶　第 6 部分：紧茶
GB/T 9833.7—2013	紧压茶　第 7 部分：金尖茶
GB/T 9833.8—2013	紧压茶　第 8 部分：米砖茶

续表

标准号	标准名称
GB/T 9833.9—2013	紧压茶 第9部分：青砖茶
GB/T 22292—2017	茉莉花茶
GB/T 24690—2018	袋泡茶
GB/T 31751—2015	紧压白茶
GH/T 1117—2015	桂花茶
GH/T 1120—2015	雅安藏茶
GH/T 1275—2019	粉茶

二、GB/T 9833.1—2013《紧压茶 第1部分：花砖茶》

（一）花砖茶标准制定过程

GB/T 9833.1—2013《紧压茶 第1部分：花砖茶》由中华全国供销合作总社杭州茶叶研究院、中国茶叶流通协会、湖南省茶业有限公司、湖南省白沙溪茶厂有限责任公司起草。对原规范性引用文件中的卫生指标、感官审评、取样、水分总灰分水浸出物测定等文件进行了更新；修改了产品分级、品质判定规则。

2013年7月，国家质量监督检验检疫总局和国家标准化管理委员会发布了GB/T 9833.1—2013《紧压茶 第1部分：花砖茶》，同年12月实施。该标准规定了花砖茶的要求、试验方法、检验规则、标志、标签、包装、运输、贮存和保质期。适用于以黑毛茶为主要原料，经过毛茶筛分、半成品拼配、渥堆、蒸汽压制成形、干燥、成品包装等工艺过程制成的花砖茶。

（二）GB/T 9833.1—2013主要内容

该标准有效规范了花砖茶的产品技术要求，其主要内容如下。

1. 感官品质特征

产品不分等级，感官品质应符合标准实物样。外形：砖面平整，花纹图案清晰，棱角分明，厚薄一致，色泽黑褐，无黑霉、白霉、青霉等霉菌。内质：香气纯正或带松烟香，汤色橙黄，滋味醇和。

2. 理化指标

该标准中涉及的理化指标包含水分、总灰分、水浸出物等，水浸出物由参考指标改为判定指标。具体理化指标应符合表6-65的要求。

表6-65　　　　　　　　　　　　花砖茶理化指标

项　目	指　标
水分/%（质量分数）≤	14.0（计重水分12.0）

续表

项 目	指 标
总灰分/%（质量分数） ≤	8.0
茶梗/%（质量分数） ≤	15.0（其中长于 30mm 的茶梗不得超过 1.0）
非茶类夹杂物/%（质量分数） ≤	0.2
水浸出物/%（质量分数） ≥	22.0

注：采用计重水分换算茶砖的净含量。

3. 卫生安全

花砖茶产品中的污染物限量指标和农药残留限量指标应分别符合 GB 2762《食品中污染物限量》、GB 2763《食品中农药最大残留限量》和 GB 26130《食品中百草枯等 54 种农药最大残留限量的规定》的规定。花砖茶产品的净含量应符合《定量包装商品计量监督管理办法》（国家质量监督检验检疫总局〔2005〕第 75 号令）的规定。

4. 评定准则

出厂检验项目根据《边销茶生产许可证审查细则》（2006 版）的规定，更改为感官品质、水分、总灰分、茶梗、非茶类夹杂物和净含量。增加了总灰分、茶梗、非茶类夹杂物三个项目。判定规则改为按感官品质、理化指标、卫生指标和净含量项目要求，任一项不符合规定的产品均判为不合格产品。

（三）效果评估与应用前景展望

为适应全国黑茶消费市场从边疆向内地大中型城市的快速发展，规范黑茶种植、精深加工、新产品开发，保障黑茶质量安全，提高黑茶的核心竞争力。全国茶叶标准化技术委员会于 2013 年 12 月正式成立黑茶工作组，由湖南农业大学任组长单位，湖南省茶业集团股份有限公司为工作组秘书处单位。黑茶工作组对我国黑茶标准体系的建设，促进黑茶规模化种植、规范化生产、产业化经营，提升黑茶品质，切实维护广大消费者利益，促进黑茶产业的发展壮大和市场公平，增强我国黑茶产品的国际市场竞争力发挥了十分重要的作用。该标准的制定，有利于规范花砖茶的研发、生产和市场流通，为企业提供健康有序的竞争环境，并保证消费者得到安全、放心的产品。对保证紧压茶行业快速、健康、可持续发展，促进民族团结和边疆地区社会稳定意义重大。

三、GB/T 9833.2—2013《紧压茶 第 2 部分：黑砖茶》

（一）黑砖茶标准制定过程

GB/T 9833.2—2013《紧压茶 第 2 部分：黑砖茶》由中华全国供销合作总社杭州茶叶研究院、中国茶叶流通协会、湖南省茶业有限公司、湖南省白沙溪茶厂有限责任公司、湖南省益阳茶厂有限公司、浙江武义骆驼九龙砖茶有限公司起草。对原规范性引用文件中的卫生指标、感官审评、取样、水分总灰分水浸出物测定等文件进行了更新；修改了产品分级、品质判定规则。2013 年 7 月，国家质量监督检验检疫总局和国家标准化管理委员会发布了 GB/T 9833.2—2013《紧压茶 第 2 部分：黑砖茶》，同年

12 月实施。

该标准规定了黑砖茶的要求、试验方法、检验规则、标志、标签、包装、运输、贮存和保质期。适用于以黑毛茶为主要原料，经过毛茶筛分、半成品拼配、渥堆、蒸汽压制成型、干燥、成品包装等工艺过程制成的黑砖茶。

（二）GB/T 9833.2—2013 主要内容

1. 感官品质特征

产品不分等级，感官品质应符合标准实物样。外形：砖面平整，图案清晰，棱角分明，厚薄一致，色泽黑褐，无黑霉、白霉、青霉等霉菌。内质：香气纯正或带松烟香，汤色橙黄，滋味醇和微涩。

2. 理化指标

该标准中涉及的理化指标包含水分、总灰分、水浸出物等，水浸出物由参考指标改为判定指标。具体理化指标应符合表 6-66 的要求。

表 6-66　　　　　　　　　　　　黑砖茶理化指标

项　目	指　标
水分/%（质量分数）≤	14.0（计重水分 12.0）
总灰分/%（质量分数）≤	8.5
茶梗/%（质量分数）≤	18.0（其中长于 30mm 的茶梗不得超过 1.0）
非茶类夹杂物/%（质量分数）≤	0.2
水浸出物/%（质量分数）≥	21.0

注：采用计重水分换算茶砖的净含量。

3. 卫生安全

黑砖茶产品中的污染物限量指标和农药残留限量指标应分别符合 GB 2762《食品中污染物限量》、GB 2763《食品中农药最大残留限量》和 GB 26130《食品中百草枯等 54 种农药最大残留限量的规定》的规定。黑砖茶产品的净含量应符合《定量包装商品计量监督管理办法》（国家质量监督检验检疫总局〔2005〕第 75 号令）的规定。

4. 评定准则

出厂检验项目根据《边销茶生产许可证审查细则》（2006 版）的规定，更改为感官品质、水分、总灰分、茶梗、非茶类夹杂物和净含量。增加了总灰分、茶梗、非茶类夹杂物三个项目。判定规则改为按感官品质、理化指标、卫生指标和净含量项目要求，任一项不符合规定的产品均判为不合格产品。

（三）效果评估与应用前景展望

该标准的制定，有利于规范黑砖茶的研发、生产和市场流通，为企业提供健康有序的竞争环境，并保证消费者得到安全、放心的产品。对保证紧压茶行业快速、健康、可持续发展，促进民族团结和边疆地区社会稳定意义重大。

四、GB/T 9833.3—2013《紧压茶 第3部分：茯砖茶》

（一）茯砖茶标准制定过程

GB/T 9833.3—2013《紧压茶 第3部分：茯砖茶》由中华全国供销合作总社杭州茶叶研究院、中国茶叶流通协会、湖南省茶业有限公司、湖南省益阳茶厂有限公司、浙江武义骆驼九龙砖茶有限公司、湖南省白沙溪茶厂有限责任公司、陕西苍山茶业有限责任公司起草。对原规范性引用文件中的卫生指标、感官审评、取样、水分总灰分水浸出物测定等文件进行了更新；修改了产品分级、品质判定规则。2013年7月，国家质量监督检验检疫总局和国家标准化管理委员会发布了GB/T 9833.3—2013《紧压茶 第3部分：茯砖茶》，同年12月实施。

该标准规定了茯砖茶的要求、试验方法、检验规则、标志、标签、包装、运输、贮存和保质期。适用于以黑毛茶为主要原料，经过毛茶筛分、半成品拼配、渥堆、蒸汽压制成形、发花、干燥、成品包装等工艺过程制成的茯砖茶。

（二）GB/T 9833.3—2013主要内容

1. 感官品质特征

产品不分等级，感官品质应符合标准实物样。外形：砖面平整，棱角分明，厚薄一致，色泽黄褐色，发花普遍，砖内无黑霉、白霉、青霉、红霉等杂菌。内质：香气纯正，汤色橙黄，滋味纯和，无涩味。

2. 理化指标

该标准中涉及的理化指标包含水分、总灰分、水浸出物等，水浸出物和冠突散囊菌由参考指标改为判定指标。茯砖茶理化指标应符合表6-67的要求。

表6-67　　　　　　　　　　　茯砖茶理化指标

项　目	指　标
水分/%（质量分数）≤	14.0（计重水分12.0）
总灰分/%（质量分数）≤	9.0
茶梗/%（质量分数）≤	20.0（其中长于30mm的茶梗不得超过1.0）
非茶类夹杂物/%（质量分数）≤	0.2
水浸出物/%（质量分数）≥	20.0
冠突散囊菌/（个/g干茶）≥	$20×10^4$

注：采用计重水分换算茶砖的净含量。

3. 卫生安全

茯砖茶产品中的污染物限量指标和农药残留限量指标应分别符合GB 2762《食品中污染物限量》、GB 2763《食品中农药最大残留限量》和GB 26130《食品中百草枯等54种农药最大残留限量的规定》的规定。黑砖茶产品的净含量应符合《定量包装商品计量监督管理办法》（国家质量监督检验检疫总局〔2005〕第75号令）的规定。

4. 评定准则

出厂检验项目根据《边销茶生产许可证审查细则》（2006 版）的规定，更改为感官品质、水分、总灰分、茶梗、非茶类夹杂物和净含量。增加了总灰分、茶梗、非茶类夹杂物三个项目。判定规则改为按感官品质、理化指标、卫生指标和净含量项目要求，任一项不符合规定的产品均判为不合格产品。

（三）效果评估与应用前景展望

为促进我国茯茶领域的标准化建设，推动茯茶行业的发展，提高行业的竞争力水平，全国茶叶标准化技术委员会于 2016 年 12 月正式成立茯茶工作组，由湖南农业大学任组长单位，咸阳泾渭茯茶有限公司为工作组秘书处单位。茯茶工作组对我国茯茶标准体系的建设，提升茯茶产品质量，切实维护广大消费者利益，发挥了重要的作用。

益阳茯砖茶制作技艺被列入中国第二批国家级非物质文化遗产保护名录，该标准的制订，有利于规范茯砖茶的研发、生产和市场流通，为企业提供健康有序的竞争环境，并保证消费者得到安全、放心的产品。对保证紧压茶行业快速、健康、可持续发展，促进民族团结和边疆地区社会稳定意义重大。

五、GB/T 9833.4—2013《紧压茶　第 4 部分：康砖茶》

（一）康砖茶标准制定过程

GB/T 9833.4—2013《紧压茶　第 4 部分：康砖茶》由中华全国供销合作总社杭州茶叶研究院、中国茶叶流通协会、四川省雅安茶厂有限公司起草。对原规范性引用文件中的卫生指标、感官审评、取样、水分总灰分水浸出物测定等文件进行了更新；修改了产品分级、品质判定规则。2013 年 7 月，国家质量监督检验检疫总局和国家标准化管理委员会发布了 GB/T 9833.4—2013《紧压茶　第 4 部分：康砖茶》，同年 12 月实施。

该标准规定了康砖茶的要求、试验方法、检验规则、标志、标签、包装、运输、贮存和保质期。适用于以四川雅安及周边地区的做庄茶及金玉茶（晒青毛茶）为主要原料，经过毛茶整理、半成品拼配、蒸汽压制定形、干燥、成品包装等工艺过程制成的康砖茶。

（二）GB/T 9833.4—2013 主要内容

1. 感官品质特征

康砖茶分为特制康砖和普通康砖两个等级，相应的感官品质应符合标准实物样和表 6-68 的要求。

表 6-68　　　　　　　　　　　　　　康砖茶感官品质要求

项目	特制康砖	普通康砖
外形	圆角长方体，表面平整紧实，洒面明显、色泽棕褐油润。砖内无黑霉、白霉、青霉等霉菌	圆角长方体，表面尚平整，洒面尚明显，色泽棕褐。砖内无黑霉、白霉、青霉等霉菌
内质	香气纯正、陈香显，汤色红亮，滋味醇厚，叶底棕褐稍花杂、带细梗	香气较纯正，汤色红褐、尚明，滋味醇和，叶底棕褐花杂、带梗

2. 理化指标

该标准中涉及的理化指标包含水分、总灰分、水浸出物等，水浸出物由参考指标改为判定指标。康砖茶理化指标应符合表 6-69 的要求。

表 6-69　　　　　　　　　　　　　　康砖茶理化指标

项目	特制康砖	普通康砖
水分/%（质量分数）≤	16.0（计重水分 14.0%）	
总灰分/%（质量分数）≤	7.5	
茶梗/%（质量分数）≤	7.0（其中长于 30mm 的茶梗不得超过 1.0%）	8.0（其中长于 30mm 的茶梗不得超过 1.0%）
非茶类夹杂物/%（质量分数）≤	0.2	
水浸出物/%（质量分数）≥	28.0	26.0

注：采用计重水分换算茶砖的净含量。

3. 卫生安全

康砖茶产品中的污染物限量指标和农药残留限量指标应分别符合 GB 2762《食品中污染物限量》、GB 2763《食品中农药最大残留限量》和 GB 26130《食品中百草枯等 54 种农药最大残留限量的规定》的规定。康砖茶产品的净含量应符合《定量包装商品计量监督管理办法》（国家质量监督检验检疫总局〔2005〕第 75 号令）的规定。

4. 评定准则

出厂检验项目根据《边销茶生产许可证审查细则》（2006 版）的规定，更改为感官品质、水分、总灰分、茶梗、非茶类夹杂物和净含量。增加了总灰分、茶梗、非茶类夹杂物三个项目。判定规则改为按感官品质、理化指标、卫生指标和净含量项目要求，任一项不符合规定的产品均判为不合格产品。

（三）效果评估与应用前景展望

该标准的制订，有利于规范康砖茶的研发、生产和市场流通，为企业提供健康有序的竞争环境，并保证消费者得到安全、放心的产品。对保证紧压茶行业快速、健康、可持续发展，促进民族团结和边疆地区社会稳定意义重大。

六、GB/T 9833.5—2013《紧压茶　第 5 部分：沱茶》

（一）沱茶标准制定

GB/T 9833.5—2013《紧压茶　第 5 部分：沱茶》由中华全国供销合作总社杭州茶叶研究院、中国茶叶流通协会、云南下关沱茶（集团）股份有限公司起草。对原规范性引用文件中的卫生指标、感官审评、取样、水分总灰分水浸出物测定等文件进行了更新；修改了产品分级、品质判定规则。2013 年 7 月，国家质量监督检验检疫总局和国家标准化管理委员会发布了 GB/T 9833.5—2013《紧压茶　第 5 部分：沱茶》，同年 12 月实施。

（二）GB/T 9833.5—2013 主要内容

该标准规定了沱茶的要求、试验方法、检验规则、标志标签、包装、运输和贮存。适用于以晒青毛茶为主要原料，经过毛茶匀堆筛分、拣剔、半成品拼配、蒸汽压制定形、干燥、成品包装等工艺过程制成的沱茶。

1. 感官品质特征

沱茶产品不分等级，感官品质应符合标准实物样。外形：碗臼形，紧实，光滑，色泽墨绿、白毫显露，无黑霉、白霉、青霉等霉菌。内质：香气纯浓，汤色橙黄尚明，滋味浓醇，叶底嫩匀尚亮。

2. 理化指标

该标准中涉及的理化指标包含水分、总灰分、水浸出物等，水浸出物由参考指标改为判定指标。沱茶理化指标应符合表 6-70 的要求。

表 6-70　　　　　　　　　　　　沱茶理化指标

项　目	指　标
水分/%（质量分数）≤	9.0
总灰分/%（质量分数）≤	7.0
茶梗/%（质量分数）≤	3.0
非茶类夹杂物/%（质量分数）≤	0.2
水浸出物/%（质量分数）≥	36.0

3. 卫生安全

沱茶产品中的污染物限量指标和农药残留限量指标应分别符合 GB 2762《食品中污染物限量》、GB 2763《食品中农药最大残留限量》和 GB 26130《食品中百草枯等 54 种农药最大残留限量的规定》的规定。沱茶产品的净含量应符合《定量包装商品计量监督管理办法》（国家质量监督检验检疫总局〔2005〕第 75 号令）的规定。

4. 评定准则

出厂检验项目根据《边销茶生产许可证审查细则》（2006 版）的规定，更改为感官品质、水分、总灰分、茶梗、非茶类夹杂物和净含量。增加了总灰分、茶梗、非茶类夹杂物三个项目。判定规则改为按感官品质、理化指标、卫生指标和净含量项目要求，任一项不符合规定的产品均判为不合格产品。

（三）效果评估与应用前景展望

下关沱茶制作技艺入选国家级非物质文化遗产名录，该标准的制定，有利于规范沱茶的研发、生产和市场流通，为企业提供健康有序的竞争环境，并保证消费者得到安全、放心的产品。对保证沱茶行业快速、健康、可持续发展，促进民族团结和边疆地区社会稳定意义重大。

七、GB/T 9833.6—2013《紧压茶　第6部分：紧茶》

（一）紧茶标准制定

GB/T 9833.6—2013《紧压茶　第6部分：紧茶》由中华全国供销合作总社杭州茶叶研究院、中国茶叶流通协会、云南下关沱茶（集团）股份有限公司起草。对原规范性引用文件中的卫生指标、感官审评、取样和水分、总灰分、水浸出物测定等文件进行了更新；修改了产品分级、品质判定规则。

2013年7月，国家质量监督检验检疫总局和国家标准化管理委员会发布了GB/T 9833.6—2013《紧压茶　第6部分：紧茶》，同年12月实施。

（二）GB/T 9833.6—2013主要内容

该标准规定了紧茶的要求、试验方法、检验规则、标志、标签、包装、运输、贮存和保质期。适用于以晒青毛茶为主要原料，经过毛茶匀堆筛分、拣剔、渥堆、拼配、蒸汽压制定形、干燥、成品包装等工艺过程制成的紧茶。

1. 感官品质特征

产品不分等级，感官品质应符合标准实物样。外形：长方形小砖块（或心脏形），表面紧实，厚薄均匀，色泽尚乌、有毫，砖内无黑霉、白霉、青霉等霉菌。内质：香气纯正，汤色橙红尚明，滋味浓厚，叶底尚嫩欠匀。

2. 理化指标要求

该标准中涉及的理化指标包含水分、总灰分、水浸出物等，水浸出物由参考指标改为判定指标。紧茶理化指标应符合表6-71要求。

表6-71　　　　　　　　　　　　　紧茶理化指标

项　目	指　标
水分/%（质量分数）≤	13.0（计重水分10.0）
总灰分/%（质量分数）≤	7.5
茶梗/%（质量分数）≤	8.0（其中长于30mm的茶梗不得超过1.0）
非茶类夹杂物/%（质量分数）≤	0.2
水浸出物/%（质量分数）≥	36.0

注：采用计重水分换算茶砖的净含量。

3. 卫生安全

紧茶产品中的污染物限量指标和农药残留限量指标应分别符合GB 2762《食品中污染物限量》、GB 2763《食品中农药最大残留限量》和GB 26130《食品中百草枯等54种农药最大残留限量的规定》的规定。紧茶产品的净含量应符合《定量包装商品计量监督管理办法》（国家质量监督检验检疫总局〔2005〕第75号令）的规定。

4. 评定准则

出厂检验项目根据《边销茶生产许可证审查细则》（2006 版）的规定，更改为感官品质、水分、总灰分、茶梗、非茶类夹杂物和净含量。增加了总灰分、茶梗、非茶类夹杂物三个项目。判定规则改为按感官品质、理化指标、卫生指标和净含量项目要求，任一项不符合规定的产品均判为不合格产品。

（三）效果评估与应用前景展望

该标准的制定，有利于规范紧茶的研发、生产和市场流通，为企业提供健康有序的竞争环境，并保证消费者得到安全、放心的产品。对保证紧压茶行业快速、健康、可持续发展，促进民族团结和边疆地区社会稳定意义重大。

八、GB/T 9833.7—2013《紧压茶　第7部分：金尖茶》

（一）金尖茶标准制定

GB/T 9833.7《紧压茶　第7部分：金尖茶》由中华全国供销合作总社杭州茶叶研究院、中国茶叶流通协会、四川省雅安茶厂股份有限公司起草。对原规范性引用文件中的卫生指标、感官审评、取样、水分总灰分水浸出物测定等文件进行了更新；修改了产品分级、品质判定规则。

2013 年 7 月，国家质量监督检验检疫总局和国家标准化管理委员会发布了 GB/T 9833.7《紧压茶　第7部分：金尖茶》，同年 12 月实施。

（二）GB/T 9833.7—2013 主要内容

该标准规定了金尖茶的要求、试验方法、检验规则、标志、标签、包装、运输、贮存和保质期。适用于以四川雅安及周边地区的做庄茶及金玉茶（晒青毛茶）为主要原料，经过毛茶整理、半成品拼配、蒸汽压制定型、干燥、成品包装等工艺过程制成的金尖茶。

1. 感官品质特征

金尖茶分为特制金尖和普通金尖，相应的感官品质应符合标准实物样和表 6-72 的要求。

表 6-72　　　　　　　　　　　　　金尖茶感官品质要求

项目	特制金尖	普通金尖
外形	圆角长方体，较紧实，无脱层，色泽棕褐尚油润。砖内无黑霉、白霉、青霉等霉菌	圆角长方体，稍紧实，色泽黄褐。砖内无黑霉、白霉、青霉等霉菌
内质	香气纯正、陈香显，汤色红亮，滋味醇正，叶底棕褐花杂、带梗	香气较纯正、汤色红褐、尚明，滋味纯和，叶底棕褐花杂、多梗

2. 理化指标

该标准中涉及的理化指标包含水分、总灰分、水浸出物等，水浸出物由参考指标改为判定指标。金尖茶理化指标应符合表 6-73 的要求。

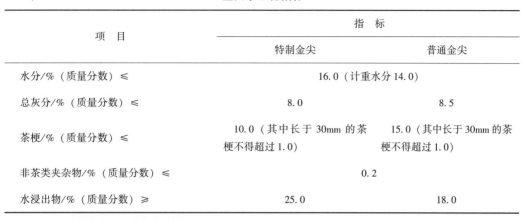

表 6-73　　　　　　　　　　　　　金尖茶理化指标

项　目	指　标	
	特制金尖	普通金尖
水分/%（质量分数）≤	16.0（计重水分 14.0）	
总灰分/%（质量分数）≤	8.0	8.5
茶梗/%（质量分数）≤	10.0（其中长于 30mm 的茶梗不得超过 1.0）	15.0（其中长于 30mm 的茶梗不得超过 1.0）
非茶类夹杂物/%（质量分数）≤	0.2	
水浸出物/%（质量分数）≥	25.0	18.0

注：采用计重水分换算茶砖的净含量。

3. 卫生安全

金尖茶产品中的污染物限量指标和农药残留限量指标应分别符合 GB 2762《食品中污染物限量》、GB 2763《食品中农药最大残留限量》和 GB 26130《食品中百草枯等 54 种农药最大残留限量的规定》的规定。金尖茶产品的净含量应符合《定量包装商品计量监督管理办法》（国家质量监督检验检疫总局〔2005〕第 75 号令）的规定。

4. 评定准则

出厂检验项目根据《边销茶生产许可证审查细则》（2006 版）的规定，更改为感官品质、水分、总灰分、茶梗、非茶类夹杂物和净含量。增加了总灰分、茶梗、非茶类夹杂物三个项目。判定规则改为按感官品质、理化指标、卫生指标和净含量项目要求，任一项不符合规定的产品均判为不合格产品。

（三）效果评估与应用前景展望

该标准的制定，有利于规范金尖茶的研发、生产和市场流通，为企业提供健康有序的竞争环境，并保证消费者得到安全、放心的产品。对保证金尖茶快速、健康、可持续发展，促进民族团结和边疆地区社会稳定意义重大。

九、GB/T 9833.8—2013《紧压茶　第 8 部分：米砖茶》

（一）米砖茶标准制定

GB/T 9833.8—2013《紧压茶　第 8 部分：米砖茶》由中华全国供销合作总社杭州茶叶研究院、中国茶叶流通协会、湖北省赵李桥茶厂有限公司起草。对原规范性引用文件中的卫生指标、感官审评、取样、水分总灰分水浸出物测定等文件进行了更新；修改了产品分级、品质判定规则。

2013 年 7 月，国家质量监督检验检疫总局和国家标准化管理委员会发布了 GB/T 9833.8—2013《紧压茶　第 8 部分：米砖茶》，同年 12 月实施。

（二）GB/T 9833.8—2013 主要内容

该标准规定了米砖茶的要求、试验方法、检验规则、标志、标签、包装、运输、贮存和保质期。适用于以红茶为原料，经过筛分、蒸汽压制定形、干燥、成品包装等工艺过程制成的米砖茶。

1. 感官品质特征

米砖茶分为特级米砖茶和普通米砖茶，相应的感官品质应符合标准实物样要求。外形：砖面平整，棱角分明、厚薄一致、图案清晰，砖内无黑霉、白霉、青霉等霉菌；特级米砖茶乌黑油润，普通米砖茶黑褐稍泛黄。内质：特级米砖茶香气纯正、滋味浓醇、汤色深红、叶底红匀；普通米砖茶香气平正、滋味尚浓醇、汤色深红、叶底红暗。

2. 理化指标

该标准中涉及的理化指标包含水分、总灰分、水浸出物等，水浸出物由参考指标改为判定指标。米砖茶理化指标应符合表 6-74 的要求。

表 6-74   米砖茶理化指标

项　目	指　标	
	特级米砖茶	普通米砖茶
水分/%（质量分数）≤	9.5（计重水分 9.5）	
总灰分/%（质量分数）≤	7.5	8.0
非茶类夹杂物/%（质量分数）≤	0.2	
水浸出物/%（质量分数）≥	30.0	28.0

注：采用计重水分换算茶砖的净含量。

3. 卫生安全

米砖茶产品中的污染物限量指标和农药残留限量指标应分别符合 GB 2762《食品中污染物限量》、GB 2763《食品中农药最大残留限量》和 GB 26130《食品中百草枯等 54 种农药最大残留限量的规定》的规定。米砖茶产品的净含量应符合《定量包装商品计量监督管理办法》（国家质量监督检验检疫总局〔2005〕第 75 号令）的规定。

4. 评定准则

出厂检验项目根据《边销茶生产许可证审查细则》（2006 版）的规定，更改为感官品质、水分、总灰分、非茶类夹杂物和净含量。增加了总灰分、非茶类夹杂物两个项目。判定规则改为按感官品质、理化指标、卫生指标和净含量项目要求，任一项不符合规定的产品均判为不合格产品。

（三）效果评估与应用前景展望

该标准的制定，有利于规范米砖茶的研发、生产和市场流通，为企业提供健康有序的竞争环境，并保证消费者得到安全、放心的产品。对保证米砖茶快速、健康、可持续发展，促进民族团结和边疆地区社会稳定意义重大。

十、GB/T 9833.9—2013《紧压茶 第9部分：青砖茶》

（一）青砖茶标准制定

GB/T 9833.9—2013《紧压茶 第9部分：青砖茶》由中华全国供销合作总社杭州茶叶研究院、中国茶叶流通协会、湖北省赵李桥茶厂有限公司、湖南省茶业有限公司、浙江武义骆驼九龙砖茶有限公司起草。对原规范性引用文件中的卫生指标、感官审评、取样、水分总灰分水浸出物测定等文件进行了更新；修改了产品分级、品质判定规则。

2013年7月，国家质量监督检验检疫总局和国家标准化管理委员会发布了GB/T 9833.9—2013《紧压茶 第9部分：青砖茶》，同年12月实施。

（二）GB/T 9833.9—2013主要内容

该标准规定了青砖茶的要求、试验方法、检验规则、标志、标签、包装、运输、贮存和保质期。适用于以老青茶为主要原料，经过蒸汽压制定形、干燥、成品包装等工艺过程制成的青砖茶。

1. 感官品质特征

青砖茶不分等级，感官品质应符合标准实物样要求。外形：砖面光滑，棱角整齐，紧结平整，色泽青褐，压印纹理清晰，砖内无黑霉、白霉、青霉等霉菌。内质：香气纯正，滋味醇和，汤色橙红，叶底暗褐。

2. 理化指标

该标准中涉及的理化指标包含水分、总灰分、水浸出物等，水浸出物由参考指标改为判定指标。青砖茶理化指标应符合表6-75的要求。

表6-75　　　　　　　　　　　　青砖茶理化指标

项　目	指　标
水分/%（质量分数）≤	12.0（计重水分12.0）
总灰分/%（质量分数）≤	8.5
茶梗/%（质量分数）≤	20.0（其中长于30mm的茶梗不得超过1.0%）
非茶类夹杂物/%（质量分数）≤	0.2
水浸出物/%（质量分数）≥	21.0

注：采用计重水分换算茶砖的净含量。

3. 卫生安全

青砖茶产品中的污染物限量指标和农药残留限量指标应分别符合GB 2762《食品中污染物限量》、GB 2763《食品中农药最大残留限量》和GB 26130《食品中百草枯等54种农药最大残留限量的规定》的规定。青砖茶产品的净含量应符合《定量包装商品计量监督管理办法》（国家质量监督检验检疫总局〔2005〕第75号令）的规定。

4. 评定准则

出厂检验项目根据《边销茶生产许可证审查细则》（2006版）的规定，更改为感官品质、水分、总灰分、茶梗、非茶类夹杂物和净含量。增加了总灰分、茶梗、非茶类夹杂物三个项目。判定规则改为按感官品质、理化指标、卫生指标和净含量项目要求，任一项不符合规定的产品均判为不合格产品。

（三）效果评估与应用前景展望

该标准的制定，有利于规范青砖茶的研发、生产和市场流通，为企业提供健康有序的竞争环境，并保证消费者得到安全、放心的产品。对保证青砖茶快速、健康、可持续发展，促进民族团结和边疆地区社会稳定意义重大。

十一、GB/T 22292—2017《茉莉花茶》

（一）茉莉花茶标准制定和修订

2008 年 8 月 12 日国家质量监督检验检疫总局、中国国家标准化管理委员会发布的 GB/T 22292—2008《茉莉花茶》，2009 年 3 月 1 日实施。因该标准未对特级以上的高档茉莉花茶做出规范，特别是未对各级别的窨次及下花量做出基本规定，导致市场上高档茉莉花茶品质参差不齐，执法机构在市场监督时也存在不便。随着人们对茉莉花茶产品的多样性以及产品质量的高要求，市场上出现了各种创新茉莉花茶产品。为适应这种变化，更好地对其进行规范，全国茶标委于 2014 年 12 月正式成立花茶工作组，由福建农林大学任组长单位，福建春伦茶业集团有限公司为工作组秘书处单位。花茶工作组直接参与我国花茶标准体系的建设。由中华全国供销合作总社杭州茶叶研究院（国家茶叶质量监督检验中心）、福建春伦茶业集团有限公司、北京张一元茶叶有限责任公司、福建农林大学、福建茶叶进出口有限责任公司、福建省茶叶质量检测中心站、北京吴裕泰茶业股份有限公司、四川省茶叶集团股份有限公司、湖南省茶业集团股份有限公司等单位承担标准修订工作。对原规范性引用文件中的包装、贮存、标识、感官审评、水分、总灰分测定、附录等 10 个文件进行了更新；增加了特种烘青茉莉花茶、特种炒青茉莉花茶、茉莉花干的术语与定义；增加了香毫、春毫、银毫、毛峰、毛尖、大白毫、造型茶等类别的特种烘青茉莉花茶以及特种炒青茉莉花茶感官品质要求；增加了特种茉莉花茶的理化指标要求；增加了碎茶、片茶的感官品质和理化指标要求；增加了附录 A 中特种茉莉花茶的配花量和附录 B 茉莉花干的检测方法。

修订后的 GB/T 22292—2017《茉莉花茶》，于 2017 年 11 月 1 日由国家质量监督检验检疫总局、国家标准化管理委员会发布，2018 年 2 月实施。

（二）GB/T 22292—2017 主要内容

该标准规定了茉莉花茶的术语和定义、分类、要求、试验方法、检验规则、标志标签、包装、运输和贮存。适用于以绿茶为原料，加工成级型坯后，经茉莉鲜花窨制（含白兰鲜花打底）而成的茉莉花茶。

1. 茉莉花茶的分类

根据茶坯原料不同，分为烘青茉莉花茶、炒青（含半烘炒）茉莉花茶、碎茶和片茶茉莉花茶。烘青茉莉花茶、炒青（含半烘炒）茉莉花茶分特种、特级、一级、二级、三级、四级、五级。

2. 原料要求

品质正常，无劣变、无异味、无异嗅，不得含有任何添加剂。各等级产品窨制过程中的配花量见表6-76。

表6-76　　　　　　　　　　　　茉莉花茶各级别配花量　　　　　　　单位：0.5kg/50kg 茶坯

级别	窨次	茉莉花用量
特种茶类	六窨一提或以上	270 或以上
大白毫	六窨一提	270
毛尖	六窨一提	240
毛峰	六窨一提	220
银毫	六窨一提	200
春毫	五窨一提	150
香毫	四窨一提	130
特级	四窨一提	120
一级	三窨一提	100
二级	二窨一提	70
三级	一压一窨一提	50
四级	一压一窨一提	40
五级	一压一窨一提	30
碎茶	二窨一提	65
片茶	一压一窨一提	30

3. 感官品质特征

感官品质评价方法执行 GB/T 23776《茶叶感官审评方法》的规定；烘青茉莉花茶、炒青（半烘炒）茉莉花茶、茉莉花茶碎茶和片茶应分别符合表6-77～表6-80要求。

表6-77　　　　　　　　　　　　特种烘青茉莉花茶感官品质

类别	外形				内质			
	形状	整碎	净度	色泽	香气	滋味	汤色	叶底
造型茶	针形、兰花形或其他特殊造型	匀整	洁净	黄褐润	鲜灵浓郁持久	鲜浓醇厚	嫩黄清澈明亮	嫩黄绿明亮
大白毫	肥壮紧直重实满披白毫	匀整	洁净	黄褐银润	鲜灵浓郁持久幽长	鲜爽醇厚甘滑	浅黄或杏黄鲜艳明亮	肥嫩多芽嫩黄绿匀亮

续表

类别	外形				内质			
	形状	整碎	净度	色泽	香气	滋味	汤色	叶底
毛尖	毫芽细秀紧结平伏白毫显露	匀整	洁净	黄褐油润	鲜灵浓郁持久清幽	鲜爽甘醇	浅黄或杏黄清澈明亮	细嫩显芽嫩黄绿匀亮
毛峰	紧结肥壮锋毫显露	匀整	洁净	黄褐润	鲜灵浓郁高长	鲜爽浓醇	浅黄或杏黄清澈明亮	肥嫩显芽嫩绿匀亮
银毫	紧结肥壮平伏毫芽显露	匀整	洁净	黄褐油润	鲜灵浓郁	鲜爽醇厚	浅黄或黄清澈明亮	肥嫩黄绿匀亮
春毫	紧结细嫩平伏毫芽较显	匀整	洁净	黄褐润	鲜灵浓纯	鲜爽浓纯	黄明亮	嫩匀黄绿匀亮
香毫	紧结显毫	匀整	净	黄润	鲜灵纯正	鲜浓醇	黄明亮	嫩匀黄绿明亮

表 6-78　　　　　　　　　烘青茉莉花茶各等级感官品质

级别	外形				内质			
	条索	整碎	净度	色泽	香气	滋味	汤色	叶底
特级	细紧或肥壮有锋苗有毫	匀整	净	绿黄润	鲜浓持久	浓醇爽	黄亮	嫩软匀齐黄绿明亮
一级	紧结有锋苗	匀整	尚净	绿黄尚润	鲜浓	浓醇	黄明	嫩匀黄绿明亮
二级	尚紧结	尚匀整	稍有嫩茎	绿黄	尚鲜浓	尚浓醇	黄尚亮	嫩尚匀黄绿亮
三级	尚紧	尚匀整	有嫩茎	尚绿黄	尚浓	醇和	黄尚明	尚嫩匀黄绿
四级	稍松	尚匀	有茎梗	黄稍暗	香薄	尚醇和	黄欠亮	稍有摊张绿黄
五级	稍粗松	尚匀	有梗朴	黄稍枯	香弱	稍粗	黄较暗	稍粗大黄稍暗

表 6-79　　　　　　　炒青（含半烘炒）茉莉花茶各等级感官品质

级别	外形				内质			
	条索	整碎	净度	色泽	香气	滋味	汤色	叶底
特种	扁平、卷曲、圆珠或其他特殊造型	匀整	净	黄绿或黄褐润	鲜灵浓郁持久	鲜浓醇爽	浅黄或黄明亮	细嫩或肥嫩匀黄绿明亮

续表

级别	外形				内质			
	条索	整碎	净度	色泽	香气	滋味	汤色	叶底
特级	紧结显锋苗	匀整	洁净	绿黄润	鲜浓纯	浓醇	黄亮	嫩匀黄绿明亮
一级	紧结	匀整	净	绿黄尚润	浓尚鲜	浓尚醇	黄明	尚嫩匀黄绿尚亮
二级	紧实	匀整	稍有嫩茎	绿黄	浓	尚浓醇	黄尚亮	尚匀黄绿
三级	尚紧实	尚匀整	有筋梗	尚绿黄	尚浓	尚浓	黄尚明	欠匀绿黄
四级	粗实	尚匀整	带梗朴	黄稍暗	香弱	平和	黄欠亮	稍有摊张黄
五级	稍粗松	尚匀	多梗朴	黄稍枯	香浮	稍粗	黄较暗	稍粗黄稍暗

表 6-80　　　　　茉莉花茶碎茶和片茶感官品质

品　种	特　征
碎茶	通过紧门筛（筛网孔径 0.8~1.6mm）洁净重实的颗粒茶，有花香，滋味尚醇
片茶	通过紧门筛（筛网孔径 0.8~1.6mm）轻质片状茶，有花香，滋味尚纯

4. 理化指标

该标准中涉及的理化指标包含水分、总灰分、水浸出物、粉末和茉莉花干等。具体理化指标应符合表 6-81 的要求。

表 6-81　　　　　茉莉花茶理化指标

项　目	指　标			
	特种、特级、一级、二级	三级、四级、五级	碎茶	片茶
水分/%（质量分数）≤	8.5			
总灰分/%（质量分数）≤	6.5		7.0	
水浸出物/%（质量分数）≥	34		32	
粉末/%（质量分数）≤	1.0	1.2	3.0	7.0
茉莉花干/%（质量分数）≤	1.0	1.5	1.5	

5. 卫生安全及评定准则

茉莉花茶产品中的污染物限量指标和农药残留限量指标应分别符合 GB 2762《食品中污染物限量》、GB 2763《食品中农药最大残留限量》的规定。茉莉花茶产品的净含量应符合《定量包装商品计量监督管理办法》（国家质量监督检验检疫总局〔2005〕第 75 号令）的规定。型式检验包括感官品质、理化指标、卫生指标和净含量的所有项目，任一项不符合规定的产品均判为不合格产品。

（三）效果评估与应用前景展望

茉莉花茶是我国的传统优势花茶品种，市场前景广阔。该标准的制定（修订）可以规范茉莉花茶的生产和消费，提升花茶标准化生产水平和产品质量，维护广大消费者利益，促进花茶产业的发展壮大和市场公平，增强我国花茶产品的国际市场竞争，促进花茶产业的可持续健康发展。

十二、GB/T 24690—2018《袋泡茶》

（一）袋泡茶标准制定和修订过程

中国袋泡茶占茶叶总消费量的 3%。GB/T 24690—2009《袋泡茶》于 2009 年 11 月 30 日发布，2010 年 1 月 1 日实施。随着快消模式逐渐被消费者接受，我国袋泡茶市场也逐步兴起，产品种类和结构发生较大改变。为了适应袋泡茶市场的发展，由广州质量监督检测研究院、中华全国供销合作总社杭州茶叶研究院（国家茶叶质量监督检验中心）等 7 家单位对 GB/T 24690—2009《袋泡茶》进行修订。对原规范性引用文件中的包装、贮存、标识、感官审评、水分总灰分测定等 10 个文件进行了更新；增加了 2 项食品接触材料及制品食品安全国家标准；删去了茶叶中稀土元素的测定方法；修改了绿茶袋泡茶的水浸出物指标、乌龙茶袋泡茶的总灰分指标、黑茶袋泡茶的水分和水浸出物指标。

修订后的 GB/T 24690—2018《袋泡茶》于 2018 年 2 月由国家质量监督检验检疫总局、国家标准化管理委员会发布，同年 6 月实施。该标准适用于以茶叶（包括经窨花工艺制成的花茶）为原料，用过滤材料包装而成的袋泡茶。不适用于添加其他植物原料和食用香精香料的袋泡茶。

（二）GB/T 24690—2018 主要内容

1. 袋泡茶的分类

根据茶叶原料的不同，主要分为绿茶袋泡茶、红茶袋泡茶、乌龙茶袋泡茶、黄茶袋泡茶、白茶袋泡茶、黑茶袋泡茶和花茶袋泡茶 7 种。

2. 原料要求

袋泡茶的品质取决于茶叶、滤袋材料及辅助材料。

（1）茶叶 应具有本品种茶叶固有的品质特征，品质正常，无异味，无异嗅，无霉变；除花茶袋泡茶可含有少量花瓣、花蕊外，不应含有非茶类夹杂物；不应着色，无任何添加剂。

（2）滤袋 应符合相关食品安全国家标准中食品接触材料及制品的要求，清洁、无毒、无异味，不影响茶叶品质。滤纸应符合 GB 4806.1《食品安全国家标准　食品接触材料及制品通用安全要求》和 GB 4806.8《食品安全国家标准 食品接触用纸和纸板材料及制品》的规定，非热封型茶叶滤纸应符合 GB/T 28121《非热封型茶叶滤纸》的规定，热封型茶叶滤纸应符合 GB/T 25436《热封型茶叶滤纸》的规定。尼龙包装材料应符合 GB 4806.7《食品安全国家标准 食品接触用塑料材料及制品》的规定。

（3）辅助材料 若使用提线，应符合 GB 4806.1《食品安全国家标准 食品接触材料及制品通用安全要求》的规定。提线宜为不含荧光物质的原白棉线，不得漂白。提线应固定，不脱落、不断裂。固定提线用胶黏剂应无毒，无害。若使用钉子封口，钉子应符合 GB 4806.9《食品安全国家标准 食品接触用金属材料及制品》的规定，并应固定，不脱落。若使用吊牌，吊牌用纸应符合 GB 4806.8《食品安全国家标准 食品接触用纸和纸板材料及制品》的规定，其上的印刷油墨应符合相关食品安全国家标准中食品接触材料及制品的要求。

（4）形态 滤袋外形完整，冲泡后不溃破、不漏茶。

3. 感官品质特征

感官品质应符合表 6-82 的要求。

表 6-82　　　　　　　　　　　　　　袋泡茶感官品质

项　目	指　标						
	绿茶袋泡茶	红茶袋泡茶	乌龙茶袋泡茶	黄茶袋泡茶	白茶袋泡茶	黑茶袋泡茶	花茶袋泡茶
香气	纯正	纯正	纯正	纯正	纯正	纯正	花香
滋味	平和	尚浓	醇和	醇和	醇正	醇和	醇正
汤色	绿黄	红	橙黄或橙红	黄	浅黄	褐红或橙黄	具原料花茶的汤色

4. 理化指标

该标准中涉及的理化指标包含水分、总灰分、水浸出物等。具体理化指标应符合表 6-83 的要求。

表 6-83　　　　　　　　　　　　　　袋泡茶理化指标

项　目	指　标						
	绿茶袋泡茶	红茶袋泡茶	乌龙茶袋泡茶	黄茶袋泡茶	白茶袋泡茶	黑茶袋泡茶	花茶袋泡茶
水分/（g/100g） ≤	7.5	7.5	7.5	7.5	7.5	12.0	9.0
总灰分/（g/100g） ≤	7.5	7.5	7.0	7.5	7.5	8.5	7.5
水浸出物/%（质量分数） ≥	32.0	32.0	30.0	30.0	30.0	24.0	30.0

5. 卫生安全及评定准则

袋泡茶产品中的污染物限量指标和农药残留限量指标应分别符合 GB 2762《食品中污染物限量》、GB 2763《食品中农药最大残留限量》的规定。袋泡茶产品的净含量应符合《定量包装商品计量监督管理办法》（国家质量监督检验检疫总局〔2005〕第 75 号令）的规定。型式检验包括感官品质、理化指标、卫生指标和净含量的所有项目，任一项不符合规定的产品均判为不合格产品。

（三）效果评估与应用前景展望

目前，袋泡茶的市场需求量日益增长。该标准的制（修）定对于进一步规范袋泡茶的生产和市场，加强袋泡茶产品的质量管理，切实保障消费者利益起到积极的作用。有利于推动行业的技术进步，促进行业可持续健康发展，还能有效应对国际贸易壁垒，扩大袋泡茶的出口。

十三、GH/T 1117—2015《桂花茶》

（一）桂花茶标准制定过程

GH/T 1117—2015《桂花茶》由中华全国供销合作总社杭州茶叶研究院、杭州艺福堂茶业有限公司、杭州市标准化研究院、福建新坦洋茶业（集团）股份有限公司、四川省茶业集团股份有限公司起草。标准规定了桂花茶的术语和定义、产品分类、要求、试验方法、检验规则、标志、标签、包装、运输、贮存。适用于以绿茶、红茶、乌龙茶为原料，经桂花鲜花窨制而成的桂花茶。该标准 2015 年 12 月 30 日发布，2016 年 6 月 1 日实施，

（二）GH/T 1117—2015 主要内容

1. 桂花茶的分类

根据原料的不同分为扁形桂花绿茶、条形桂花绿茶、桂花红茶和桂花乌龙茶。扁形桂花绿茶和条形桂花绿茶、桂花红茶分特级、一级、二级、三级和桂花乌龙茶分特级、一级和二级。

2. 原料要求

绿茶应符合 GB/T 14456.1 的规定，红茶应符合 GB/T 13738.2 的规定，乌龙茶应符合 GB/T 30357.1 的规定。原料茶涉及地理标志产品的应符合相关标准的要求。桂花应新鲜、清洁、无夹杂物。

3. 感官品质特征

感官品质应分别符合表 6-84~表 6-87 的要求。

表 6-84   扁形桂花绿茶感官品质

级别	外形				内质			
	条索	整碎	色泽	净度	香气	滋味	汤色	叶底
特级	扁平光直	匀齐	嫩绿润	匀净	浓郁持久	醇厚	嫩绿明亮	嫩绿成朵，匀齐明亮

续表

级别	外形				内质			
	条索	整碎	色泽	净度	香气	滋味	汤色	叶底
一级	扁平挺直	较匀齐	嫩绿尚润	洁净	浓郁尚持久	较醇厚	尚嫩绿明亮	成朵，尚匀齐明亮
二级	扁平尚挺直	匀整	绿润	较洁净	浓	尚浓醇	绿明亮	尚成朵、绿明亮
三级	尚扁平挺直	较匀整	尚绿润	尚洁净	尚浓	尚浓	尚绿明亮	有嫩单片，绿尚明亮

表 6-85　　　　　　　　　　　条形桂花绿茶感官品质

级别	外形				内质			
	条索	整碎	色泽	净度	香气	滋味	汤色	叶底
特级	细紧	匀齐	嫩绿润	匀净	浓郁持久	醇厚	嫩绿明亮	嫩绿成朵匀齐明亮
一级	紧细	较匀齐	嫩绿尚润	净稍含嫩茎	浓郁尚持久	较醇厚	尚嫩绿明亮	成朵，尚匀齐明亮
二级	较紧细	匀整	绿润	尚净有嫩茎	浓	浓醇	绿明亮	尚成朵绿明亮
三级	尚紧细	较匀整	尚绿润	尚净稍有筋梗	尚浓	尚浓	尚绿明亮	有嫩单片绿尚明亮

表 6-86　　　　　　　　　　　桂花红茶感官品质

级别	外形				内质			
	条索	整碎	色泽	净度	香气	滋味	汤色	叶底
特级	细紧	匀齐	乌润	匀净	浓郁持久	醇厚甜香	橙红明亮	细嫩红匀明亮
一级	紧细	较匀齐	乌较润	较匀净	浓郁尚持久	较醇厚甜香	橙红尚明亮	嫩匀红亮
二级	较紧细	匀整	乌尚润	尚匀净	浓	醇和	橙红明	嫩匀尚红亮
三级	尚紧细	较匀整	尚乌润	尚净	尚浓	醇正	红明	尚嫩匀尚红亮

表 6-87　　　　　　　　　　　桂花乌龙茶感官品质

级别	外形				内质			
	条索	整碎	色泽	净度	香气	滋味	汤色	叶底
特级	肥壮 紧结重实	匀整	乌润	洁净	浓郁、持久桂花香明	醇厚、桂花香明、回甘	橙黄清澈	肥厚、软亮匀整

续表

级别	外形				内质			
	条索	整碎	色泽	净度	香气	滋味	汤色	叶底
一级	较肥壮结实	较匀整	较乌润	净	清高、持久、桂花香明	醇厚、带有桂花香	深橙黄清澈	尚软亮、匀整
二级	稍肥壮略结实	尚匀整	尚乌绿	尚净、稍有嫩幼梗	桂花香尚清高	醇和、带有桂花香	橙黄深黄	稍软亮、略匀整

4. 理化指标

该标准中涉及的理化指标包含水分、总灰分、水浸出物、粉末和花干等。具体理化指标应符合表6-88的要求。

表6-88　　　　　　　　　　桂花茶理化指标

项　目	要　求
水分/%（质量分数）≤	8.0
总灰分/%（质量分数）≤	6.5
水浸出物/%（质量分数）≥	32.0
粉末/%（质量分数）≤	1.0
花干%（质量分数）≤	1.0

5. 卫生安全及评定准则

桂花茶产品中的污染物限量指标和农药残留限量指标应分别符合GB 2762《食品中污染物限量》、GB 2763《食品中农药最大残留限量》的规定。桂花茶产品的净含量应符合《定量包装商品计量监督管理办法》（国家质量监督检验检疫总局〔2005〕第75号令）的规定。型式检验包括感官品质、理化指标、卫生指标和净含量的所有项目，任一项不符合规定的产品均判为不合格产品。

（三）效果评估与应用前景展望

桂花茶是我国的传统花茶品种，在我国南方茶叶产区多有生产和加工。该标准的制定可以规范桂花茶的生产和消费，引导桂花茶产业的健康发展。

十四、GH/T 1120—2015《雅安藏茶》

（一）桂花茶标准制定

GH/T 1120—2015《雅安藏茶》由国茶叶流通协会、四川省茶叶产品质量检测中心、四川省雅安茶厂股份有限公司、雅安市友谊茶叶有限公司起草。标准规定了雅安藏茶的术语和定义、分类、要求、试验方法、检验规则、标志、标签、包装、运输、贮存和保质期。适用于在雅安市辖行政区域内，以一芽五叶以内的茶树新梢（或同等嫩度对夹叶）或藏茶毛茶为原料，采用南路边茶制作工艺生产的藏茶产品。该标准2015 年 12 月 30 日发布，2016 年 6 月 1 日实施。

（二）GH/T 1120—2015 主要内容

1. 雅安藏茶的分类

按照形状和再加工工艺分为紧压藏茶、散藏茶、袋泡藏茶。紧压藏茶按品质特征分为特级、一级、二级。散藏茶按品质特征分为特级、一级、二级。袋泡藏茶不分等级。

2. 原料要求

产品具有正常的色、香、味，无劣变、无异味、无霉变。不得着色，无任何人工合成化学物质及添加剂。

3. 感官品质特征

雅安藏茶感官品质评价按 GB/T 23776《茶叶感官审评方法》的规定执行；紧压藏茶、散藏茶感官品质应分别符合表 6-89、表 6-90 要求。袋泡藏茶感官品质：香气纯正、带陈香，滋味醇和，汤色橙红明亮。

表 6-89　　　　　　　　　　　　　　紧压藏茶感官品质

产品名称	等级	外形	香气	滋味	汤色	叶底
紧压藏茶	特级	砖面均匀平整、棱角分明、色泽黑褐油润	浓 带陈香	醇厚	红浓明亮	褐润、软
	一级	砖面平整较匀色褐较润	高 带陈香	醇和	红浓明亮	褐较润
	二级	砖面平整尚匀色褐尚润	纯正	纯和	橙红明亮	褐尚润

表 6-90　　　　　　　　　　　　　　散藏茶感官品质

产品名称	等级	外形	香气	滋味	汤色	叶底
散藏茶	特级	芽叶匀整、黑褐油润	浓 陈香	醇厚	红浓明亮	芽叶匀整、色棕褐
	一级	紧细匀整、黑褐较润	高 陈香	醇和	红明亮	软、尚亮
	二级	紧结较匀、黑褐尚润	纯正	纯和	橙红明亮	尚软

4. 理化指标

该标准中涉及的理化指标包含水分、总灰分、茶梗、水浸出物等。具体理化指标应符合表 6-91~表 6-93 的要求。

表 6-91 紧压藏茶理化指标

项 目	指 标		
	特级	一级	二级
水分/%（质量分数）≤	13.0（计重水分为12.0%）		
总灰分/%（质量分数）≤	7.0	7.5	7.5
茶梗/%（质量分数）≤	3.0	5.0	7.0
水浸出物/%（质量分数）≥	32.0	30.0	28.0

注：采用计重水分换算茶砖的净含量。

表 6-92 散藏茶理化指标

项 目	指 标		
	特级	一级	二级
水分/%（质量分数）≤	9.0		
总灰分/%（质量分数）≤	7.0	7.5	7.5
茶梗/%（质量分数）≤	3.0	5.0	7.0
水浸出物/%（质量分数）≥	32.0	30.0	28.0

表 6-93 袋泡藏茶理化指标

项 目	指 标
水分/%（质量分数）≤	10.0
总灰分/%（质量分数）≤	8.0
茶梗/%（质量分数）≤	7.0
水浸出物/%（质量分数）≥	30.0

5. 卫生安全及评定准则

雅安藏茶产品中的污染物限量指标和农药残留限量指标应分别符合 GB 2762《食品中污染物限量》、GB 2763《食品中农药最大残留限量》的规定。雅安藏茶产品的净含量应符合《定量包装商品计量监督管理办法》（国家质量监督检验检疫总局〔2005〕第75号令）的规定。型式检验包括感官品质、理化指标、卫生指标和净含量的所有项目，任一项不符合规定的产品均判为不合格产品。

（三）效果评估与应用前景展望

雅安一直是紧压茶康砖、金尖的主要产地，四川省11家紧压茶企业就有9家在雅安。而康砖和金尖主要销往藏区，雅安紧压茶企业掌握着传统的南路边茶制作的核心技艺，在此基础上依托雅安的自然环境衍生出了雅安藏茶。随着近年来藏茶汉饮的热潮兴起，内销藏茶产业有了很大的发展，雅安藏茶的生产企业迅速增多，产量也逐步上升，出现产销两旺的良好局面。制订雅安藏茶的行业标准，为雅安藏茶生产、销售、监管提供统一的行业依据。

十五、GH/T 1275—2019《粉茶》

（一）粉茶标准制定

GH/T 1275—2019《粉茶》由中华全国供销合作总社杭州茶叶研究院、浙江艺福堂茶业有限公司、江苏鑫品茶业有限公司、浙江省诸暨绿剑茶业有限公司起草。该标准规定了粉茶的术语和定义、产品分类、要求、试验方法、检验规则、标志、标签、包装、运输和贮存。该标准适用于粉茶。

（二）GH/T 1275—2019 主要内容

1. 粉茶的分类

粉茶产品按原料不同，分为绿茶粉、红茶粉、黄茶粉、白茶粉、乌龙茶粉、黑茶粉等。

2. 原料要求

绿茶应符合 GB/T 14456.1 的规定、红茶应符合 GB/T 13738.2 的规定、黄茶应符合 GB/T 21725 的规定、白茶应符合 GB/T 22291 的规定、乌龙茶应符合 GB/T 30357.1 的规定、黑茶应符合 GB/T 32719.1 的规定。

3. 感官品质特征

感官品质审评按附录 A 规定的方法执行；感官品质应符合表 6-94 的要求。

表 6-94　　　　　　　　　　　粉茶感官品质要求

项　目	要　求
色泽	应具有相应茶类粉茶固有的色泽
组织形态	均匀粉状
香气和滋味	应具有相应茶类粉茶应有的香气和滋味
杂质	无

4. 理化指标

该标准中涉及的理化指标分别规定了粒度、水分、总灰分等指标。具体理化指标应符合表 6-95 的要求。

表 6-95　　　　　　　　　　　粉茶理化指标

项　目	指　标
粒度（D_{80}）/μm≤	75

续表

项　目	指　标
水分/（g/100g，以干态计）≤	6.0
灰分/（g/100g）≤	8.0

注：D_{80}为样品总量80%。

5. 卫生安全及评定准则

污染物限量指标和农药残留限量指标应分别符合 GB 2762《食品中污染物限量》、GB 2763《食品中农药最大残留限量》的规定。净含量应符合《定量包装商品计量监督管理办法》（国家质量监督检验检疫总局〔2005〕第 75 号令）的规定。型式检验包括感官品质、理化指标、卫生指标和净含量的所有项目，任一项不符合规定的产品均判为不合格产品。

（三）效果评估与应用前景展望

粉茶为近年来迅速发展的茶叶再加工产品。不仅可以直接饮用，更是成为各类食品加工业的原料或辅料，为了规范粉茶的产品质量，特制定该标准，以促进我国粉茶产业的健康发展。

第八节　茶制品产品标准

一、茶制品及相应国家标准概况

茶叶深加工是有效解决茶资源过剩、提升茶资源利用率、延长产业链和提高茶叶附加值的重要途径，茶制品是茶叶深加工产品的中间制品或终端产品。

（一）茶制品概念

茶制品是以茶树根、茎、叶、花或其制品等为原料，采用一定的物理、化学或生物技术制备的含茶全部、部分或单一功能性成分，并符合相关法律法规及标准规定的中间制品或终端产品。

（二）茶制品产品种类及用途

茶制品产品形态包括粉茶（抹茶、超微茶粉）、固态速溶茶、茶浓缩液、茶浸膏、其他茶叶提取物或衍生物（如茶多酚、茶黄素、茶氨酸、咖啡碱、茶色素、茶皂素）等。茶制品可作为食品配料和添加剂（饮料原料、营养强化剂、食品保鲜剂、调味剂、辅色剂等），也可用于保健食品领域（抗氧化等）、医药领域（天然医药原料等）以及日化领域（抗氧化、美白、保湿、去污等）。固态速溶茶、茶多酚、茶黄素、抹茶等茶制品是茶叶深加工行业的原料级产品，也是食品、日化、保健、医药等领域的生产原料。

（三）茶制品产品国家标准

为进一步引导、规范和促进茶制品行业健康发展，全国茶叶标准化技术委员会组织相关单位制定了茶制品系列国家标准。目前已发布实施的茶制品产品系列国家标准有：GB/T 31740.1—2015《茶制品　第 1 部分：固态速溶茶》、GB/T 31740.2—2015《茶制品　第 2 部分：茶多酚》、GB/T 31740.3—2015《茶制品　第 3 部分：茶黄素》、GB/T 18798.4—2013《固态速溶茶　第 4 部分：规格》、GB/T 34778—2017《抹茶》5 项。

GB/T 31740.1~3—2015 由中华全国供销合作总社杭州茶叶研究院、浙江省茶资源跨界应用技术重点实验室、湖南农业大学、浙江大学、安徽农业大学、浙江省茶叶集团股份有限公司起草，2015 年 7 月由国家质量监督检验检疫总局和国家标准化管理委员会发布，2015 年 11 月实施。GB/T 18798.4—2013《固态速溶茶　第 4 部分：规格》由中华全国供销合作总社杭州茶叶研究院、北京远东正大商品检索有限公司、福建仙洋洋食品科技有限公司起草，2013 年 12 月由国家质量监督检验检疫总局和国家标准化管理委员会发布，2014 年 6 月实施。GB/T 34778—2017《抹茶》由浙江省茶叶集团股份有限公司、中华全国供销合作总社杭州茶叶研究院、国家茶叶质量监督检验中心、宇治抹茶（上海）有限公司、安徽农业大学、江苏鑫品茶业有限公司、绍兴御茶村茶业有限公司起草，2017 年 11 月由国家质量监督检验检疫总局和国家标准化管理委员会发布，2018 年 5 月实施。

二、GB/T 31740.1—2015《茶制品　第 1 部分：固态速溶茶》

该标准规定了固态速溶茶的产品分类及定义、要求、试验方法、检验规则、标签标志、包装、运输和贮存。主要内容如下。

（一）产品分类与适用范围

1. 固态速溶茶产品分类

按照所选用的原料茶品种和产品特征，固态速溶茶产品分为固态速溶绿茶、固态速溶红茶。按照溶解温度分为冷溶型固态速溶茶和热溶型固态速溶茶。冷溶型固态速溶茶是在（25±1）℃纯净水中能溶解，经搅拌无肉眼可见悬浮物、沉淀物的固态速溶茶。热溶型速溶茶是在（85±5）℃纯净水中能溶解，经搅拌无肉眼可见悬浮物、沉淀物的固态速溶茶。

2. 适用范围

该标准适用于以茶叶或茶鲜叶为原料，经水提（或采用茶鲜叶榨汁）、过滤、浓缩、干燥制成的，可在生产过程中加入食品添加剂和或食品加工助剂以及适量食品辅料（如麦芽糊精）的固态速溶绿茶和固态速溶红茶产品。由于固态速溶乌龙茶、固态速溶黑茶、固态速溶白茶、固态速溶茉莉花茶等产品的生产和贸易尚未形成规模，代表性样品采集困难，难以科学合理制定相应的理化指标，该标准未对其进行规定。

（二）技术要求

1. 原辅材料要求

用于固态速溶茶生产的茶叶原料（包括干茶或茶鲜叶等），要求品质正常，无异味、无霉变，不着色，不添加任何非茶类物质，卫生指标应符合 GB 2762、GB 2763 的规定。生产用水应符合 GB 5749 的规定。麦芽糊精应符合 GB/T 20884 的规定。加工过程中所用其他食品添加剂和食品加工助剂应符合 GB 2760 的规定。

2. 感官品质要求

固态速溶茶具有该产品应有的特征外形、色泽、香气和滋味，无结块、无酸败及无其他异常。

3. 理化指标要求

该标准中涉及的理化指标包含茶多酚、水分、总灰分、茶黄素等。固态速溶茶理化指标应符合表 6-96 的要求。

表 6-96　　　　　　　　固态速溶茶理化指标　　　　　　单位:%（质量分数）

项　目		指　标	
		固态速溶绿茶	固态速溶红茶
茶多酚		≥20	≥15
儿茶素类		≥10	—
茶黄素	热溶型	—	≥0.3
	冷溶型	—	—
咖啡碱		≤15	≤15
水分		≤6.0	≤6.0
总灰分	热溶型	≤15	≤20
	冷溶型	≤20	≤35

三、GB/T 31740.2—2015《茶制品　第 2 部分：茶多酚》

该标准规定了茶多酚的分类与规格、技术要求、试验方法、检验规则、标志标签、包装、运输和贮存。主要内容包括：

（一）适用范围及产品分类

该标准适用于以茶叶或茶鲜叶为原料，经提取而成的以儿茶素为主体的酚类化合物的固态产品。根据现有加工工艺和产品中茶多酚的含量分为 TP30、TP70 和 TP80 三种规格。

（二）技术要求

1. 原辅材料要求

茶叶原料（含茶鲜叶）应品质正常，无异味、无霉变，不着色，不含有非茶类物质，卫生指标应符合 GB 2762、GB 2763 的规定。生产用水应符合 GB 5749 的规定。加工过程中所用加工助剂符合 GB 2760 的规定。

2. 感官品质

性状呈淡黄色至红褐色或茶褐色的粉末，味涩，易溶于水、乙醇和乙酸乙酯，在碱性条件或遇铁质时易变色，有吸湿性。

3. 理化指标

该标准中涉及的理化指标包含茶多酚、儿茶素类、咖啡碱、总灰分、水分等。具体理化指标应符合表 6-97 要求。

表 6-97   茶多酚理化指标   单位:%（质量分数）

项　目	指　标		
	TP30	TP70	TP80
茶多酚	≥30	≥70	≥80
儿茶素类	—	≥40	≥50
咖啡碱	≤15.0	≤15.0	≤5.0
总灰分	≤15.0	≤5.0	≤3.0
水分	≤6.0	≤6.0	≤6.0

四、GB/T 31740.3—2015《茶制品　第3部分：茶黄素》

该标准规定了茶黄素的术语、规格、技术要求、试验方法、检验规则、标志标签、包装、运输和贮存。主要内容如下。

（一）适用范围及产品分类

该标准适用于以茶鲜叶、茶叶提取液或茶多酚为原料，经酶促转化、分离制备而成的含茶黄素的固态产品。茶黄素是茶叶中多酚类物质氧化聚合而成的一类多酚羟基具茶骈酚酮结构的物质，根据产品生产实际，茶黄素产品按含量分为 TF20、TF40 和 TF60 三种规格。

（二）技术要求

1. 原辅材料要求

茶鲜叶、茶叶或茶多酚原料应品质正常，无异味、无霉变，不着色，不得含有非茶类物质，茶鲜叶和茶叶的卫生指标应符合 GB 2762、GB 2763 的规定，茶多酚原料应符合 GB/T 31740.2 的规定。生产用水应符合 GB 5749 的规定。加工过程中所用加工助剂应符合 GB 2760 的规定。

2. 感官品质要求

呈橙黄色或红褐色的粉状或晶状，味涩，溶于乙醇和乙酸乙酯，在碱性条件易氧化变色，有吸湿性。

3. 理化指标要求

该标准中涉及的理化指标包含茶黄素类、咖啡碱、总灰分、水分等。具体理化指标应符合表 6-98 的要求。

表 6-98　　　　　　　　　　　茶黄素理化指标　　　　　　　　单位:%（质量分数）

项　目	指　标		
	TF20	TF40	TF60
茶黄素类	≥20	≥40	≥60
咖啡碱	≤10.0	≤10.0	≤10.0
总灰分	≤5.0	≤5.0	≤5.0
水分	≤6.0	≤6.0	≤6.0

五、GB/T 18798.4—2013《固态速溶茶　第 4 部分：规格》

该标准是 GB/T 18798《固态速溶茶》系列标准的第 4 部分，该部分规定了固定速溶茶的产品分类、要求、试验方法、检验规则、标签标志、包装、运输和贮存。该标准修改采用 ISO 6079：1990《固态速溶茶　规格》，与 ISO 6079 相比，增加了固态速溶茶的产品分类、感官要求等，理化指标中增加了茶多酚的限量要求。主要内容如下。

（一）适用范围及产品分类

该标准适用于以茶树芽、叶、嫩茎为主要原料，用水提取、分离、浓缩、干燥制成的速溶茶（水溶性固态物）。该标准不适用于含有非茶类碳水化合物作为疏松剂或填充剂的速溶茶、含有从茶树以外提取的香料物质的速溶茶和去（低）咖啡碱的速溶茶。该标准按照采用的茶叶原料种类，将速溶茶产品分为速溶红茶、速溶绿茶、速溶乌龙茶、速溶黑茶、速溶白茶、速溶黄茶以及其他速溶茶 7 种。

（二）技术要求

1. 原辅材料要求

茶叶原料应符合 GB 2762、GB 2763 的要求；生产用水应符合 GB 5749 的要求。

2. 感官品质要求

感官品质要求具有该产品应有的外形、色泽、香气和滋味，无结块、无焦煳及无其他异常，用水冲后呈澄清或均匀状态，无正常视力可见茶渣或外来杂质。

3. 理化指标要求

该标准中涉及的理化指标包含茶多酚、水分、总灰分等。具体理化指标应符合表 6-99 的要求。

表 6-99	固态速溶茶理化指标	单位:%（质量分数）
项　目		指　标
茶多酚	速溶绿茶	≥20.0
	速溶红茶	≥10.0
	速溶乌龙茶	≥15.0
	速溶黑茶	≥10.0
	速溶白茶	≥10.0
	速溶黄茶	≥15.0
	其他速溶茶	≥10.0
水分		≤6.0
总灰分		≤20.0

六、GB/T 34778—2017《抹茶》

该标准规定了抹茶的术语与定义、要求、试验方法、检验规则、标志、标签、包装、运输和贮存。主要内容如下。

（一）术语与定义

1. 抹茶

采用覆盖栽培的茶树鲜叶经蒸汽（或热风）杀青后、干燥制成的叶片为原料，经研磨工艺加工而成的微粉状茶产品。

2. 覆盖香

茶树经遮阳覆盖后加工制作成的抹茶产品所特有的鲜香细腻或有海苔香的特征香气。

（二）技术要求

1. 基本要求

产品应具有抹茶的品质特征，不得含有非茶类物质；无着色，无任何添加剂。

2. 感官品质要求

抹茶感官品质应符合表 6-100 的要求。

表 6-100		抹茶感官品质要求			
级别	外形		内质		
	色泽	颗粒	香气	汤色	滋味
一级	鲜绿明亮	柔软细腻均匀	覆盖香显著	浓绿	鲜纯味浓

续表

级别	外形		内质		
	色泽	颗粒	香气	汤色	滋味
二级	翠绿明亮	细腻均匀	覆盖香明显	绿	纯正味浓

3. 理化指标要求

该标准中涉及的理化指标包含粒度、水分、总灰分、茶氨酸等。抹茶理化指标应符合表 6-101 的要求。

表 6-101　　　　　　　　　　　　抹茶理化指标

项　目	指　标	
	一级	二级
粒度（D_{60}）/μm≤	18	
水分/%（质量分数）≤	6.0	
总灰分/%（质量分数）≤	8.0	
茶氨酸含量/%（质量分数）≥	1.0	0.5

注：D_{60} 为样品总量的 60%。

4. 卫生指标要求

污染物限量应符合 GB 2762 的规定，农药最大残留限量应符合 GB 2763 的规定。

七、茶制品国家标准应用前景展望

现阶段我国茶产业主要面临结构性失衡、原料产能过剩，为推动茶产业实现高质量发展，精深加工仍是未来承载产业提档升级的主要途径。当前我国茶制品生产技术在世界上具有领先地位，但从产业价值链体系完整性来看，尚处于起步阶段。

随着茶叶深加工技术的不断创新和深加工产业布局的优化升级，以固态速溶茶、茶多酚、粉茶等为代表的大宗茶制品的产能发展迅速，但与国外如日本等对茶叶的深加工利用度比较，我国茶叶深加工产业仍有较大的发展空间。为此，如何破解茶制品的深度开发和增值利用成为行业面临的共性难题。一方面，从技术成果转移转化和产业化方面有待不断注入创新活力和动能，推动茶叶深加工行业可持续、高质量发展；另一方面，随着消费者对安全、健康需求层次的升级，茶制品的功能特性、质量特征和安全保障在消费意识中的权重上升，从标准角度引领茶制品行业绿色、健康发展颇为重要和迫切。

茶制品系列国家标准的出台，正当其时。标准的发布实施，逐步明确茶制品的属性和身份，有利于推动茶制品及相关终端产品的消费认同；同时通过提高茶制品生产企业的准入门槛、厘清产品范畴属性、规范产品等级规格等，发挥标准的引领和支撑作用。

今后很长一段时间，茶制品系列国家标准体系将不断完善，进一步保障我国茶制品的生产有标可依，引导和促进生产企业加工技术升级和产品质量稳定，为茶制品的标准化、优质化生产奠定坚实的基础。同时，对于助推我国茶制品行业整体发展水平、突破国外贸易技术壁垒、提升我国茶制品质量安全水平、增强同类产品在国际主流市场的竞争力将提供有力支撑。茶制品部分标准填补了国内外标准空白，不仅是对我国现代茶制品标准体系的完善和发展，也是对 ISO 茶叶标准体系的有益补充。

第九节 茶叶标准样品

一、标准样品基本知识

（一）标准样品概述

1. 标准样品的作用

标准样品是实物标准，是保证标准在不同时间和空间实施结果一致性的参照物，具有均匀性、稳定性、准确性和溯源性。标准样品是保证文字标准有效实施的重要技术基础，是文字标准的必要补充，是标准工作一个不可分割的组成部分。标准样品是标准化技术发展到一定阶段的产物。当在实施文字标准时，由于技术上的原因或经济效益方面的要求，必须采用标准样品才能达到目的，否则文字标准就无法证实。

2. 标准样品的概念

GB/T 15000.2—2019《标准样品工作导则　第 2 部分：常用术语及定义》对"标准样品（reference material，RM）"的定义如下：标准样品是具有一种或多种规定特性足够均匀且稳定的材料，已被确定其符合测量过程的预期用途。

在此定义中并做附注进一步解释为："标准样品（也有被译作参考物质、标准物质）是一个通用术语；特性可以是定量的或定性的（如特质或物种的特征）；用途可包括测量系统的校准、测量程序的评估、给其他材料赋值和质量控制。"

3. 有证标准样品

在标准样品中，有一特殊类别，是附有证书的标准物质，称为"有证标准样品（certified reference material，CRM）"。GB/T 15000.2—2019 对有证标准样品的定义如下："有证标准样品是采用计量学上有效程序测定的一种或多种规定特性的标准样品，并附有证书提供规定特性值及其不确定度和计量溯源性的陈述。"其中，值的概念包括标称特性或定性属性，如特征或序列，该特性的不确定度可用概率或置信水平表示。

GB/T 15000.8—2003《标准样品工作导则（8）　有证标准样品的使用》，根据《ISO 导则 30：1992》对标准样品的定义进一步表述如下。

（1）"是一种或多种特性值已经很好地被确定的足够均匀的材料或物质，用于校准仪器、评价测量方法，或为材料赋值。"释义：明确了标准样品的用途，以及标准物质具有三个显著特点，即具有特性量值的准确性、均匀性、稳定性；量值具有传递性；实物形式的计量标准。

（2）"附有证书的标准样品，其一种或多种特性值用建立了溯源性的程序确定，使之可溯源到准确实现的用于表示该特性值的计量单位，而且每个标准值都附有给定置信水平的不确定度。"释义：同样明确了有证标准样品的用途。在选择有证标准样品时，除了必须考虑预期用途要求的不确定度水平以外，还应当考虑到有证标准样品的供应状况、成本以及对于预期目的的化学适应性和物理适用性。有证标准样品认定的特性值须附有给定置信水平下的测量不确定度。一种在一个实验室正确地用于一个目的的有证标准样品，在另一个实验室可能误用于另一个目的。因此，在使用有证标准样品时要根据具体的情况考虑某有证标准样品是否适合其预期用途。

此外，GB/T 15000.2—2019《标准样品工作导则　第 2 部分：常用术语及定义》中还定义了候选标准样品（candidate reference material）和基体标准样品（matrix reference material）。前者定义为拟作为标准样品生产的材料，后者定义为具有实际样品特征的标准样品。

（二）标准样品管理制度

1. 国际标准化组织/标准样品委员会（ISO/REMCO）

国际标准化组织将标准样品作为重要工作领域，1975 年在中央秘书处下正式组建成立标准样品委员会（committee on reference materials，ISO/REMCO），负责标准样品领域国际技术规则的制定与协调，开展世界范围标准样品方面有关的国际活动。REMCO 向国际标准化组织理事会提供技术咨询，为国际标准化组织下设各技术委员会提供标准样品制作指南，指导各技术委员会制定国际标准。发达国家也普遍将标准样品研制、复制作为科技研发和标准化活动的重要内容，并通过政府支持与市场化运作并举的方式促进其发展。

ISO/REMCO 将标准物质分为三个层次，即基准标准物质（primary reference material，PRM）、有证标准物质（CRM）和标准物质（RM）。其中基准标准物质又简称基准物质，具有最高计量学特性，用基准方法确定特性量值的标准物质。基准物质一般是由国家计量实验室研制，量值可以溯源到 SI 单位，并经国际计量组织国际比对验证，取得了等效度的。

我国为了促进标准样品管理工作与国际接轨，更好地跟踪参与国际标准样品的活动，指导和推动我国的标准样品工作，经原国家技术监督局批准，1996 年正式成立了ISO/REMCO 中国委员会，秘书处设在中国标准化协会。

国务院标准化行政主管部门统一管理我国的标准样品工作，制定标准样品相关政策、法规、规划和制度，组织开展标准样品的研制、复制工作，并对标准样品实施情况进行监督，跟踪、参与国际标准化组织标准样品委员会活动等。国家标准样品被广泛应用于分析仪器校准、分析方法验证和确认、分析数据比对、产品质量评价、检验人员技能水平评定等方面，对科学制定文字标准、贯彻实施文字标准、提高产品质量、开展贸易和质量仲裁、维护贸易公平、保护消费者权益起着重要作用。

2. 全国标准样品技术委员会（SAC/TC118）

我国的标准样品工作从 20 世纪 50 年代起步，自 20 世纪 80 年代初期开始，标准正式纳入标准化的管理工作中。1988 年由原国家标准局标准化司组建了全国标准样品技术委员会，现为第五届，编号为 SAC/TC118。该委员会由各部门和有关技术领域的 2 位顾问和 57 名委员组成，秘书处设在中国标准化协会。

委员会秘书处主要负责组织、协调和管理国家标准样品计划项目的申报、国家标准样品研复制活动的监督和检查、国家标准样品终审的组织、国家标准样品研复制单位和销售发行单位的认可、国家标准样品证书和标签的颁发管理等。

（三）我国标准样品管理特点

1. 标准样品/标准物质的管理

对于不用于统一量值，不适用计量法的国家标准样品（以区别于国家标准物质），为实施和制定标准的需要而制定的，一般只在标准所涉及的范围内使用；它是实物标准（相对文字标准而言），不能用作计量的传递。国家标准样品通常用"GSB"进行编号，由国家标准化管理委员会和全国标准样品技术委员会（SAC/TC118）共同管理，为"有证标准样品"。在我国，根据《中华人民共和国标准化法实施条例》（以下简称《标准化法实施案例》）的规定，将标准样品分为三级管理：一是国家标准样品，由国务院标准化行政主管部门计划立项、审查、批准、发布，标准代号为 GSB；二是行业标准样品，由国务院各个行业标准化主管部门计划立项、审查、批准、发布，并向国务院标准化行政主管部门备案，标准代号一般在行业技术标准代号中间加 S，如冶金行业标准样品的代号为 YSB。这两类是有证标准样品，一般缩写为 CRM。三是企业内部研制的标准样品，在我国把其称为无证标准样品，一般缩写为 RM。

所谓无证标准样品，并不是其不提供 GB/T 15000.4/ISO Guide 31《标准样品工作导则 第 4 部分：证书、标签和附带文件的内容》中规定的标准样品证书，而是不需要有关标准化主管部门对其所载标准值的两个属性——量值的溯源性和离散性（定量即为测量不确定度）进行认证、确认，并颁发相应的、具有法制作用的认证证书。对于这类标准样品，ISO/REMCO 正在制定相应的技术准则：质量控制标准样品（quality control material，QCM）工作导则。对其生产者的控制，主要采用 GB/T 15000.7/ISO Guide 34《标准样品工作导则（7） 标准样品生产者能力的通用要求》的规定进行能力认可。也就是说，当多个单位生产了同一种无证标准样品或质量控制标准样品时，用户可以根据他们是否通过上述的能力认可，从多个生产者中选择质量有保证的无证标准样品或质量控制标准样品。

因此，标准样品有两种性质不同的证书：第一种是包含有标准样品使用所需要所有基本信息的证书，它包含着标准样品生产者必须提供给用户的所有技术信息和资料；第二种是确认、认证证书，它是批准发布该标准样品的相关标准化主管部门证明该标准样品具有法制作用的技术文件。国家标准样品的证书由国家标准化管理委员会和全国标准样品技术委员会颁发，包含正确选择和使用标准样品的所有基本信息。

在计量领域，具有量值属性的标准样品，称作"标准物质"，简称"标物"；而标准化工作领域，标准样品称之为"标准样品"，简称"标样"。标准物质和标准样品均是标准，最主要的不同是二者的管理程序不同，分别隶属不同的管理机构进行分类和分级管理。国家标准物质由国家市场监督管理总局批准，全国标准物质计量技术委员会（AQSIQ/MTC24，秘书处设在中国计量科学研究院）进行管理，国家标准物质代号为"GBW"。

2. 标准样品的分类

我国国家级标准样品（即国家标准样品）按行业分为 16 类，即：

01——地质、矿产成分；

02——物理特性与物理化学特性；

03——钢铁成分；

04——有色金属成分；

05——化工产品成分；

06——煤炭石油成分和物理特性；

07——环境化学分析；

08——建材产品成分分析；

09——核材料成分分析；

10——高分子材料成分分析；

11——生物、植物、食品成分分析；

12——临床化学；

13——药品；

14——工程与技术特性；

15——物理与计量特性；

16——其他。

3. 茶叶的国家标准样品分类

目前主要有两类。

（1）感官分级标准样品 归属 GSB 16，这类标准样品均为配合相应的茶叶产品文字标准，作为相应茶叶分等定级、质量判定的实物依据。如 GSB 16-3486—2018《六安瓜片茶（特一级、特二级）感官标准样品》、GSB 16-3488—2018《祁门红茶（特一级、特级）感官标准样品》、GSB 16-3490—2018《黄山毛峰茶（特级二等）感官标准样品》、GSB 16-1524—2015《武夷岩茶》、GSB 16-3085—2013《西湖龙井茶分级标准样品》等。

（2）茶叶中活性化合物标准样品 归属 GSB 11，这类标准样品可用于相关产品的质量控制。如 GSB 11-1439—2012《表没食子儿茶素没食子酸酯标准样品》、GSB 11-1440—2001《儿茶素 ECG》、GSB 11-2544—2010《茶黄素标准样品》等。由于茶叶的感官分级标准样品和活性物质标准样品具有相对易变的属性，需要开展定期的复制工作。

二、茶叶标准样品的研制

（一）茶叶感官分级用标准样品概述

茶叶标准样品是指具有足够的均匀性，代表该类茶叶品质特征，经过技术鉴定，符合该产品标准的并附有质量等级说明的一批茶叶样品。目前，我国的茶叶实物标准还较少，已研制标准样品的有西湖龙井茶、黄山毛峰、太平猴魁、武夷岩茶等，均是采用感官审评的方法来进行研制的。在茶叶生产、销售、质量管理中，主要按照文字标准中传统感官审评的方法来对茶叶分等定级。而传统感官审评是通过评茶师的视觉、嗅觉、味觉和触觉，依据国家标准 GB/T 23776 中的描述对茶叶的滋味、香气、色泽、外形、叶底"五因子"进行按不同权重评审打分，根据综合得分来确定茶叶等级。但是，该方法依赖评茶师的评茶经验，不同程度存在一定的主观性且不易精准量化，茶叶市场质量良莠不齐，同等级间质量差别较大，影响了茶叶生产和消费。而茶叶感官分级标准样品是为配合相应的茶叶产品的文字标准，作为相应茶叶分等定级、质量判定的实物依据，有助于产品文字标准的实施。

实例：GB/T 22737—2008《地理标志产品　信阳毛尖茶》的文字标准中规定了茶叶分级的技术要求。为配合文字标准的实施，利用高效液相等色谱技术，建立了茶汤汤色光谱指纹图谱与茶叶等级的相关性，并依据 GB/T 23776—2009《茶叶感官评审方法》和 GB/T 18795—2012《茶叶标准样品制备技术条件》，研制出了 GSB 16-3424—2017《信阳毛尖茶指纹图谱分级标准样品》，作为信阳毛尖茶分等定级、质量判定的实物依据，通过未知等级信阳毛尖茶指纹图谱与已知谱图的对比，可以确定未知茶样的等级，对茶叶品质进行较客观的评价。这是国内首份具有量化分级的特征茶叶标准样品。而其他的茶叶感官分级样品，主要依据文字标准和 GB/T 23776，建立起感官评判综合分数与等级间的符合度，作为相应茶叶分等定级和质量判定的实物依据。

（二）茶叶感官分级用标准样品制备技术要求

目前，我国茶叶感官分级用标准样品的制备按 GB/T 18795—2012《茶叶标准样品制备技术条件》的规定执行。此标准规定了各类茶叶（除再加工茶）标准样品的制备、包装、标签、标识、证书和有效期，适用于各类茶叶（除再加工茶）感官品质评定的标准样品的制备。

1. 原料选取

选取外形、内质基本符合标准要求的、有代表性的、相应等级的茶叶，且品质正常，其理化指标、卫生指标符合该产品的要求；原料的数量宜多于标准目标实物样成样数量的 2~3 倍。

2. 样品制备

分为小样试拼和大样拼堆。

（1）小样试拼　由主拼人员选取有区域代表性和品质代表性的若干个单样按比例拼配成一个小样，用其他单样反复调剂，手工整理，使外形、内质基本符合标准样品的品质要求。再经进一步调整，直到全部符合该产品文字标准中感官品质要求的样品。

（2）大样拼堆　对照试拼小样的小堆进行大样拼堆，应注意充分匀堆并避免茶样的断碎，拼配好的大样品质评定结果应全部符合该产品文字标准中感官品质的要求。

（3）均匀性、稳定性检验　按 GB/T 8302《茶　取样》方法将大样进行分装，分装后的独立包装样品按 GB/T 15000《标准样品工作导则》的相关要求完成均匀性检验、稳定性检验（含运输稳定性检验）、定值、数据处理及不确定度的分析。

（4）包装、标签标识　按 GH/T 1070《茶叶包装通则》进行包装，按 GB/T 15000《标准样品工作导则》的相关要求完成标签标识、标准证书内容和有效期标注。

标准样一经批准即具有法律效力，任何人不得更改，因此在使用时不能拣去梗、朴、片等，以免走样。此外，由于茶叶感官品质存在不稳定性，在实际使用过程中，如标准样已过有效期，此时，标准样可参照使用。例如，由于西湖龙井茶实物标准样是采用当年收购的原料制作，次年发放使用，实物标准样的内质往往已陈化，其香气、汤色、滋味等因子已呈现出一定程度的差异，因此在进行实物样评茶时，外形和叶底按照实物标准样进行评定，内质香气、滋味、汤色则应采用文字标准为对照，文字标准是实物标准的补充。

茶叶标准样品制作过程复杂，且受产品生长年份质量差异制约，因此制作时不能脱离生产实际，既要保证其可达性，又必须能够作为评定产品质量优劣的实物依据。高品质茶叶价格相对昂贵，标准样品原料消耗大，样品采集、处理、制作和保存要求高。进一步解决如何安全保存标准样品，延长标准样品的使用期限，对茶叶标准样品的使用和推广具有重要意义。

3. 研制过程举例

以西湖龙井标准样品的研制为例对制备过程说明如下：

（1）样品采集　西湖龙井茶标准样品制作，采用混样采集，在西湖龙井茶一级、二级保护区范围内遴选生产技术标准化程度高、制作工艺先进的茶叶企业作为主要样源企业，区域覆盖了原产地保护区范围内满觉陇、龙井村、梅家坞、龙坞、梵村、九溪、翁家山、杨梅岭、龙门坎、周浦等代表性主产地。样品采集过程中由具有高级评茶师资质的专家进行质量控制，以保证样品质量符合标准样品制作原料质量要求。

（2）样本处理　样本处理是在样本感官审评分析的基础上，对采集的样品进行筛分、拣剔、去杂、去片张等处理，使其符合标准样品用样质量要求。西湖龙井茶标准样品原料采集后，应按样品级别分类，对同级样品进行密码编号排队；匀堆后取样，对照所拼等级的文字标准（GB/T 18650—2008《地理标志保护产品　龙井茶》第6.2条），从外形和内质分析样品是否符合标样原料要求，判定样品级别，选定拼配用样。对不符合原料要求的样品需进行样本处理，样本处理前后样本级差不能高于一级，超过一级时不可用于标准样品原料，样本分析及选用流程见图6-4。

（3）标准样品制作　根据欲拼配样品等级特征初步估算各拼配样用量比例，进行试拼。试拼时先以外形为主，边拼边对样，直到符合产品标准相应要求为止。各等级西湖龙井茶拼配样品的外形应符合 GB/T 18650—2008 第6.2条对应的等级感官质量外观要求。然后开汤进行审评，再做内质因子的调整，重复上述过程至样品外形和内质均符合文字标准感官质量要求。小样制作流程具体如图6-5所示。套内逐级标准样品应无脱档、跳级现象。小样制作完成后对照小样试拼小堆样，由定值专家组对待测样品进行首次定值，符合西湖龙井茶等级评定标准后，进行品质水平均匀性试验。经小堆样均匀性、稳定性检验，定值符合要求后，严格按小样拼配方案，拼配大样。大样制出后，进行复审，复审合格后进行罐装封样。

（4）标签　标准实物样罐外需粘贴标签和封签。标签应注明标准名称、标准代号、日期、等级、选用范围及制标主管部门等信息。

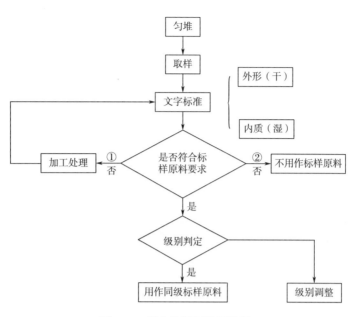

图 6-4 样本分析及选用流程

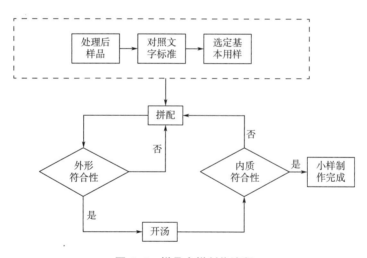

图 6-5 样品小样制作流程

（5）保存和使用 西湖龙井茶标准样在不使用时要注意正确保存，一般应有专人负责保管，茶样应放置在无直射光、温度 5℃ 以下、相对湿度在 50% 以下、无异味的环境中。

在开启使用茶叶标准样时，应先将茶样罐中标准样全部倒在样盘中，拌匀作为评茶对照样。使用完毕后，必须及时装罐，装罐前应先核对清楚茶样与茶罐的对应级别，再依次将茶倒入标准茶罐中。

（三）感官类标准样品研制技术控制点

感官类标准样品是标准样品的一大类，是农产品分等定级和定性判定的基础性物质。但目前感官标准样品特别是农产品感官标准样品与理化标准样品的研制存在较大差别，难以采用现有标准样品的定值方法和理论进行感官标准样品的量值，也很难实现重复性和复现性。因此，中国标准化研究院席兴军等提出在包括茶叶在内的农产品感官标准样品研制技术要点如下。

1. 评价专家的确定

评价专家的选择和确认相当于理化分析领域中研制标准样品实验室的选择和确认。为此，感官类标准样品评价专家的能力考核程序可参照 GB/T 15000.3/ISO 指南 35 中规定的实验室资格确认的原则，并根据农产品的感官特性的具体特征进行筛选。参与国家或行业农产品感官特性类标准样品定值的专家组成人员是该领域中最高级别的评价专家，专家组至少由 8 人组成。在特殊规范时，专家组人员不得低于 6 人。

2. 评价程序的确认

凡是列入研制农产品感官类标准样品的农产品必须具有相应的感官特性评价的文字标准。定值专家组负责将文字标准转化为具体的感官特性评价程序。从中寻找出评价程序中的各种缺陷不足，加以完善，以确保评价程序的可靠性、准确性及执行时的统一性。当存在多个相应的文字方法技术标准时，由专家组进行审议，选择重复性、复现性好的文字标准作为规范性指导。

3. 样品的选择

农产品感官类标准样品的材料必须是初级天然农产品，其样料的理化、卫生指标符合该产品的国家（或行业）标准的规定。样料的选择应具有代表性，选取的样料应充分混匀。装载、运输、贮存样料的环境条件满足文字技术标准中规定的要求，防止环境对样料产生污染或其他不良影响。

4. 样品的制备

取样方法必须确保样品能代表该批物料所需研究的性能特征。由于实际中很难给出所有农产品的标准样品制备的通用指南，因此，引入最小包装量的概念。最小包装量的确定原则是既要充分、最大限度的代表农产品的特性，同时，要尽量节约成本和减少不必要的浪费。例如，茶叶感官审评国家标准 GB/T 23776 中规定，扦样盘放置茶叶在 100~200g，因而茶叶的最小包装量宜在 100~200g，一些外形比较大的名优绿茶可适当减少至 50~100g。

5. 均匀性检验

均匀性是农产品感官类标准物质的基本属性，用于描述农产品感官类标准样品特性的空间分布特征。进行均匀性检验的目的是：一方面通过均匀性检验说明特性值在各个部位之间是否均匀，另一方面要了解特性值在不同部位之间不均匀的程度，进而判断不均匀性程度是否可以接受，标准样品是否可以使用。测量取自不同包装单元（如单元、包等）或同一包装单元不同位置的规定量样品，测量结果落在规定不确定度范围内，则可认为该农产品感官类标准样品对指定的特性量是均匀的。凡成批制备并分装成最小包装单元的标准样品，必须进行均匀性检验。

6. 稳定性检验

农产品感官类标准样品应该在规定的贮存或使用条件下使用，定期进行特性值的稳定性检验。研制的农产品感官类标准样品必须同时进行长周期和短周期二种稳定性检验。对复制的标准样品，只要不改变产品的存贮运输条件及样料的选择、制备程序和工艺，可以采用研制过程中稳定性研究的数据、结论。根据 GB/T 15000.3/ISO 指南35 的有关规定，采用专家组制定的评价程序由专家组指定的专家按一定的时间间隔进行长期跟踪监测和评价，直到出现特性值不合格为止。从第一次跟踪检验开始到出现不合格评价结果之间的时间间隔就是该标准样品稳定性有效期限。

7. 定值

在所研制的农产品感官类标准样品均匀性检验合格，稳定性检验良好时，可对标准样品进行定值。定值所采用的分析方法在理论和实践操作上经检验证明其结果是准确可靠的，只有这样，才能保证标准样品的质量。为做到定值准确、可靠，对所研制的农产品感官类标准样品采用多个专家组联合定值的方法进行定值。邀请的定值专家在领域内具有较高的测试水平且经常参加标准样品的定值分析，有丰富的实践经验。

三、茶叶中活性物质标准样品的研制

（一）天然产物有证标准样品

茶叶中活性物质标准样品属天然产物标准样品范畴。我国植物资源很丰富，近年来，随着消费者对"天然"概念的认识度不断上升，食品、保健品、化妆品、医药等行业越来越多地采用天然提取物作为产品的原料；而原料质量的控制和标识离不开天然产物标准样品（以下简称：标准样品）的基础支持。实物标准样品与文字标准共同组成了国家标准系列。研制具有能够溯源到国际 SI 单位制并赋予不确定度范围的天然产物有证标准样品，不仅可以与国际标准样品研究接轨，还可以在经济全球化中对我国具有的丰富天然产物资源建立有效的保护措施，又可以解决目前我国在上述行业标准样品严重不足，大部分依赖进口对照品的现状。自 20 世纪以来，随着我国在天然产物提纯技术方面的快速发展，天然产物类标准样品的研制取得了长足的发展，这对于提升我国天然产物产业整体技术水平，提高核心竞争力，促进天然产物进入国际医药、保健品主流市场具有十分重要的战略意义。

目前，在全国标准样品技术委员会（SAC/TC118）下设天然产物标准样品专业工作组，对天然产物类标准样品的研制工作提供技术支撑和技术服务。

（二）茶叶中活性化合物标准样品研制技术要求

1. 研制技术内容

茶叶中活性化合物标准样品的研制技术主要包括：

（1）活性物质的分离制备过程，提取工艺、分离工艺和纯化工艺；提取工艺主要包括浸提、蒸煮、超声波提取、微波辅助提取、超临界萃取等；分离纯化工艺包括柱色谱、高速逆流色谱（HSCCC）和制备液相色谱等。

（2）活性化合物的定性研究，含形状、溶点、旋光等、紫外可见光谱（UV-VIS）、红外光谱（IR）、质谱（MS）、核磁共振（NMR）等。

（3）活性化合物的定量研究，含薄层色谱、高效液相色谱等。在完成定性定量研究基础上，按 GB/T 15000《标准样品工作导则》的相关要求完成分装与均匀性检验、稳定性检验、定值研究、数据处理及不确定度的分析、包装说明和国家标准样品证书的撰写。

2. 研制过程举例

以表没食子儿茶素没食子酸酯（EGCG）标准样品研制为例说明研制过程。

（1）提取　将龙井绿茶粉碎成 60 目（0.3mm），称取 200g，用 2L 80%乙醇溶液 60℃回流 1h，提取 3 次。提取液减压浓缩得浸膏，水分散后，用乙酸乙酯萃取 3 次，减压浓缩后得乙酸乙酯浸膏。

（2）分离纯化　采用高速逆流色谱（HSCCC），以正己烷–乙酸乙酯–甲醇–水（0.8：5：1：5，体积比）为溶剂系统，上相为固定相，下相为流动相，检测波长 280nm，收集 EGCG 的色谱峰，减压浓缩；再经乙酸乙酯–乙醇–水（25：1：25，体积比）溶剂体系二次分离纯化，收集 EGCG 的色谱峰，冷冻干燥如果得到高纯度的 EGCG 样品。经高效液相色谱（HPLC）分析，其纯度为 99.30%（峰面积归一法）。

（3）样品分装　将分离纯化得到的 EGCG 样品用 2mL 棕色样品瓶进行分装，分装是在相对独立和洁净空间进行的，以每瓶 10mg 分装，用十万分之一天平称量，样品共 100 瓶，以 1～100 号计。分装好的样品瓶放在 4℃冰箱中长期保存。

（4）结构鉴定　采用 UV-VIS、IR、MS 和 NMR 对 EGCG 进行结构鉴定。UV-VIS 最大吸收波长为 273nm；IR 吸收峰：3224（—O—H）、1692（—C＝O）、1613（—C＝C）、1518、1450（Ar）、1237（酯—C—O）、1144、1096、1037（醚—C—O）cm^{-1}。UV、IR 数据与文献比较，光谱特征一致。通过 ESI-MS 正负离子模式扫描可得：$[M+H]^+$ = 459.2，$[M-H]^-$ = 457.1，测定的相对分子质量为 458，与 EGCG 相对分子质量相符。^{1}H 和 ^{13}C-NMR 测试结果与报道的 EGCG 化合物基本一致，确定该样品为 EGCG。

（5）均匀性检验　随机抽取 10 个分装后的样品，采用单因素多水平试验方差分析法进行纯度均匀性检验，判断 EGCG 的均匀性是否合格。每个样品高效液相色谱平行检测 3 次，以面积百分比读取样品的纯度值。通过方差分析，计算瓶间和瓶内方差分析的均方，并计算 F 值为 1.57。查 $F_{临界值}$表，得 $F_{0.05}$（9，20）= 2.39，由于 F 的计算值小于 $F_{临界值}$，所以可以认为样品是均匀的。通过计算瓶间方差，取其平方根可得均匀性检验引入的不确定度 u 均 = $7.73×10^{-4}$。

（6）稳定性检验　将 EGCG 样品避光贮存于 4℃，开展 12 个月长期稳定性的研究。分别于 0、3、6、9、12 个月取样检测，采用直线作为经验模型，观察斜率值是否有显著变化，预测 EGCG 的稳定性变化。每个样品高效液相色谱平行检测 3 次，以面积百分比读取样品的纯度值，采用直线作为经验模型，未发现斜率值发生显著变化，可以确定 EGCG 样品在 12 个月时间内稳定性良好。采用直线作为经验模型，其斜率 b_1 为 -0.0033%，直线上点的标准偏差 s = 0.14%。自由度为 $n-2$ 和 95%置信水平的分布 t 因子等于 3.128，由于 $|b_1| < t_{0.95}$（$n-2$）$\cdot s$（b_1）= 3.128×0.0021% = 0.0067%，故斜率是不显著的，因而未观测到该样品的不稳定性。12 个月的长期稳定性的不确定度为：$u_稳 = s$（b_1）$\cdot t$ = 0.0021%×12 = $2.52×10^{-4}$。

（7）定值　采用多个实验室协作实验的联合定值方式，分别对随机抽取 8 个样品进行检测，对所采集的测定结果采用格拉布斯（Grubbs）检验法进行检验，未发现异常值。经过数据统计，计算得出 EGCG 样品的标准值和不确定度。计算出的总平均值（标准值）$= \bar{x} = 99.29\%$；总平均值的不确定度 us 为 8.31×10^{-5}；定值结果的不确定度（u_{CRM}）为 8.17×10^{-4}；因而 EGCG 定值结果为 $(99.29 \pm 0.16)\%$。

参考文献

［1］陆松侯，施兆鹏．茶叶审评与检验［M］．3 版．北京：中国农业出版社，2008：105-125.

［2］王庆．中国茶叶行业发展报告［M］．北京：中国茶叶流通协会，2018.

［3］陈栋，卓敏．半个世纪以来中国红茶生产和贸易的演变与发展策略思考（续）［J］．中国茶叶，2009，31（1）：7-10.

［4］崔宏春，余继忠，周铁锋，等．九曲红梅的历史及发展现状［J］．杭州农业与科技，2013（4）：46-47.

［5］常笑君，周子维，朱晨，等．工夫红茶加工新工艺研究进展［J］．安徽农业科学，2016，44（24）：66-68.

［6］丁勇．中小叶种红碎茶的生产工艺［J］．茶叶科学技术，1998（2）：25-26.

［7］高健．小种红茶加工工艺［J］．农村新技术，2010（24）：63-64.

［8］郭雯飞，吕毅，江元勋．正山小种和烟正山小种红茶的香气组成［J］．中国茶叶加工，2005（4）：18-22.

［9］侯凯东．闲话正山小种松烟香［J］．中国茶叶，2011（6）：22.

［10］黄振宇．传统红碎茶与"CTC"红碎茶的生产工艺技术分析［J］．中国新技术新产品，2012（3）：161.

［11］黄先洲，潘玉华，田研基，等．坦洋工夫红茶主要生化成分与品质相关性探讨［J］．福建茶叶，2010，32（11）：21-25.

［12］侯冬岩，回瑞华，李铁纯，等．正山小种红茶骏眉系列的香气成分研究［J］．食品科学，2011，32（22）：285-287.

［13］林燕萍，黄毅彪，叶乃兴．福建红茶概况及展望［J］．福建茶叶，2010（10）：14-18.

［14］李鑫磊，林宏政，俞少娟，等．工夫红茶加工技术与设备研究进展［J］．中国农机化学报，2015，36（6）：338-344.

［15］刘德荣，叶常春．正山小种红茶"金骏眉"的制造技术［J］．中国茶叶加工，2010（1）：28-29.

［16］李晓静，游芳宁，李磊磊，等．不同工艺品种坦洋工夫红茶品质的比较［J］．食品工业科技，2018，39（19）：27-33；39.

［17］罗学平，李丽霞．SPME-GC-MS 联用分析川红、滇红和祁红香气成分［J］．宜宾学院学报，2016，16（6）：102-107.

［18］卢艳，杜丽平，肖冬光．正山小种红茶挥发性成分分析［J］．食品工业科技，2015，36（2）：57-60；64.

［19］彭艾．漫谈红茶之鼻祖——武夷正山小种［C］//海峡两岸茶业博览会暨国际茶业高峰论坛，2008．

［20］乔小燕，李崇兴，姜晓辉，等．不同等级 CTC 红碎茶生化成分分析［J］．食品工业科技，2018，39（10）：83-89．

［21］苏燕燕．福安坦洋工夫茶品牌提升策略研究［D］．福州：福建农林大学，2016．

［22］王新超，许玫，陈亮，等．优质红碎茶资源的鉴定与筛选［J］．植物遗传资源学报，2005，6（3）：262-265．

［23］王冬冬．福建省福安"坦洋工夫"红茶营销渠道研究［D］．哈尔滨：东北农业大学，2015．

［24］夏涛．制茶学［M］．北京：中国农业出版社，2016．

［25］张维成．浅谈云南大叶种 CTC 红碎茶加工技术［J］．中国茶叶，2011（8）：23-24．

［26］陈常颂，余文权．福建省茶树品种图志［M］．北京：中国农业科学技术出版社，2016．

［27］丁俊之．安溪四大名茶［J］．茶叶机械杂志，1999（3）：28-29．

［28］汤明绍．水仙茶之由来与传播［J］．福建茶叶，2015，37（4）：41-42．

［29］刘宝顺，戈佩珍，陈桦，等．国家级优良品种—福建水仙［J］．茶业通报，2016，38（4）：187-190．

［30］《中国茶树品种志》编写委员会．中国茶树品种志［M］．上海：上海科技出版社，2001．

［31］陈德华，陈桦，弋佩真，等．武夷肉桂茶优良品质成因及生产技术探讨［J］．茶叶科学技术，2007，（4）．

［32］陈常颂，余文权．福建省茶树品种图志［M］．北京：中国农业科学技术出版社，2016．

［33］陈华葵，杨江帆．不同岩区肉桂品种茶叶品质化学成分分析［J］．食品安全质量检测学报，2015，6（4）：1287-1294．

［34］江昌俊．茶树育种学［M］．北京：中国农业出版社，2005．

［35］武夷山市市志编委会．武夷山市志［M］．北京：中国统计出版社，1994．

［36］官乃阳．永春佛手茶栽培技术［J］．农技服务，2009，26（7）：119；134．

［37］王绵阳．黄若展．德化县优质佛手茶主要栽培技术［J］．福建茶叶．2012，34（1）：21-22．

［38］陈荣生．福建茶产业发展报告（2018）［M］．福州：福建科学技术出版社，2018．

［39］黄东方．浅谈"安溪铁观音"［C］//中国茶叶学会．中国茶叶学会成立四十周年庆祝大会暨 2004 年学术年会论文集．杭州：中国茶叶学会．

［40］梅宇，林璇．2017 中国白茶产销形势分析报告［J］．福建茶叶，2017，39（9）：3-5．

［41］佚名．紧压白茶加工技术规范编制说明［EB/OL］．http：//www. renren-doc. com/p-10707295. html. 2018-09-08.

［42］张天福．福建白茶的调查研究［J］．茶叶通讯，1963（1）：43-50.

［43］张天福．福建茶史考［J］．茶叶科学简报，1978（2）：15-18.

［44］林振传，潘成，毛应民，等．白茶［M］．北京：中国文史出版社，2017：66-67.

［45］安徽农学院．制茶学［M］．2版．北京：农业出版社，1997：15-17；217-223.

［46］滑金杰，江用文，袁海波，等．闷黄过程中黄茶生化成分变化及其影响因子研究进展［J］．茶叶科学，2015，35（3）：203-208.

［47］范方媛，杨晓蕾，龚淑英，等．闷黄工艺因子对黄茶品质及滋味化学组分的影响研究［J］．茶叶科学，2019，39（1）：63-73.

［48］王璟，高静，刘思彤，等．基于色差系统的黄茶外观色泽评价模型构建及其关键物质基础分析［J］．食品科学，2017，38（17）：145-150.

［49］杨秀芳，孔俊豪，张士康，等．茶制品系列国家标准解读［J］．中国茶叶加工，2015（4）：11-14；25.

［50］孔俊豪，谭蓉，杨秀芳，等．茶制品加工应用领域热点问题解析［J］．中国茶叶加工，2015（4）：77-79.

［51］陶林花．标准物质/标准样品的管理和质量控制措施探析［J］．化工管理，2018（11）：110-111.

［52］胡晓燕．我国标准物质/标准样品发展综述［J］．山东冶金，2006（4）：1-4.

［53］王淑慧，曹学丽，宋沙沙，等．信阳毛尖茶指纹图谱分级标准样品的研制方法［J/OL］．食品科学，http：//kns. cnki. net/kcms/detail/11. 2206. TS. 20181218. 1406. 110. html.

［54］沈红．西湖龙井茶实物标准样的制作［J］．中国茶叶加工，2016（4）：36-37.

［55］尹莉莉，沈红，刘璇，等．绿茶标准样品制作技术研究［J］．中国茶叶加工，2013（1）：48-49；52.

［56］席兴军，郑振佳，潘红玫．农产品感官类标准样品研制方法研究［J］．标准科学，2013（1）：48-50.

［57］杜宁，王尉，林楠，等．我国天然产物标准样品管理及技术体系发展现状［J］．标准科学，2016（9）：28-32.

［58］杜宁，周晓晶，王尉，等．我国天然产物标准样品组织管理及研复制工作现状［C］．威海：第十届全国生物医药色谱及相关技术学术交流会论文集，2014：133-143.

［59］王尉，林楠，周晓晶，等．表没食子儿茶素没食子酸（EGCG）标准样品的研制［J］．食品科学，2016，37（14）：110-115.

第七章　茶叶种植与加工技术规程

第 一 节　茶叶产地环境标准

茶叶产地环境包括水质、土壤、大气等方面，相关标准主要有 GB 5084—2005《农田灌溉水质标准》、GB 15618—2018《土壤环境质量　农用地土壤污染风险管控标准（试行）》、NY/T 391—2013《绿色食品　产地环境质量》、NY/T 5010—2016《无公害农产品　种植业产地环境条件》、NY 5199—2002《有机茶产地环境条件》。

一、茶园土壤环境标准

茶园土壤环境标准有 GB 15618—2018《土壤环境质量　农用地土壤污染风险管控标准（试行）》、NY/T 391—2013《绿色食品　产地环境质量》、NY/T 5010—2016《无公害农产品　种植业产地环境条件》、NY 5199—2002《有机茶产地环境条件》。

（一）GB 15618—2018《土壤环境质量　农用地土壤污染风险管控标准（试行）》

为贯彻落实《环境保护法》，保护农用地土壤环境，管控农用地土壤污染风险，保障农产品质量安全、农作物正常生长和土壤生态环境，生态环境部制定了 GB 15618—2018《土壤环境质量　农用地土壤污染风险管控标准（试行）》。GB 15618—2018 规定了农用地土壤污染风险筛选值和管制值，以及监测、实施与监督要求。该标准由生态环境部和国家市场监督管理总局 2018 年 5 月 17 日发布，自 2018 年 8 月 1 日起实施。

1. GB 15618—2018 规定的术语和定义

（1）土壤　是指位于陆地表层能够生长植物的疏松多孔物质层及其相关自然地理要素的综合体。

（2）农用地　是指 GB/T 21010—2017《土地利用现状分类》中规定的 01 耕地（0101 水田、0102 水浇地、0103 旱地）、02 园地（0201 果园、0202 茶园）和 04 草地（0401 天然牧草地、0403 人工牧草地）。

（3）农用地土壤污染风险　是指因土壤污染导致食用农产品质量安全、农作物生长或土壤生态环境受到不利影响。

（4）农用地土壤污染风险筛选值　是指农用地土壤中污染物含量等于或者低于该值的，对农产品质量安全、农作物生长或土壤生态环境的风险低，一般情况下可以忽略；超过该值的，对农产品质量安全、农作物生长或土壤生态环境可能存在风险，应当加强土壤环境监测和农产品协同监测，原则上应当采取安全利用措施。

（5）农用地土壤污染风险管制值　是指农用地土壤中污染物含量超过该值的，食用农产品不符合质量安全标准等农用地土壤污染风险高，原则上应当采取严格管控措施。

2. 农用地土壤污染风险筛选值

（1）基本项目　农用地土壤污染风险筛选值的基本项目为必测项目，包括镉、汞、砷、铅、铬、铜、镍、锌，风险筛选值见表7-1。

表 7-1　　　　　　　　　农用地土壤污染风险筛选值（基本项目）　　　　　单位：mg/kg

序号	污染物项目[①②]		风险筛选值			
			pH≤5.5	5.5<pH≤6.5	6.5<pH≤7.5	pH>7.5
1	镉	水田	0.3	0.4	0.6	0.8
		其他	0.3	0.3	0.3	0.6
2	汞	水田	0.5	0.5	0.6	1.0
		其他	1.3	1.8	2.4	3.4
3	砷	水田	30	30	25	20
		其他	40	40	30	25
4	铅	水田	80	100	140	240
		其他	70	90	120	170
5	铬	水田	250	250	300	350
		其他	150	150	200	250
6	铜	果园	150	150	200	200
		其他	50	50	100	100
7	镍		60	70	100	190
8	锌		200	200	250	300

注：①重金属和类金属砷均按元素总量计；②对于水旱轮作地，采用其中较严格的风险筛选值。

茶树适宜的土壤为酸性，为保证标准的准确性，表7-1将"6.5<pH≤7.5"和"pH>7.5"的风险筛选值一并列出；茶园土壤应为表中的"其他"，为保证标准的完整性，也列出了水田。

（2）其他项目　农用地土壤污染风险筛选值的其他项目为选测项目，包括六六六、滴滴涕和苯并［a］芘，风险筛选值见表7-2。其他项目由地方环境保护主管部门根据本地区土壤污染特点和环境管理需求进行选择。

表7-2 农用地土壤污染风险筛选值（其他项目） 单位：mg/kg

序号	污染物项目	风险筛选值
1	六六六总量①	0.10
2	滴滴涕总量②	0.10
3	苯并［a］芘	0.55

注：①六六六总量为 α-六六六、β-六六六、γ-六六六、δ-六六六四种异构体的含量总和；②滴滴涕总量为 p，p′-滴滴伊、p，p′-滴滴滴、o，p′-滴滴涕、p，p′-滴滴涕四种衍生物的含量总和。

3. 农用地土壤污染风险管制值

农用地土壤污染风险管制值项目包括镉、汞、砷、铅、铬，风险管制值见表7-3。

表7-3 农用地土壤污染风险管制值 单位：mg/kg

序号	污染物项目	风险管控值			
		pH≤5.5	5.5<pH≤6.5	6.5<pH≤7.5	pH>7.5
1	镉	1.5	2.0	3.0	4.0
2	汞	2.0	2.5	4.0	6.0
3	砷	200	150	120	100
4	铅	400	500	700	1000
5	铬	800	850	1000	1300

4. 农用地土壤污染风险筛选值和管制值的使用

（1）当土壤中污染物含量等于或者低于表7-1和表7-2规定的风险筛选值时，农用地土壤污染风险低，一般情况下可以忽略；高于表7-1和表7-2规定的风险筛选值时，可能存在农用地土壤污染风险，应加强土壤环境监测和农产品协同监测。

（2）当土壤中镉、汞、砷、铅、铬的含量高于表7-1规定的风险筛选值、等于或者低于表7-3规定的风险管制值时，可能存在食用农产品不符合质量安全标准等土壤污染风险，原则上应当采取农艺调控、替代种植等安全利用措施。

（3）当土壤中镉、汞、砷、铅、铬的含量高于表7-3规定的风险管制值时，食用农产品不符合质量安全标准，且难以通过安全利用措施降低食用农产品不符合质量安全标准的，原则上应当采取禁止种植食用农产品、退耕还林等严格管控措施。

（4）土壤环境质量类别划分应以本标准为基础，结合食用农产品协同监测结果，依据相关技术规定进行划定。

5. 监测要求

（1）监测点位和样品采集　农用地土壤污染调查监测点位布设和样品采集执行 HJ/T 166—2004《土壤环境监测技术规范》等相关技术规定要求。

（2）土壤污染物分析　土壤污染物分析方法按表 7-4 执行。

表 7-4　　　　　　　　　　　　土壤污染物分析方法

序号	污染物项目	分析方法	标准编号
1	镉	土壤质量　铅、镉的测定　石墨炉原子吸收分光光度法	GB/T 17141
2	汞	土壤和沉积物　汞、砷、硒、铋、锑的测定　微波消解/原子荧光法	HJ 680
		土壤质量　总汞、总砷、总铅的测定　原子荧光法　第 1 部分：土壤中总汞的测定	GB/T 22105.1
		土壤质量　总汞的测定　冷原子吸收分光光度法	GB/T 17136
		土壤和沉积物　总汞的测定　催化热解-冷原子吸收分光光度法	HJ 923
3	砷	土壤和沉积物　12 种金属元素的测定　王水提取-电感耦合等离子体质谱法	HJ 803
		土壤和沉积物　汞、砷、硒、铋、锑的测定　微波消解/原子荧光法	HJ 680
		土壤质量　总汞、总砷、总铅的测定　原子荧光法　第 2 部分：土壤中总砷的测定	GB/T 22105.2
4	铅	土壤质量　铅、镉的测定　石墨炉原子吸收分光光度法	GB/T 17141
		土壤和沉积物　无机元素的测定　波长色散 X 射线荧光光谱法	HJ 780
5	铬	土壤总铬的测定　火焰原子吸收分光光度法	HJ 491
		土壤和沉积物无机元素的测定　波长色散 X 射线荧光光谱法	HJ 780
6	铜	土壤质量　铜、锌的测定　火焰原子吸收分光光度法	GB/T 17138
		土壤和沉积物无机元素的测定　波长色散 X 射线荧光光谱法	HJ 780
7	镍	土壤质量　镍的测定　火焰原子吸收分光光度法	GB/T 17139
		土壤和沉积物无机元素的测定　波长色散 X 射线荧光光谱法	HJ 780
8	锌	土壤质量　铜、锌的测定　火焰原子吸收分光光度法	GB/T 17138
		土壤和沉积物无机元素的测定　波长色散 X 射线荧光光谱法	HJ 780

续表

序号	污染物项目	分析方法	标准编号
9	六六六总量	土壤和沉积物有机氯农药的测定 气相色谱-质谱法	HJ 835
		土壤和沉积物有机氯农药的测定 气相色谱法	HJ 921
		土壤质量六六六和滴滴涕的测定 气相色谱法	GB/T 14550
10	滴滴涕总量	土壤和沉积物有机氯农药的测定 气相色谱-质谱法	HJ 835
		土壤和沉积物有机氯农药的测定 气相色谱法	HJ 921
		土壤质量六六六和滴滴涕的测定 气相色谱法	GB/T 14550
11	苯并 [a] 芘	土壤和沉积物多环芳烃的测定 气相色谱-质谱法	HJ 805
		土壤和沉积物多环芳烃的测定 高效液相色谱法	HJ 784
		土壤和沉积物半挥发性有机物的测定 气相色谱-质谱法	HJ 834
12	pH	土壤 pH 的测定电位法	

（二）NY／T 391—2013《绿色食品 产地环境质量》

为规范绿色食品生产，农业部于 2013 年 12 月 13 日发布了 NY/T 391—2013《绿色食品 产地环境质量》，2014 年月 4 月 1 日实施。NY/T 391—2013 规定了绿色食品产地的术语和定义、生态环境要求、空气质量要求、水质要求、土壤质量要求。绿色食品茶园的土壤质量应符合 NY/T 391—2013 的要求。

（1）绿色食品土壤环境质量应符合表 7-5 的要求。按土壤耕作方式的不同分为旱田和水田两大类，每类又根据土壤 pH 的高低分为三种情况，即 pH<6.5、6.5≤pH≤7.5、pH>7.5（茶树为酸性植物，茶园不适用，为标准的完整性列出）。

表 7-5   **土壤质量要求**   单位：mg/kg

项目	旱田			水田			检测方法
	pH<6.5	6.5≤pH≤7.5	pH>7.5	pH<6.5	6.5≤pH≤7.5	pH>7.5	NY/T 1377
总镉	≤0.30	≤0.30	≤0.40	≤0.30	≤0.30	≤0.40	GB/T 17141
总汞	≤0.25	≤0.30	≤0.35	≤0.30	≤0.40	≤0.40	GB/T 22105.1
总砷	≤25	≤20	≤20	≤20	≤20	≤15	GB/T 22105.2
总铅	≤50	≤50	≤50	≤50	≤50	≤50	GB/T 17141
总铬	≤120	≤120	≤120	≤120	≤120	≤120	HJ 491

续表

项目	旱田			水田			检测方法
	pH<6.5	6.5≤pH≤7.5	pH>7.5	pH<6.5	6.5≤pH≤7.5	pH>7.5	NY/T 1377
总铜	≤50	≤60	≤60	≤50	≤60	≤60	GB/T 17138

注：①果园土壤中铜限量值为旱田中铜限量值的2倍；②水旱轮作的标准值取严不取宽；③底泥按照水田标准值执行。

（2）土壤肥力按照表7-6划分。

表7-6 土壤肥力分级指标

项目	级别	旱地	水田	菜地	园地	牧地	检测方法
有机质含量/（g/kg）	I	>15	>25	>30	>20	>20	NY/T 1121.6
	II	10~15	20~25	20~30	15~20	15~20	
	III	<10	<20	<20	<15	<15	
全氮含量/（g/kg）	I	>1.0	>1.2	>1.2	>1.0	—	NY/T 53
	II	0.8~1.0	1.0~1.2	1.0~1.2	0.8~1.0	—	
	III	<0.8	<1.0	<1.0	<0.8	—	
有效磷含量/（mg/kg）	I	>10	>15	>40	>10	>10	LY/T 1233
	II	5~10	10~15	20~40	5~10	5~10	
	III	<5	<10	<20	<5	<5	
速效钾含量/（mg/kg）	I	>120	>100	>150	>100	—	LY/T 1236
	II	80~120	50~100	100~150	50~100	—	
	III	<80	<50	<100	<50	—	
阳离子交换量/［cmol（+）/kg］	I	>20	>20	>20	>20	—	LY/T 1243
	II	15~20	15~20	15~20	15~20	—	
	III	<15	<15	<15	<15	—	

注：底泥、食用菌栽培基质不做土壤肥力检测。

（三）NY/T 5010—2016《无公害农产品　种植业产地环境条件》

为规范无公害农产品（种植业产品，包括茶叶）产地，农业部于2016年5月23日发布NY/T 5010—2016《无公害农产品　种植业产地环境条件》，2016年10月1日实施。NY/T 5010—2016规定了无公害农产品种植业产地环境质量要求、采样方法、检测方法和产地环境评价的技术要求。无公害农产品茶园的土壤质量须符合NY/T 5010—2016的要求。

无公害农产品种植业土壤环境质量监测指标分基本指标和选测指标，其中基本指标为总汞、总砷、总镉、总铅、总铬5项，选测指标为总铜、总镍、邻苯二甲酸酯类总量3项。各项监测指标应符合GB 15618的要求。

（四）NY 5199—2002《有机茶产地环境条件》

为规范有机茶产地环境质量，农业部于 2002 年 7 月 25 日发布 NY 5199—2002《有机茶产地环境条件》，2002 年 9 月 1 日实施。NY 5199—2002 规定了有机茶产地环境条件的要求、试验方法和检验规则。

有机茶园土壤环境质量应符合表 7-7 要求。

表 7-7　　　　　　　　　　　有机茶园土壤环境质量标准　　　　　　　　单位：mg/L

项　目	指　标
pH	4.0~6.5
镉≤	0.20
汞≤	0.15
砷≤	40
铅≤	50
铬≤	90
铜≤	50

二、茶园灌溉水标准

茶园灌溉水标准有：GB 5084—2005《农田灌溉水质标准》、NY/T 391—2013《绿色食品　产地环境质量》、NY/T 5010—2016《无公害农产品　种植业产地环境条件》、NY 5199—2002《有机茶产地环境条件》。

（一）GB 5084—2005《农田灌溉水质标准》

为贯彻执行《环境保护法》，防止土壤、地下水和农产品污染，保障人体健康，维护生态平衡，促进经济发展，农业部制定了 GB 5084—2005《农田灌溉水质标准》，国家质量监督检验检疫总局和国家标准化管理委员会 2005 年 7 月 21 日发布，2006 年 11 月 1 日实施。GB 5084—2005 为强制性标准，控制项目分为基本控制项目和选择性控制项目。标准控制项目共计 27 项，其中农田灌溉用水水质基本控制项目 16 项，选择性控制项目 11 项。

（1）农田灌溉用水水质应符合表 7-8 和表 7-9 的规定。

表 7-8　　　　　　　　　农田灌溉用水水质基本控制项目标准值

序号	项目类别	作物种类		
		水作	旱作	蔬菜
1	五日生化需氧量/（mg/L）≤	60	100	40[①]，15[②]
2	化学需氧量/（mg/L）≤	150	200	100[①]，60[②]

续表

序号	项目类别	作物种类		
		水作	旱作	蔬菜
3	悬浮物/（mg/L）≤	80	100	60①，15②
4	阴离子表面活性剂/（mg/L）≤	5	8	5
5	水温/℃≤		35	
6	pH		5.5~8.5	
7	全盐量/（mg/L）≤		1000③（非盐碱土地区），2000③（盐碱土地区）	
8	氯化物/（mg/L）≤		350	
9	硫化物/（mg/L）≤		1	
10	总汞/（mg/L）≤		0.001	
11	镉/（mg/L）≤		0.01	
12	总砷/（mg/L）≤	0.05	0.1	0.05
13	铬（六价）/（mg/L）≤		0.1	
14	铅/（mg/L）≤		0.2	
15	粪大肠菌群数/（个/100mL）≤	4000	4000	2000③，1000
16	蛔虫数/（个/L）		2	2①，1②

注：①加工、烹调及去皮蔬菜；②生食类蔬菜、瓜类和草本水果；③具有一定的水利灌排设施，能保证一定的排水和地下水径流条件的地区，或有一定淡水资源能满足冲洗土体中盐分的地区，农田灌溉水质全盐量指标可以适当放宽。

表7-9　　　　　　　　　农田灌溉用水水质选择性控制项目标准值　　　　　　　单位：mg/L

序号	项目类别	作物种类		
		水作	旱作	蔬菜
1	铜≤	0.5	1	
2	锌≤		2	
3	硒≤		0.02	
4	氟化物≤		2（一般地区），3（高氟区）	
5	氰化物≤		0.5	
6	石油类≤	5	10	1
7	挥发物≤		1	

续表

序号	项目类别	作物种类		
		水作	旱作	蔬菜
8	苯 ≤		2.5	
9	三氯乙醛 ≤	1	0.5	0.5
10	丙烯醛 ≤		0.5	
11	硼 ≤	1[①]（对硼敏感作物），2[②]（对硼耐受性较强的作物），3[③]（对硼耐受性强的作物）		

注：[①]对硼敏感作物，如黄瓜、马铃薯、笋瓜、韭菜、洋葱、柑橘等；[②]对硼耐受性较强的作物，如小麦、玉米、青椒、小白菜、葱等；[③]对硼耐受性强的作物，如水稻、萝卜、油菜、甘蓝等。

（2）向农田灌溉渠道排放处理后的养殖业废水及以农产品为原料加工的工业废水，应保证其下游最近灌溉取水点的水质符合 GB 5084—2005 的标准。

（3）当 GB 5084—2005 标准不能满足当地环境保护需要或农业生产需要时，省、自治区、直辖市人民政府可以补充本标准中未规定的项目或制定严于标准的相关项目，作为地方补充标准，并报国务院环境保护行政主管部门和农业行政主管部门备案。

（4）监测与分析方法

①监测：农田灌溉用水水质基本控制项目，监测项目的布点监测频率应符合 NY/T 396《农用水源环境质量监测技术规范》的要求。农田灌溉用水水质选择性控制项目，由地方主管部门根据当地农业水源的来源和可能的污染物种类选择相应的控制项目，所选择的控制项目监测布点和频率应符合 NY/T 396—2000 的要求。

②分析方法：标准控制项目分析方法按表 7-10 执行。

表 7-10 农田灌溉水质控制项目分析方法

序号	分析项目	测定方法	方法来源
1	生化需氧量（BOD$_5$）	稀释与接种法	GB/T 7488
2	化学需氧量	重铬酸盐法	GB/T 11914
3	悬浮物	重量法	GB/T 11901
4	阴离子表面活性剂	亚甲蓝分光光度法	GB/T 7494
5	水温	温度计或颠倒温度计测定法	GB/T 13195
6	pH	玻璃电极法	GB/T 6920
7	全盐量	重量法	HJ/T 51
8	氯化物	硝酸银滴定法	GB/T 11896

续表

序号	分析项目	测定方法	方法来源
9	硫化物	亚甲基蓝分光光度法	GB/T 16489
10	总汞	冷原子吸收分光光度法	GB/T 7468
11	镉	原子吸收分光光度法	GB/T 7475
12	总砷	二乙基二硫代氨基甲酸银分光光度法	GB/T 7485
13	铬（六价）	二苯碳酰二肼分光光度法	GB/T 7467
14	铅	原子吸收分光光度法	GB/T 7475
15	铜	原子吸收分光光度法	GB/T 7475
16	锌	原子吸收分光光度法	GB/T 7475
17	硒	2，3-二氨基萘荧光法	GB/T 11902
18	氟化物	离子选择电极法	GB/T 7484
19	氰化物	硝酸银滴定法	GB/T 7486
20	石油类	红外光度法	GB/T 16488
21	挥发酚	蒸馏后 4-氨基安替比林分光光度法	GB/T 7490
22	苯	气相色谱法	GB/T 11937
23	三氯乙醛	吡唑啉酮分光光度法	HJ/T 50
24	丙烯醛	气相色谱法	GB/T 11934
25	硼	姜黄素分光光度法	HJ/T 49
26	粪大肠菌群数	多管发酵法	GB/T 5750-1985
27	蛔虫卵数	沉淀集卵法*	《农业环境监测实用手册》第三章中"水质 污水 蛔虫卵测定 沉淀集卵法"

注：*暂采用此方法，待国家方法标准分布后，执行国家标准。

（二）NY／T 391—2013《绿色食品 产地环境质量》

为规范绿色食品生产，农业部于 2013 年 12 月 13 日发布了 NY/T 391—2013《绿色食品 产地环境质量》，2014 年 4 月 1 日实施。NY/T 391—2013 规定了绿色食品产地的术语和定义、生态环境要求、空气质量要求、水质要求、土壤质量要求。绿色食品茶园的灌溉水质须符合 NY/T 391—2013 的要求。

绿色食品农田灌溉用水应符合表 7-11 的要求。

表 7-11 农田灌溉水质要求

项目	指标	检测方法
pH	5.5~8.5	GB/T 6920
总汞/（mg/L）	≤0.001	HJ 597
总镉/（mg/L）	≤0.005	GB/T 7475
总砷/（mg/L）	≤0.05	GB/T 7485
总铅/（mg/L）	≤0.1	GB/T 7475
六价铬/（mg/L）	≤0.1	GB/T 7467
氟化物/（mg/L）	≤2.0	GB/T 7484
化学需氧量（CODcr）/（mg/L）	≤60	HJ 828
石油类/（mg/L）	≤1.0	HJ 637
粪大肠菌群*/（个/L）	≤10000	SL 355

注：*灌溉蔬菜、瓜类和草本水果的地表水需测粪大肠菌群，其他情况不测粪大肠菌群。

（三）NY/T 5010—2016《无公害农产品　种植业产地环境条件》

为规范无公害农产品（种植业产品，包括茶叶）产地，农业部于 2016 年 5 月 23 日发布 NY/T 5010—2016《无公害农产品　种植业产地环境条件》，2016 年 10 月 1 日实施。NY/T 5010—2016 规定了无公害农产品种植业产地环境质量要求、采样方法、检测方法和产地环境评价的技术要求。无公害农产品茶园的灌溉水质量须符合 NY/T 5010—2016 的要求。

无公害农产品种植业灌溉水质量应符合表 7-12 的要求，同时可根据当地无公害农产品种植业产地环境的特点和灌溉水的来源特性，依据表 7-13 选择相应的补充监测项目。

表 7-12 灌溉水基本指标

项目	指标			
	水田	旱地	菜地	食用菌
pH		5.5~8.5		6.5~8.5
总汞/（mg/L）		≤0.001		≤0.001
总镉/（mg/L）		≤0.01		≤0.005
总砷/（mg/L）	≤0.05	≤0.1	≤0.05	≤0.01
总铅/（mg/L）		≤0.2		≤0.01

续表

项目	指标			
	水田	旱地	菜地	食用菌
铬（六价）/（mg/L）	≤0.1			≤0.05

注：对实行水旱轮作、菜粮套种或果粮套种等种植方式的农地，执行其中较低标准值的一项作物的标准值。

表 7-13　　　　　　　　　　　　灌溉水选择性指标

项目	指标			
	水田	旱地	菜地	食用菌
氰化物/（mg/L）	≤0.5			≤0.05
化学需氧量/（mg/L）	≤150	≤200	≤100[①]，≤60[②]	≤0.001
挥发物/（mg/L）	≤1			≤0.002
石油类/（mg/L）	≤5	≤10	≤1	—
全盐量/（mg/L）	≤1000（非盐碱土地区），2000（盐碱土地区）			—
粪大肠菌群/（个/100mL）	≤4000	≤4000	≤2000[①]，≤1000[②]	—

注：[①]工、烹饪及去皮蔬菜；*生食类蔬菜、瓜类和草本水果；[②]对实行水旱轮作、菜粮套种或果粮套种等种植方式的农地，执行其中较低标准值的一项作物的标准值。

（四）NY 5199—2002《有机茶产地环境条件》

为规范有机茶产地，农业部于 2002 年 7 月 25 日发布 NY 5199—2002《有机茶产地环境条件》，2002 年 9 月 1 日实施。NY 5199—2002 规定了有机茶产地环境条件的要求、试验方法和检验规则。

有机茶园灌溉水应符合表 7-14 的要求。

表 7-14　　　　　　　　　　　　有机茶园灌溉水质标准

项　目	指　标
pH	5.5~7.5
总汞/（mg/L）　≤	0.001
总镉/（mg/L）　≤	0.005
总砷/（mg/L）　≤	0.05
总铅/（mg/L）　≤	0.1
铬（六价）/（mg/L）　≤	0.1
氰化物/（mg/L）　≤	0.5

续表

项　目	指　标
氯化物/（mg/L） ≤	250
氟化物/（mg/L） ≤	2.0
石油类/（mg/L） ≤	5

三、茶园大气环境标准

茶园大气环境标准有 GB 3095—2012《环境空气质量标准》、NY/T 391—2013《绿色食品　产地环境质量》、NY 5199—2002《有机茶产地环境条件》。

（一）GB 3095—2012《环境空气质量标准》

为贯彻《环境保护法》和《中华人民共和国大气污染防治法》（以下简称《大气污染防治法》），保护和改善生活环境、生态环境，保障人体健康，环境保护部制定了 GB 3095—2012《环境空气质量标准》，环境保护部和国家质量监督检验检疫总局于 2012 年 2 月 29 日发布，2016 年 1 月 1 日实施。GB 3095—2012 规定了环境空气功能区分类、标准分级、污染物项目、平均时间及浓度限值、监测方法、数据统计的有效性规定及实施与监督等内容。GB 3095—2012 将根据国经济社会发展状况和环境保护要求适时修订。

1. GB 3095—2012 特定的术语和定义

（1）环境空气　是指人群、植物、动物和建筑物所暴露的室外空气。

（2）总悬浮颗粒物（TSP）　是指环境空气中空气动力学当量直径小于等于 100μm 的颗粒物。

（3）颗粒物（粒径小于等于 10μm）（PM$_{10}$）　是指环境空气中空气动力学当量直径小于等于 10μm 的颗粒物，也称可吸入颗粒物。

（4）颗粒物（粒径小于等于 2.5μm）（PM$_{2.5}$）　是指环境空气中空气动力学当量直径小于等于 2.5μm 的颗粒物，也称细颗粒物。

（5）铅　是指存在于总悬浮颗粒物中的铅及其化合物。

（6）苯并［a］芘（BaP）　是指存在于颗粒物（粒径小于等于 10μm）中的苯并［a］芘。

（7）氟化物　是指以气态和颗粒态形式存在的无机氟化物。

（8）1 小时平均　是指任何 1h 污染物浓度的算术平均值。

（9）8 小时平均　是指连续 8h 平均浓度的算术平均值，也称 8h 滑动平均。

（10）24 小时平均　是指一个自然日 24h 平均浓度的算术平均值，也称为日平均。

（11）月平均　是指一个日历月内各日平均浓度的算术平均值。

（12）季平均　是指一个日历季内各日平均浓度的算术平均值。

（13）年平均　是指一个日历年内各日平均浓度的算术平均值。

（14）标准状态　是指温度为 273K、压力为 101.325kPa 时的状态。该标准中的污染物浓度均为标准状态下的浓度。

2. 环境空气功能区分类和质量要求

（1）环境空气功能区分类　环境空气功能区分为二类：一类区为自然保护区、风景名胜区和其他需要特殊保护的区域；二类区为居住区、商业交通居民混合区、文化区、工业区和农村地区。

（2）环境空气功能区质量要求　一类区适用一级浓度限值，二类区适用二级浓度限值。一、二类环境空气功能区质量要求见表7-15和表7-16。

表 7-15　　　　　　　　　环境空气污染物基本项目浓度限值　　　　　　　单位：g/m³

序号	污染物项目	平均时间	浓度限值	
			一级	二级
1	二氧化硫（SO₂）	年平均	20	60
		24 小时平均	50	150
		1 小时平均	150	500
2	二氧化氮（NO₂）	年平均	40	40
		24 小时平均	80	80
		1 小时平均	200	200
3	一氧化碳（CO）	24 小时平均	4	4
		1 小时平均	10	10
4	臭氧（O₃）	日最大 8 小时平均	100	160
		1 小时平均	160	200
5	颗粒物（粒径≤10μm）	年平均	40	70
		24 小时平均	50	150
6	颗粒物（粒径≤2.5μm）	年平均	15	35
		24 小时平均	35	75

表 7-16　　　　　　　　　环境空气污染物其他项目浓度限值　　　　　　　单位：g/m³

序号	污染物项目	平均时间	浓度限值	
			一级	二级
1	总悬浮颗粒物（TSP）	年平均	80	200
		24 小时平均	120	300

序号	污染物项目	平均时间	浓度限值	
			一级	二级
2	氮氧化物（NO₃）	年平均	50	50
		24 小时平均	100	100
		1 小时平均	250	250
3	铅（Pb）	年平均	0.5	0.5
		季平均	1	1
4	苯并［a］芘（BaP）	年平均	0.001	0.001
		24 小时平均	0.0025	0.0025

（3）该标准自 2016 年 1 月 1 日起在全国实施。基本项目（表 7-15）在全国范围内实施；其他项目（表 7-16）由国务院环境保护行政主管部门或者省级人民政府根据实际情况，确定具体实施方式。

（4）在全国实施 GB 3095—2012 之前，国务院环境保护行政主管部门可根据《关于推进大气污染联防联控工作改善区域空气质量的指导意见》等文件要求指定部分地区提前实施 GB 3095—2012，具体实施方案（包括地域范围、时间等）另行公告；各省级人民政府也可根据实际情况和当地环境保护的需要提前实施 GB 3095—2012。

3. 监测

环境空气质量监测工作应按照《环境空气质量监测规范（试行）》等规范性文件的要求进行。

（1）监测点位布设　表 7-15 和表 7-16 中环境空气污染物监测点位的设置，应按照《环境空气质量监测规范（试行）》中的要求执行。

（2）样品采集　环境空气质量监测中的采样环境、采样高度及采样频率等要求，按 HJ/T 193 或 HJ/T 194 的要求执行。

（3）分析方法　应按表 7-17 的要求，采用相应的方法分析各项污染物的浓度。

表 7-17　各项污染物分析方法

序号	污染物项目	手工分析方法		自动分析方法
		分析方法	标准编号	
1	二氧化硫（SO₂）	环境空气　二氧化硫的测定　甲醛吸收-副玫瑰苯胺分光光度法	HJ 482	紫外荧光法、差分吸收光谱分析法
		环境空气　二氧化硫的测定　四氯汞盐吸收-副玫瑰苯胺分光光度法	HJ 483	

续表

序号	污染物项目	手工分析方法		自动分析方法
		分析方法	标准编号	
2	二氧化氮（NO₂）	环境空气　氮氧化物（一氧化氮和二氧化氮）的测定　盐酸萘乙二胺分光光度法	HJ 479	化学发光法、差分吸收光谱分析法
3	一氧化碳（CO）	空气质量　一氧化碳的测定　非分散红外法	GB 9801	气体滤波相关红外吸收法、非分散红外吸收法
4	臭氧（O₃）	环境空气　臭氧的测定　靛蓝二磺酸钠分光光度法	HJ 504	紫外荧光法、差分吸收光谱分析法
		环境空气　臭氧的测定紫外光度法	HJ 590	
5	颗粒物（粒径小于等于10μm）	环境空气　PM10 和 PM2.5 的测定　重量法	HJ 618	微量振荡天平法、β射法
6	颗粒物（粒径小于等于2.5μm）	环境空气　PM10 和 PM2.5 的测定　重量法	HJ 618	微量振荡天平法、β射线法
7	总悬浮颗粒物（TSP）	环境空气　总悬浮颗粒物的测定　重量法	GB/T 15432	—
8	氮氧化物（NOX）	环境空气　氮氧化物（一氧化氮和二氧化氮）的测定　盐酸萘乙二胺分光光度法	HJ 479	化学发光法、差分吸收先谱分析法
9	铅（Pb）	环境空气　铅的测定　石墨炉原子吸收分光光度法（暂行）	HJ 539	
		环境空气　铅的测定火焰原子吸收分光光度法	GB/T 15264	
10	苯并［a］芘（BaP）	空气质量　飘尘中苯并［a］芘的测定乙酰化滤纸层析荧光分光光度法	GB 8971	
		环境空气　苯并［a］芘的测定　高效液相色谱法	GB/T 15439	

4. 数据统计的有效性规定

（1）应采取措施保证监测数据的准确性、连续性和完整性，确保全面、客观地反映监测结果。所有有效数据均应参加统计和评价，不得选择性地舍弃不利数据以及人为干预监测和评价结果。

（2）采用自动监测设备监测时，监测仪器应全年不间断运行。在监测仪器校准、停电和设备故障，以及其他不可抗拒的因素导致不能获得连续监测数据时，应采取有效措施及时恢复。

（3）异常值的判断和处理应符合 HJ 630《环境监测质量管理技术导则》的规定。对于监测过程中缺失和删除的数据均应说明原因，并保留详细的原始数据记录，以备数据审核。

（4）任何情况下，有效的污染物浓度数据均应符合表 7–18 中的最低要求，否则应视为无效数据。

表 7–18　　　　　　　　　　　污染物浓度数据有效性的最低要求

污染物项目	平均时间	数据有效性规定
二氧化硫（SO$_2$）、二氧化氮（NO$_2$）、颗粒物（粒径小于等于 10μm）、颗粒物（粒径小于等于 2.5μm）、氮氧化物（NO$_x$）	年平均	每年至少有 324 个日平均浓度值 每月至少有 27 个日平均浓度值（2 月份至少有 25 个）
二氧化硫（SO$_2$）、二氧化氮（NO$_2$）、一氧化碳（CO）、颗粒物（粒径小于等于 10μm）、颗粒物（粒径小于等于 2.5μm）、氮氧化物（NO$_x$）	24 小时平均	每日至少有 20 个小时平均浓度值或采样时间
臭氧（O$_3$）	8 小时平均	每 8 小时至少有 6 小时平均浓度值
二氧化硫（SO$_2$）、二氧化氮（NO$_2$）、一氧化碳（CO）、臭氧（O$_3$）、氮氧化物（NO$_x$）	1 小时平均	每小时至少有 45 分钟的采样时间
总悬浮颗粒物（TSP）、苯并［a］芘（BaP）、铅（Pb）	年平均	每年至少有分布均匀的 60 个日平均浓度值 每月至少有分布均匀的 5 个日平均浓度值
铅（Pb）	季平均	每季至少有分布均匀的 15 个日平均浓度值 每月至少有分布均匀的 5 个日平均浓度值
总悬浮颗粒物（TSP）、苯并［a］芘（BaP）、铅（Pb）	24 小时平均	每日应有 24 小时的采样时间

5. 实施与监督

（1）GB 3095—2012 由各级环境保护行政主管部门负责监督实施。

（2）各类环境空气功能区的范围由县级以上（含县级）人民政府环境保护行政主管部门划分，报本级人民政府批准实施。

（3）按照《大气污染防治法》的规定，未达到 GB 3095—2012 要求的大气污染防治重点城市，应当按照国务院或者国务院环境保护行政主管部门规定的期限，达到 GB 3095—2012 的要求。该城市人民政府应当制定限期达标规划，并可以根据国务院的授权或者规定，采取更严格的措施，按期实现达标规划。

（二）NY／T 391—2013《绿色食品　产地环境质量》

为规范绿色食品生产，农业部于 2013 年 12 月 13 日发布了 NY/T 391—2013《绿色食品　产地环境质量》，2014 年月 4 月 1 日实施。NY/T 391—2013 规定了绿色食品产地的术语和定义、生态环境要求、空气质量要求、水质要求、土壤质量要求。绿色食品茶园的空气质量须符合 NY/T 391—2013 的要求。

绿色食品空气质量要求应符合表 7-19 的要求。

表 7-19　　　　　　　　　　空气质量要求（标准状态）

项　目	指　标		检测方法
	日平均[①]	1 小时[②]	
总悬浮颗粒物/（mg/m³）	≤0.30	—	GB/T 15432
二氧化硫/（mg/m³）	≤0.15	≤0.50	HJ 482
二氧化氮/（mg/m³）	≤0.08	≤0.20	HJ 479
氟化物/（μg/m³）	≤7	≤20	HJ 480

注：①日平均指任何一日的平均指标；②1 小时指任何一小时的指标。

（三）NY 5199—2002《有机茶产地环境条件》

为规范有机茶产地，农业部 2002 年 7 月 25 日发布 NY 5199—2002《有机茶产地环境条件》，2002 年 9 月 1 日实施。NY 5199—2002 规定了有机茶产地环境条件要求、试验方法和检验规则。有机茶园环境空气质量应符合表 7-20 的要求。

表 7-20　　　　　　　　　　有机茶园环境空气质量标准

项　目	日平均[①]	1h 平均[②]
总悬浮颗粒物（TSP）/（mg/m³）（标准状态）≤	0.12	／
二氧化硫（SO₂）/（mg/m³）（标准状态）≤	0.05	0.15
二氧化氮（NO₂）/（mg/m³）（标准状态）≤	0.08	0.12
氟化物（F）（标准状态）≤	7μg/m³	20μg/m³
	1.8μg/（dm²·d）	／

注：①日平均指任何一日的平均浓度；②1h 平均指任何一小时的平均浓度。

第二节　茶园管理技术规程

一、茶树品种技术规程

茶树品种涉及的标准主要是 GB 11767—2003《茶树种苗》。

该标准于 2003 年修订，规定了茶树采穗园穗条和苗木的质量分级指标、检验方法、检测规则、包装和运输等。适用于栽培茶树的大叶、中小叶无性系品种穗条和苗木的分级指标与检验方法。

（一）术语与定义

1. 无性系

以茶树单株营养体为材料，采用无性繁殖法繁殖的品种（品系）称无性系品种（品系），简称无性系。

2. 品种纯度

品种种性的一致性程度。

3. 大叶和中小叶种

用叶长×叶宽×0.7 计算值表示。叶面积大于 40cm² 为大叶品种，小于 40cm² 为中小叶品种。

4. 穗条

用作扦插繁殖的枝条。

5. 标准插穗

从穗条上剪取大叶品种长度为 3.5～5.0cm，中小叶品种长度为 2.5～3.5cm，茎干木质化或半木质化，具有一张完整叶片和健壮饱满腋芽的短穗。

6. 穗条利用率

可剪标准插穗占穗条量的百分率。

7. 扦插苗

以枝条为繁育材料，采用扦插法繁育的苗木。

8. 苗龄

扦插到苗木出圃的时间，满一个年生长周期的称一足龄苗，未满一年的称一年生苗。

9. 苗高

根颈至茶苗顶芽基部间的长度。

10. 苗粗

距根颈 10cm 处的苗干直径。

11. 侧根数

从扦插苗原插穗基部愈伤组织处分化出的且近似水平状生长，根径在 1.5mm 以上的根总数。

（二）采穗园要求

采穗园要求土壤结构良好，土层深度 80cm 以上，pH 在 4.5～5.5。种植的品种必须是省级以上审（认）定、登记或经多点多年试种的无性系品种。苗木必须符合本标准规定的质量指标。茶树种植规格为行距 1.5m，株距 0.3～0.4m。在采穗前必须先进行病虫防治，以保证无病虫携入种苗繁育圃（室）。

（三）穗条和种苗质量要求

穗条分级以品种纯度、利用率、粗度为主要依据，长度为参考指标。分为两级，低于Ⅱ级为不合格穗条。大叶品种穗条质量指标见表7-21，中小叶品种穗条质量指标见表7-22。

无性系苗木分级以品种纯度、苗龄、苗高、茎粗和侧根数为主要依据。分为两级，Ⅰ、Ⅱ级为合格苗，低于Ⅱ级为不合格苗。无性系大叶品种扦插苗质量指标见表7-23，无性系中小叶品种扦插苗质量指标见表7-24。

表 7-21　　　　　　　　　　　大叶品种穗条质量指标

级 别	品种纯度/%	穗条利用率/%	穗条粗度 Φ/mm	穗条长度/cm
Ⅰ	100	≥65	≥3.5	≥60
Ⅱ	100	≥50	≥2.5	≥25

表 7-22　　　　　　　　　　　中小叶品种穗条质量指标

级 别	品种纯度/%	穗条利用率/%	穗条粗度 Φ/mm	穗条长度/cm
Ⅰ	100	≥65	≥3.0	≥50
Ⅱ	100	≥50	≥2.0	≥25

表 7-23　　　　　　　　无性系大叶品种一足龄扦插苗质量指标

级 别	苗龄	苗高/cm	茎粗 Φ/mm	侧根数/根	品种纯度/%
Ⅰ	一年生	≥30	≥4.0	≥3	100
Ⅱ	一年生	≥25	≥2.5	≥2	100

表 7-24　　　　　　　　　无性系中小叶品种苗木质量指标

级 别	苗龄	苗高/cm	茎粗 Φ/mm	侧根数/根	品种纯度/%
Ⅰ	一足龄	≥30	≥3.0	≥3	100
Ⅱ	一足龄	≥20	≥2	≥2	100

（四）检验方法和检测规则

无性系品种纯度：依照该无性系品种的主要特征，对被检苗木逐株进行鉴定，计算公式为 $S(\%) = [P/(P+P')] \times 100$。式中：$S$ 为品种纯度（%），P 为本品种的苗木数（株），P' 为异品种的苗木数（株）。

穗条利用率：随机取 500~1000g 穗条，剪取标准插穗，计算标准插穗占穗条的质量百分率，计算公式为 $L(\%) = m_0/m \times 100$。式中：L 为穗条利用率（%），m_0 为标准插穗质量（g），m 为样品穗条总质量（g）。

穗条长度：用尺测量从穗条基部到顶芽基部距离，精确到 0.1cm。

穗条粗度：用游标卡尺等测量穗条中部处的穗条直径，精确到 0.1mm。

苗木高度：自根颈处量至顶芽基部，苗高用尺测量，精确到 0.1cm。

苗木茎粗：用游标卡尺等测距根颈 10cm 处的主干直径，精确到 0.1mm。

穗条检测在采穗园进行，按穗条总质量的多少随机抽样。当穗条总质量小于 100kg 时，穗条检测抽样数量为 0.5kg，当穗条总质量为 101～1000、1001～5000、5001～10000 和大于 10000kg 时，穗条检测抽样质量分别为 2.0、3.0、5.0、10.0kg。

苗木检测限在苗圃进行。当苗木总数为 <5000、5001～10000、10001～50000、50001～100000 和 >100000 株时，随机抽样进行检测的苗木数分别为 40、50、100、200 株和 300 株。

在样本穗条或苗木检测时，如有一项主要指标不合格即判被检个体不合格。纯度不合格则总体判定为不合格，在剔除不合格个体后可重新进行检验。在级别判定时，低于该等级的个体不得超过 10%，否则总体降级处理。

（五）包装和运输

苗木和穗条可散装或用箩筐等盛装，做到保湿透气，防止重压和风吹日晒。起苗宜在栽种季节。检验和分级应在蔽荫背风处进行。苗木运到目的地后，应及时种植或假植。穗条或苗木调运前应按国家有关规定进行检疫，调运时应持《植物检疫证书》及苗木的标签。

二、茶树短穗扦插技术规程

茶树短穗扦插涉及的标准主要是 NY/T 2019—2011《茶树短穗扦插技术规程》。该标准规定了茶树短穗扦插的术语和定义、采穗园建立、穗条培养、扦插圃建立、采穗、扦插、苗圃管理、起苗、苗木质量和包装运输的技术规程。该标准适用于茶树短穗扦插繁殖。

（一）术语和定义

1. 采穗园

采穗园是指用于提供扦插繁殖所需穗条的茶园。

2. 短穗

短穗是指按标准剪取的插穗。

3. 炼苗

炼苗是指茶苗从保护状态至自然环境状态的适应过程。

（二）采穗园及穗条培养

采穗园按 GB 11767 的规定执行。

采穗茶园剪穗前应先进行修剪。剪去成龄茶树距地面 40cm 以上部分枝条。夏天扦插（6～7 月）在春茶前进行修剪；秋天扦插（8～10 月）在春茶采摘结束后进行修剪。

采穗茶园施肥，10 月中下旬施饼肥 3750～4500kg/hm² 或厩肥 30000～37500kg/hm²，同时施入硫酸钾 300～450kg/hm² 和过磷酸钙 450～600kg/hm²。翌年春茶发芽前 30d 施尿素 300kg/hm²，夏天扦插在剪穗后再施尿素 225kg/hm²，秋天扦插在春茶结束蓬面修剪后再施尿素 225kg/hm²。

另外，在采穗前 10～15d 摘去顶部一芽二叶或对夹叶嫩梢。病虫防治按 NY 5244 的规定执行。

（三）扦插圃建立

扦插圃地的环境应符合 NY/T 5010—2016《无公害农产品种植业产地环境条件》的规定。灌溉水源中无氧化铁（铁锈）等氧化物，日照充足，交通方便。

扦插圃地可建立在水田上，也可建立在旱地上。选择的地块应相对集中成片，地势平坦，易排灌，土壤通气性好，pH4.5~6.0，同一地块应每隔 1~2 年轮作一次。旱地苗畦应地势平坦，靠近水源。

苗床宜东西向，上搭荫棚。翻耕 30~40cm 深，如有塥土层应破碎，并清除前茬作物根茎。按畦面宽 1.0~1.2m，高 20~40cm，畦距（沟宽）25~30cm，畦长 10~20m 做成畦坯，再于畦表层均匀施腐熟饼肥 3750~4500kg/hm²（或 25%复合肥 1200~1500kg/hm²），然后与本田土翻匀耙细。常年用作苗圃的地块应同时用杀菌剂进行土壤消毒，所用杀菌剂应符合 NY 5244 的要求。畦面铺 7~9cm 厚、粒径小于 5~6mm 的心土，稍加压紧，压紧后的心土层保持在 5~7cm，按所需密度划出扦插痕。苗床四周开深 40~50cm、宽 30cm 的水沟。

苗床上搭荫棚。荫棚有离棚和矮棚。离棚用直径 8~10cm 的木柱或 13cm×13cm 的水泥柱做立柱，柱高 1.8~2.0m，柱间距 3.0~4.0m，柱子之间用 8 号铁丝纵横拉紧，柱子中间再用 10 号或 12 号铁丝拉成 2 排，构成网架。网架外覆盖遮光率为 65%~75% 的黑色遮阳网。矮棚沿畦长方向按 0.8~1.0m 的间距搭置棚架，弧形棚架中间高 40~50cm，平棚架高 30~40cm。覆盖遮光率为 65%~75% 的黑色遮阳网。

（四）营养钵扦插

营养钵用塑料薄膜或稻草等材料制成高 15~18cm、直径 6~8cm 的圆柱形筒状袋。营养土按腐熟饼肥或厩肥与壤土以 1：2 比例均匀混合而成，先将营养土填至营养钵1/3~1/2处，然后填充心土至与钵口持平。将填充好土的营养钵，苗床营养钵顶部与床面高度持平（水田苗床，直接放置营养钵，四周用土填实）。搭荫棚与直接扦插的要求相同。

（五）采穗

穗条质量应符合 GB 11767 的规定。采穗时间如在夏季高温期，宜在上午 10 时以前或下午 3 时以后采集穗条，剪后随即将穗条运至阴凉处摊放并淋水备剪。剪取短穗按 GB 11767 规定执行，大叶品种短穗可剪去 1/2 叶片。

（六）扦插

扦插前苗畦或营养钵应浇（灌）水，在扦插前 1d 浇（灌）透水。把插穗直插或稍斜插于事先划好的划痕线上，以腋芽露出土面、母叶不贴地面为度，插后随即用食指揿实。叶片朝向应与当地常年多见风向相同。扦插密度大叶类品种按行距 10~12cm、穗距 2~2.5cm，中小叶类品种按行距 8~10cm、穗距 2cm 扦插。营养钵每钵交叉插 2~3 穗。如遇高温，扦插时应边插边浇水边覆盖遮阳网，当天扦插完毕随即浇一次透水。

（七）苗圃管理

扦插初期，即旱地苗圃和营养钵扦插后 30d 以内，晴天每天早晚各浇水 1 次，阴天每天浇水 1 次，此后可隔天浇水。水田苗圃在扦插后至发根期，以淋浇为主，当根系较多或高温旱期宜采用沟灌，灌水深度以沟高 2/3 为宜，并注意及时排水。待发根后，以 3~5d 浇（灌）1 次水为宜，保持苗圃适宜的含水量。幼苗成株后，适时浇

（灌）水或排水。

越冬期管理应注意保温保湿和通风换气。越冬前，全面喷一次石灰半量式波尔多液（每 100kg 水加 0.3~0.35kg 生石灰和 0.6~0.7kg 硫酸铜），并在扦插行间铺草或用其他覆盖物覆盖。

华南茶区可自然越冬。或者在平顶高架棚上保留覆盖的遮阳网，高棚内每个苗畦上再搭一弧形小拱棚，小棚中部高 40~45cm 盖薄膜，将薄膜四周边缘埋入土中形成封闭状，当土壤干燥泛白时揭膜浇水，至次年 3 月揭去薄膜。

江北茶区越冬前 1~2 个月，应停止施肥。覆盖薄膜前，先浇足水。弧形棚架先覆盖厚度为 0.08~0.12mm 的聚氯乙烯或聚乙烯无滴薄膜，并将薄膜四周边缘埋入土中成密闭状态，再于薄膜上部 20~30cm 处搭一弧形棚架（成为双层棚），覆盖遮阳网或薄膜，或者直接在薄膜上加盖一层遮阳网。在江北茶区的寒冷地区应在主要风口设风障，并及时扫除积雪。

西南和江南茶区视当地温度情况，参照华南或江北茶区的越冬措施。

当棚内温度高于 30℃时，应打开薄膜两端通风换气，下午 3：00 时以后及时封闭通风口。

幼苗生长期管理应注意炼苗、除草、施肥、水分管理和病虫害防治。炼苗是当日平均温度稳定通过 8℃（西南和江南茶区）或 10℃（江北茶区）或雨季来临（华南茶区）时，将背风向阳面遮阳网和薄膜揭去，同时进行拔草和浇水，傍晚仍将薄膜盖上，连续 10~15d 后，在阴天全面撤去荫棚。如遇晚霜，仍要及时覆盖薄膜或遮阳网。清除杂草应及时用人工拔除。当苗圃覆盖物全部揭去，拔除杂草后，用 10% 充分腐熟的饼肥（饼肥水 1 份对清水 10 份），也可施稀释 100 倍的尿素或稀薄人粪尿，每隔 15~20d 增施一次。在幼苗生长旺季，可按 75~120kg/hm² 撒施尿素，随后浇水冲淋。水分管理是适时浇灌或排水，保持畦面土壤不泛白。江南、江北茶区水田苗圃在 9 月中旬后以搁田为主。病虫害防治按 NY 5244 的规定执行。

（八）起苗和贮运

起苗前 1d，旱地苗圃应浇透水，水田苗圃视墒情灌水。起苗时，应尽量保留细根。苗木质量和包装运输应符合 GB 11767 的规定。

三、新茶园选择、规划与开垦技术规程

新茶园选择、规划与开垦涉及的标准主要有 GB/Z 26576—2011《茶叶生产技术规范》，NY/T 5018—2015《茶叶生产技术规程》、NY/T 2798.6—2015《无公害农产品生产质量安全控制技术规范 第 6 部分：茶叶》、NY/T 3168—2017《茶叶良好农业规范》、NY/T 5197—2002《有机茶生产技术规程》等。另外，GB/T 30377—2013《紧压茶茶树种植良好规范》，GB/Z 21722—2008《出口茶叶质量安全控制规范》等标准也有涉及，但内容与上述标准基本相同，所以不做专门介绍。

（一）GB/Z 26576—2011《茶叶生产技术规范》

该标准主要对基地选择进行了规定。茶园应选择在生态条件良好，远离污染源（包括交通主干道），并具有可持续生产能力的农业生产区域。茶园环境空气质量、灌溉水质量和土壤质量应满足国家相关标准的要求。

对新建基地应进行风险评估。评估内容包括土壤类型、侵蚀、地下水的质量、水资源的可持续性、相邻土地的影响等。评估确定存在危害人体健康和环境的不可控风险时，该土地不应用于农业活动。定期监测土壤肥力水平和重金属元素含量，一般要求每两年检测一次。根据检测结果，有针对性地采取土壤改良措施。

茶园基地应进行隔离防护，即在基地周围应建立隔离网、隔离带或者有天然隔离带等有效隔离措施，防止外源污染。

（二）NY/T 5018—2015《茶叶生产技术规程》

1. 基地选择

茶园基地应远离化工厂和有毒土壤、水质、气体等污染源。与主干公路、荒山、林地和农田等的边界应设立缓冲带、隔离沟、林带或物理障碍区。产地环境条件应符合 NY 5020（该标准已废止，相关要求并入 NY 5010；为保持与标准原文一致特作保留）的规定。

2. 园地规划

园地规划与建设应有利于保护和改善茶区生态环境、维护茶园生态平衡和生物多样性，发挥茶树良种的优良种性。

道路和水利系统应根据基地规模、地形和地貌等条件，设置合理的道路系统，包括主道、支道、步道和地头道，便于运输和茶园机械作业。大中型茶场以总部为中心，与各区、片、块有道路相通。规模较小的茶场设置支道、步道和地头道。建立完善的水利系统，做到能蓄能排。宜建立茶园节水灌溉系统。

3. 茶园开垦

茶园开垦应注意水土保持，根据不同坡度和地形，选择适宜的时期、方法和施工技术。平地和坡度 15°以下的缓坡地等高开垦；坡度在 15°以上时，建筑内倾等高梯级园地。开垦深度在 50cm 以上，在此深度内有明显障碍层（如硬塥层、网纹层或犁底层）的土壤应破除障碍层。

4. 茶园生态建设

茶园四周或茶园内不适合种茶的空地应植树造林，茶园的上风口应营造防护林。主要道路、沟渠两边种植行道树。除北方茶区外其他茶区集中连片的茶园可适当种植遮阳树，遮光率控制在 10%~30%。缺丛断行严重、覆盖度低于 50%的茶园，补植缺株，合理剪、采、养，提高茶园覆盖度。树龄大、品种老化的茶园应改植换种。土壤坡度较大、水土流失严重茶园退茶还林。

（三）NY/T 2798.6—2015《无公害农产品生产质量安全控制技术规范　第6部分：茶叶》

本标准规定了茶园环境关键点，即土壤、环境空气和灌溉水，主要风险因子是重金属、农药残留、大气污染物和氟化物。规定采取的控制措施：产地周边环境及产区条件应符合 NY/T 2798.1 中的相关要求；茶园与主干公路和农田等的边界设立缓冲带、隔离沟、林带或物理障碍区，隔离带应有一定的宽度；茶园土壤质量、空气质量、灌溉水质量符合 NY/T 803 的规定。

（四）NY/T 3168—2017《茶叶良好农业规范》

该标准对茶园产地环境进行了规定。

种植茶树应选择生态适宜区，远离工矿区和公路铁路干线，避开工业和城市污染的影响；生产基地大气环境应符合 GB 3095—2012《环境空气质量标准》二级及以上要求；灌溉用水水质应符合 GB 5084 的要求；土壤应符合 GB 15618—2018《土壤环境质量　农用土壤污染风险管控标准（试行）》二级及以上要求。

生产基地应具备茶叶生产所必需的条件，选择水土保持良好、生态环境稳定、土层深厚、便于排灌、利于机械操作的地方建园。茶园应合理设置防护林带，茶园和加工厂附近避开养殖场。

（五）NY/T 5197—2002《有机茶生产技术规程》

该标准对基地环境、规划与开垦进行了规定。

1. 基地环境

有机茶生产基地应按 NY 5199—2002《有机茶产地环境条件》的要求进行选择。

2. 基地规划

应有利于保持水土，保护和增进茶园及其周围环境的生物多样性，维护茶园生态平衡，发挥茶树良种的优良种性，便于茶园排灌、机械作业和田间日常作业，促进茶叶生产的可持续发展。根据茶园基地的地形、地貌、合理设置场部（茶厂）、种茶区（块）、道路、排蓄灌水利系统，以及防护林带、绿肥种植区和养殖业区等。新建基地时，对坡度大于 25°，土壤深度小于 60cm，以及不宜种植茶树的区域应保留自然植被。对于面积较大且集中连片的基地，每隔一定面积应保留或设置一些林地。禁止毁坏森林发展有机茶园。

道路和水利系统：设置合理的道路系统连接场部、茶厂、茶园和场外交通，提高土地利用率和劳动生产率。建立完善的排灌系统，做到能蓄能排。有条件的茶园建立节水灌溉系统。茶园与四周荒山陡坡、林地和农田交界处应设置隔离沟、带；梯地茶园在每台梯地的内侧开一条横沟。

3. 茶园开垦

茶园开垦应注意水土保持，根据不同坡度和地形，选择适宜的时期、方法和施工技术。坡度 15°以下的缓坡地等高开垦；坡度在 15°以上的，建筑等高梯级园地。开垦深度在 60cm 以上，破除土壤中硬塥层、网纹层和犁底层等障碍层。

四、茶树种植技术规程

茶树种植涉及的标准主要有 NY/T 5018—2015《茶叶生产技术规程》、NY/T 5197—2002《有机茶生产技术规程》。NY/T 2798.6—2015《无公害农产品生产质量安全控制技术规范　第 6 部分：茶叶》和 NY/T 3168—2017《茶叶良好农业规范》对茶树品种的选择也进行了规定，但内容与前面的标准基本相同，不再重复。

（一）NY/T 5018—2015《茶叶生产技术规程》

1. 茶树品种选择

种植的茶树品种应适应当地气候、土壤和所制茶类，并经国家或省级审（认、鉴）

定。合理配置早、中、晚生品种，种苗质量符合 GB 11767 中 I、Ⅱ级的规定。从国外引种或国内向外地引种时，应进行植物检疫，符合 GB 11767 的规定。

2. 茶树种植方法

平地茶园直线种植，坡地茶园横坡等高种植；采用单行条植或双行条植方式种植，满足田间机械作业要求；单行条植行距 1.5~1.8m，丛距 0.33m，双行条植行距 1.5~1.8m、列距 0.3m、丛距 0.33m，每丛 1~2 株。种植前施足底肥，以有机肥和矿物源肥料为主，底肥深度在 30~40cm。种植茶苗根系离底肥 10cm 以上，防止底肥灼伤茶苗。

（二）NY/T 5197—2002《有机茶生产技术规程》

1. 茶树品种选择

品种应选择适应当地气候、土壤和茶类，并对当地主要病虫害有较强的抗性。加强不同遗传特性品种的搭配。种子和苗木应来自有机农业生产系统，但在有机生产的初始阶段无法得到认证的有机种子和苗木时，可使用未经禁用物质处理的常规种子与苗木。种苗质量应符合 GB 11767 中规定的 I、Ⅱ级标准。禁止使用基因工程繁育的种子和苗木。

2. 茶树种植方法

采用单行或双行条栽方法种植，坡地茶园等高种植。种植前施足有机底肥，深度为 30~40cm。

3. 茶园生态建设

茶园四周和茶园内不适合种茶的空地应植树造林，茶园的上风口应营造防护林。主要道路、沟渠两边种植行道树，梯壁坎边种草。低纬度低海拔茶区集中连片的茶园可因地制宜种植遮阳树，遮光率控制在 20%~30%。对缺丛断行严重、密度较低的茶园，通过补植缺株，合理剪、采、养等措施提高茶园覆盖率。对坡度过大、水土流失严重的茶园应退茶还林或还草。重视生产基地病虫草害天敌等生物及其栖息地的保护，增进生物多样性。每隔 2~3hm^2 茶园设立一个地头积肥坑。并提倡建立绿肥种植区，尽可能为茶园提供有机肥源。制定和实施有针对性的土壤培肥计划，病、虫、草害防治计划和生态改善计划等。建立完善的农事活动档案，包括生产过程中肥料、农药的使用和其他栽培管理措施。

五、茶园土壤管理技术规程

茶园土壤管理涉及的标准主要有 GB/Z 26576—2011《茶叶生产技术规范》、NY/T 5018—2015《茶叶生产技术规程》、NY/T 3168—2017《茶叶良好农业规范》、NY/T 5197—2002《有机茶生产技术规程》等。

（一）GB/Z 26576—2011《茶叶生产技术规范》

采用地面覆盖等措施提高茶园的保土蓄水能力。杂草、修剪枝叶和作物秸秆等覆盖材料应未受有害或有毒物质的污染。采用合理耕作、施用有机肥、种植绿肥等方法改良土壤结构。土壤 pH 低于 4.0 的茶园，宜施用白云石粉、石灰等物质调节土壤 pH 至 4.5~5.5。土壤 pH 高于 6.0 的茶园应多选用生理酸性肥料调节土壤 pH 至适宜的范围。

（二）NY/T 5018—2015《茶叶生产技术规程》

定期监测土壤肥力水平和重金属元素含量，每 3 年检测 1 次。根据检测结果，有针对性地采取土壤改良措施。对于土壤重金属等污染物含量超标的茶园应退茶还林。采用地面覆盖等措施提高茶园的保土、保肥和蓄水能力，植物源覆盖材料（草、修剪枝叶和作物秸秆等）应未受有害或有毒物质的污染。采用合理耕作、施用有机肥等方法改良土壤结构。耕作时应考虑当地降水条件，防止水土流失。土壤深厚、松软、肥沃、树冠覆盖度大，病虫草害少的茶园可实行减耕或免耕。幼龄或台刈改造茶园，宜间作豆科绿肥或高光效牧草等，适时刈割。土壤 pH 低于 4.0 的茶园，宜施用白云石粉、石灰等物质调节土壤 pH 至 4.0~5.5。土壤 pH 高于 6.0 的茶园应多选用生理酸性肥料调节土壤 pH 至适宜的范围。土壤相对含水量低于 70%时，宜节水灌溉，灌溉用水水质应符合 GB 5084 中旱作的规定。

（三）NY/T 3168—2017《茶叶良好农业规范》

1. 土壤评价

新建茶园应进行土壤适宜性评价。已建茶园应对土壤重金属和农药残留进行调查，对重金属和农药残留超标的土壤进行修复或改种其他林木。

2. 茶园耕作

根据茶园土壤状况、茶树长势和茶叶生产采取适当的耕作方式。对土壤疏松、茶树合理密植且长势良好的茶园可以适当免耕。

3. 茶园铺草

行间宜采用未污染的稻草、麦秆、豆秸等覆盖，合理种植绿肥，以利保水、抑制杂草生长、增加土壤有机质含量。

4. 肥力检测

茶园的土壤至少每 2 年检测一次肥力水平，根据检测结果，有针对性地制订合理的施肥方案。

（四）NY/T 5197—2002《有机茶生产技术规程》

定期监测土壤肥力水平和重金属元素含量，一般要求每两年检测一次。根据检测结果，有针对性地采取土壤改良措施。采用地面覆盖等措施提高茶园的保土蓄水能力。将修剪枝叶和未结籽的杂草作为覆盖物，外来覆盖材料如作物秸秆等应未受有害或有毒物质的污染。

采取合理耕作、多施有机肥等方法改良土壤结构。耕作时应考虑当地降水条件，防止水土流失。对土壤深厚、松软、肥沃，树冠覆盖度大，病虫草害少的茶园可实行减耕或免耕。提倡放养蚯蚓和使用有益微生物等生物措施改善土壤的理化和生物性状，但微生物不能是基因工程的产品。行距较宽、幼龄和台刈改造的茶园，优先间作豆科绿肥，以培肥土壤和防止水土流失，但间作绿肥或作物必须按有机农业生产方式栽培。

土壤 pH 低于 4.5 的茶园施用白云石粉等矿物质，而高于 6.0 的茶园可使用硫黄粉调节土壤 pH 至 4.5~6.0。土壤相对含水量低于 70%时，茶园宜节水灌溉。灌溉用水符合 NY 5199 的要求。

六、茶园施肥技术规程

茶园施肥涉及的标准主要有 GB/Z 26576—2011《茶叶生产技术规范》、NY/T

5018—2015《茶叶生产技术规程》、NY/T 3168—2017《茶叶良好农业规范》、NY/T 5197—2002《有机茶生产技术规程》等。

（一）GB/Z 26576—2011《茶叶生产技术规范》

1. 肥料

应从正规渠道采购合格肥料。不应采购非法销售点销售的肥料和超过保质期的肥料。肥料应妥善贮存，将其存放于清洁、干燥的地方，与农药隔开存放；不应与苗木、农产品存放在一起。

2. 施肥

根据土壤理化性质、茶树长势、预计产量、茶叶品种和气候等条件，确定合理的肥料种类、数量和施肥时间，实施茶园平衡施肥。化学肥料与有机肥料应配合使用，避免单纯使用化学肥料或矿物源肥料。农家肥等有机肥料施用前应经无害化处理。

（二）NY/T 5018—2015《茶叶生产技术规程》

根据土壤理化性质、茶树长势、预计产量、制茶类型和气候等条件，确定合理的肥料种类、数量和施肥时间，实施茶园测土平衡施肥，基肥和追肥配合施用。一般成龄采摘茶园全年每亩（667m^2）氮肥（按纯 N 计）用量 20～30kg、磷肥（按 P$_2$O$_5$计）4～8kg、钾肥（按 K$_2$O 计）6～10kg。

宜多施有机肥料，化学肥料与有机肥料应配合使用，避免单纯使用化学肥料和矿物源肥料。茶园使用的有机肥料、复混肥料（复合肥料）、有机-无机复混肥料、微生物肥料应分别符合 NY 525—2012《有机肥料》、GB 15063—2009《复混肥料（复合肥料）》、GB 18877—2009《有机-无机复混肥料》、NY 227—1994《微生物肥料》的规定；农家肥施用前应经渥（沤）堆等无害化处理。

基肥于当年秋季采摘结束后施用，有机肥与化肥配合施用；平地和宽幅梯级茶园在茶行中间、坡地和窄幅梯级茶园于上坡位置或内侧方向开沟深施，深度 20cm 以上，施肥后及时盖土。一般每亩基肥施用量（按纯氮计）6～12kg（占全年的 30%～40%）。根据土壤条件，配合施用磷肥、钾肥和其他所需营养。

追肥结合茶树生育规律进行，时间在各季茶叶开采前 20～40d 施用，以化肥为主，开沟施入，沟深 10cm 左右，开沟位置与前述基肥的要求相同，施肥后及时盖土。追肥氮肥施用量（按纯氮计）每次每亩不超过 15kg。

茶树出现营养元素缺乏时可以使用叶面肥，施用的商品叶面肥应经农业部登记许可，符合 GB/T 17419—2018《含有机质叶面肥料》、GB/T 17420—1998《微量元素叶面肥料》的规定。叶面肥应与土壤施肥相结合，采摘前 10d 停止使用。

（三）NY/T 3168—2017《茶叶良好农业规范》

应采用茶叶营养诊断分析施肥或测土配方施肥技术，科学合理施肥。以有机肥为主，有机无机相结合；以氮肥为主，氮、磷、钾和微肥相结合；重施基肥，基肥与追肥相结合。

肥料使用应符合 NY/T 496—2010《肥料合理使用准则　通则》的要求。禁止使用工业垃圾、医院垃圾、城镇生活垃圾、污泥和重金属、抗生素超标的粪便。动物粪便和其他有机物在完全腐熟后才能作为肥料使用。叶面肥喷施后采摘间隔期应符合使用说明的要求，至少 7d 以上。

应建立和保存肥料使用记录，主要内容包括：肥料名称、生产企业、类型及数量、施肥日期、施肥地点、面积、施肥用量、施肥机械的类型、施肥方法、操作者姓名等信息。

施肥机械状态良好，且每年至少校验 1 次。用毕的施肥器具、运输工具和包装用品等应清洗或回收。

（四）NY/T 5197—2002《有机茶生产技术规程》

1. 肥料种类

有机肥，指无公害化处理的堆肥、沤肥、厩肥、沼气肥、绿肥、饼肥及有机茶专用肥。但有机肥料的污染物质含量应符合表 7-25 的规定，并经有机认证机构的认证。矿物源肥料、微量元素肥料和微生物肥料，只能作为培肥土壤的辅助材料。微量元素肥料在确认茶树有潜在缺素危险时作叶面肥喷施。微生物肥料应是非基因工程产物，并符合 NY 227《微生物肥料》的要求。禁止使用化学肥料和含有毒、有害物质的城市垃圾、污泥和其他物质等。土壤培肥过程中允许和限制使用的物质见表7-26。

2. 施肥方法

基肥一般每亩施农家肥 1000~2000kg，或用有机肥 200~400kg，必要时配施一定数量的矿物源肥料和微生物肥料，于当年秋季开沟深施，施肥深度 20cm 以上。

追肥可结合茶树生育规律进行多次，采用腐熟后的有机肥，在根际浇施；或每亩每次施商品有机肥 100kg 左右，在茶叶开采前 30~40d 开沟施入，沟深 10cm 左右，施后覆土。

叶面肥根据茶树生长情况合理使用，但使用的叶面肥必须在农业部登记并获得有机认证机构的认证。叶面肥料在茶叶采摘前 10d 停止使用。

表 7-25 商品有机肥料污染物质允许含量

项目	浓度限值/（mg/kg）
砷 ≤	30
汞 ≤	5
镉 ≤	3
铬 ≤	70
铅 ≤	60
铜 ≤	250
六六六 ≤	0.2
滴滴涕 ≤	0.2

表 7-26 有机茶园允许和限制使用的土壤培肥和改良物质

类别	名称	使用条件
有机农业体系生产的物质	农家肥	允许使用
	茶树修剪枝叶	允许使用
	绿肥	允许使用
非有机农业体系生产物质	茶树修剪枝叶、绿肥和作物秸秆	限制使用
	农家肥（包括堆肥、沤肥、厩肥、沼气肥、家畜粪尿等）	限制使用
	饼肥（包括菜籽饼、豆籽饼、棉籽饼、芝麻饼、花生饼等）	未经化学方法加工的允许使用
	充分腐熟的人粪尿	只能用于浇施茶树根部，不能用作叶面肥
	未经化学处理木材产生的材料、树皮、锯屑、刨花、木灰和木炭等	限制使用
	海草及其用物理方法生产的产品	限制使用
	未掺杂防腐剂的动物血、肉、骨头和皮毛	限制使用
	不含合成添加剂的食品工业副产品	限制使用
	鱼粉、骨粉	限制使用
	不含合成添加剂的泥炭、褐炭、风化煤等含腐殖酸类的物质	允许使用
	经有机认证机构认证的有机茶专用肥	允许使用
矿物质	白云石粉、石灰石和白垩	用于严重酸化的土壤
	碱性炉渣	限制使用，只能用于严重酸化的土壤
	低氯钾矿粉	未经化学方法浓缩的允许使用
	微量元素	限制使用，只作叶面肥使用
	天然硫黄粉	允许使用
	镁矿粉	允许使用
	氯化钙、石膏	允许使用
	窑灰	限制使用，只能用于严重酸化的土壤
	磷矿粉	镉含量不大于 90mg/kg 的允许使用
	泻盐类（含水硫酸岩）	允许使用
	硼酸岩	允许使用

续表

类别	名称	使用条件
其他物质	非基因工程生产的微生物肥料（固氮菌、根瘤菌、磷细菌和硅酸盐细菌肥料等）	允许使用
	经农业部登记和有机认证的叶面肥	允许使用
	未污染的植物制品及其提取物	允许使用

七、茶园灌溉技术规程

茶园灌溉涉及的标准主要是 NY/T 3168—2017《茶叶良好农业规范》。

该标准规定了茶园灌溉应根据天气、土壤含水量、茶叶生长状态和茶园条件制订合理的灌溉方案。灌溉方法除采用地面沟渗灌外，尽量采用滴灌、微喷和带状喷灌等节水灌溉措施。应结合农艺措施提高灌溉效率。茶园应避免涝害，周围不应有渍水，降水量大时应及时排水。

建立灌溉操作记录，包括地块名称、品种名称、灌溉日期、用水量、操作者姓名等信息。

八、茶树修剪技术规程

茶树修剪涉及的标准主要有 NY/T 5018—2015《茶叶生产技术规程》、NY/T 3168—2017《茶叶良好农业规范》、NY/T 5197—2002《有机茶生产技术规程》等。

（一）NY/T 5018—2015《茶叶生产技术规程》

根据茶树的树龄、长势和修剪目的分别采用定型修剪、轻修剪、深修剪、重修剪和台刈等方法，培养优化型树冠，复壮树势。重修剪和台刈改造的茶园应清理树冠，宜使用波尔多液冲洗枝干，防治苔藓和剪口病菌感染等。覆盖度较大的茶园，每年进行茶行边缘修剪，相邻茶行树冠外缘保持 20cm 左右的间距。修剪枝叶留在茶园内，病虫枝条清出茶园。

（二）NY/T 3168—2017《茶叶良好农业规范》

根据茶树的生育周期、茶树生长状况和气候条件制订合理的修剪方案。修剪应与肥水管理、病虫害防治相结合。建立茶树修剪的操作记录，包括地块或代码、修剪方法、日期、天气、机具、操作人员、病枝无害化处理情况等。建立修剪机具的维修记录。有正确的机具操作指南和机具使用人员培训的记录。

（三）NY/T 5197—2002《有机茶生产技术规程》

根据茶树的树龄、长势和修剪目的分别采用定型修剪、轻修剪、深修剪、重修剪和台刈等方法，培养优化型树冠，复壮树势。覆盖度较大的茶园，每年进行茶树边缘修剪，保持茶行间 20cm 左右的间隙，以利田间作业和通风透光，减少病虫害发生。修剪枝叶应留在茶园内，以利于培肥土壤。病虫枝条和粗干枝清除出园，病虫枝待寄生蜂等天敌逸出后再行销毁。

九、茶园病虫草害防治技术规范

茶园病虫草害防治涉及的标准主要有 GB/Z 26576—2011《茶叶生产技术规范》、GB/T 8321《农药合理使用准则》、NY/T 5018—2015《茶叶生产技术规程》、NY/T 3168—2017《茶叶良好农业规范》、NY/T 5197—2002《有机茶生产技术规程》等。NY/T 2798.6—2015《无公害农产品生产质量安全控制技术规范 第6部分：茶叶》也有相关的规定，但内容与上述标准基本相同。

（一）GB/Z 26576—2011《茶叶生产技术规范》

1. 农药采购

应从正规渠道采购合格的农药。不应采购下列农药：非法销售点销售的农药、无农药登记证或农药临时登记证的农药、无农药生产许可证或者农药生产批准文件的农药、无产品质量标准及合格证明的农药、无标签或标签内容不完整的农药、超过保质期的农药和禁止使用的农药。采购的农药应索取农药质量证明，必要时进行检验。

2. 农药贮藏和剩余农药处理

农药应贮藏于厂区专用仓库。由专人负责保管。仓库应符合防火、卫生、防腐、避光、通风等安全条件要求，并配有农药配制量具、急救药箱，出入口处应贴有警示标志。

未用完农药制剂应保存在其原包装中，并密封贮存于上锁的地方，不用其他容器盛装或分装。未施用完的药液（粉）应在该农药标签许可的情况，可再将剩余药液用完。对于少量的剩余药液，应妥善处理。

农药包装物不应重复使用、乱扔。农药空包装物应清洗3次以上，将其压坏或刺破，防止重复使用，必要时应贴上标签，以便回收处理。空的农药包装物在处置前应安全存放。

3. 有害生物综合防治

遵循"预防为主，综合防治"植保方针。以农业防治、物理防治为基础，优先采用生物防治，辅之化学防治。

茶园主要病虫害有茶尺蠖、假眼小绿叶蝉、茶丽纹象甲、茶橙瘿螨、茶毛虫、黑刺粉虱、茶蚜、茶刺蛾、长白蚧、茶芽枯病、茶白星病等。

农业防治的主要措施有选用品种、适时采摘、合理修剪、茶园翻耕和及时清园等。在换种改植或发展新茶园时，应选用对当地主要病虫抗性较强的品种。向外地引种时，不应将当地尚未发生的危险性病虫随种苗带入。

采摘对栖居在茶树蓬面上的病虫（如假眼小绿叶蝉、叶螨类等）及部分芽叶病害有一定的控制效果，因此提倡机械化采摘。

合理控制茶树高度，春茶采摘后树冠改造，秋末结合施基肥进行茶园翻耕，将茶园根际附近的落叶及表土清理至行间深埋等措施，可有效防治叶病类和减轻在土壤中越冬害虫的发生。

物理防治主要有灯光诱杀、人工捕杀和除草等。利用害虫的趋光性，在其成虫发生期，田间点灯诱杀可降低害虫的发生量。对发生较轻、危害中心明显及有假死性的害虫，采用人工捕杀。宜采用机械或人工方法防除杂草。

生物防治主要是保护和利用当地主要的有益生物及优势种群。

化学防治应符合 GB/T 8321《农药合理使用准则》等的要求。同时加强病虫害的测报，及时掌握病虫害的发生动态。加强茶树病虫的测报，及时掌握病虫害的发生动态。应掌握防治适期施药、安全间隔期和施药次数，降低农药用量。改进施药技术，提倡低容量喷雾，一般树冠表面害虫实行扫喷；茶丛中下部害虫，提倡侧位低容量喷雾。茶园病虫害防治用药方案见表 7-27。为避免或减缓有害生物抗药性的产生，可轮换使用农药品种。

4. 劳动保护

施药人员施药时，应穿着防护服。

（二）GB/T 8321《农药合理使用准则》

国家标准《农药合理使用准则》共有 10 个标准，分别是 GB/T 8321.1—2000、GB/T 8321.2—2000、GB/T 8321.3—2000、GB/T 8321.4—2006、GB/T 8321.5—2006、GB/T 8321.6—2000、GB/T 8321.7—2002、GB/T 8321.8—2007、GB/T 8321.9—2009 和 GB/T 8321.10—2018。标准涉及主要农作物的病虫草害防治用药，包括茶树或茶叶。

表 7-27　　　　　　　　　　　　茶叶主要有害生物防治方案

防治对象	防治适期	防治指标	用药方案	兼治	安全间隔期及每季最多使用次
茶尺蠖	在 3 龄前幼虫期	成龄投产茶园；每平方米幼虫量 7 头以上	方案一：35% 硫丹乳油 1000～1400 倍液喷雾； 方案二：2.5%联苯菊酯乳油 6000～8000 倍液喷雾； 方案三：2.5%溴氰菊酯乳油 800～1500 倍液喷雾	假眼小绿叶蝉	硫丹：7d，1 次 联苯菊酯：7d，1 次 溴氰菊酯：5d，1 次 敌敌畏：6d，2 次
茶毛虫	3 龄前幼虫期	百叶虫卵块 5 个以上	方案一：80%敌敌畏乳油 1500 倍液喷雾； 方案二：2.5%联苯菊酯乳油 6000～8000 倍液喷雾	黑刺粉虱	吡虫啉：30d，2 次 马拉硫磷 10d，1 次
茶蚜	发生高峰期。一般为 5 月上中旬和 9 月下旬至 10 月中旬	有蚜芽梢率 4%～5%，芽下二叶有蚜叶上平均虫口 20 头	10%吡虫啉乳油 3000～4000 倍液喷雾	眼小绿叶蝉	哒螨灵：5d，1 次

续表

防治对象	防治适期	防治指标	用药方案	兼治	安全间隔期及每季最多使用次
刺蛾	2、3龄幼虫期	幼虫数幼龄茶园每平方米10头，成龄茶园每平方米15头	方案一：80%敌敌畏乳油1500倍液喷雾； 方案二：2.5溴氰菊酯乳油800～1500倍液喷雾	蚧类	多菌灵：14d，2次 甲基硫菌灵：14d，2次
蚧类	卵孵化盛末期	卵孵化盛末期调查，百叶若虫量在150头以上	方案一：45%马拉硫磷1000倍液喷雾； 方案二：10%吡虫啉乳油3000～4000倍液喷雾 方案三：2.5%溴氰菊酯乳油800～1500倍液喷雾	甲基硫菌灵	草甘膦：1次 百草枯：次
茶丽纹象甲	成虫出土盛末期	成龄投产茶园每平方米虫量在15头以上	2.5%联苯菊酯乳油6000～8000倍液喷雾	黑刺粉虱、茶毛虫	
茶橙瘿螨	发生高峰期以前。一般为5月中旬至6月上旬，8月下旬至9月上旬	中小叶种的茶叶每平方米平均虫量17头	15%哒螨灵乳油2000～4000倍液喷雾	茶蚜	硫丹：7d，1次 联苯菊酯：7d，1次 溴氰菊酯：5d，1次 敌敌畏：6d，2次
黑刺粉虱	卵孵化盛末期	小叶种2~3头/叶，大叶种4～7头7时	方案一：10州吡虫啉乳油3000～4000倍液喷雾； 方案二：2.5%联苯菊酯乳油6000～8000倍液喷雾	茶丽纹象甲 茶毛虫	吡虫啉：30d，2次 马拉硫磷10d，1次 哒螨灵：5d，1次
茶芽枯病	春茶初期，老叶发病率4%～6%时	叶罹病率4%~6%	方案一：50%多菌灵乳油800～1000倍液喷雾； 方案二：70%甲基硫菌灵可湿性粉剂1000～1500倍液喷雾	茶白呈病、茶褐色叶斑病	多菌灵：14d，2次 甲基硫菌灵：14d，2次

防治对象	防治适期	防治指标	用药方案	兼治	安全间隔期及每季最多使用次
杂草	夏、秋季	杂草生长高峰期	方案一：41% 草甘膦乳油 150 倍液定向喷雾； 方案二：20% 百草枯乳油 200 倍液定向喷雾		草甘膦：1次 百草枯：1次

注：由于标准是 2011 年制定的，因此表中的部分农药已禁止使用。

（三）NY/T 5018—2015《茶叶生产技术规程》

1. 防治原则

遵循"预防为主，综合治理"方针，从茶园整个生态系统出发，综合运用各种防治措施，创造不利于病虫草等有害生物滋生和有利于各类天敌繁衍的环境条件，保持茶园生态系统的平衡和生物的多样性，将有害生物控制在允许的经济阈值以下，将农药残留降低到规定标准的范围。

2. 农业防治

换种改植或发展新茶园时，应选用对当地主要病虫抗性较强的品种。分批、多次、及时采摘，抑制假眼小绿叶蝉、茶橙瘿螨、茶白星病等为害芽叶的病虫。采用深修剪或重修剪等技术措施，减轻毒蛾类、蚧类、黑刺粉虱等害虫的为害，控制螨类的越冬基数。秋末宜结合施基肥，进行茶园深耕，减少翌年在土壤中越冬的鳞翅目和象甲类害虫的种群密度。清理病虫危害茶树根际附近的落叶和翻耕表土，减少茶树病原菌和在表土中害虫的越冬场所。

3. 物理防治

采用人工捕杀，减轻茶毛虫、茶蚕、蓑蛾类、茶丽纹象甲等害虫为害。利用害虫的趋性，进行灯光诱杀、色板诱杀或异性诱杀。采用机械或人工方法防除杂草。

4. 生物防治

保护和利用当地茶园中的草蛉、瓢虫、蜘蛛、捕食螨、寄生蜂等有益生物，减少人为因素对天敌的伤害。宜使用生物源农药如微生物农药、植物源农药和矿物源农药。所使用的生物源农药和矿物源农药应通过农业部登记许可。

5. 化学防治

严格按制订的防治指标（经济阈值），掌握防治适期施药。宜一药多治或农药的合理混用，有限制地使用低毒、低残留、低水溶解度的农药，限制使用高水溶性农药，所使用农药应通过农业部茶叶上使用登记许可。茶园主要病虫害的防治指标、防治适期及推荐使用药剂参见表 7-28。茶园可使用的农药品种及其安全使用标准参见表 7-29。

宜低容量喷雾。一般蓬面害虫实行蓬面扫喷，茶丛中下部害虫提倡侧位低容量喷雾。严格按照 GB/T 8321《农药合理使用准则》等的规定控制施药量（表 7-29）。在茶园冬季管理结束后，用石硫合剂进行封园。禁止使用国家公告禁限止高毒、高残留农药和撤销茶树上使用登记许可的农药。

施药操作人员应做好防护，防止农药中毒。妥善保管农药，妥善处理使用后的药瓶、药袋和剩余药剂。

表 7-28　　茶树主要病虫害的防治指标、防治适期及推荐使用药剂

病虫害名称	防治指标	防治适期	推荐使用药剂
茶尺蠖	成龄投产茶园：幼虫量每平方米 7 头以上	喷施茶尺蠖病毒制剂应掌握在 1~2 龄幼虫期，喷施化学农药或植物源农药掌握在 3 龄前幼虫期	茶尺蠖病毒制剂、鱼藤酮、苦参碱、联苯菊酯、氯氰菊酯、溴氰菊酯、除虫脲、茚虫威、阿立卡
茶黑毒蛾	第一代幼虫量每平方米 4 头以上；第二代幼虫量每平方米 7 头以上	3 龄前幼虫期	Bt 制剂、苦参碱、溴氰菊酯、氯氰菊酯、联苯菊酯、除虫脲、茚虫威、阿立卡、溴虫腈
假眼小绿叶蝉	第一峰百叶虫量超过 6 头或每平方米虫量超过 15 头；第二峰叶虫量超过 12 头或每平方米虫量百超过 27 头	施药适期掌握在入峰后（高峰前期），且若虫占总量的 80% 以上	白僵菌制剂、鱼藤酮、杀螟丹、联苯菊酯、氯氰菊酯、三氟氯氰菊酯、溴虫腈、茚虫威
茶橙瘿螨	每平方厘米叶面积有虫 3~4 头，或指数值 6~8	发生高峰期以前，一般为 5 月中旬至 6 月上旬，8 月下旬至 9 月上旬	克螨特、四螨嗪、溴虫腈
茶丽纹象甲	成龄投产茶园每平方米虫量 15 头以上	成虫出土盛末期	白僵菌、杀螟丹、联苯菊酯、茚虫威、阿立卡
茶毛虫	百丛卵块 5 个以上	3 龄前幼虫期	茶毛虫病毒制剂、Bt 制剂、溴氰菊酯、氯氰菊酯、除虫脲、溴虫腈、茚虫威
黑刺粉虱	小叶种 2~3 头/叶，大叶种 4~7 头/时	卵孵化盛末期	粉虱真菌、溴虫腈
茶蚜	有蚜芽梢率 4%~5%，芽下二叶有蚜叶上平均虫口 20 头	发生高峰期，一般为 5 月上中旬和 9 月下旬至 10 月中旬	溴氰菊酯、茚虫威
茶小卷叶蛾	1、2 代，采摘前，每平方米茶丛幼虫数 8 头以上；3、4 代每平方米幼虫量 15 头以上	1、2 龄幼虫期	溴氰菊酯、三氟氯氰菊酯、氯氰菊酯、茚虫威
茶细蛾	百芽梢有虫 7 头以上	潜叶、卷边期（1~3 龄幼虫期）	苦参碱、溴氰菊酯、三氟氯氰菊酯、氯氰菊酯、茚虫威

续表

病虫害名称	防治指标	防治适期	推荐使用药剂
茶刺蛾	每平方米幼虫数幼龄茶园 10 头、成龄茶园 15 头	2、3 龄幼虫期	参照茶尺蠖
茶芽枯病	叶罹病率 4%～6%	春茶初期，老叶发病率 4%～6%时	石灰半量式波尔多液、甲基托布津
茶白星病	叶罹病率 6%	春茶期，气温在 16～24℃，相对湿度 80% 以上；或叶发病率 >6%	石灰半量式波尔多液、甲基托布津
茶饼病	芽梢罹病率 35%	春、秋季发病期，5d 中有 3d 上午日照 <3 小时，或降水量 >2.5～5mm；芽梢发病率 >35%	石灰半量式波尔多液、多抗霉素、百菌清
茶云纹叶枯病	叶罹病率 44%；成老叶罹病率 10%～15%	6 月、8～9 月发生盛期，气温 >28℃，相对湿度 >80% 或叶发病率 10%～15% 施药防治	石灰半量式波尔多液、甲基托布津

表 7-29　　　　　　茶园可使用的农药品种及其安全使用标准

农药品种	每亩使用剂量/g（或 mL）	安全间隔期稀释倍数	安全间隔期稀释倍数	施药方法、每季最多使用次数
2.5%二氧氢氧菊酯乳油	12.0～20	4000～6000	0	喷雾 1 次
2.5%联苯菊酯乳油	12.5～25	3000～6000	6	喷雾 1 次
10%氯氰菊酯乳油	12.5～20	4000～6000	7	喷雾 1 次
2.5%溴氰菊酯乳油	12.5～20	4000～6000	5	喷雾 1 次
20%四螨嗪悬浮剂	50～75	1000	10*	喷雾 1 次
15%茚虫威乳油	12～18	2500～3000	10～14	喷雾 1 次
24%溴虫腈悬浮剂	20～30	1500～1800	7	喷雾 1 次
22%噻虫嗪高效氯氟氰菊酯微囊悬浮剂（阿立卡）	8～10	6000	7	喷雾
0.5%苦参碱乳油	75	1000	7*	喷雾
2.5%鱼藤酮乳油	150～250	300～500	7	喷雾
20%除虫脲悬浮剂	20	2000	7～10	喷雾 1 次
99%矿物油乳油	300～000	100～200	5	喷雾 1 次

续表

农药品种	每亩使用剂量/g（或 mL）	安全间隔期稀释倍数	安全间隔期稀释倍数	施药方法、每季最多使用次数
Bt 制剂（1600IU）	75	1000	3*	喷雾 1 次
茶尺蠖病毒制剂（0.2 亿 PIB/mL）	50	1000	3*	喷雾 1 次
茶毛虫病毒制剂（0.2 亿 PIB/mL）	50	1000	3*	喷雾 1 次
白僵菌制剂（100 亿孢子/g）	100	500	3*	喷雾 1 次
粉虱真菌制剂（10 亿孢子/g）	100	200	3*	喷雾 1 次
45%晶体石硫合剂	300~500	150~200	封园防治；采摘期不宜使用	喷雾
石灰半量式波尔多液（0.6%）	75000	—	采摘期不宜使用	喷雾
75%百菌清可湿性粉剂	75~100	800~1000	10	喷雾
70%甲基托布津可湿性粉剂	50~70	1000~1500	10	喷雾

＊表示暂时执行的标准。

（四）NY/T 3168—2017《茶叶良好农业规范》

1. 防治原则

根据茶树病虫草害预测预报和实际发生情况，有针对性地采取科学合理的综合防治技术措施。实施绿色防控，以农业防治和物理防治为基础，提倡生物防治，科学使用化学防治。

2. 农业防治

采取冬季清园、清除枯枝和病虫枝叶、合理采摘、修剪、耕作、科学施肥和防治杂草等措施抑制病虫草害发生。

3. 物理防治

根据害虫生物学特性，利用诱虫板、频振式杀虫灯等方法诱杀害虫，采用摘除、刀刮等人工捕杀害虫的方法。

4. 生物防治

创造有利于天敌的生态环境，保护和利用茶园中的瓢虫、蜘蛛、捕食螨、寄生蜂等有益生物。利用捕食性和寄生性天敌昆虫或益螨防治虫害，如放养赤眼蜂，盲蝽等。使用生物源农药，如微生物农药、植物源农药。

5. 化学防治

合理选择农药品种。注意不同作用机理的农药交替使用和合理混用，避免产生抗药性。农药的使用应严格按照 GB/T 8321《农药合理使用准则》的要求及农药标准相关规定的使用量和安全间隔期操作。采收时应确保所有农药已过安全间隔期，应建立农药购货渠道和使用记录，主要内容包括；品种、种植基地名称、种植面积、农药名称、防治对象、使用日期、天气情况，农药使用量、施用器械、施用方式，安全间隔期及操作人签名等信息。记录所有农药使用后人员再次进入喷药区的时间。

应有农药配制的专用区域，并有相应的配药设施．农药配制、施用时间和方法、施药器械选择和管理、安全操作，剩余农药的处理、废容器和废包装的处理按照 NY/T 1276 的规定执行。

（五）NY/T 5197—2002《有机茶生产技术规程》

1. 防治原则

遵循防重于治的原则，从整个茶园生态系统出发，以农业防治为基础，综合运用物理防治和生物防治措施，创造不利于病虫草害滋生而有利于各类天敌繁衍的环境条件，增进生物多样性，保持茶园生物平衡，减少各类病虫草害所造成的损失。

2. 农业防治

换种改植或发展新茶园时，选用对当地主要病虫抗性较强的品种。分批多次采茶，采除假眼小绿叶蝉、茶橙瘿螨、茶白星病等危害芽叶的病虫，抑制其种群发展。通过修剪，剪除分布在茶丛中上部的病虫。秋末结合施基肥，进行茶园深耕，减少土壤中越冬的鳞翅目和象甲类害虫的数量。将茶树根际落叶和表土清理至行间深埋，防治叶病和在表土中越冬的害虫。

3. 物理防治

采用人工捕杀，减轻茶毛虫、茶蚕、蓑蛾类、卷叶蛾类、茶丽纹象甲等害虫的危害。利用害虫的趋性，进行灯光诱杀、色板诱杀、性诱杀或糖醋诱杀。采用机械或人工方法防除杂草。

4. 生物防治

保护和利用当地茶园中的草蛉、瓢虫和寄生蜂等天敌昆虫，以及蜘蛛、捕食螨、蛙类、蜥蜴和鸟类等有益生物，减少人为因素对天敌的伤害。允许有条件地使用生物源农药，如微生物源农药、植物源农药和动物源农药。

5. 农药使用准则

禁止使用和混配化学合成的杀虫剂、杀菌剂、杀螨剂、除草剂和植物生长调节剂。植物源农药宜在病虫害大量发生时使用。矿物源农药应严格控制在非采茶季节使用。

另外，从国外或外地引种时，必须进行植物检疫，不得将当地尚未发生的危险性病虫草随种子或苗木带入。有机茶园主要病虫害及防治方法见表7–30。有机茶园病虫病防治允许、限制使用的物质与方法见表7–31。

表 7–30　　　　　　　　　　有机茶园主要病虫害及其防治方法

病虫害名称	防治时期	防治措施
假眼小绿叶蝉	5~6月和8~9月若虫盛发期，百叶虫口；夏茶5~6头、秋茶>10头时施药防治	1. 分批多次采茶，发生严重时可机采或轻修剪； 2. 湿度大的天气，喷施白僵菌制剂； 3. 秋末采用石硫合剂封园； 4. 可喷施植物源农药：鱼藤酮、清源保

续表

病虫害名称	防治时期	防治措施
茶毛虫	各地代数不一,防治时期有异。一般在5~6月中旬和8~9月。幼虫3龄前施药	1. 人工摘除越冬卵块或人工摘除群集的虫叶;结合清园,中耕消灭茧蛹;灯光诱杀成虫; 2. 幼虫期喷施茶毛虫病毒制剂; 3. 喷施Bt制剂或用植物源农药:鱼藤酮、清源保
茶尺蠖	年发生代数多,以第3、4、5代(6~8月下旬)发生严重,每平方米幼虫数>7头幼即应防治	1. 组织人工挖蛹,或结合冬耕施基肥深埋虫蛹; 2. 灯光诱杀成虫; 3. 1~2龄幼虫期喷施茶尺蠖病毒制剂; 4. 喷施Bt制剂;或喷施植物源农药:鱼藤酮、清源保
茶橙瘿螨	5月中下旬和8~9月发现个别枝条有为害状的点片发生时,即应施药	1. 勤采春茶; 2. 发生严重的茶园,可喷施矿物源农药:石硫合剂、矿物油
茶丽纹象甲	5~6月下旬,成虫盛发期	1. 结合茶园中耕与冬耕施基肥,消灭虫蛹; 2. 利用成虫假死性人工振落捕杀; 3. 幼虫期土施白僵菌制剂或成虫期喷施白僵菌制剂
黑刺粉虱	江南茶区5月中下旬、7月中旬和9月下旬至10月上旬	1. 及时疏枝清园、中耕除草,使茶园通风透光; 2. 湿度大的天气喷施粉虱真菌制剂; 3. 喷施石硫合剂封园
茶饼病	春、秋季发病期,5d中有3d上午日照<3h,或降雨量2.5~5mm芽梢发病率>35%	1. 秋季结合深耕施肥,将根际枯枝落叶深埋土中; 2. 喷施多抗霉素; 3. 喷施波尔多液

表7-31   有机茶园病虫害防治允许和限制使用的物质与方法

种类		名称	使用条件
生物源农药	微生物源农药	多抗霉素(多氧霉素)	限量使用
		浏阳霉素	限量使用
		华光霉素	限量使用
		春雷霉素	限量使用
		白僵菌	限量使用
		绿僵菌	限量使用
		苏云金杆菌	限量使用
		核型多角体病毒	限量使用
		颗粒体病毒	限量使用

种类		名称	使用条件
生物源农药	动物源农药	性信息素	限量使用
		寄生性天敌动物，如赤眼蜂、昆虫病原线虫	限量使用
		捕食性天敌动物，如瓢虫、捕食螨、天敌蜂蛛	限量使用
	植物源农药	苦参碱	限量使用
		鱼藤酮	限量使用
		除虫菊素	限量使用
		印楝素	限量使用
		苦楝素	限量使用
		川楝素	限量使用
		植物油	限量使用
		烟叶水	只限于非采茶季节
矿物源农药		合硫合剂	非生产季节使用
		硫悬浮剂	非生产季节使用
		可湿性硫	非生产季节使用
		硫酸铜	非生产季节使用
		石灰半量式波尔多液	非生产季节使用
		石油乳油	非生产季节使用
其他物质和方法		二氧化碳	允许使用
		明胶	允许使用
		糖醋	允许使用
		卵磷脂	允许使用
		蚁酸	允许使用
		软皂	允许使用
		热表消毒	允许使用
		机械诱捕	允许使用
		灯光诱捕	允许使用
		色板诱杀	允许使用
		漂白粉	限制使用
		生石灰	限制使用
		硅藻土	限制使用

十、鲜叶采收和贮运技术规程

鲜叶采收和贮运涉及的标准主要有 GB/Z 26576—2011《茶叶生产技术规范》、NY/T 5018—2015《茶叶生产技术规程》、NY/T 2798.6—2015《无公害农产品生产质量安全控制技术规范 第6部分：茶叶》、NY/T 3168—2017《茶叶良好农业规范》、NY/T 5197—2002《有机茶生产技术规程》、NY/T 225–1994《机械化采茶技术规程》等。

（一）GB/Z 26576—2011《茶叶生产技术规范》

茶树鲜叶应在适当的卫生条件下适时采摘。采茶机械应使用无铅汽油和机油，防止污染鲜叶、茶树和土壤。

（二）NY/T 5018—2015《茶叶生产技术规程》

1. 茶叶采摘

茶叶采摘应合理采摘，根据茶树生长特性和各茶类对加工原料的要求，遵循采留结合、量质兼顾和因园制宜的原则，按照标准，适时采摘。

手工采茶要求提手采，保持芽叶完整、新鲜、匀净，不夹带鳞片、鱼叶、茶果与老枝叶，不宜捋采和抓采。对发芽整齐，生长势强，采摘面平整的茶园提倡机采；机采作业符合 NY/T 225—1994《机械化采茶技术规程》的要求。采茶机应使用无铅汽油和机油，防止污染茶叶、茶树和土壤。

2. 鲜叶贮运

采用清洁、通风性良好的竹编、网眼茶篮或篓筐盛装鲜叶。采下的茶叶及时运抵茶厂进行加工，防止鲜叶质变和混入有毒、有害物质。

3. 安全间隔期采摘

采茶时期应符合 GB/T 8321《农药合理使用准则》等规定的农药使用安全间隔期要求。

（三）NY/T 2798.6—2015《无公害农产品生产质量安全控制技术规范 第6部分：茶叶》

该标准规定了鲜叶管理环节的主要风险因子及控制措施。鲜叶采摘的主要风险因子是农药残留和非茶类夹杂物。控制措施包括严格遵守使用农药的安全间隔期规定，保持芽叶完整、新鲜、匀净，不应含有非茶类物质，采茶机械使用无铅汽油等。

鲜叶贮运的主要风险因子是灰尘污染和鲜叶劣变，控制措施一是采用清洁、通风性良好的器具，如竹编、网眼茶篮或篓筐等盛装鲜叶，不应使用化肥、农药等包装物盛装鲜叶；二是采摘的鲜叶应及时运抵茶厂进行加工，防止鲜叶质变和混入有毒、有害物质。鲜叶禁止直接摊放在地面。

（四）NY/T 3168—2017《茶叶良好农业规范》

1. 采收前的准备

鲜叶采收前应制订采收的卫生操作规程，包括采收容器、采收工具、鲜叶暂存、鲜叶运输的清洁卫生。应配备采收专用的清洁容器，重复使用的采收工具应定期进行清洗、维护。防止泥土、灰尘、机具燃油等的污染。在工作区域内，应有洗手设施和卫生状况良好的卫生间。卫生间应与采收、包装、贮存场所保持一定距离。采收人员应经过培训，能正确并安全使用工具和机械。确保个人物品及其他杂物没有混入鲜叶。

2. 鲜叶采收

根据茶树长势、制茶要求、市场需求等综合制订合理采收计划，包括采收标准、采收时间、采收方式等。合理采收要兼顾茶树健康生长，避免过度采收。宜分批勤采。禁止捋采和抓采。机采应采用无铅汽油和机油，防止汽油和机油污染茶叶和土壤。

3. 贮运和验收

采摘的鲜叶应按工艺要求及时加工，不能及时加工的要暂时存放在通风、阴凉、干净的地方或专用的保鲜设施中。采摘和运输过程中应采取措施避免日晒、雨淋、挤压和其他原因损伤鲜叶，以免鲜叶红变、劣变的情况发生。鲜叶贮运时，运输工具应清洁卫生，应将机采叶和手采叶分开，晴天叶和雨天叶分开，不同品种的原料分开，不同标准的鲜叶分开。鲜叶按标准等级验收、称量。鲜叶涉及的器具、量具至少每年校准 1 次。

（五）NY/T 5197—2002《有机茶生产技术规程》

鲜叶采摘应根据茶树生长特性和成品茶对加工原料的要求，遵循采留结合、量质兼顾和因树制宜的原则，按标准适时采摘。手工采茶宜采用提手采，保持芽叶完整、新鲜、匀净，不夹带鳞片、茶果与老枝叶。发芽整齐，生长势强，采摘面平整的茶园提倡机采。采茶机应使用无铅汽油，防止汽油、机油污染茶叶、茶树和土壤。采用清洁、通风性良好的竹编网眼茶篮或篓筐盛装鲜叶。采下的茶叶应及时运抵茶厂，防止鲜叶变质和混入有毒、有害物质。采摘的鲜叶应有合理的标签，注明品种、产地、采摘时间及操作方式。

（六）NY/T 225-1994《机械化采茶技术规程》

该标准规定了机采茶园的管理。关于采摘部分，规定了机采的适期和批次，机采前的准备和机采作业等。

应根据标准新梢确定机采适期，红、绿茶和乌龙茶为 60%~80%，边销茶为 80% 左右。采摘批次，大叶种茶区一年采摘 6~7 次，中小叶种茶区一年采摘 4~6 次。

机采前，机手要接受上岗培训，熟读使用说明书，熟悉机械性能，掌握开关机程序、刀片间隙调整、注意事项等操作要领。采茶机械的燃料，汽油机使用 90 号汽油和二冲程汽油机专用机油，并按 20：1（新机最初 20h 为 15：1）的容积比配制，混匀后使用；柴油机使用 0 号柴油。

机采作业时机手根据身高与茶树高、幅度，将机器把手调节到最适位置。每台双人采茶机配备 3~5 人；主机手后退作业，掌握采茶机剪口高度与前进速度；副机手双手紧握机器把手，侧身作业；其他作业者手持集叶袋，协助机手采摘或装运采摘叶。每行茶树来回各采摘一次，去程采过树冠中心线 5~10cm，回程再采去剩余部分，两次采摘高度要保持一致，防止树冠中心部重复采摘。采口高度根据留养要求掌握，留鱼叶采或在上次采摘面上提高 1~2cm 采摘。每台单人采茶机配备 2~3 人；主机手背负采茶机动力，手拿采茶机头，由茶树边缘向中心采摘；副机手手持集叶袋，配合主机手采摘。机采作业中，保持采茶机动力中速动转，每分钟前进 30cm 左右。每隔 1~2h，在刀片注油孔中加注一次机油；每隔 20h 在转动箱注油孔中加注一次高温黄油。机采作业中要注意人、机安全；机手与辅助人员要密切配合，换袋、出叶、调头、换行、间休等非有效作业时间，要关小油门，停止刀片运转，防止伤人。

十一、档案记录和人员管理技术规程

档案记录和人员管理是茶园管理的软件，该项规定和要求对于合理掌握管理技术具有帮助。涉及的标准主要有 NY/T 5018—2015《茶叶生产技术规程》、NY/T 3168—2017《茶叶良好农业规范》等。

（一）NY/T 5018—2015《茶叶生产技术规程》

档案记录包括农资投入品档案、农事操作档案和档案记录的保管。

建立农资投入品档案，包括农药、化肥等投入品采购、入出库和使用档案，应包括投入品成分、来源、使用方法、使用量、使用日期、使用人、防治对象等信息。

建立农事操作管理档案，包括植保措施、土肥管理、修剪、采摘等信息。

档案记录保持 2 年，内容准确、完整、清晰。

（二）NY/T 3168—2017《茶叶良好农业规范》

1. 人员管理

有具备相应专业知识的技术人员，负责技术操作规程的制订、技术指导、培训等工作，必要时可以外聘技术指导人员。有具有茶叶生产相关知识的质量安全管理人员，负责生产过程质量管理与控制。从事投入品使用管理、茶园施肥、病虫草害防治、茶叶加工与包装等关键岗位的人员应经过专门的岗位培训，合格后方可上岗。其中，茶叶加工、包装人员应接受卫生培训，培训内容至少包括个人卫生、着装、个人行为要求等。

2. 职业健康

应制订紧急事故处理、防护服和防护设备的使用维护管理程序。编制简明易懂的紧急事故应对和处理的知识宣传单。每个茶叶生产区域应至少配备 1 名受过应急培训并具有应急处理能力的人员。应为从事特殊工作的人员（如施用农药等）提供完备、完好的防护服（如胶靴、防护服、胶手套、面罩等）。应有专人负责员工健康、安全和福利的监督和管理，对接触农药制品的人员应进行年度身体检查。每年在管理人员与作业人员之间召开关于员工健康、安全和福利的会议。

3. 可追溯系统

（1）生产批号　生产批号作为生产过程各项记录的唯一编码，可包括种植产地、基地名称、产品类型、田块号、收获时间、加工批次等信息内容。批号编制应有文件进行规定，每个批号均有记录。

（2）生产记录　生产记录应如实反映生产真实情况，并能涵盖与产品安全质量相关的生产的全过程。

基本情况记录至少包括：田块/基地分布图，田块图应清楚地表示出基地内田块的大小、位置，并进行田块编号；田块的基本情况，如环境发生重大变化或茶叶生长异常时，应及时监测并记录；灌溉水基本情况，水质发生重大变化或茶叶生长异常时，应及时监测并记录；操作人员岗位分布情况。

生产过程记录至少包括：农事管理记录，主要包括施肥、病虫草害防治、修剪、耕作、灌溉、投入品使用等农事记录，采收、加工、包装、储存等记录。农业投入品管理记录，包括投入品名称、供应商、生产单位、购进、日期和数量；领用、配制、回收及报废处理记录等。

其他记录包括：环境、投入品和产品质量检验记录，农药和肥料的使用应有统一的技术指导和监督记录，生产使用的设施和设备应有定期的维护和检查记录。

记录保存和内部自查：应保存本标准要求的所有记录不少于 2 年；应根据本标准制订自查规程和自查表，至少每年进行 1 次内部自查，保存相关记录；内部自查发现的不符合项目应制订有效的整改措施，付诸实施并编写相关报告。

第 三 节　茶叶加工技术规程

一、鲜叶采收和贮运的质量控制标准

GB/T 20014.12—2008《良好农业规范　第 12 部分：茶叶控制点与符合性规范》和 GH/T 1076—2011《茶叶生产技术规程》，对鲜叶采摘、贮存和运输做出了明确规定和要求，茶叶生产、加工应严格按照国家标准执行。

（一）鲜叶采收　我国茶叶鲜叶的采摘方式有手工采摘和机械采摘两种。

1. 手工采摘

主要包括打顶采摘法、留叶采摘法和留鱼叶采摘法。

（1）打顶采摘法　是一种以留养枝条为主的采摘方法，适用于培养树冠的茶树，一般用于 1~3 龄的幼年茶树，或者更新复壮后 1~2 年的茶树；当茶树的新梢展叶 5 片以上或当新梢即将停止生长时，采摘一芽二叶或一芽三叶，保留基部 3~4 叶（不包括鱼叶）。茶鲜叶采摘时，要做到"采高养低、采顶留侧"，以促进多分枝，扩大充实树冠。

（2）留叶采摘法　又称留养大叶采摘法，是一种以采摘为主，采摘与留养相结合的采摘方法。当茶树的新梢长到一芽三至五叶时，采摘一芽二三叶，保留基部 1~2 片大叶。留叶采摘法既注重茶鲜叶的采摘，又兼顾树冠的培养，达到采养相结合的目的。茶鲜叶采摘时，一般要根据茶树的年龄和长势情况，在茶树新梢的一年生长周期中，选择合适的时期或季节应用合适的留叶采摘法。

（3）留鱼叶采摘法　是名茶、绿茶和大宗红茶最常用的基本采摘方法，一般当茶树的新梢长到 1 芽 1~3 叶时将其采摘，只把鱼叶保留在茶树上。

2. 机械采摘

主要适用于在春茶末期和夏秋茶期间加工大宗茶或乌龙茶的鲜叶原料。

不论是手工采摘，还是机械采摘，都应遵循以下技术要求：

（1）应根据茶树生长特性和各茶类对加工原料的要求，遵循采留结合、量质兼顾和因园制宜的原则，按照标准适时采摘。

（2）手工采摘应为提手采，不宜将采、掐采和抓采。应保持鲜叶完整、匀净，不准将茶梗、老叶及其他非茶物质带入，鲜叶不得重压、日晒。

（3）机械采茶应保证采摘质量。应使用无铅汽油和机油，防止污染茶园、土壤和茶树。

（二）鲜叶运输

鲜叶经采摘后，应盛装在清洁、通风性良好的竹匾、带有网眼茶篮或篓筐内。在茶园进行鲜叶验收时，鲜叶过秤、验收处应设在遮阴的地方，避免阳光长时间暴晒引起鲜叶变质。经验收、过秤的鲜叶，一定要用透气竹筐存放，且要求清洁卫生，竹筐的大小要与运输车货箱相匹配。采后或验收后的鲜叶应及时运抵茶厂，防止变质。在运输过程中，鲜叶应妥善防护，不能直接接触地面，不得日晒、雨淋，以免受到微生物的污染；禁止与其他易污染的物品混运；运输车厢应有足够的空间，保证空气流通。

（三）鲜叶贮存

鲜叶送至茶厂后，应存放在清洁、通风、阴凉的场所，防止混入有毒、有害物质，有条件的可设贮青间。贮青间最好坐南朝北，防止太阳直接照射，保持室内较低温度。室内最好是水泥地面，且有一定的倾斜度，以便于冲洗。

鲜叶送至贮存场所后，要及时摊放在竹篾或摊放架等摊青装置上进行摊凉，防止鲜叶堆积散热而变质，不能将鲜叶直接摊放在地面上。此外，贮青间不允许采工和非加工人员入内，室内应开启吊扇，促进空气流通，定时翻叶。

二、茶叶加工技术规程

（一）茶叶加工总体技术规程

GB/T 20014.12—2008《良好农业规范 第 12 部分：茶叶控制点与符合性规范》于 2008 年 4 月 1 日起正式实施，对茶树种植、茶叶加工过程中，茶园管理、土壤肥力保持、田间操作、植物保护、茶叶加工、包装、运输、贮藏、组织管理等方面制定了具体要求。该标准对于提高我国茶叶品质，改善茶叶生产的安全卫生状况起到了积极推动作用，使茶叶生产体系得以进一步完善，并与国际上农产品生产标准体系接轨。

GB/T 32744—2016《茶叶加工良好规范》以及 GH/T 1077—2011《茶叶加工技术规程》规定了茶叶加工企业的厂区环境、厂房及设施、加工设备与工具、卫生管理、加工过程管理、产品管理、检验、产品追溯与召回、机构与人员、记录和文件管理。该标准的实施，可确保最终茶产品的质量及卫生指标符合有关法规及标准要求。

1. 加工场所

（1）环境条件 应选择地势干燥，水源清洁、充足，日照充分的地方；远离排放"三废"的工业企业，周围不得有粉尘、有害气体、放射性物质和其他扩散性污染源；离开经常喷洒农药的农田 100m 以上，离开交通主干道 20m 以上。

（2）厂区布局 厂区应根据加工规模和产品工艺要求合理布局，应设置与加工产品种类、数量相适应的厂房、仓库和场地；加工区应与生活区和办公区隔离；厂区环境应整洁、干净、无异味；道路应为硬质路面，排水通畅，地面无积水，绿化良好；厂房布局应考虑相互间的地理位置及朝向。锅炉房、厕所应处于生产车间的下风口。仓库应设在干燥处；厂房布局应满足加工工艺对温度、湿度和其他工艺参数的要求，防止毗邻车间相互干扰。

（3）加工车间　加工车间内部布置应与工艺流程和加工规模相适应，能满足工艺、质量和卫生的要求。车间地面应坚固、平整、光洁，有良好的排水系统，便于清洁和清洗；车间墙壁无污垢，墙壁应涂刷浅色无毒涂料，宜用白色瓷砖砌成 1.5m 高的墙裙；应保持车间采光和照明良好。照明光源以不改变茶叶在制品的色泽为宜。照明灯管应加防护设施；车间通风、通气良好。灰尘较大的车间或作业区域，应安装换气风扇或除尘设备。杀青、干燥车间，应安装足够的排湿、排气设备。车间应有防鼠、防蝇、防虫措施，以及防家禽、家畜和宠物出入的相应设施。如安装纱门、纱窗、排水口网罩、通风口网罩、下水道隔离网等设施；车间层高不低于 4m。初制车间要多开门窗，精制车间则少开门多开窗；车间内不得存放农药、肥料、喷雾器、防护服等易污染茶叶的物品，不应存放其他非加工茶叶用的物品；车间的噪声宜控制在80dB 以下。

初制厂一般由贮青车间、主加工车间、包装车间等组成。各车间面积应与加工产品种类、数量相适应。贮青车间面积按大宗茶鲜叶堆放厚度不宜超过 30cm，或按每100kg 鲜叶需 6~8m² 标准确定，设备贮青时按设备作业效率确定；其他车间面积（不含辅助用房）应不少于设备占地总面积的 8 倍。

精制厂一般由原料车间、主加工车间、包装车间等组成。各车间面积应与加工产品种类、数量相适应，不少于设备占地总面积的 10 倍（不含辅助用房）。手工包装时，包装车间面积 10 人以内按每人 4m² 确定，10 人以上人均面积可酌减。

（4）仓库　加工厂应有足够面积的原料、辅料、半成品和成品仓库。成品仓库面积按 250~300kg/m² 计算确定。仓库应干燥、清洁、避光。地面应坚固、平整、光洁，便于清洁，墙壁无污垢；应有防潮、防霉、防蝇、防虫和防鼠设施。成品仓库地面应设置垫板，其高度不得低于 15cm。根据茶类贮存需要建设冷藏库，冷库温度宜控制在5℃左右。

（5）卫生设施　加工车间入口处应设更衣室。更衣室内配备足够数量的洗手、消毒、杀菌、干手设备或用品。车间附近的厕所应处于清洁状态，有化粪池，有冲水设施；厕所门不直接朝向车间。厕所附近有洗手设施、肥皂（非香皂）或洗手液、水和干手设备或用品。应有相应的污水排放、存放垃圾和废弃物的设施，并便于清扫、冲洗，保持清洁。

2. 加工设备和用具

加工设备和用具，应用无毒、无异味、不污染茶叶的材料制成。可使用竹子、藤条、木材等天然材料制成的用具。

加工设备和用具应妥善维护，禁止与有毒、有害、有异味、易污染物品接触。每次使用前，必须清洁干净。新设备和用具必须清除表面的防锈油等不洁物，旧设备和用具应进行除锈、除尘、除异物；应定期润滑，加油应适量，不得外溢。

加工设备的各种炉火门不得直接开向车间。有压锅炉应独立安装在锅炉间。燃油设备的油箱、燃气设备的钢瓶和锅炉等易燃易爆设备与加工车间至少留有 3m 的安全距离。设备所用燃料及其残渣应设有专门存放处。

3. 人员

从事茶叶加工的人员上岗前要进行相关技术、技能和卫生知识的培训，应掌握必要的制茶技能、检验技术和卫生知识。应定期进行健康检查，取得有卫生部门规定的有效的健康合格证书。进出入工作场所应洗手、更衣、戴帽、换鞋，离开工作现场时应换下工作衣、帽和鞋，置于更衣室内。包装车间工作人员需戴口罩上岗。不得将与茶叶加工无关的个人用品和饰物带入车间。禁止在工作场所化妆、吃食物、吸烟和随地吐痰。

4. 加工过程

（1）原料和加工过程的安全控制 茶树鲜叶、毛茶原料等应来源明确、可溯源，质量应符合验收标准要求。加工过程中，原料和在制品不应与地面直接接触，不得添加非茶类物质。加工场所不使用灭蚊药、灭鼠药、驱虫剂、消毒剂等易污染茶叶的物品。加工废弃物应及时清理出现场，妥善处理，以免污染茶叶和环境。

（2）初加工 鲜叶应合理贮青。鲜叶堆放厚度不宜超过 30cm；用设备贮青时，按设备要求操作。按不同茶类的要求，采用相应的加工工艺方案进行加工。重点控制好每个工序的温度、时间、投叶量等工艺技术参数。

（3）精加工 毛茶应进行必要的整理，以满足后续加工的需要。按不同产品的要求，采用相应的加工工艺方案进行加工。应控制好各工序在制品的规格大小、形状、水分、匀整度、净度、色泽等品质因子。外销茶加工可根据传统工艺和客户要求，适量添加可食用物质。

（4）再加工 再加工的原料应符合相应茶类产品标准的要求，按不同产品的要求，采用相应的加工工艺方案进行加工。控制好各工序在制品的大小、形状、水分等品质因子，确保产品质量。花茶加工可使用食用或药食两用的香花进行窨制。

（5）包装 茶叶产品应及时包装，避免受潮、受污染，包装应符合食品要求和 GH/T 1070 的规定。

5. 运输、贮存和标识

（1）运输 保持运输工具清洁卫生，防止泥土、灰尘、肥料、污水等的污染。运输时禁止茶叶与其他易污染的物品混运，避免直接日晒、雨淋、重压。

（2）贮存 茶叶贮存应符合 GH/T 1071 的规定。

（3）标识 在原料收购、加工和贮存等过程中，应做好相应的标识，防止混淆。每批加工产品应编制加工批号或系列号，并确保最终产品可追溯。

6. 记录

企业应建立记录制度，有效记录原料采购、加工、贮存、运输、入库、出库、检验和销售等各个环节的活动，以证实所有的操作符合相应的要求，实现可追溯性。各种记录的格式宜规范，内容要齐全，记录应至少保留两年。

（二）各茶类加工技术规程

国家标准体系中，不同茶类加工技术规程主要有 GB/T 32742—2016《眉茶生产加工技术规范》、GB/T 32743—2016《白茶加工技术规范》、GB/T 35810—2018《红茶加工技术规范》、GB/T 35863—2018《乌龙茶加工技术规范》、GB/T 24615—2009《紧压茶生产加工技术规范》等。

1. GB/T 32742—2016《眉茶生产加工技术规范》

（1）初制工艺流程：

摊青 → 杀青 → 揉捻 → 炒干

（2）精制工艺流程：

毛茶验收、标识和贮存 → 毛茶原料分级分类（具体要求见表7-32）→ 原料付制 → 加工定级（毛茶原料加工定级见表7-33）→ 半成品（毛茶）原料拼和

表7-32 原料分级分类要求

原料级别	类型	质量要求	品质特点
一二级 原料	一类型	外形内质均好，品质水平应稍高于标准，能起到提高高级产品质量的保证作用	条索紧结重实，净度好，汤色黄绿明净，香味浓醇，芽叶完整，嫩度均匀，叶肉较肥壮，叶色黄绿明亮，无红梗红叶
	二类型	内质正常，但条索较紧结，品质不够平衡，加工取料应针对品质差别，采取技术措施，发挥其优点，规避其缺点	条索较紧结，净度较好，叶底嫩匀，叶色黄绿匀明，汤色黄明，香气纯正
	三类型	内质正常，但外形差距较大，加工取料应针对品质差别，采取精制技术措施，发挥其优点，规避其缺点，必要时适当降低取料率	条索粗松尚直，面张较多，色泽泛黄或乌暗，叶底老嫩欠匀，摊张较多，叶色欠明亮，香味尚正常
三四级 原料	一类型	内质正常，外形与内质均略好于标准水平，要求主级质量过硬，特别是身骨要能够拼带副级茶	条索尚紧，净度尚好，色泽较匀，叶底嫩匀度比标准水平稍好，汤色黄明，香气较纯
	二类型	内质正常，但外形较差，品质不够平衡，加工需采取克服外形缺点的技术措施，发挥内质的作用	条索较松，净度差，叶底嫩匀度尚好，叶色、汤色、香味均正常

表7-33 毛茶原料加工定级

原料级别	定取主级	取料说明
一级	特级	主取眉茶特级（41022）
二级	特级	主取眉茶特级（9371），并须兼顾眉茶一级（9370）的面张
三级	一级	主取眉茶一级（9369），并须兼顾眉茶二级（9368）的面张
四级	二级、三级	主取眉茶二级（9368）、三级（9374）
五级	三级	主取眉茶三级（9367），并须兼顾眉茶四级（9375）的面张

续表

原料级别	定取主级	取料说明
六级	四级	主取眉茶四级（9366）
七级	四级、五级（二）	主取眉茶四级（9366）、五级（二）（3008）
朴	五级（二），不列级	根据朴的实际质量情况，可取眉茶五级（二）（9366）或不列级（34403）

注：括号中编号为出口商品的代号。

（3）主要工艺　生做熟取、分路取料、车色、紧门、拼配。

（4）质量管理规定　应建立质量安全可追溯管理体系。眉茶生产加工各关键控制点应有相应的记录，记录应保留两年、企业应对出厂的产品逐批进行检验。

企业应建立污染物限量控制与管理以及农药残留限量控制与管理的制度。

（5）产品的标志、标签、包装、运输和贮存规范　标志、标签：精制茶标志应符合 GB/T 191 的规定，标签应符合 GB 7718 的规定；包装应符合 GH/T 1070 的规定；贮存应符合 GB/T 30375 的规定。

2. GB/T 32743—2016《白茶加工技术规范》

（1）初制工艺流程

①自然萎凋加工工艺流程：

鲜叶→ 自然萎凋 → 干燥 →毛茶

②加温萎凋加工工艺流程：

鲜叶→ 加温萎凋 → 干燥 →毛茶

③复式萎凋加工工艺流程：

鲜叶→ 自然萎凋 → 加温萎凋 → 干燥 →毛茶

（2）精制工艺流程

毛茶→ 拣剔 → 拼配 → 匀堆 → 复烘 → 包装 →成品茶

（3）初制技术规范

①鲜叶原料要求：白毫银针原料为单芽以及一芽一叶的嫩芽连枝全采后的"抽针"，白牡丹的原料为一芽一二叶，贡眉原料为一芽二三叶，寿眉原料为一至三叶带驻芽嫩梢或叶片。

②鲜叶验收和摊放：鲜叶进厂应分级验收，分别摊放，晴天叶与雨（露）水叶分开，上午采的与下午采的分开，不同嫩度、不同品种的芽叶分开。鲜叶摊放环境应清洁卫生、阴凉、通风、防雨、防雾，避免日晒，贮运过程轻放轻翻。鲜叶应及时付制，不积压。

③萎凋：要适时掌握摊叶量、萎凋温度萎凋时间，当萎凋叶含水率接近 20% 即为适度，可适时烘干。

④干燥：一般按 2~3 次干燥，温度不高于 100℃，含水率宜掌握 8% 以下。

（4）精制技术规范工艺流程：

毛茶定级 → 归堆 → 拼配 → 付制 → 拣剔 → 拼配 → 匀堆 → 复烘 → 包装

（5）质量管理规定　鲜叶原料和毛茶原料的验收和加工各关键控制点应有相应的记录，各记录应保留三年。企业应建立白茶各等级产品的实物样，实物样每三年更换一次。企业应按产品标准的规定对出厂的产品逐批进行检验。企业应建立污染物限量控制与管理制度。企业应建立农药残留限量控制与管理制度。

（6）产品的标志、标签、包装、运输和贮存规范　成品茶的标志应符合 GB/T 191 的规定，标签应符合 GB 7718 的规定；包装材料应符合 GH/T 1070 的规定；贮存应符合 GB/T 30375 的规定。

3. GB/T 35810—2018《红茶加工技术规范》

（1）初加工技术规范

①红碎茶初制工艺流程：

鲜叶 → 萎凋 → 揉切 → 解块筛分 → 发酵 → 干燥 → 毛茶

②工夫红茶初制工艺流程：

鲜叶 → 萎凋 → 揉捻 → 解块 → 发酵 → 干燥 → 毛茶

③小种红茶初制工艺流程：

鲜叶 → 萎凋（熏烟）→ 揉捻 → 解块 → 发酵 → 熏焙（干燥）→ 毛茶

（2）精加工技术规范

①红碎茶精制工艺流程：

毛茶 → 筛分 → 风选 → 拣剔 → 拼配匀堆 → 补火 → 成品

②工夫红茶精制工艺流程：

毛茶 → 筛分 → 风选 → 拣剔 → 拼配匀堆 → 补火 → 成品

③小种红茶精制工艺流程：

毛茶 → 筛分 → 风选 → 拣剔 → 拼配匀堆 → 熏烟 → 成品

（3）质量管理规定　加工过程的卫生管理、质量安全应符合 GB 14881《食品安全国家标准　食品生产通用卫生规范》的要求，加工过程不能添加任何非茶类物质。

鲜叶、毛茶、在制品应按批次经检验符合要求后方可进入下一生产工序，并做好检验记录。企业应对出厂的产品逐批进行检验，出厂检验项目包括感官品质、净含量、水分、碎茶和粉末。

产品污染物限量应符合 GB 2762—2017《食品安全国家标准　食品中污染物限量》，产品农药最大残留限量应符合 GB 2763—2019《食品安全国家标准　食品中农药最大残留限量》的要求。

（4）标志、标签、包装、运输和贮存规范　标志、标签：产品标签应符合 GB 7718《食品安全国家标准　预包装食品标签通则》和《国家质量监督检验检疫总局关于修改〈食品标识管理规定〉的决定》的相关规定；运输包装箱的图示标志应符合

GB/T 191《包装储运图示标志》的要求；产品包装应符合 GH/T 1070《茶叶包装通则》的要求；贮存应符合 GB/T 30375《茶叶贮存》的要求。

4. GB/T 35863—2018《乌龙茶加工技术规范》

（1）初制技术规范　鲜叶要求→ 萎凋（自然萎凋、日光萎凋——晒青、控温萎凋） → 做青（摇青和晾青交替进行）→ 杀青 → 揉捻（包揉）→ 干燥 。

（2）精制技术规范　 验收 → 归堆 → 拣剔 → 筛分 → 风选 → 拼配 → 匀堆 → 烘焙 。

（3）质量管理规定　加工企业应制定质量管理手册并实施质量控制措施，关键工艺应有作业指导书，并记录执行情况；毛茶采（收）购、加工、贮存、运输、出入库和销售的记录应完整；每批加工的产品应编制加工批号或系列号，并一直沿用到产品终端销售；出厂检验应实施逐步检验制度，应有相应的检验原始记录。上述记录的保存应不少于两年。

（4）产品的标志、标签、包装、运输和贮存规范　标志、标签：成品茶的标志应符合 GB/T 191《包装储运图示标志》的规定，标签应符合 GB 7718《食品安全国家标准　预包装食品标签通则》和《国家质证量监督检验检疫总局关于修改〈食品标识管理规定〉的决定》的要求；包装应符合 GH/T 1070《茶叶包装通则》的规定；贮存应符合 GB/T 30375《茶叶贮存》的规定。

5. GB/T 24615—2009《紧压茶生产加工技术规范》

（1）紧压茶原料要求　在原料生产基地，监控鲜叶氟含量，及时采摘鲜叶；应采摘当季一轮新梢或对夹叶为宜，不应混有隔季或隔年生老叶，不应有枯叶、落地叶以及其他非茶类夹杂物，采下的鲜叶直接装入包装容器，不应与地面直接接触。

（2）紧压茶原料的加工

①黑毛茶加工工艺流程：

鲜叶→ 杀青 → 揉捻 → 渥堆 → 干燥

②老青茶分为面茶和里茶。

面茶加工工艺流程：

鲜叶→ 杀青 → 初揉 → 初晒 → 复炒 → 复揉 → 晒干 。

里茶加工工艺流程：

鲜叶→ 杀青 → 揉捻 → 晒干

③四川边茶分为做庄茶、毛庄茶和条茶。

做庄茶加工工艺流程：

鲜叶→ 杀青 → 蒸揉 → 渥堆 → 干燥

毛庄茶加工工艺流程：

鲜叶→ 杀青 → 揉捻 → 干燥 → 发水 → 蒸揉 → 渥堆 → 干燥

条茶加工工艺流程：

鲜叶→ 杀青 → 揉捻 → 渥堆 → 干燥

④晒青毛茶加工工艺流程：

鲜叶→ 摊晾 → 杀青 → 揉捻 → 解块 → 日光干燥

紧压茶原料加工时，应注意：对于用煤作为燃料进行杀青和干燥的企业，应杜绝煤燃烧带来的氟污染。涉及摊放、摊晾、晒干或晾干（必要时）等工序，应将茶叶摊放竹制器皿上，避免茶叶与地面直接接触。

（3）紧压茶原料的包装运输　加工好的紧压茶原料应装于无异味、无毒无害材料制成的专用包装，杜绝原料直接暴露于空气中，以免吸附灰尘、潮气和其他物质。运输原料时，应做好防雨淋、防异味等工作。

（4）紧压茶原料的验收、标识和贮存

①原料的验收：应有专门的质检人员，对进厂的每批次紧压茶原料进行取样和品质验收。验收项目包括感官品质、氟含量、茶梗、非茶类夹杂物、水分、总灰分等。

②原料的标识：每批次紧压茶原料应根据原料质量和氟含量进行归堆保存，堆旁突出位置应附有格式一致的原料标签，标签内容包括原料名称、批次、来源、进厂时间、氟含量、茶梗和非茶类夹杂物含量、水分含量等。

③原料的贮存：验收后的紧压茶原料应有序堆放在清洁、干燥、阴凉、通风、无异味的紧压茶原料专用仓库，同时做好原料仓库的防潮、防雨和防鼠等工作。

（5）紧压茶加工设备　紧压茶加工应具有筛分、风选、称量、压制、干燥、锅炉、包装等设备。宜使用竹、藤、无异味木材等天然材料和不锈钢、食品级塑料制成的器具和工具。

（6）紧压茶的基本加工工艺流程

①茯砖茶：

黑毛茶原料拼配 → 黑毛茶筛分 → 半成品拼配 → 渥堆 → 蒸汽压制定形 → 发花干燥 → 成品包装

②青砖茶：

老青茶→ 发酵 → 复制 → 拼配小堆 → 蒸汽压制定形 → 干燥 → 成品包装

③康砖茶：

毛茶筛分 → 半成品拼配 → 蒸汽压制定形 → 干燥 → 成品包装

④金尖茶：

毛茶筛分 → 半成品拼配 → 蒸汽压制定形 → 干燥 → 成品包装

⑤紧茶：

毛茶匀堆筛分 → 拣剔 → 渥堆 → 拼配 → 蒸汽压制定形 → 干燥 → 成品包装

⑥黑砖茶：

黑毛茶筛分 → 半成品拼配 → 渥堆 → 蒸汽压制定形 → 干燥 → 成品包装

⑦米砖茶：

红碎茶→ 复制 → 拼配小堆 → 蒸汽压制定形 → 干燥 → 成品包装

⑧花砖茶：

$$\boxed{\text{黑毛茶筛分}} \rightarrow \boxed{\text{半成品拼配}} \rightarrow \boxed{\text{渥堆}} \rightarrow \boxed{\text{压制定形}} \rightarrow \boxed{\text{干燥}} \rightarrow \boxed{\text{成品包装}}$$

⑨沱茶：

$$\boxed{\text{晒青毛茶匀堆筛分}} \rightarrow \boxed{\text{拣剔}} \rightarrow \boxed{\text{半成品拼配}} \rightarrow \boxed{\text{汽蒸压制定形}} \rightarrow \boxed{\text{干燥}} \rightarrow \boxed{\text{成品包装}}$$

（7）紧压茶加工工艺　根据各批次原料的质量和氟含量，对原料进行拼配，控制茶梗、氟含量以及原料总体质量。必要时对在制品进行氟含量的验证检验。

（8）紧压茶产品的标志标签、包装、运输和贮存规范　产品的标志应符合 GB/T 191《包装储运图示标志》的规定，标签应符合 GB 7718《食品安全国家标准　预包装食品标签通则》的规定；内包装纸应符合 GB 4806.8《食品安全国家标准　食品接触用纸和纸板材料及制品》的规定，运输包装箱的图示标志应符合 GB/T 191《包装储运图示标志》的要求；产品包装应符合 GH/T 1070《茶叶包装通则》的要求；贮存应符合 GB/T 30375《茶叶贮存》的要求。

贮存应有足够的原料、包装材料、半成品、成品仓库或场地。原料、半成品、成品及包装材料应分别放置，不得混放。产品应贮存在清洁、通风、避光、干燥、无异味的库房内，仓库周围应无异味气体污染。不应与有毒、有害、有异味、易污染的物品混贮、混放。

三、有机茶叶加工技术规程

有机茶是一种按照有机农业的方法进行生产加工的茶叶，在其生产过程中，完全不施用任何人工合成的化肥、农药、植物生长调节剂、化学食品添加剂等物质生产，并符合国际有机农业运动联合会（IFOAM）标准，经独立有机食品认证组织颁证的茶叶产品及其加工产品。有机茶的生产必须严格遵照有机农业的种植规定，目前有机茶的生产加工相关标准主要有 NY/T 5197—2002《有机茶生产技术规程》、NY/T 5198—2002《有机茶加工技术规程》、NY 5199—2002《有机茶产地环境条件》，这些标准分别规定了有机茶生产的基地规划与建设、土壤管理和施肥、病虫草害防治、茶树修剪和采摘、转换、试验方法和有机茶园判别以及有机茶加工和产地环境条件的要求。

以 NY/T 5198—2002《有机茶加工技术规程》为例，对有机茶叶加工技术规程阐述如下。

该标准明确规定了有机茶加工的要求、试验方法和检验规则，适用于各类有机茶初加工，精加工，再加工和深加工。

（一）原料

鲜叶原料应采自认证的有机茶园，不得混入来自非有机茶园的鲜叶。不得收购掺假、含杂质以及品质劣变的鲜叶或原料。鲜叶运抵加工厂后，应摊放于清洁卫生、设施完好的贮青间；鲜叶禁止直接摊放在地面。用于加工花茶的鲜花应采自有机种植园或有机转换种植园。认证的芳香植物可窨制茶叶。鲜叶和鲜花的运输、验收、贮存操作应避免机械损伤、混杂和污染，并完整、准确地记录鲜叶和鲜花的来源和流转情况。

再加工和深加工产品所用的主要原料应是有机原料，有机原料按质量计不得少于

95%（食盐和水除外）。

（二）辅料

允许使用认证的天然植物作茶叶产品的配料。

茶叶加工中可用制茶专用油、乌桕油润滑与茶叶直接接触的金属表面。深加工的配料允许使用常规配料，但不得超过总质量的 5%。常规配料不得是基因工程产品，应获得有机认证机构的许可，该许可需每年更新。一旦能获得有机食品配料，应立即用有机食品配料替换常规配料。

作为配料的水和食用盐，应符合国家食品卫生标准。禁止使用人工合成的色素、香料、黏结剂和其他添加剂。

允许使用 NY/T 5198—2002《有机茶加工技术规程》附录 A 中所列的添加剂和加工助剂以及调味品、微生物制品；超出此范围的添加剂和加工助剂，应根据附录 B 进行评估。

（三）加工厂

茶叶加工厂所处的大气环境不低于 GB 3095《环境空气质量标准》中规定的二级标准要求。加工厂离开垃圾场、医院 200m 以上；离开经常喷洒化学农药的农田 100m 以上，离开交通主干道 20m 以上，离开排放"三废"的工业企业 500m 以上。

茶叶加工用水、冲洗加工设备用水应达到 GB 5749《生活饮用水卫生标准》的要求。设计、建筑有机茶加工厂应符合《环境保护法》《食品卫生法》的要求。应有与加工产品、数量相适应的原料、加工和包装车间，车间地面应平整、光洁，易于冲洗；墙壁无污垢，并有防止灰尘侵入的措施。

加工厂应有足够的原料、辅料、半成品和成品仓库。原材料、半成品和成品不得混放。茶叶成品采用符合食品卫生要求的材料包装后，送入具有密闭、防潮和避光的茶叶仓库，有机茶与常规茶应分开贮存。宜用低温保鲜库贮存茶叶。加工厂粉尘最高容许浓度为 10mg/m³。加工车间应采光良好、灯光照度达到 500lx 以上。加工厂应有更衣室、盥洗室、工休室，应配有相应的消毒、通风、照明、防蝇、防鼠、防蟑螂、污水排放、存放垃圾和废弃物的设施。加工厂应有卫生行政管理部门发放的卫生许可证。

（四）加工设备

不宜使用铅及铅锑合金、铅青铜、锰黄铜、铅黄铜、铸铝及铝合金材料制造接触茶叶的加工零部件。液态加工设备禁止使用易锈蚀的金属材料。

加工设备的炉灶、供热设备应布置在生产车间墙外；需在生产车间内添加燃料，应设搬运燃料的隔离通道，并备有燃料贮藏箱和灰渣贮藏箱。可用电、天然气、柴（重）油、煤作燃料，少用或不用木材作燃料。加工设备的油箱、供气钢瓶以及锅炉等设施与加工车间应留安全距离。高噪声设备应安装在车间外或采取降低噪声的措施，车间内噪声不得超过 80dB。强烈震动的加工设备应采取必要的防震措施。允许使用无异味、无毒的竹、木等天然材料以及不锈钢、食品级塑料制成的器具和工具。新购设备和每年加工开始前要清除设备的防锈油和锈斑。茶季结束后，应清洁、保养加工设备。有机茶加工应采用专用设备。

（五）加工人员

加工人员上岗前应经过有机茶知识培训，了解有机茶的生产、加工要求。加工人员上岗前和每年度均应进行健康检查，持健康证上岗。加工人员进入加工场所应换鞋、穿戴工作衣、帽，并保持工作服的清洁。包装、精制车间工作人员需戴口罩上岗。不得在加工和包装场所用餐和进食食品。

（六）加工方法

加工工艺应保持原料的有效成分和营养成分，可以使用机械、冷冻、加热、微波、烟熏等处理方法、微生物发酵和自然发酵工艺；可以采用提取、浓缩、沉淀和过滤工艺，但提取溶剂仅限于符合国家食品卫生标准的水、乙醇、二氧化碳、氮，在提取和浓缩工艺中不得采用其他化学试剂。

禁止在加工和贮藏过程中采用离子辐射处理。

（七）质量管理及跟踪

应制定符合国家或地方卫生管理法规的加工卫生管理制度，茶叶加工和茶叶包装场地应在加工开始前全面清洗消毒一次。茶叶深加工厂应每天清洗或消毒。所有加工设备、器具和工具使用前应清洗干净。若与常规加工共用设备，应在常规加工结束后彻底清洗或清洁。保证加工产品不被常规产品或外来物质污染。

应制定和实施质量控制措施，关键工艺应有操作要求和检验方法，并记录执行情况。应建立原料采购、加工、贮存、运输、入库、出库和销售的完整档案记录，原始记录应保存三年以上。每批加工产品应编制加工批号或系列号，批号或系列号一直沿用到产品终端销售，并在相应的票据上注明加工批号或系列号。

第八章　茶叶团体标准与企业标准

第一节　茶叶团体标准

一、我国团体标准的法律地位

2015 年 3 月 11 日，国务院印发《深化标准化工作改革方案》，明确提出培育发展团体标准的重大改革举措，激发市场主体活力，完善标准供给结构，建立政府主导制定的标准与市场主导制定的标准协同发展、协调配套的新型标准体系，拉开了我国团体标准发展的帷幕。

2018 年 1 月 1 日，新修订的《标准化法》正式实施。其中第十八条规定，国家鼓励学会、协会、商会、联合会、产业技术联盟等社会团体协调相关市场主体共同制定满足市场和创新需要的团体标准，由本团体成员约定采用或者按照本团体的规定供社会自愿采用。新法赋予了团体标准明确的法律地位，为开展团体标准化工作提供了重要的法律制度保障。明确团体标准、企业标准作为市场自主制定的标准，与国家标准、行业标准、地方标准等政府主导制定的标准共同构成国家标准体系，见图 8-1。团体标准是自愿性标准，供社会自愿采用。

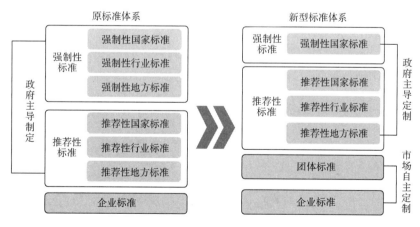

图 8-1　我国新型标准体系

二、团体标准发展的原因和意义

新修订的《标准化法》之所以在原有标准体系基础上，增加团体标准这一层级，原因和意义如下：

（1）目前我国标准体系存在的主要问题　现行国家标准、行业标准、地方标准三大体系中，仍然存在制定效率与功能交叉、重复、留白等现象；政府与市场角色存在错位现象、市场主体活力未能充分发挥；标准体系不完善；标准管理体制不顺畅等。

（2）发展团体标准的重要意义　发展团体标准，技术层面能有效快速满足市场需要和满足创新需求，同时能优化整合利用各类标准化资源、进一步激发市场主体活力。一般情况下团体标准具有"快、新、活、高"的特点，能更好满足多方面的需求。即：团体标准制修订速度较快，迅速跟进新技术、新产品，标准机制灵活、易协商一致，标准指标高于或严于国家标准甚至国际标准。事实上，团体标准并不是新生事物，国际上有不少团体标准已具有巨大的影响力，例如，成立于1898年，有100多年历史的美国材料与试验协会（American Society for Testing and Materials，ASTM）标准被美国国防部采用，有2800项美国军用标准被美国材料与试验协会标准所替代，美国联邦政府有关机构参照600个左右美国材料与试验协会标准，推进政府管理工作。国内由联想、TCL、海信等发起成立的"闪联"采用了产业链条联盟模式，创造了"闪联模式"标准创新体系，快速响应了市场需求，有力推动了3G产业融合。

（3）新修订的《标准化法》对各层级标准的功能定位　国家标准侧重于保底线、安全性、通用化，具有普适性和技术法规特征；行业标准侧重国家行业行政主管部门，通过行业标委会制定满足本行业技术向纵深方向发展的标准，侧重于保基本；地方标准更重点突出区域特色和横向关联性的特征；团体标准由本团体成员约定采用或者按照本团体的规定供社会自愿采用，可以有效弥补原有标准体系存在的不足，可以完善原有标准体系存在的漏洞及交汇留白，是对国家标准、行业标准、地方标准的有力补充。

（4）开展团体标准化的工作目的　目的是通过培育和发展团体标准，建立政府主导制定的标准与市场自主制定的标准协同发展、协调配套的新型标准体系，健全统一协调、运行高效、政府与市场共治的标准化管理体制，形成政府引导、市场驱动、社会参与、协同推进的标准化工作格局。

三、团体标准的制定原则

（一）团体标准制定应遵循的原则

团体标准是中国标准化发展史上的革命性创新产物，规范推行团体标准的制定与实施对于解决市场标准缺失问题、推动产业可持续发展及提高我国各级标准的整体质量水平都有着重要而深远的意义。

团体标准制定除遵守标准制修订"协商一致、公平公正、公开透明"的基本原则外，还应遵守新修订的《标准化法》第二十二条规定，即制定团体标准应当有利于科学合理利用资源，推广科学技术成果，增强产品的安全性、通用性、可替换性，提高经济效益、社会效益、生态效益，做到技术上先进、经济上合理。

（1）团体标准应该符合国家法律法规和政策要求。如团体标准的技术要求不得低于强制性标准的相关技术要求。

（2）团体标准应符合产业阶段和特点的需要。标准中的技术内容既不能过于超越也不能落后、甚至脱离产业发展实际，如果这样，团体标准必定束之高阁。

（3）团体标准应充分反映标准起草者对市场和创新的判断与期望。

（4）团体标准应充分反映标准使用者的需求与期望。

（5）对于产品标准，团体标准应充分反映消费者的需求与期。团体标准适应产品和市场的需要，归根结底是要满足消费者的需要。

（二）《团体标准管理规定》 对团体标准科学性和规范性的具体要求

为进一步加强对团体标准化工作的规范、引导和监督，促进团体标准化工作健康有序发展，国家市场监督管理总局（国家标准化管理委员会）围绕贯彻落实标准化法对团体标准的要求，总结有关部门的做法和团体标准试点经验，分析团体标准发展中的问题，通过开展调研、座谈等工作，与有关部门、社会团体、专家等进行交流沟通，广泛征求了意见，2019 年 1 月与民政部联合印发了《团体标准管理规定》。以下是《团体标准管理规定》的具体要求。

（1）第四条 "社会团体开展团体标准化工作应当遵守标准化工作的基本原理、方法和程序。"

释义：体现了团体标准与国家标准、行业标准、地方标准、企业标准一样，均属于标准范畴，应当遵循标准化工作的基本规律。

（2）第八条 "社会团体应当依据其章程规定的业务范围进行活动，规范开展团体标准化工作，应当配备熟悉标准化相关法律法规、政策和专业知识的工作人员，建立具有标准化管理协调和标准研制等功能的内部工作部门，制定相关的管理办法和标准知识产权管理制度，明确团体标准制定、实施的程序和要求。"

释义：明确了社会团体应在其章程规定的业务范围内开展团体标准化工作，以充分发挥社会团体在本行业制定标准的专业优势，并避免标准交叉重复。

（3）第九条 "制定团体标准应当遵循开放、透明、公平的原则，吸纳生产者、经营者、使用者、消费者、教育科研机构、检测及认证机构、政府部门等相关方代表参与，充分反映各方的共同需求。支持消费者和中小企业代表参与团体标准制定。"

释义：明确了社会团体应吸纳生产者、经营者、使用者、消费者、教育科研机构、检测及认证机构、政府部门等相关方代表广泛参与标准制定，以确保团体标准制定工作的开放、公平、透明，充分反映相关方的利益诉求。

（4）第十条第二款 "制定团体标准应当在科学技术研究成果和社会实践经验总结的基础上，深入调查分析，进行实验、论证，切实做到科学有效、技术指标先进。"

释义：强调了对团体标准制定满足科学性的要求，制定团体标准要做深入调查分析，并开展实验、论证，保证团体标准是科学合理的。

（5）第十一条第二款 "对于术语、分类、量值、符号等基础通用方面的内容应当遵守国家标准、行业标准、地方标准，团体标准一般不予另行规定。"

释义：为防止利用标准实施干扰市场秩序、限制市场竞争、垄断、欺诈等不良行为，对术语、分类、量值、符号等基础通用方面的内容，团体标准一般不予另行规定。

（6）第十三条第一款"制定团体标准应当以满足市场和创新需要为目标，聚焦新技术、新产业、新业态和新模式，填补标准空白。"

释义：推动团体标准朝着正确方向发展，响应国家创新发展战略要求，做到标准引领，积极填补空白。

四、团体标准的制定程序

新修订的《标准化法》第十二条制定团体标准的一般程序包括：提案、立项、起草、征求意见、技术审查、批准、编号、发布、复审。

（一）规范团体标准制定程序的重要意义

标准是一定范围内获得最佳秩序协商一致的结果，是利益协调的产物；标准制定过程就是协商一致的过程，是保障标准质量的基础，是控制标准质量的方法，是行之有效的保证标准质量的方法和过程，以程序正义保证结果正义。规范的团体标准的制定程序是协商一致过程的需要，也是社团开展好团体标准化工作公信力的来源，是开展好团体标准化的基本保障；是团体内部治理能力的体现（规范性），也是专业化的体现。

标准制定程序是协商一致的需要。协商一致并不是没有异议，而是普遍同意，有关重要方面没有坚持反对意见，并且按程序对各有关方面的观点进行了研究、对争议进行了协调。协商一致意味着：代表不同利益的相关方就标准议题进行平等协商而达成的一致意见；不同意见或反对意见必须予以充分协商并得到处理；无论是一致意见的达成，还是不同意见或反对意见的处理都应遵循适当的程序。这正是协商一致过程的实质。

（二）团体标准制定程序

按照 ISO/IEC 导则规定的 9 个程序，团体标准的制定除遵守标准制修订的基本程序外，重点是应把握以下程序。

1. 预备阶段——提案、立项

在社会团体层面根据需求确定要制定哪些标准；除考虑标准的协调配套和产业适应之外，还应对标准的收益性进行预估。

2. 起草

在技术团队层面形成标准草案，标准各项质量特性应得到充分满足，特别是标准文本的统一性、协调性、适用性、一致性和规范性应得到基本控制。

3. 征求意见

在技术团队或技术工作组织层面就技术内容进行征询协商并达成一致，标准的适应性、完整性、经济性（主要是专利）应基本满足要求，即：标准涉及的重大技术问题应充分协商解决并最终达成一致，达到满足市场和创新需要。

4. 技术审查

在技术工作组织或社团层面就技术内容进行征询审核并达成一致，应对标准质量总体情况进行审核评估批准（报批、审查通过、发布实施）：在社团层面确定是否发布标准。

5. 复审

在社团层面就标准效用进行评估，决定是否修改或继续有效或废止。

制定程序中，立项、起草、征求意见、技术审查是保证标准质量的核心环节。

（三）《团体标准管理规定》对团体标准制定程序的具体要求

以下是2019年1月发布的《团体标准管理规定》的具体要求：

（1）第十四条第二款"征求意见应当明确期限，一般不少于30日。涉及消费者权益的，应当向社会公开征求意见，并对反馈意见进行处理协调。"

释义：参照国内外标准制定的基本程序要求，明确公示时间不少于30日，以保证充分听取社会意见。

（2）第十四条第三款"技术审查原则上应当协商一致。如需表决，不少于出席会议代表人数的3/4同意方为通过。起草人及其所在单位的专家不能参加表决。"

释义：明确技术审查要求，提出团体标准制定过程应充分协调各方意见，保证制定的公平公正性。

（3）第十四条第四款"团体标准应当按照社会团体规定的程序批准，以社会团体文件形式予以发布。"

释义：强调团体标准制定应遵循标准化工作的规范程序和要求，并最终以正式文本发布，做到规范可追溯。

五、团体标准制定的有效性如何保证

国家标准、行业标准、地方标准等政府主导制定的标准效力的发挥方式：相关行政许可、政府采购等采信依据，具有直接或间接强制力；团体标准短期内则不具备这些优势，不具备强制采信的可能。团体标准发挥效力，实现有效性的方式如下。

（1）加强与行业主管部门沟通，争取业务指导和政策支持，推动团体标准采信力度。

（2）根据发展团体标准的目标，以市场需求为出发点，以使用为导向，加强关联性立项规划和研究。在制定实施过程中，要根据国家政策导向、产业发展、市场关注等多方面需求，准确定位各项标准使用方向，要解决的问题等，确定其关联性，建立标准与产业可持续发展的长效机制。

（3）严把团体标准制定的质量关，将"适用性"作为团体标准制修订的主要考核因素。

（4）综合考虑是否有必要制定团体标准、制定的主体是否为最佳机构、拟制定的标准与现有标准是否能够协调一致等。

（5）不同主体（团体）制定发布的团体标准，对规范性的理解与把握应该统一。包括：标准编制格式统一性要求、标准综合体系状况分析、市场接纳度（认同度）研究、参编单位标准参与度评估、与产业政策的契合度分析、标准的应用实施效力等。

团体标准只有提升自身品质和影响力，才有可能成为品牌的有力支撑，才更具有应用价值和推广价值。

六、团体标准评价机制

为协调和指导团体标准化良好行为评价工作，2018 年 7 月 13 日国家市场监督管理总局和国家标准化管理委员会批准发布了 GB/T 20004.2—2018《团体标准化　第 2 部分：良好行为评价指南》，2019 年 2 月 1 日实施，对社会团体应用实施 GB/T 20004.1—2016《团体标准化　第 1 部分：良好行为指南》的情况进行评价。

（一）第三方评价机制

为提高团体标准的公信力，也为有竞争力、符合市场发展需求的团体标准向法定标准的转化上升提供科学参考，有必要逐步建立团体标准优胜劣汰的发展环境。引入第三方评价机制，遵循过程、结果公开透明的原则，通过对团体标准的制定主体、管理运行机制、制定程序、编制质量、实施效果等各类因素开展客观专业的第三方评价，并与政府对团体标准的事中事后监管工作相结合，是建立团体标准评价机制的有效办法。

同时，团体标准的第三方评价也将增强公众对团体标准的关注度和信心，激发学会、协会、商会、联合会、产业技术联盟等社会团体组织不断完善内部治理结构、提高自身标准化水平的内生动力。

（二）团体标准的第三方评价指标体系。

团体标准第三方评价指标体系见表 8-1。

表 8-1　　　　　　　　　　　　　　团体标准评价指标体系

评价目标	序号	指标名称	具体内容
制定主体的能力与水平	1	团体标准组织成立要件	具备社会团体法人资质、满足全国标准信息平台、团体标准化良好行为指南等的相关要求（该项不纳入体系，但不满足不予评价）
	2	标准化能力的人才队伍	具有良好标准化素质及专业技能的、经验丰富的人才所组成的具备创新能力、实践能力、学习能力、科研能力的队伍
	3	行业技术和经验	与组织涉及的行业相关的专业技术能力和经验
	4	组织影响力和信誉度	组织对标准使用者及同行业标准制定者的影响力 秉承公平公正，承担团体标准的技术责任，建立良好的信誉度
制定主体管理与运行机制	5	组织内部治理能力	明确责权关系，使组织中的成员互相协作配合、共同劳动，实现组织目标具备标准化决策、标准技术工作管理协调、标准编制的功能及相应组织机构
	6	外部协调与申诉机制	根据"协商一致"原则，组织需拥有良好的外部申诉与沟通机制，使制修订标准时的信息能够在各相关方之间及时的输送，确保对于一份标准没有明确的反对意见
	7	项目管理	运用相关技能、方法，对项目范围、时间、成本、质量、人力资源、沟通、风险、集成、相关方等进行管理。

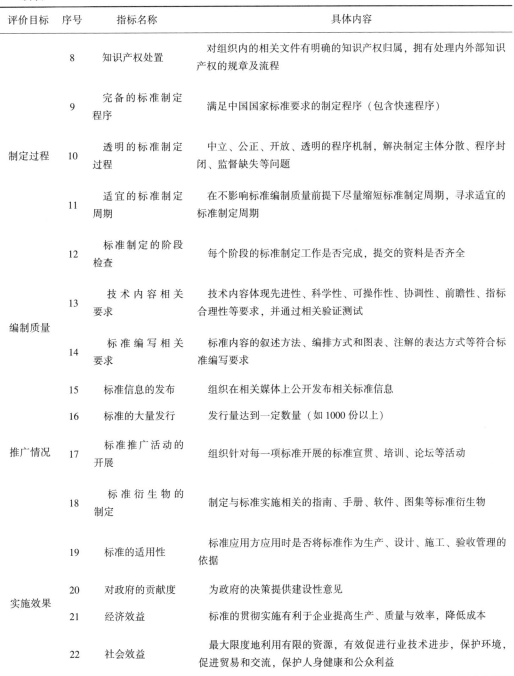

评价目标	序号	指标名称	具体内容
制定过程	8	知识产权处置	对组织内的相关文件有明确的知识产权归属，拥有处理内外部知识产权的规章及流程
	9	完备的标准制定程序	满足中国国家标准要求的制定程序（包含快速程序）
	10	透明的标准制定过程	中立、公正、开放、透明的程序机制，解决制定主体分散、程序封闭、监督缺失等问题
	11	适宜的标准制定周期	在不影响标准编制质量前提下尽量缩短标准制定周期，寻求适宜的标准制定周期
	12	标准制定的阶段检查	每个阶段的标准制定工作是否完成，提交的资料是否齐全
编制质量	13	技术内容相关要求	技术内容体现先进性、科学性、可操作性、协调性、前瞻性、指标合理性等要求，并通过相关验证测试
	14	标准编写相关要求	标准内容的叙述方法、编排方式和图表、注解的表达方式等符合标准编写要求
推广情况	15	标准信息的发布	组织在相关媒体上公开发布相关标准信息
	16	标准的大量发行	发行量达到一定数量（如1000份以上）
	17	标准推广活动的开展	组织针对每一项标准开展的标准宣贯、培训、论坛等活动
	18	标准衍生物的制定	制定与标准实施相关的指南、手册、软件、图集等标准衍生物
实施效果	19	标准的适用性	标准应用方应用时是否将标准作为生产、设计、施工、验收管理的依据
	20	对政府的贡献度	为政府的决策提供建设性意见
	21	经济效益	标准的贯彻实施有利于企业提高生产、质量与效率，降低成本
	22	社会效益	最大限度地利用有限的资源，有效促进行业技术进步，保护环境，促进贸易和交流，保护人身健康和公众利益

（三）团体标准第三方评价方法

第三方评价机构应当是公正的标准化专业机构，获得政府行政主管部门的认可或授权，以确保评价结果的公信力。

评价方法，可采用"社团组织自评+评价机构评分"的办法来衡量。先确定所有指标项的分值，并以权重分值确定每项指标的重要程度，然后将得分项进行加权平均，得到总评分，见表8-2。可以考虑在总评分的基础上，进一步以分级的模式加以衡量其标准化工作领域的成熟度，以利于相关方使用。

评价流程，可以包括：对标准制定组织申报的材料进行审核；根据申报的材料，制订评价方案；组织专业技术与管理评价人员进行实地调研和核实；根据评价标准，对评价指标进行评分、评级；形成评价报告，做出结论。

表 8-2   团体标准评价指标权重

指标		权重值
制定主体的能力与水平	标准化能力的人才队伍	0.0486
	行业技术和经验	0.0566
	组织影响力和信誉度	0.0429
制定主体管理与运行机制	组织内部治理能力	0.0250
	外部协调与申诉机制	0.0256
	项目管理	0.0196
	知识产权处置	0.0304
制定过程	完备的标准制定程序	0.0258
	透明的标准制定过程	0.0276
	适宜的标准制定周期	0.0197
	标准制定的阶段检查	0.0356
编制质量	技术内容相关要求	0.1317
	标准编写相关要求	0.0635
	标准信息的发布	0.0359
推广情况	标准的大量发行	0.0200
	标准推广活动的开展	0.0877
	标准衍生物的制定	0.0289
	标准的适用性	0.1216
实施效果	对政府的贡献度	0.0340
	经济效益	0.0573
	社会效益	0.0621

（四）团体标准第三方评价结果的应用

第三方评价报告可作为政府、企业和专业技术人员采信或选用团体标准的参考依据。第三方评价结论将反映出团体组织自身在标准化领域的诚信与竞争力，也将成为政府主管部门推动团体标准转化、上升为国家标准、行业标准、地方标准的重要参考。同时也为政府购买标准服务提供选择社团组织的依据。例如，政府可以通过对评价报告的采信，遴选优秀的团体标准制定组织委托编制国家标准、行业标准或地方标准，或选用应用面广、影响力大的团体标准，经法定程序推进其转化、上升为国家标准、行业标准或地方标准。另一方面，第三方评价报告也将成为企业和技术人员选用团体标准的参考依据。团体标准开放后，不同专业领域将会出现大量的团体标准，由于各个社团组织之间目前尚未形成统一的协调机制，面对可能出现较多的团体标准选择，企业和专业技术人员如何去选用，第三方评价报告将会成为其最直接的参考依据。

七、团体标准监管机制

（一）加强对团体标准的监管，保证标准化工作质量

国务院办公厅印发的《深化标准化工作改革方案》（国发〔2015〕13号）指出，在标准管理上，对团体标准不设行政许可，由社会组织和产业技术联盟自主制定发布，通过市场竞争优胜劣汰。国务院标准化主管部门会同国务院有关部门制定团体标准发展指导意见和标准化良好行为规范，对团体标准进行必要的规范、引导和监督。监管的主要形式有以下几种。

1. 政府监督

通过法规、认证，进行直接或间接监督。

（1）通过对技术法规监督，确保标准合法性底线，这是所有国家通用方式。

（2）对标准化组织认证，通过对标准化组织的监督，间接实现对标准质量的监督。这种方式美国特有，政府不直接监督标准化组织，而是建立了美国国家标准学会（ANSI）的标准化组织管理要求和评审机制，由美国国家标准学会对标准化组织进行评审认可，确保其编制团体标准的质量。

（3）政府对标准直接监管，这是法国特有的，监管国家标准而非团体标准。从机构组建、人员任命、标准制定计划到审批，全权参与监管，从而推进法国国家标准的实施，并负责监督标准化过程中的协商一致工作。

2. 社会团体自身监督，进行自我约束

团体标准制定发布和采信机构对标准实施有要求的会进行监督，没有实施要求的一般发布免责声明。

（1）为避免监督义务和责任，标准制定组织发表免责声明。这是大多数社团做法，特别是在日本（团标地位弱势），一般会制定颁布免责声明——谁使用谁负责。其合法性主要依靠政府对技术法规进行监督，保障标准合法性底线。

（2）团体自律，符合良好行为要求。WTO/TBT规定了标准制定、采用、实施的良好行为规范，ISO/IEC发布了《标准化良好行为规范》的指南文件，各类社团组织在标准化建设活动中会遵守这些良好行为规范，指导标准化日常工作。

（3）团体组织对标准实施进行监督。一般是对标准实施有要求的社团组织，监管手段主要是对工程项目执行标准的情况进行检查、合格评定、会员管理、人员认可；

建立标准质量评价体系。

所谓"要求"是指存在契约关系，即：一是合同契约；二是采信机构与机构成员、社团组织与会员之间的契约。

3. 标准使用者自我监督，负自我判断责任

标准使用者的参与各方会根据保险约束、诚信机制约束、自身职业发展约束、司法约束等，按照合同规定或法律法规的规定，执行标准的相关要求。

（二）《团体标准管理规定》对团体标准监督管理的具体要求

1. 进一步明确了团体标准监督管理的具体要求

第三十三条规定："对于已有相关社会团体制定了团体标准的行业，国务院有关行政主管部门结合本行业特点，制定相关管理措施，明确本行业团体标准发展方向、制定主体能力、推广应用、实施监督等要求，加强对团体标准制定和实施的指导和监督。"

释义：按照《标准化法》的要求，国务院有关行政主管部门要对团体标准的制定进行指导和监督，对标准的实施进行监督检查。因此，国务院有关行政主管部门结合本行业特点，制定相关管理措施，使团体标准发展与行业的法律法规、强制性标准、有关产业政策相协调。这既有利于建立政府主导制定标准与市场自主制定标准协同发展、协调配套的新型标准体系，发挥团体标准对行业健康发展的促进作用，又能防止团体标准与本行业法律法规、强制性标准、有关产业政策相抵触，避免对行业发展的干扰和阻碍。

第三十六条第二款"对举报、投诉，标准化行政主管部门和有关行政主管部门可采取约谈、调阅材料、实地调查、专家论证、听证等方式进行调查处理。相关社会团体应当配合有关部门的调查处理。"第三款："对于全国性社会团体，由国务院有关行政主管部门依据职责和相关政策要求进行调查处理，督促相关社会团体妥善解决有关问题；如需社会团体限期改正的，移交国务院标准化行政主管部门。对于地方性社会团体，由县级以上人民政府有关行政主管部门对本行政区域内的社会团体依据职责和相关政策开展调查处理，督促相关社会团体妥善解决有关问题；如需限期改正的，移交同级人民政府标准化行政主管部门。"

释义：明确了由有关行政主管部门对举报、投诉进行处理的要求，发挥有关行政主管部门熟悉本行业领域法律法规、产业政策和强制性标准等情况的优势，对社会团体制定的团体标准是否符合所在行业领域的法律法规、强制性标准和有关产业政策等进行研判，有利于快速、准确、妥善地解决团体标准有关问题。

2. 进一步提出了社会团体应主动处理团体标准相关问题的要求

如需社会团体限期改正的，新修订的《标准化法》第三十九条第二款要求由标准化行政主管部门责令限期改正，移交标准化行政主管部门，做好有效衔接，各司其职、形成合力。

释义：明确了社会团体的责任，强调社会团体需主动解决所负责团体标准产生的舆论问题、主动回应影响较大的团体标准相关社会质疑，对于发现确实存在问题的，要及时进行改正。社会团体是团体标准的制定主体，也是团体标准的责任人，要充分

发挥其自律机制，由社会团体主动处理相关问题，维护自身形象，及时解决团体标准的不良现象，消除社会疑虑。

八、我国团体标准发展面临的主要问题

综合起来看，自新修订的《标准化法》正式实施以来，我国团体标准对激发市场主体活力，完善标准供给结构，建立各类标准协同发展等方面起到了极大的促进作用。但对团体标准的审核、发布还存在审核把关不够严、标准质量良莠不齐的现象。具体包括：在认识上，对团标的定位、功能等认识存在偏差，与政府标准没有很好地区分，存在"抢地盘"现象；制定标准的目的、目标不明确；在能力上，标准化专业人员缺乏、标准质量难以保证、制标主体能力不足；在管理上，会员企业（单位）水平参差不齐、参与单位动力不足、程序欠规范；在宏观环境上，团体标准处于建设初期，监管机制不完善，监管力度不够，缺乏有效的信用监督管理体制和第三方评估评价监督机制。

九、我国茶叶团体标准发展概况

根据国家标准化管理委员会"全国团体标准信息平台"（www.ttbz.org.cn）对社会团体的注册、团体标准信息的发布等监管统计，截至 2019 年底，完成公示并审核通过的社会团体 2945 家，共发布团体标准 12201 项。其中：茶叶行业社会团体 62 家，共发布涉茶类团体标准 179 项，内容包括茶叶产品、代用茶、含茶制品、茶叶机械、生产技术、茶叶品牌、服务规范等，对全国现有茶叶标准体系进行了补充，对我国茶产业发展起到积极的推动作用。

第 二 节　茶叶企业标准

一、企业标准化工作概要

企业是市场经济和自主创新的主体，是产品质量的责任主体，更是标准化活动的主体。正如业界所流传的"一流企业做标准、二流企业做品牌、三流企业做产品""三流企业卖劳力、二流企业卖产品、一流企业卖专利、超一流企业卖标准"。在经济全球化的今天，"得标准者得天下"，要努力做到"技术专利化、专利标准化、标准许可化"，标准的作用已不只是企业组织生产的依据，而是企业开创市场继而占领市场的"排头兵"。质量是企业的生命，而标准化则是质量的保障。企业通过标准体系建设，可以克服不良的管理、生产与服务习惯，养成符合标准要求的生产经营服务的规范性习惯。一流企业制定的标准要规范和引领行业健康发展，能服务全人类，服务全世界。

1. 新修订的《标准化法》对企业标准的有关规定

《标准化法》第十九条指出："企业可以根据需要自行制定企业标准，或者与其他企业联合制定企业标准。"在该条释义中进一步指出："企业根据自己生产和经营的需要，可自行制定本企业所需的标准，不必经过其他机构的批准或认定。"

第二十七条指出："国家实行团体标准、企业标准自我声明公开和监督制度。企业应当公开其执行的强制性标准、推荐性标准、团体标准或者企业标准的编号和名称；企业执行自行制定的企业标准的，还应当公开产品、服务的功能指标和产品的性能指标。国家鼓励团体标准、企业标准通过标准信息公共服务平台向社会公开。企业应当按照标准组织生产经营活动，其生产的产品、提供的服务应当符合企业公开标准的技术要求。"

第三十六条指出："生产、销售、进口产品或者提供服务不符合强制性标准，或者企业生产的产品、提供的服务不符合其公开标准的技术要求的，依法承担民事责任。"

第三十八条指出："企业未依照本法规定公开其执行的标准的，由标准化行政主管部门责令限期改正；逾期不改正的，在标准信息公共服务平台上公示。"

企业作为市场经济活动中最具活力的主体，是产品与服务质量的主要保障者，也是质量共治的主要参与者，更是以标准引领质量提升的主要实现者。当前，很多茶叶企业不重视标准化工作，认知还停留在表面，把标准化看作是技术人员的专门领域，与自己无关，查查资料就认为是标准化的全部，没有认识到标准化工作是企业生存、发展和实现利润目标的基础与保障，没有认识到标准化工作在降低成本，提高产品水准，优化管理，提升企业核心竞争力等方面具有不可估量的作用。近年来，随着我国标准化战略的实施，标准化法的修订，一些茶叶企业的标准化意识在逐步提升，他们参与茶叶标准化的活动日益频繁，这必将促使茶叶领域的标准化活动迈上一个新台阶。

2. 企业标准有关概念

企业标准（enterprise standard），简称企标，是在企业范围内需要协调、统一的技术要求、管理要求和工作要求所制定的标准，是企业组织生产、经营活动的依据。企业标准化（enterprise standardization），是为在企业生产、经营、管理范围内获得最佳秩序，对实际的或潜在的问题制定共同的和重复使用的规则的活动。这些活动尤其要包括建立和实施企业标准体系，制定、发布企业标准和贯彻实施各级标准的过程。企业标准化是以企业获得最佳秩序和效益为目的，其显著好处是改进产品、过程和服务的适用性，使企业获得更大成功。从性质上看，企业标准不同于国家标准、行业标准、地方标准和团体标准等公共标准，是企业内部的规范。从众多实践中发现，企业标准是产品在市场竞争获胜，企业立于优势地位的利器。

国家鼓励企业自行制定严于国家标准或者行业标准的企业标准。企业标准由企业制定，经企业法人代表或法人代表授权的主管领导批准、发布。企业标准编号以"Q"标准开头。企业标准只是在企业内部有效，是企业的工作纲领，须人人遵守。企业在制定标准时，一般也要以国际、国家、行业标准和团体标准为基础。企业标准的有效期一般不超过五年，超过有效期的应当及时修订或者废止。

一般而言，企业在执行标准时，选用的标准顺序：国家标准→地方标准→行业标准→团体标准→企业标准。当企业生产的产品或服务等没有国家标准和行业标准，就考虑制定企业标准，作为组织生产和服务的依据。按照标准的严格程度进行大致排序：国际标准<国家标准<地方标准<行业标准<团体标准<企业标准。企业标准是最高标准，当关键技术指标低于国家标准、地方标准和行业标准时，企业标准就被视为无效标准。

3. 企业标准的特殊性

企业标准有其特殊性，它是把企业中的生产工艺、专利技术、商业秘密、流程管理等融合在一起的企业内部文件。其主要表现：

（1）企业标准的制定不遵循标准制定中协商一致、多数同意、表决通过等原则，通常在企业内部由技术部门提出，厂长、总经理等一经签发就开始在企业内部强制适用；通过与企业员工签订保密协议保证其秘密性。

（2）企业标准的效力在企业内部是强制的，各部门、单位和个人都必须执行；而在企业的外部，其效力是由市场买卖关系确定的。通过建立买卖关系，对产品或服务的接受就使得企业标准导入到整个流程当中，外化表达为产品的质量。

（3）在标准实施中，企业执行的标准，无论是自行制定的，还是自愿采用的其他标准，都具有了强制的性质，是必须认真执行的。

（4）企业标准不仅是企业组织生产的依据，更是企业交货、验收、贸易的依据。当企业标准作为企业组织生产的依据时，它具有直接强制性；当企业标准作为企业交货、验收、贸易的依据时，则受到合同法上强制性规定的约束。基于企业标准的强制性，在具体实践过程中，"标准必须文件化"，以防止"因为人员变动后，该方法就会被遗忘或随之消失"。

4. 企业标准分类

企业标准按其类型大致可分为以下五类。

（1）企业生产的产品，没有国家标准、地方标准、行业标准和团体标准的，制定的企业产品标准。

（2）为提高产品质量和技术进步，制定的严于国家标准、行业标准或地方标准的企业产品标准。

（3）对国家标准、行业标准的选择、融合或补充的标准。

（4）工艺、工装、半成品和方法标准。

（5）生产、经营活动中的管理标准和工作标准。

5. 企业标准化工作的作用及意义

（1）标准化是企业的一项综合性基础工作，贯穿于企业整个生产、技术和管理活动的全过程，是质量管理的基础，可使企业的所有资源达到最佳组合。

（2）标准化是企业管理走向现代化管理的需要。企业建立三体系标准（质量管理体系标准、环境管理体系标准和职业健康安全管理体系），使企业管理走向法制化、制度化，展示企业良好形象和社会责任。通过管理标准、技术标准和工作标准等标准体系建设，可以有效保障产品和服务质量，提高企业信誉，拓展市场；还可以有效降低企业成本，提升员工素质，并可改善劳动条件，保护环境，构建企业文化，提高市场竞争力。

（3）标准化是企业组织生产和提供服务的依据。企业严格按照标准要求生产，产品品质才有保证，生产效率才能提高，行业整体质量水平才能得以提升。

（4）标准化是激发企业科技自主创新的原动力。标准的实施过程就是科技成果普及推广的过程，在这个过程中往往会对科技创新提出新的需求，激发科技的再创新，科技再创新成果又能够再次标准化。科技创新不断提升标准水平，标准又不断促进科技成果转化，两者互为基础、互为支撑。

（5）标准化是提升企业核心竞争力的有力武器。企业的核心竞争力首先就体现在技术标准的把握和创新能力，建立自主的标准创新体系，使技术优势充分发挥，结合现代营销管理，有效降低运营成本，提高工作效率，提升利润空间，成为市场竞争中的主导者。

（6）企业根据自己生产和经营的需要，可自行制定本企业所需要的标准，不必经过其他机构的批准或认定。因而企业制定的标准能够快速满足市场的需求，提升自身的市场竞争力，在市场竞争中占据优势。

二、企业标准体系

企业标准化水平主要体现在建立企业标准体系，企业标准体系对企业现代化进程和科学管理至关重要。企业标准体系的建立是一项综合性、系统性工程，涉及多个部门和不同的工作环节。企业将标准化工作同企业管理有机结合，可以使企业的产品设计试验、工艺技术管理、生产经营活动科学规范、有序地进行。

建立和实施企业标准体系是一项系统工程，是一个动态的不断完善的过程，涉及企业技术和管理工作的各个部门、各个环节，需要整合和利用企业各项资源，它是企业实施标准化的核心部分。

（一）企业标准体系组成

1. 企业标准体系内容

标准是企业组织生产和提供服务的依据，包括技术标准（technical standard）、管理标准（management standard）和工作标准（duty standard）。其中，技术标准是主体，管理标准是保证，工作标准受技术标准和管理标准的指导与制约。新修订的《标准化法》对企业标准体系调整为产品实现标准体系（product realization standards system）、基础保障标准体系（fundamental supportive standards system）、岗位标准体系（position standards system）。

GB/T 15496—2017《企业标准体系　要求》指出，企业标准体系是企业战略性决策的结果，企业标准体系的构建是企业顶层设计的内容。所谓企业标准体系就是企业内的标准按其内在联系形成的科学的有机整体，它主要包括产品实现标准体系、基础保障标准体系、岗位标准体系，其结构关系如图 8-2 所示。

2. 企业标准体系（enterprise standards system）具体内容

该体系主要包含五个标准：GB/T 15496—2017《企业标准体系　要求》；GB/T 15497—2017《企业标准体系　产品实现》；GB/T 15498—2017《企业标准体系　基础保障》；GB/T 19273—2017《企业标准化工作　评价与改进》；GB/T 35778—2017《企业标准化工作　指南》。这一系列标准有助于企业提高整体绩效，实现可持续发展，指导企业根据行业特征、企业特点构建适合企业战略规则、经营管理需要的标准体系，以及形成自我驱动的标准体系实施、评价和改进机制。

此外，企业相关标准体系中还涉及 GB/T 19000—2016/ISO 9000：2015《质量管理

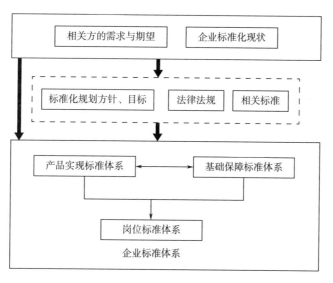

图 8-2 企业标准体系结构

体系 基础和术语》、GB/T 19001—2016/ISO 9001：2015《质量管理体系 要求》、GB/T 19002—2018/ISO/TS 9002：2016《质量管理体系 GB/T 19001—2016 应用指南》、GB/T 19004—2011/ISO 9004：2009《追求组织的持续成功 质量管理方法》、GB/T 24001—2016《环境管理体系 要求及使用指南》、GB/T 28001—2011《职业健康安全管理体系 要求》、GB/T 28002—2011《职业健康安全管理体系 实施指南》、GB/T 29490—2013《企业知识产权管理规范》等。

茶叶企业作为食品企业的一员，还应熟悉 T/CCAA 0017—2014《食品安全管理体系 茶叶、含茶制品及代用茶加工生产企业要求》、RB/T 011—2019《食品生产企业可追溯体系建立和实施技术规范》、GB/T 33915—2017《农产品追溯要求 茶叶》和危害分析与关键控制点体系（Hazard analysis and critical control point system，HACCP system）标准 GB/T 27341—2009《危害分析与关键控制点（HACCP）体系 食品生产企业通用要求》和 GB/T 27341—2004《危害分析与关键控制点（HACCP）体系及其应用指南》等标准；要了解 GB/T 30644—2014《食品生产加工企业电子记录通用要求》和 GB/T 27925—2011《商业企业品牌评价与企业文化建设指南》等。茶叶电子商务企业应熟悉 GB/T 19018—2017/ISO 10008：2013《质量管理 顾客满意 企业-消费者电子商务交易指南》等。

（二）产品实现标准体系

根据 GB/T 15497—2017《企业标准体系 产品实现》规定，产品实现标准体系是指企业为满足顾客需求所执行的，规范产品实现全过程的标准按其内在联系形成的科学的有机整体，其结构图如图 8-3 所示。

1. 产品标准子体系

该子体系主要包括：（1）企业声明执行的国家标准、行业标准、地方标准或团体标准；（2）企业声明执行的企业产品和服务标准；（3）为保证和提高产品质量，制定严于国家标准、行业标准、地方标准、团体标准或企业产品和服务标准，作为内部质量控制的企业产品和服务内控标准；（4）与顾客约定执行的技术要求或其他标准，如国外技术法规、国际标准、国外先进标准及其他国家的标准等。

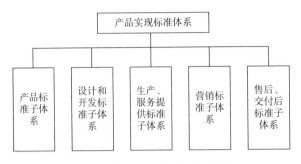

图 8-3　产品实现标准体系结构

2. 设计和开发标准子体系

该子体系主要包括：（1）产品决策标准：企业对所开发产品的市场或顾客需求和本企业具体情况进行分析、研究，做出开发的决策，收集、制定的产品决策标准；（2）产品设计标准：企业将产品决策输出的信息作为输入，进行方案拟定、研究实验、设计评审，完成全部技术文件的设计，收集、制定的产品设计标准；（3）产品试制标准：企业对通过试验、试制或用户试用，验证产品设计输出的技术文件的正确性、产品符合质量特性要求，收集、制定的产品试制标准；（4）产品定型标准：企业为确保持续稳定达到产品生产/服务提供条件，在产品试制的基础上进一步完善产品生产/服务提供的方法和手段，改进、完善并定型产品生产/服务提供过程中使用的工具、器具，配置必要的产品生产/服务提供和试验/测试用的设施、设备，收集、制定的产品定型标准；（5）设计改进标准：企业为提高产品质量和适用性，对产品实现各阶段收集到的反馈信息进行分析、处理和必要的试验，收集、制定的设计改进标准。

3. 生产/服务提供标准子体系

该子体系主要包括：（1）生产/服务提供计划标准；（2）采购标准；工艺/服务；（3）监视、测量和检验标准；（4）不合格控制标准；（5）标识标准；（6）包装标准；（7）贮存标准；（8）运输标准；（9）产品交付标准。

4. 营销标准子体系

该子体系主要包括：（1）营销策划标准；（2）产品销售标准。

5. 售后/交付后标准子体系

该子体系主要包括：（1）维保服务标准；（2）三包服务标准；（3）售后/交付后技术支持标准；（4）售后/交付后信息控制标准；（5）产品召回和回收再利用标准。

（三）基础保障标准体系

根据 GB/T 15498—2017《企业标准体系　基础保障》规定，基础保障标准体系是指企业为保障企业生产、经营、管理有序开展所执行的，以提高全要素生产率为目标的标准，按其内在联系形成的科学的有机整体；其结构图如图 8-4 所示。

1. 规划设计和企业文化标准子体系

该子体系主要包括：（1）规划计划标准 企业对规划、计划的管理机制和方法等事项所形成的标准；（2）品牌标准 确定企业品牌建设策划、品牌运营和管理等事项形成的标准；（3）企业文化标准 确立企业的价值观念、行为规范和道德、风尚、习俗等事项形成的标准；（4）与顾客约定执行的技术要求或其他标准：如国外技术法规、国际标准、国外先进标准及其他国家的标准等。

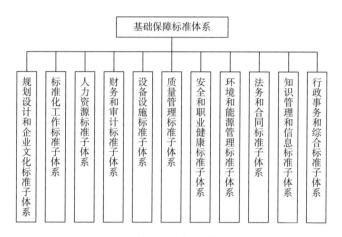

图 8-4 基础保障标准体系结构

2. 标准化工作标准子体系

该子体系包括但不限于：标准化工作组织与管理标准，以企业标准化活动普遍使用的事项形成的标准；标准化工作评价标准，以确定标准化管理效果所采用的标准。

3. 人力资源标准子体系

该子体系主要包括：（1）劳动组织标准：以确定企业的组织机构，人员配备，定员定岗定编、劳动组织等事项形成的标准；（2）劳动关系标准：以确定企业员工的用工形式、工作内容、工作要求、劳动关系管理等事项形成的标准；（3）绩效标准：以企业员工绩效为对象的有关绩效计划制定、绩效辅导沟通、绩效考核评价、绩效结果应用和绩效目标提升等事项形成的标准；（4）薪酬福利保障标准：以建立企业薪酬福利体系形成的标准；（5）培训和人才开发标准：以建立企业员工培训与人才开发体系形成的标准。

4. 财务和审计标准子体系

该子体系主要包括：（1）预算决算标准：以企业预、决算要求和管理等事项形成的标准；（2）核算标准：以会计准则等为依据，企业会计核算事项形成的标准；（3）成本管理标准：以企业生产成本、销售成本以及为保证和提高产品质量而发生的质量成本等的核算、控制、考核工作等事项形成的标准；（4）资金管理标准：以企业资金管理事项形成的标准；（5）资产管理标准：以企业固定资产、无形资产、物资储备、资产管理等事项形成的标准；（6）投资融资标准：以企业投资、融资管理事项形成的标准；（7）税务管理标准：以相关税务政策规定为依据，企业税务工作形成的标准；（8）审计管理标准：以相关审计政策规定为依据，企业审计工作形成的标准。

5. 设备设施标准子体系

该子体系主要包括：

（1）设备设施设计和选购标准：以企业生产、经营和管理需要，购置或自制设备设施的设计或选购等事项形成的标准；（2）贮运标准：企业收集编制设备及其购置或自制的备品备件的储存运输标准；（3）安装调试和交付标准：以企业设备设施安装、调试、现场制造与交付事项形成的标准；（4）使用保养和维护标准：以企业设备设施使用、保养与维护事项形成的标准；（5）改造停用和废弃标准：以企业设备设施改造、停用、废弃等事项形成的标准；（6）工艺装备标准：以企业产品实现过程中使用的各种工具（包括）的结构、尺寸、规格、材质、精度等事项形成的标准；（7）基础设施标准：以企业生产、经营和管理活动中需要的构筑物、建筑物及其基础设施维护、管理等事项形成的标准；（8）监视和测量标准：对企业生产、经营和管理活动中使用的设备、设施进行监视或测量方面的标准。

6. 质量管理标准子体系

该子体系主要包括：（1）质量控制标准，以保障产品质量满足要求而开展的质量控制标准；（2）精细化管理标准，以保障产品质量满足要求而开展的将管理责任具体化、明确化的标准；（3）精益化管理标准：以保障产品质量满足要求、杜绝浪费和无间断的作业流程的标准，包含整理、整顿、清扫、清洁、保养等。

7. 安全和职业健康管理标准子体系

该子体系主要包括：（1）安全标准：以保护生命和财产的安全为目的，企业建立安全管理体系形成的标准，如产品安全、生产安全、信息安全、事故处置、交通安全、消防安全等；（2）应急标准：以企业为减少紧急事件发生带来的人员伤害、财产损失及环境破坏，采取技术和管理控制等事项形成的标准；（3）职业健康标准：以企业在生产、经营和管理活动中各环节在保障人身健康，动植物生命与健康等事项形成的标准。

8. 环境和能源管理标准子体系

该子体系主要包括：（1）环境标准：以表明产品在生产、使用、消费及处理过程中符合环境保护要求，企业使用标志，采取环保措施形成的标准等；（2）废弃物排放标准：以企业生产、经营和管理活动各环节中有关废弃物处置及向大气、土壤、水体排放控制等事项形成的标准；（3）能源标准：以利用能源、节约能源、降低消耗、提高效益为目的形成的标准。

9. 法务和合同标准子体系

该子体系主要包括：（1）法务管理：以企业法律风险防控、总法律顾问履职、法律工作体系建设等事项形成的标准；（2）合同管理：以企业与相关方达成一致的契约、合同及法律法规承诺等事项形成的标准。

10. 知识管理和信息标准子体系

该子体系主要包括：（1）知识产权管理标准：以自身的经营战略及核心业务，鉴别企业内的知识资源，建立相应的管理体系并形成标准；（2）信息标准：对企业各类信息采集、甄别、分析、应用和监管等事项形成的标准；（3）文件与记录标准：以企业生产、经营和管理活动中信息及其承载媒介的形成和管理等事项形成的标准；（4）档案标准：以企业生产、经营和管理活动中形成的具有保存价值的信息归档、保管、利用等事项形成的标准。

11. 行政事务和综合标准子体系

该子体系主要包括：（1）行政事务标准：以企业除研发、生产、营销之外的办公事务和行政事务等事项形成的标准；（2）技术资源标准：以企业生产、经营和管理活动中的创新、储备、积累、推广、应用等事项形成的标准；（3）风险管理标准：以企业风险识别、评估、处置、规避等事项形成的标准；（4）内控管理标准：以企业采取的对人、财务、资产、工作流程实行有效监管等事项形成的标准。

（四）岗位标准体系

岗位标准体系是指企业为实现基础保障标准体系和产品实现标准体系有效落地执行的，以岗位作业为组成要素标准，按其内在联系形成的科学的有机整体，其结构图如图8-5所示。岗位标准体系应明确各岗位的职责和权限，以及相关岗位的相互关系，各负其责，避免交叉，协调一致。岗位标准体系是企业科学管理水平的需要，是依法依规治理企业的需要，更是企业提高经济效益的需要。

企业内的最高决策层要熟悉标准化工作，特别是《企业标准化管理办法》和GB/T 19004—2011/ISO 9004：2009《追求组织的持续成功　质量管理方法》等，负责组织构建企业标准体系；企业职能部门应有专兼职的标准化人员或机构，具备相应的专业知识、标准化知识和工作技能，熟悉与本企业相关的标准化法及相关的法律法规，熟悉GB/T 13016—2018《标准体系构建原则和要求》和GB/T 13017—2018《企业标准体系表编制指南》等，组织并落实企业标准体系的建设及运行，对新产品、改进产品、技术改造和技术引进等提出标准化要求，负责标准化审查，并组织制定企业标准化管理标准（或标准化规章制度），负责企业内的日常标准化培训。在操作人员标准子体系中，要有特殊过程操作人员（岗位）工作标准和一般操作人员（岗位）工作标准。

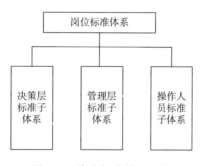

图8-5　岗位标准体系结构

（五）标准明细表

企业应根据企业标准体系结构，对产品实现标准体系、基础保障标准体系和岗位标准体系编制对应的标准明细表（list of standards）。标准明细表应满足企业对标准的管理和运用需要，格式可参考表8-3。

表 8-3 基础保障标准体系之安全和职业健康标准子体系

序号	体系代码	标准编号	标准名称	责任部门
1	BZ0701	GB 13495.1—2015	消防安全标志 第 1 部分：标志	办公室
2	BZ0701	Q/××××—××××	消防安全管理规范	办公室
3	BZ0701	Q/××××—××××	应急预案管理办法	办公室
……	……	……	……	……
10	BZ0702	Q/××××—××××	职业健康管理办法	办公室
……	……	……	……	……

（六）企业标准体系评价与改进

1. 企业标准体系评价

根据 GB/T 19273—2017《企业标准体系 评价与改进》规定，企业要对自身建立的标准体系进行自我评价与改进，或者以用户或采购方进行的第二方评价，以及独立于企业和第二方机构的第三方机构进行评价。评价时要遵循客观公正、科学严谨、全面准确、注重实效等原则；评价的依据主要如下。

（1）国家有关的方针、政策。

（2）标准化及相关法律法规和强制性标准（如标准化法及其实施条例、食品安全法及其实施条例、农产品质量安全法、合同法、侵权责任法、产品质量法、消费者权益保护法、进出口商品检验法；食品安全国家标准 GB 2760—2014、GB 2762—2017、GB 2763—2019、GB 4806—2016、GB 5009—2016、GB 7718—2016 等）。

（3）企业标准化战略、方针、目标。

（4）企业标准体系系列标准 GB/T 15496—2017、GB/T 15496—2017、GB/T 15496—2017、GB/T 15496—2017 和 GB/T 15496—2017 等。

（5）企业标准体系及相关文件。

企业根据评价结果和复核结果对企业标准体系进行改进，以提升标准化活动的战略与策略，完善标准体系结构与内容、提升企业标准化人员的素质和能力等。若是第三方评价，企业可申请颁发《企业标准化工作评价证书》。

2. 企业标准体系持续改进

PDCA 循环是美国质量管理专家戴明提出的，所以又称戴明环。全面质量管理的思想基础和方法依据就是 PDCA 循环。PDCA 循环的含义是将质量管理分为四个阶段，即计划（Planing）、执行（Do）、检查（Check）、处理（Action）。在质量管理活动中，要求把各项工作按照做出计划、计划实施、检查实施效果，然后将成功的纳入标准，不成功的留待下一循环去解决，通过周而复始的动态循环，实现持续改进。PDCA 循环体现了企业标准体系适应企业运行内外部环境的变化而持续改进的客观规律，从理论和实施的结合上，科学地推动企业标准化工作，不断提高标准化水平。我国在 1978 年正式引进全面质量管理的 PDCA 模式，并在企业标准体系中进行了明确，其工作程序具体可以分为以下四个阶段。

（1）P 阶段——计划阶段　根据企业的总方针目标，策划企业标准体系的目标，将目标分解为标准化过程的各个可测量的标准化要求和实施程序及措施。

①分析企业标准体系的现状。用调查法和会议法等技术方法调查问题，找出在企业标准体系中存在的问题，并尽量用数字说明。凡与企业标准体系有关的内容都应做详细调查。如现有企业标准体系确立时的动机、理由、依据是什么，该企业标准体系是否符合企业实际情况，它们为企业生存与发展能带来什么机遇等。

②运用因果分析图等找出影响企业标准体系的各种因素及其详细内容，确定关键控制点。

③找出影响企业标准体系的主要因素，确定企业标准体系的内容。影响企业标准体系建立和运行的因素往往是多方面的，但根据"二八法则"，必须在众多影响因素中全力找出主要的影响因素。

④采用对策表法提出解决影响企业标准体系主要因素的措施，并预计其效果。在这一步骤，一般要请企业各级领导人员和主要环节员工共同制定，以利于措施的贯彻与执行。对策表中的具体内容要包括制定这一措施的原因、预计达到的目标、措施执行部门、具体执行人和执行过程等。

（2）D 阶段——实施阶段　实施阶段即为"执行"阶段，按既定的措施贯彻落实，要注意相关岗位人员的标准培训学习和标准宣贯。对执行措施过程中出现的各种问题要及时处理，保证最终目标的实现。

（3）C 阶段——检查阶段　"检查"阶段即检验执行后的效果。这一步的目的就是把措施实施以后的结果和预期目标进行比较，检查是否达到了目标，若没有达标则必须体现出达到什么程度，以及存在什么问题。

（4）A 阶段——处理阶段　对标准化结果测量、分析、总结经验、肯定评价和确认；根据检查结果总结成功经验，巩固成绩；对不合格的内容提出预防和纠正措施，并把它们转到下一次 PDCA 循环中进一步解决，从而将企业标准化工作提高到一个新水平。

（七）企业标准的法律责任

新修订的《标准化法》第三十六条指出：企业产品、服务违反其公开标准（如产品包装上注明的执行标准）的技术要求的，依法承担民事责任。企业公开承诺的标准技术要求，主要是指企业在标准信息公共服务平台中所公开的标准内容，同时也包括企业在产品包装或者产品和服务的说明书上明示的标准技术要求。这些技术要求，可以是企业自行制定的企业标准中所规定的内容，也可以是企业声明采用国家标准、行业标准、地方标准或者团体标准中所规定的内容。

企业违反其公开的标准技术要求，其所承担的民事责任类型包括合同责任、侵权责任等。一般的民事责任遵循补偿性原则，以补足民事主体所受损失为限，但是法律有特别规定的还需要承担惩罚性赔偿的民事责任。单位、个人主张企业承担民事责任可以通过协商的形式处理，也可以向消费者协会等部门寻求调解，还可以向人民法院提起民事诉讼。

除了民事责任，根据行为人违法行为的性质、情节及社会危害后果，还可能承担刑事责任和行政责任。如生产、销售和进口不符合强制性标准的产品，造成严重后果构成犯罪的，要追究刑事责任。其次，如销售不符合强制性标准的商品的、获得认证证书的产品不符合认证标准而使用认证标志出厂销售的、产品未经认证或者认证不合格而擅自使用认证标志出厂销售的、产品标识不符规定的等行为，均按《中华人民共和国行政处罚法》的条款进行处罚。

三、企业标准自我声明公开和监督制度

（一）自我声明公开的相关要求

新修订的《标准化法》规定，企业标准实行自我声明公开和监督制（Self-declaration，Disclosure and Supervision of Enterprise Standard）。这是新修订的《标准化法》修改与实施的创新与亮点，被视为对旧法的"重大突破"，它取消了在我国实施30年的企业产品标准备案管理制度，由事前监管转变为事中和事后监管。企业标准自我声明公开和监督制度调整的对象是企业生产的产品和提供的服务所执行的标准，这类标准规定了企业生产的产品和提供的服务所应达到的各类技术指标和要求，是企业对其产品和服务质量的硬承诺，应当公开并接受市场监督。因此，企业产品和服务标准公开是企业的法定义务。为此，国家标准化管理委员会建立了企业标准信息公共服务平台（www. qybz. org. cn）。自我声明公开和监督制度业已成为矫正经营者与消费者信息不对称的标准化制度通道。

（二）自我声明公开的目的

建立企业标准自我声明公开和监督制度，是营造公平竞争市场环境的重要举措。一是有利于放开搞活企业，保障企业主体地位，落实企业主体责任。二是有利于消除消费者（用户）与企业之间对产品质量信息不对称的问题，维护消费者（用户）知情权，引导消费者（用户）理性消费。三是有利于政府更好地提供公共服务和事中事后监管。四是有利于社会监督，能够充分调动消费者（用户）、行业组织、技术机构等的积极性，促进形成全社会质量共治机制，提升企业产品和服务标准水平，实现"优标优质优价"，推动市场秩序健康稳定发展。

（三）自我声明公开的内容

企业生产的产品和提供的服务，如果执行国家标准、行业标准、地方标准和团体标准的，企业应公开相应的标准名称和标准编号；如果企业生产的产品和提供的服务所执行的标准是本企业制定的企业标准，企业除了公开相应的标准名称和标准编号，还应当公开企业产品、服务的功能指标和产品的性能指标。企业应对公开的产品和服务标准的真实性、准确性、合法性负责。需要注意的是：公开标准指标的类别和内容由企业根据自身特点自主确定，企业可以不公开生产工艺、配方、流程等可能含有企业技术秘密和商业秘密的内容。

（四）自我声明公开的方式

国家建立企业标准信息公共服务平台为企业开展标准自我声明公开提供服务，鼓励企业在国家统一的平台开展自我声明公开。企业已在产品包装或者产品和服务的说明书上明示其执行标准的，视为已履行自我声明公开义务。企业应在其产品和服务进入市场公开销售之前，将产品和服务执行的标准信息公开。企业已在产品包装或者产品和服务的说明书上公开其执行的标准的，仍鼓励企业通过标准信息公共服务平台公开。

（五）自我声明公开的效力

企业生产的产品和提供的服务应当符合企业自我声明公开的标准提出的技术要求，不符合企业自我声明公开标准提出的技术要求的，应依法承担相应的责任。如构成标准承诺失信违约的，应依《合同法》承担违约责任；消费者可根据《产品质量法》请求缺陷产品的合同责任或损害赔偿责任；涉嫌欺诈的，可根据《消费者权益保护法》请求惩罚性赔偿。

四、茶叶企业标准编制

（一）基本要求

企业标准应当符合国家法律、法规的规定，不得与强制性标准相抵触。标准的结构、格式要符合 GB/T 1.1—2002《标准化工作导则　第 1 部分：标准的结构和编写规则》、GB/T 1.2—2002《标准化工作导则　第 2 部分：标准中规范性技术要素内容的确定方法》、GB/T 20001.10—2014《标准编写规则　第 10 部分：产品标准》、GB/T 35778—2017《企业标准化工作　指南》等的规定，结合相关强制性国家标准的要求，内容完整并能准确表述产品、服务的功能和特性。企业应对所制定标准的合法性、科学性、与强制性标准的符合性以及标准的实施后果负责。

（二）茶叶企业标准编制方式

企业标准的编写可按以下方式进行。

（1）依据国际标准，按 GB/T 20000.2—2009《标准化工作指南　第 2 部分：采用国际标准》的规定进行转化。

（2）对国家标准、行业标准、地方标准或团体标准进行选择或补充，既可以整体施用，也可以将各种标准组合后在企业融合施用。还可以选择国际标准、国外先进标准、跨国公司标准在本企业施用（特别需要注意的是：有的标准是内含专利的，选择施用包括专利技术的标准就意味着谈判支付专利许可费用，否则就存在侵犯专利权的风险）。

（3）自主编制　特别需要指出的是，企业标准化工作过程中，并不是所有的企业活动均需要制定企业标准，企业标准并不是越多越好，企业标准的指标和要求也不是越高、越严越好，需要考虑产品实现或服务提供是否有相应或适用的国家标准、行业标准等，是否需要制定严于国家标准或行业标准的企业标准来提供基础保障和要求等。

（三）茶叶企业标准自主编制的原则

标准制（修）定程序一般分为立项、起草草案、征求意见、审查、批准、复审

（复审结论包括继续有效、修订和废止三种）和废止七个阶段。其中，标准编写格式可在参照现行的类似标准的基础上，按照 GB/T 1.1—2002《标准化工作导则　第 1 部分：标准的结构和编写规则》进行；如是产品标准，按照 GB/T 20001.10—2014《标准编写规则　第 10 部分：产品标准》进行。

茶叶企业除了出口产品的技术要求需依照合同的约定执行外，在自主研制企业标准时应当遵循以下原则。

（1）符合国家有关法律、法规和规章的规定，如《标准化法》《标准化法实施条例》《企业标准化管理办法》《企业产品标准管理规定》《食品安全法》《食品安全法实施条例》等。

（2）符合强制性的国家标准、行业标准和地方标准，与相关标准具有协调性（在《标准化法》第 21 条明确要求"企业标准的技术要求不得低于强制性国家标准的相关技术要求"；第 25 条规定"不符合强制性标准要求的产品、服务，不得生产、销售、进口或提供"）。

（3）符合国家有关产业发展方针、政策。

（4）促进新技术、新发明成果转化和提高市场占有率。

（5）改善环境、安全和健康，节约资源。

（6）增强产品/服务的兼容性和有效性，能完整反映产品的质量特征和功能特性，并保证产品质量和产品安全。

（7）有利于发展贸易，规划市场秩序，保护消费者的合法权益。

（8）标准实施的可行性。

（9）本企业内的企业标准各要素之间、各标准之间要保持协调一致。

（四）企业标准的标准号编码规则

企业标准由企业制定，经企业法人代表或法人代表授权的主管领导批准、发布，以"Q"开头。企业标准编号一经制定并颁布，即对整个企业具有约束力，是企业法律性文件。企业标准编号一般按图 8-5 的方法进行，"企业代号"可用汉语拼音字母或阿拉伯数字或两者兼用组成，其具体按中央所属企业和地方企业分别由国务院有关行政主管部门和省、自治区、直辖市人民政府标准化行政主管部门会同同级有关行政主管部门规定。因此，企业标准的具体编号规则要向所在地的市场监督管理局标准化部门咨询。

如 Q/320801 BQH 030—2019《智能化果园避障中耕除草管理机》，其中 320801 是 BQH 企业所在地江苏省淮安市经济技术开发区所在的行政区划代码；BQH 为企业名称缩写；030 是企业标准的顺序号；2019 是发布年份；智能化果园避障中耕除草管理机是标准名称。其公布的标准封面如图 8-6 所示。

五、茶叶企业标准化工作

茶叶企业通过参与国家标准、地方标准、行业标准、团体标准的制（修）定工作，以及参与地理标志、农业标准化示范区等相关工作，加强对标准的实施应用，提高企业标准化工作水平。

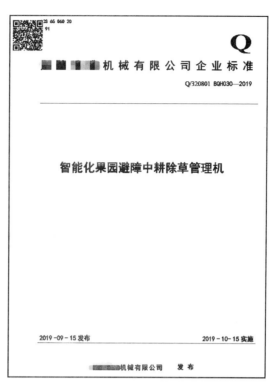

图 8-6　企业标准封面示例

（一）茶叶企业标准实施原则

企业标准体系的实施属过程管理，需要企业的生产、经营等各个环节实行标准化管理，持续改进，使企业取得良好的经济效益和社会效益。茶叶企业在标准体系实施的过程中，要遵守以下原则。

（1）国家标准、行业标准、地方标准中的强制性标准和技术法规，企业必须严格执行；不符合技术法规和强制性标准的产品，禁止出厂、销售和进口。

（2）推荐性标准，企业一经采用，应严格执行。

（3）已公开声明的企业产品标准和其他企业标准，均应严格执行。

（4）出口产品的技术要求，依照合同的约定执行。

（二）参与标准制定（修订）工作

1. 掌握和采用国际标准

在国际标准或国外先进标准方面，企业可根据自身需要和国内外市场需求，检索和收集相关国际标准、国外先进标准；企业通过采用国际标准或国外先进标准，可消化并吸收所采用标准承载的先进技术，减少技术性贸易障碍，快速适应国际贸易的需求，提高产品质量和技术水平，拓宽贸易市场。通过积极参与，可获得更多的外部信息，并可将企业的优势内容转化为标准，或者对正在制定（修订）中的标准提出修改建议等，以抢占市场先机，增强企业核心竞争力。

2. 参与国家标准制定（修订）

积极培养标准化人才，强化标准意识。茶叶企业可积极申请全国茶叶标准化技术委员会的委员或观察员，以了解我国茶叶标准制修订情况。全国茶叶标准化技术委员会秘书处设在中华全国供销合作总社杭州茶叶研究院。此外，还可申请所在地的茶叶标准化技术委员会的委员或观察员，如安徽省茶产业标准化技术委员会，秘书处设在安徽省茶业学会；浙江省茶叶标准化技术委员会，秘书处设在浙江省茶叶集团股份有限公司；福建省茶产业标准化技术委员会，秘书处设在福建农林大学和武夷星茶业有限公司；贵州省茶叶标准化技术委员会，秘书处设在贵州省农业科学院茶叶研究所；河南省茶叶标准化技术委员会，秘书处设在信阳市农科院。

3. 参与团体标准的制定（修订）

积极参与具有法人资格和相应专业技术能力的相关茶叶行业组织（如中国茶叶学会、中国茶叶流通协会）等社会团体成立的标准化技术委员会的标准化活动。企业通过参与团体标准的制定（修订），可快速响应创新和市场对标准的需求，带领产业和企业的发展，提升产品和服务的市场竞争力。

（三）农业（茶叶）标准化示范区

农业标准化示范区（Agricultural Standardization Demonstration Zone），是推进农业标准化工作的重要抓手。从 1995 年开展全国第一批农业标准化示范区建设开始，通过不断改革、创新、提升，示范规模不断扩大、示范领域不断拓展、示范效益不断提高、示范模式不断创新，全社会标准化意识不断增强，"学标准、讲标准、用标准"已成为示范区广大农户的自觉行动。2007 年国家标准化管理委员会印发了《国家农业标准化示范区管理办法（试行）》，2014 年制定了《国家农业标准化示范项目绩效考核办法（试行）》。

示范区建设原则上以市县为单位，在市县人民政府的统一领导下，由标准化管理部门或涉农部门牵头承担。示范区以实施产前、产中、产后全过程的标准化、规范化管理为主要任务，可食用农产品生产经营要强化从农田到餐桌的全过程的质量控制。引导示范企业建立以技术标准为核心，管理标准和工作标准相配套的企业标准体系。鼓励企业积极采用国际标准和国外先进标准。如六安市通过六安瓜片农业标准化示范区建设助推产业升级茶农增收效果明显，在 3 年的建设期中，共采用国家标准 6 个，实施行业标准 2 个、标准化种植规程地方标准 1 个；根据六安瓜片产业产品深加工产业链的延伸，企业制定了栽培、加工、运输、贮存等标准 8 个，制定了组织管理标准 6 个，形成了一套比较系统和完善的六安瓜片生产技术管理和工作标准体系。向 1.1 万农户宣贯了六安瓜片种植和加工技术标准，使广大的农民群众自觉地接受标准化知识，运用技术标准从事六安瓜片的生产，示范区人均茶叶收入年增长 10% 以上，实施企业销售额显著提升。

（四）企业标准"领跑者"制度

我国现行的国标、行标、地标等政府主导的标准更多属于保障型和基础型的标准，难以作为领跑标准，企业标准应严于国家标准和行业标准的要求，成为领跑者标准选择的主体。领跑者标准的定期更新，将能够有效推动其他生产企业向领跑者标准对标，有效促进产业质量提升。企业标准"领跑者"制度遵循"公开—排行—领跑"的思路开展，"公开"就是要基于企业标准自我声明公开；"排行"就是要将企业标准中的关键指标，涉及老百姓获得感的指标，由专业评估机构免费评估后进行排序，形成排行榜；"领跑"就是在排行榜的基础上评选出领跑的企业标准。同时，标准"领跑者"企业也是质量和行业的"领跑者"，"领跑者"标准代表着"领跑者"质量。所谓企业标准"领跑者"，是指同行业可比范围内，企业自我声明公开的产品或服务标准的核心指标处于领先水平的企业，其制订和实施的标准达到国际或国内先进水平，并取得良好的经济和社会效益、对其他市场主体具有引领示范作用的企业。

2018 年 6 月，国家市场监管总局等八部门联合发布了《关于实施企业标准"领跑者"制度的意见》（国市监标准〔2018〕84 号，以下简称意见），提出强化企业标准引领，树立行业标杆，促进全面质量提升，推动建立企业标准"领跑者"制度的要求。企业标准"领跑者"制度（Enterprise Standards Leader System）是推动高质量发展的制度创新，是落实国家质量强国和高质量发展战略的一个重要抓手。目的在于更好地促进企业标准提档升级，引导产品和服务质量全面提升，进一步推动行业的发展与技术的进步。企业标准"领跑者"制度，将成为引导企业制定和实施先进标准，加强先进标准供给、促进供给侧结构性改革的有效途径。通过制度创新推动质量提档升级，满足中高端消费需求，营造"生产看领跑、消费选领跑"的氛围。

意见明确了企业标准"领跑者"激励政策。在标准创新贡献奖和各级政府质量奖评选、品牌价值评价等工作中采信企业标准"领跑者"评估结果；鼓励政府采购在同等条件下优先选择企业标准"领跑者"符合相关标准的产品或服务；统筹利用现有资金渠道，鼓励社会资本以市场化方式设立企业标准"领跑者"专项基金；鼓励和支持金融机构给予企业标准"领跑者"信贷支持；鼓励电商、大型卖场等平台型企业积极采信企业标准"领跑者"评估结果。

企业标准"领跑者"制度建立的企业标准排行榜，有利于企业打造品牌，提高优秀产品和服务的市场认知度与占有率，进一步提升企业的行业竞争能力；有利于企业信用制度和市场信息公开机制建设，营造良好的营商和市场竞争格局，形成优标优质优价、优胜劣汰的良好氛围。此外，企业标准"领跑者"作为行业标杆，为普通企业质量、技术提升指明发展方向。

参考文献

［1］陆杨先 . 构建团体标准第三方评价机制的思考和建议［J］. 质量与标准化，2016（4）：48-51.

［2］贺鸣 . 团体标准第三方评价机制探析［G］. 第十二届中国标准化论坛论文集，2015（9）：2026-2031.

［3］茅海军，王静远，惠媛，等 . 基于 AHP 层次分析法的团体标准评价指标体系研究［J］. 标准科学，2017（12）：96-100.

［4］田世宏 . 开创我国标准化事业新局面——学习贯彻习近平同志关于标准化工

作的重要论述［N］．人民日报，2016-09-06（14）．

　　［5］于英杰．中国茶叶流通协会致力于标准建设为茶行业保驾护航［J］．茶世界，2019（3）：48．

　　［6］舒阳．标准化法新旧对比［J］．口腔护理用品工业，2018，28（5）：26-31．

　　［7］王艳林，刘瑾，付玉．企业标准法律地位的新认识与《标准化法》修订［J］．标准科学，2017（10）：6-12；19．

　　［8］王艳林．"回归本源"的企业标准改革与标准化法修改完善［J］．质量探索，2017（5）：5-19．

　　［9］王艳林，邵锐坤，刘瑾．企业标准自我声明公开性质再讨论——兼论法学原理成为常识乃法治社会之基础［J］．标准科学，2019（11）：35-42．

　　［10］甘江林．新旧版企业标准化体系融合下标准化良好行为构建［J］．中国标准化，2019（19）：89-93．

　　［11］赵祖明．企业标准体系2017版的主要变化［J］．大众标准化，2019（1）：39-42．

　　［12］彭婷．企业标准体系持续改进方法及改进目标［J］．航空标准化与质量，2019（1）：51-54．

　　［13］钟莲．我国地理标志保护规则困境及体系协调路径研究［J］．华中科技大学学报：社会科学版，2020，34（1）：84-92．

　　［14］鲁竑序阳．完善我国地理标志保护模式——以国际保护为视角［J］．法制与经济，2018（1）：42-45．

　　［15］陈法杰，李志刚．国际农产品地理标志管理体系与经验借鉴［J］．江苏农业科学，2017，45（9）：1-4．

　　［16］北京市高级人民法院行政判决书．泰安市泰山茶叶协会诉国家工商行政管理总局商标评审委员会驳回复审（商标）二审行政判决书．（2017）京行终5225号［EB/OL］．（2018-02-11）［2020-02-15］．http：//www. sohu. com/a/224107028_99902024．

　　［17］European Commission. List of Geographical Indications for agricultural products, foodstuffs, wines and spirits［EB/OL］//https：//ec. europa. eu/agriculture/sites/agriculture/files/newsroom/2017-06-02-notice-pub. pdf.

　　［18］夏梦妍．地理标志国际保护——以国际贸易谈判为视角［J］．黄冈职业技术学院学报，2019，21（3）：80-85．

第九章　茶叶认证与质量管理

第一节　茶叶质量认证

一、茶叶认证概况

企业要建立质量管理体系，提高管理水平，必须进行质量认证，质量认证分体系认证和产品认证两种。目前，在茶叶行业中进行的认证以产品认证为主，体系认证主要集中在茶叶加工和销售企业。

（一）茶叶产品认证

为了提高我国农产品的质量安全，近年来先后在农产品中开展了绿色食品认证、有机食品认证和无公害食品认证，农产品认证得到快速发展，认证产品正从基地通过市场走进千家万户百姓家中。这三项认证已构成保障我国农产品质量安全的重要措施，三项认证的共同之处是保证农产品或食品的质量安全；由于各自目标不同，其立足点不同，它们之间又有一些差异。产品认证的特点：认证的对象为特定的产品。评定依据为产品质量符合指定的标准要求，质量体系满足指定的质量保证标准要求及特定的产品补充要求，评定依据应经认证机构认可。认证的证明方式是产品认证证书和认证标志，标志能用于产品及其包装上。其性质是自愿性和强制性管理相结合。

（二）茶叶质量体系认证

质量体系认证的特点：认证的对象为供方的质量体系，评定依据是质量体系满足申请的质量保证模式标准要求和必要的补充要求。保证的模式由企业选定。认证的证明方式是质量体系认证证书，认证证书和认证标记可用于宣传资料，宣传对象是企业，而不能用于产品或包装上。茶叶生产企业已进行的质量体系认证主要有 ISO9001（质量管理和质量保证体系）认证、ISO14001（环境管理和环境保证体系）认证和 HACCP（危害分析与关键控制点体系）认证、良好农业规范认证（GAP）。

二、认证标志与证书管理

（一）认证证书和认证标志管理办法

为加强对产品、服务、管理体系认证的认证证书和认证标志（以下简称认证证书和认证标志）的管理、监督，规范认证证书和认证标志的使用，维护获证组织和公众的合法权益，促进认证活动健康有序的发展，原国家质量监督检验检疫总局根据《中华人民共和国认证认可条例》等有关法律、行政法规的规定，制定《认证证书和认证标志管理办法》（原国家质量监督检验检疫总局令第 63 号，根据总局令第 162 号修订）。

认证证书是指产品、服务、管理体系通过认证所获得的证明性文件。认证证书包括产品认证证书、服务认证证书和管理体系认证证书。认证标志是指证明产品、服务、管理体系通过认证的专有符号、图案或者符号、图案以及文字的组合。认证标志包括产品认证标志、服务认证标志和管理体系认证标志。

国家认证认可监督管理委员会依法负责认证证书和认证标志的管理、监督和综合协调工作。地方质量技术监督部门和各地出入境检验检疫机构按照各自职责分工，依法负责所辖区域内的认证证书和认证标志的监督检查工作。

禁止伪造、冒用、转让和非法买卖认证证书和认证标志。获得认证的组织（组织是认证的专用词，一般称获证者或获证单位）应当在广告、宣传等活动中正确使用认证证书和有关信息。获得认证的产品、服务、管理体系发生重大变化时，获得认证的组织和个人应当向认证机构申请变更，未变更或者经认证机构调查发现不符合认证要求的，不得继续使用该认证证书。不得利用产品认证证书和相关文字、符号误导公众认为其服务、管理体系通过认证；不得利用管理体系认证证书和相关文字、符号，误导公众认为其产品、服务通过认证。

获得产品认证的组织应当在广告、产品介绍等宣传材料中正确使用产品认证标志，可以在通过认证的产品及其包装上标注产品认证标志，但不得利用产品认证标志误导公众认为其服务、管理体系通过认证。获得管理体系认证的组织应当在广告等有关宣传中正确使用管理体系认证标志，不得在产品上标注管理体系认证标志，只有在注明获证组织通过相关管理体系认证的情况下方可在产品的包装上标注管理体系认证标志。

（二）有机产品认证管理办法

《有机产品认证管理办法》和 GB/T 19630—2019《有机产品　生产、加工、标识与管理体系要求》明确规定：标识为"有机"的产品必须在获证产品或者产品的最小销售包装上加施中国有机产品标志及其唯一编号、认证机构名称或者其标识，三者缺一不可。

图 9-1　中国有机产品认证标志

中国有机产品认证标志（图 9-1）是证明产品在生产、加工和销售过程中符合 GB/T 19630—2019《有机产品　生产、加工、标识与管理体系要求》的规定，并且通过认证机构认证的专用图形，由国家认证认可监督管理委员会统一设计发布，只有通过国家认监委批准的合法认证机构根据 GB/T 19630—2019《有机产品　生产、加工、标识与管理体系要求》国家标准认证的有机产品，才可使用中国有机产品认证标志。

《有机产品认证管理办法》和 GB/T 19630—2019《有机产品　生产、加工、标识与管理体系要求》规定，在

有机产品或其最小销售包装上就加施中国有机产品认证标志、有机码及认证机构名称或其标识。不同的认证机构有不同的标志，图9-2所示的标志就是部分机构的标志。

（1）

（2）

图9-2 有机产品认证机构的标志（示例）

《有机产品认证实施规则》规定，为保证国家有机产品认证标志的基本防伪和追溯，防止假冒认证标志和获证产品的发生，各有机产品认证机构在向获证组织发放认证标志或允许获证组织在产品标签上印制认证标志时，应当赋予每枚认证标志一个唯一编码，即"有机码"。"有机码"由17位数字组成，其中认证机构代码3位、认证标志发放年份代码2位、认证标志发放随机码12位，并且要求在这17位数字前加"有机码"三个字。任何个人都可以在"中国食品农产品认证信息系统"网站上查到该枚有机标志对应的有机产品名称、认证证书编号、获证企业等信息。对于加贴的有机产品认证标志，"有机码"采用暗码形式标注在有机产品认证标志旁，刮开涂层即可获取。对于在产品标签或零售包装上印制的有机产品认证标志，"有机码"采用明码形式标注。国家认监委提供"有机码"数据统一的查询方式，为社会公众和监管部门服务。"有机码"查询方式：登录"中国食品农产品认证信息系统"网站（http：//food.cnca.cn），点击"有机码查询"进入"中国有机产品认证公共服务专栏"，在此页面输入"有机码"和"验证码"，即可进行查询。消费者或监管部门可通过查询页面的产品信息，与所购买的商品信息进行对比，来验证和确认所购商品的真实"有机"属性。图9-3为部分认证机构的"有机码"标签。

规格23mm×30mm
（1）

（2）

图9-3 "有机码"标签样式（示例）
（1）杭州中农质量认证有限公司有机码　（2）中绿华夏有机食品认证中心有机码

三、有机茶叶认证

（一）有机茶认证概况

有机产品是指来自有机农业生产体系，根据有机农业生产要求和相应标准生产、加工、销售，并经独立的有机产品认证机构认证，供人类消费、动物食用的产品。有机茶是按照有机农业理念进行生产的一种有机产品。我国第一个认证的有机产品是有机茶，于1990年由荷兰SKAL在浙江省临安市东坑认证生产。所谓有机茶，是指在原料生产过程中遵循自然规律和生态学原理，采取有益于生态和环境的可持续发展的农业技术，不使用合成的农药、肥料及生长调节剂等物质，在加工过程中不使用合成的食品添加剂，并经专业认证机构认证的茶叶及相关产品。有机茶对环境、生产、加工和销售环节都有严格的要求，不同于野生茶、常规茶、无公害茶和绿色食品茶。根据有机农业标准，有机茶园生态环境是友好型的，栽培管理环保、低碳、高效，加工过程是安全无污染的，流通过程实行标志管理可追溯，因此有机茶是一种安全、环保、优质、健康的饮品。目前通过有机认证的有机茶主要包括：有机绿茶、有机红茶、有机乌龙茶、有机白茶、有机黄茶、有机黑茶、有机花茶，以及有机花草茶、有机银杏茶、有机苦丁茶、有机桑茶、有机柿叶茶等代用茶。

（二）有机茶认证程序

《有机产品认证实施规则》规定了有机认证程序，为方便有机茶生产者、加工者掌握有机认证程序，以我国有机茶认证的主要机构杭州中农质量认证有限公司的有机认证程序示例，介绍如下。

1. 信息查询

有机茶生产者、加工者（如公司、专业合作社、协会等，以下统称认证申请人）直接向杭州中农质量认证有限公司询问相关认证信息、索取资料。

2. 认证申请

认证申请人确认其满足有机认证的基本条件，生产（种植）基地和（或）加工厂能够按照认证基本要求进行生产和加工，则可填写杭州中农质量认证有限公司有机产品认证申请信息表、种植基地基本情况信息表和（或）食品加工厂基本情况信息表，提交认证附件清单要求的相关材料。认证申请人将完成的认证申请材料寄至杭州中农质量认证有限公司认证部。

为提高有机认证的效率，建议首次进行有机认证的认证申请人在确定生产（种植）基地后，采集样品（产品、土壤、灌溉水）送经过国家计量认证的法定检测机构（实验室），对样品进行检测，检测合格后申请。

3. 申请评审（合同评审）

杭州中农质量认证有限公司自收到认证申请人申请材料之日起10个工作日内，完成申请材料审核，并做出是否受理的决定。如认证申请人基本条件符合要求，则受理认证。如存在问题，则与认证申请人沟通，征询是否整改，再决定是否受理。如不同意申请，说明理由，书面通知认证申请人。

4. 签订协议

对于申请材料齐全、符合要求的认证申请人，杭州中农质量认证有限公司与其签署《有机产品认证协议》。认证申请人将有机认证费用和样品检测费汇到杭州中农质量认证有限公司。(上述费用系实际发生费用，与最终认证结果无关，也就是说最后结果是生产企业符合有机认证要求颁发认证证书，认证费用要缴纳，生产企业不符合有机认证要求不能颁发认证证书，认证费用也要缴纳。)

5. 文件评审和现场检查前准备

根据有机认证依据的要求对认证申请人的管理体系文件进行评审，确定其适宜性、充分性及与认证要求的符合性。如有必要，杭州中农质量认证有限公司要求认证申请人进一步提供满足认证的申请补充材料。

杭州中农质量认证有限公司委派有机认证检查员组成检查组，检查组制定检查计划，经认证机构审定后交认证申请人确认。在对认证申请人实施现场检查前至少5日内，认证机构将认证申请人、检查计划等基本信息登录到国家认监委网站"食品农产品认证信息系统"。

6. 现场检查

检查组对认证申请人的管理体系进行评审，核实生产、加工过程与认证申请人提交的文件的一致性，确认生产、加工过程与认证依据的符合性，对产地环境质量状况进行确认，并现场抽取样品。

7. 样品检测

将抽取的样品送至杭州中农质量认证有限公司分包检测机构进行检测。

8. 检查报告

检查员在规定的时间内根据现场检查情况编写检查报告，经认证申请人核实签字后将检查报告提交到杭州中农质量认证有限公司。

9. 复评（综合审查）

根据认证申请人提供的申请材料、检查组的检查报告和样品检测结果进行综合审查评估，编制认证评估表，在风险评估的基础上提出颁证意见。

10. 认证决定

根据产品生产、加工特点、认证申请人管理体系稳定性、当地农药使用、环境保护和区域性社会质量诚信状况等综合审查意见，基于产地环境质量、现场检查和产品检测结果的评估，做出认证决定。符合认证要求的颁发认证证书。

11. 证后管理

对获证者正确使用有机产品认证证书、有机产品认证标志进行监督管理；获证者接受行政监管部门监管及杭州中农质量认证有限公司的监督检查；获证者及时向认证机构通报变更的信息等。

12. 其他事宜

依据认证申请人的具体情况，从有机认证申请到获得认证证书一般需要3~6个月。有机认证证书的有效期不得超过12个月，第2年及以后每年必须重新提出再认证申请，再认证申请必须在证书有效期满前3个月提出。

四、良好农业规范（茶叶）认证

（一）良好农业规范概述

良好农业规范，于 1997 年由欧洲零售商协会（EUREP）发起，并组织零售商、农产品供应商和生产者制定了 GAP 标准，GAP 标准是一套针对农产品生产（包括作物种植和动物养殖等）的操作而制定的。GAP 产生是基于农业可持续发展要求，其理念是追求农业生产与环境、资源、经济、社会的协调发展。GAP 发展至今，已成为提高农产品生产基地质量安全管理水平的有效手段和工具，对于农业生产可持续发展和食品的质量已起到重要作用，已被世界许多国家所采用。随着我国农业生产的发展和社会的进步，农产品质量安全状况备受政府重视和社会关注，GAP 已被我国各类作物生产所采用，茶叶生产也可例外。2006 年 5 月 1 日我国正式实施良好农业规范（China GAP）系列 GB/T 20014.1~20014.11—2005；2008 年，在总结、集成和凝练"七五"至"十五"期间茶叶、水产科研成果和生产实践经验的基础上，国家标准化管理委员会和国家认监委制定并发布实施了茶叶、水产等其他 13 项良好农业规范国家标准。中国良好农业规范经过 10 多年的不断创新发展，已经从理念引进、体系构建、标准发布、认证实施，发展到了标准完善、体系配套、政府助推的示范带动新阶段，前景十分广阔。我国茶叶生产推行与国际接轨和同步发展的中国良好农业规范（China GAP）标准体系，以现代农业为发展目标，提出现代茶产业发展的必然要求，有利于有力保障认证茶产品质量安全和品质提高，示范带动茶产业全面协调健康发展。

（二）良好农业规范（茶叶）认证程序

图 9-4 所示为 GAP 认证流程图。

1. 申请

（1）申请文件　申请文件应包括申请选项（选项 1 或选项 2）、申请级别（一级或二级）、申请认证的模块/产品、身份（申请人名称、资质证明文件）、申请人的详细地址、联系人、电话、传真号码、电子邮件、网址、场所，包括农场位置、存栏数量、认证模块/产品的生产场所、商标，申请人在贸易中使用的产品商标，原注册号码（如有）、政府或其他官方行政许可文件（如有）、申请人同意公开的与认证有关的信息、产品可能销售或出口的消费国/地区的声明、产品符合产品出口的消费国/地区的相关法律法规要求的声明和产品出口的消费国/地区适用的法律法规（包括申请认证产品相适用的最大农药残留量法规）等内容。

（2）合同　申请人向认证机构申请认证后，应与认证机构签署认证合同。

（3）注册号　申请人与认证机构签署合同后，认证机构应授予申请人一个认证申请的注册号码。

2. 检查和审核程序

（1）现场确认　作为审核活动的一部分，必须检查农场及其模块的生产场所。

（2）检查和审核时间安排　检查时至少有一种当季作物，使得认证机构确信任何认证的非当季作物的管理都能够符合良好农业规范相关技术规范的要求（当季作物是指仍处在田间生长阶段、在田间尚未收获阶段或者收获后在储藏阶段的作物）。在 12

个月的认证有效期内，认证机构可以选择在任何时间进行检查。

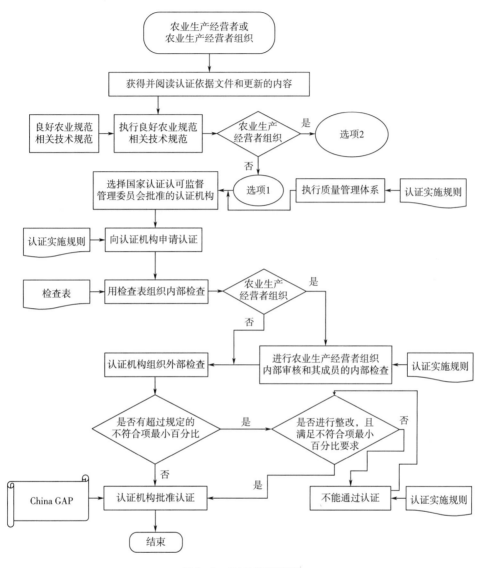

图 9-4　GAP 认证流程

3. 认证的批准

（1）认证的批准　认证的批准是指签发认证证书。

（2）认证的批准条件，即申请人必须满足本规则所有适用条款的要求。

（3）认证证书由认证机构颁发，有效期为 1 年。

（4）认证机构和申请人的认证合同期限最长为 3 年，到期后可续签或延长 3 年。

（5）当颁发或再次颁发认证证书时，证书上的颁证日期是认证机构审核农场时确定没有发现不符合项的审核日期；如果发现不符合项超过规定要求，则证书上的颁证日期是认证机构确定不符合项关闭达到规定要求的日期。

4. 批准范围

（1）产品范围　发放给获证申请人的证书内容包括获证的农场和声明的产品。对于选项 2，农业生产经营者组织成员可以从农业生产经营者组织获取认证确认函，但是未经农业生产经营者组织同意不得使用农业生产经营者组织的认证证书。

（2）场所范围　在获证农场中注册产品的所有种植区域及模块场所都必须符合良好农业规范的规定。

（3）生产范围　不论产品在离开农场前所有权是否发生变化，生产范围应涵盖认证模块所有的生产过程，对作物至少覆盖到收获。

五、危害分析及关键控制点认证

（一）危害分析和关键控制点概述

HACCP 是危害分析和关键控制点的英文缩写，是预防性的食品安全保证体系。20 世纪 60 年代，美国最早建立 HACCP 体系用于对航天食品的管理，20 世纪 90 年代应用于水产品等领域。国际标准 CAC/RCP—1《食品卫生通则》1997 对 HACCP 的定义是：鉴别、评价和控制对食品安全至关重要的危害的一种体系。

中国《食品生产企业危害分析与关键控制点（HACCP）管理体系认证管理规定》中对 HACCP 体系的定义为：指企业经过危害分析找出关键控制点，制定科学合理的 HACCP 计划在食品生产过程中有效地运行并能保证达到预期的目的，保证食品安全的体系。WHO 要求各会员国：在食品安全行动之下，重点制定和评估国家的控制战略，支持发展评估与食品相关风险的科学，包括分析与食源性疾病相关的高危因素；要最大可能利用发展中国家在食源性因素危险性评估方面的信息以制定国际标准。现在多数国家相继制定食品行业的 HACCP 法规，作为对本国和出口食品企业安全卫生控制的强制性要求。

HACCP 强调以预防为主，HACCP 是企业建立在良好操作规范（GMP）和卫生标准操作程序（SSOP）基础上的食品安全自我控制的最有效手段之一，HACCP 现已成为普遍接受的食品安全管理体系。HACCP 强调以预防为主，通过对食品生产过程中的所有潜在的生物的、物理的、化学的危害进行分析，确定关键控制点，制定相应的预防措施，使得这些危害得以防止、排除或降到可以接受的水平，将不合格的产品消灭在生产过程中，从而降低生产和销售不安全产品的危险；涉及从土地至餐桌、从养殖场到餐桌（STABLE TO TABLE）全过程安全卫生预防体系。

我国最初引进 HACCP 的概念主要是应用在水产品企业，逐渐推广到食品的各个领域。为规范 HACCP 体系认证，国家认证认可监督管理委员会于 2009 年颁布了《危害分析与关键控制点（HACCP）体系认证实施规则》（以下简称《实施规则》）以及《危害分析与关键控制点（HACCP）体系认证依据与认证范围（第一批）》。

（二）我国茶叶领域 HACCP 体系认证

茶叶生产于 21 世纪初开始应用 HACCP 体系，这项工作推动了企业质量管理的进步，特别是在质量防范和纠偏方面起着重要的作用，在一些出口欧盟的食品企业中，HACCP 认证已成为进口国所必须的条件。茶叶企业在实施 HACCP 工作中，应着力做好从产地到产品过程中的各项分析和控制工作。

茶叶生产（种植）过程中危害分析应包括茶叶生产过程中投入品不当使用、产地环境污染和加工中污染，这是危害茶叶产品安全的关键控制点。茶叶生产过程中关键控制点：产地环境（包括大气、水体和土壤三个方面）和农业投入品。

茶叶生产（加工）过程中关键控制点应根据加工的步骤，按照我国茶叶加工分初制加工和精制加工的习惯。加工的关键控制点主要有：鲜叶验收中的农药残留、重金属和非茶类杂质，鲜叶摊放中的微生物，杀青、揉捻中的重金属，干燥中的微生物和重金属，包装中的微生物和非茶类杂质；毛茶验收中的农药残留、重金属和非茶类杂质，筛分、切断中的微生物和杂质，风选中的微生物和杂质，拣梗中的微生物，拼配包装中的微生物和杂质。

根据《实施规则》要求，HACCP 体系认证证书有效期为 3 年，要求每年对获证企业进行一次监督审核，第一次监督审核要求在第二阶段审核最后一天起 12 个月内进行。认证机构应在风险分析的基础上，策划采用不通知现场审核、生产现场产品抽样检验、市场抽样检验、调查问卷等方式对获证组织实施跟踪调查。每年跟踪调查组织的比例应不少于获证组织总数的 5%。获证组织数不足 100 的，跟踪调查数量应不少于 5 个。

危害分析与关键控制点体系认证依据 GB/T 27341—2009《危害分析与关键控制点（HACCP）体系　食品生产企业通用要求》，GB 14881—2013《食品安全国家标准　食品生产通用卫生规范》。

HACCP 认证程序：认证申请、认证受理、审核的策划、审核的实施、认证决定、跟踪监督、再认证、认证范围的变更、认证要求变更。

六、食品安全管理体系（ISO 22000）认证

（一）GB/T 22000—2006/ISO22000—2005《食品安全管理体系标准》介绍

该标准是一种建立在前提方案（PRP）和 HACCP 计划基础之上控制危害的预防性体系，是目前世界上最具权威的食品安全质量管理体系标准。HACCP 体系最早出现在 20 世纪 60 年代，美国的 Pillsbury 公司在为美国太空计划提供食品期间，率先应用 HACCP 概念。1985 年，美国国家科学院提出 HACCP 体系应被所有的执法机构采用，对食品加工者来说应是强制性的，并于 1995 年 12 月公布了 HACCP 法规，首先在美国执行的有两项：1997 年 12 月 18 日实施的水产品管理条例和 1998 年 1 月实施的肉类和家禽管理条例。实施的范围包括美国产品及外国进口的产品。由此逐步形成了 HACCP 计划的 7 个原理。在国内，HACCP 认证和食品安全管理体系认证逐渐成为两套独立的认证体系。

国家认监委于 2002 年 3 月 20 日公布《食品生产企业危害分析与关键控制点 HACCP 管理体系认证管理规定》，规范相关 HACCP 管理体系的建立、实施、验证，规定自 2002 年 5 月 1 日实施，并作为食品质量安全"QS"标志审查的必备条件。2009 年发布实施了 HACCP 认证的国家标准 GB/T 27341，并逐渐形成完整的 HACCP 认证制度。同时，2002 年 7 月，国家认监委、科技部、国家质检总局、卫生部、农业部启动

了"食品安全关键技术研究"，并作为国家"十五"重大科技攻关项目。作为国家标准等同采用国际标准 ISO 22000《食品安全管理体系　对整个食品链中组织的要求》，并于 2006 年国家标准化管理委员会批准发布国家标准 GB/T 22000—2006《食品安全管理体系　对整个食品链中组织的要求》。2010 年 3 月，国家认监委发布并实施了《食品安全管理体系认证实施规则》，对食品安全管理体系认证的要求做出详细规定。

（二）食品安全管理体系认证

1. 依据

（1）GB/T 22000—2006/ISO 22000—2005《食品安全管理体系》的要求，及相应的专项技术要求　食品安全管理体系认证证书有效期为 3 年。获证组织在证书有效期内应接受认证机构的跟踪监督审核，监督审核最长时间不超过 12 个月，季节性产品应在生产季节进行监督。必要时，监督审核应对产品的安全性进行验证。为确保认证连续有效，获证组织应在证书有效期满前三个月申请再认证。

（2）CNCA-N-007：2010《食品安全管理体系认证实施规则》规定，食品安全管理体系认证依据由基本认证依据和专项技术要求组成。基本认证依据是 GB/T 22000《食品安全管理体系　食品链中各类组织的要求》。专项技术要求：认证机构实施食品安全管理体系认证时，在基本认证依据要求的基础上，还应将规则规定的专项技术规范（CNCA/CTS 0027—2008《食品安全管理体系　茶叶加工企业要求》）作为认证依据同时使用。

2. 食品安全管理体系（ISO 22000）认证程序

认证申请、认证受理（申请评审、评审结果处理）、现场审核（组成审核组，初次认证审核应分两个阶段进行，两个阶段的审核都应该在受审核方的场所实施）、认证决定（综合评价、认证决定、对认证决定的申诉）、跟踪监督（监督频次和覆盖产品、跟踪监督结果评价、信息通报制度、信息分析）、再认证、认证范围的变更。

七、质量管理体系认证

（一）ISO9001《质量管理体系》

ISO9000 族系列标准适合在 39 个行业应用和实施，规模大小不等的茶场、茶厂、茶叶贸易公司、茶馆等均适用这套管理制度。在 ISO 9001 质量管理体系标准要求中，对质量管理体系、管理职责、资源管理、产品实现、测量分析和改进 5 个方面提出了要求，为建立质量管理制度提供了一个科学的体系结构框架。建立、完善质量体系一般要经历质量体系的策划与设计，质量体系文件的编制、质量体系的试运行、质量体系审核和评审等阶段，每个阶段又可分为若干具体步骤。各茶叶企业的质量管理体系应其有个性化的特色，要针对本企业的产品或服务，反映其企业的制度文化和企业文化，使质量管理体系有效实施，实现质量管理体系要达到的目标。

ISO 9000 族系列标准可以适应茶叶生产、加工、销售企业中推行。ISO9000 标准提出了 8 项质量管理原则：以顾客为关注焦点、领导作用、全员参与、过程方法、管理的系统方法、持续改进、基于事实的决策方法、与供方互利的关系。实施 ISO 9000 认证可以达到几个目标：强化品质管理，提高企业效益，增强客户信心，扩大市场份额；

有助于获得国际贸易"通行证"，消除了国际贸易壁垒；有益于节省第二方审核的精力和费用；对企业来说，可有效地避免产品责任；有利于国际经济合作和技术交流。

ISO9000特点和益处：（1）ISO 9000标准是一系统性的标准，涉及的范围、内容广泛，且强调对各部门的职责权限进行明确划分、计划和协调，而使企业能有效地、有秩序地开展给各项活动，保证工作顺利进行；（2）强调管理层的介入，明确制订质量方针及目标，并通过定期的管理评审达到了解公司的内部体系运作情况，及时采取措施，确保体系处于良好的运作状态的目的；（3）强调纠正及预防措施，消除产生不合格或不合格的潜在原因，防止不合格的再发生，从而降低成本；（4）强调不断的审核及监督，达到对企业的管理及运作不断地修正及改良的目的；（5）强调全体员工的参与及培训，确保员工的素质满足工作的要求，并使每一个员工有较强的质量意识；（6）强调文化管理，以保证管理系统运行的正规性，连续性。如果企业有效地执行这一管理标准，就能提高产品或服务的质量，降低生产或服务成本，建立客户对企业的信心，提高经济效益，最终大大提高企业在市场上的竞争力。

（二）ISO 14001《环境质量管理体系》

ISO（国际标准化组织）在汲取世界发达国家多年环境管理经验的基础上制定并颁布ISO14000环境管理系列标准，成为一套目前世界上最全面和最系统的环境管理国际化标准，并引起世界各国政府、企业界的普遍重视和积极响应。ISO14000是继ISO9000之后，又一个以统一的国际标准为依据的环境管理体系。这两个体系不仅都源于国际标准化组织颁布的系列标准，而且它们之间有着诸多的相同点和内在联系。ISO14000标准的特点是注重体系的完整性，是一套科学的环境管理软件；强调对法律法规的符合性，但对环境行为不作具体规定；要求对组织的活动进行全过程控制；广泛适用于各类组织；与ISO9000标准有很强的兼容性。

ISO14000带给企业的效益：获取国际贸易的"绿色通行证"，增强企业竞争力，扩大市场份额，树立优秀企业形象，改进产品性能，制造"绿色产品"，改革工艺设备，实现节能降耗，污染预防，环境保护，避免因环境问题所造成的经济损失，提高员工环保素质，提高企业内部管理水平，减少环境风险，实现企业持续经营。

（三）管理体系认证程序

1. 初次认证程序

受理认证申请、签订认证合同、审核策划（审核时间、审核组、审核计划、实施审核、审核过程及环节，初次认证审核，分为第一、二阶段实施审核）、审核报告、不符合项的纠正和纠正措施及其结果的验证、认证决定。

2. 监督审核程序

认证机构应对持有其颁发的质量管理体系认证证书的组织（以下称获证组织）进行有效跟踪，监督获证组织持续运行质量管理体系并符合认证要求。

3. 再认证程序

认证证书期满前，若获证组织申请继续持有认证证书，认证机构应当实施再认证审核，并决定是否延续认证证书。

八、绿色食品（茶叶） 证明商标授权使用

（一）绿色食品概念

农业部于 1989 年提出绿色食品的概念，1990 年正式宣布开始发展绿色食品，并首先在全国农垦系统启动和实施。绿色食品是产自优良生态环境，按照绿色食品标准生产，实行全程质量控制并获得绿色食品标志使用权的安全、优质食用农产品及相关产品。

绿色食品标志（图 9-5）是中国绿色食品发展中心在原国家工商行政管理总局商标局正式注册的证明商标，是我国首例证明商标，用以证明绿色食品安全、优质的特定品质。农产品（如茶鲜叶、龙井茶等）和加工食品（如茶饮料、抹茶等）生产单位，必须按照《绿色食品标志管理办法》规定的程序，经申请、检查、检测、核准，获得绿色食品标志使用权，才可称之为"绿色食品"，未经核准的任何产品，都不得称为"绿色食品"。

图 9-5　绿色食品标志图案

绿色食品标志图形由三部分构成，即上方的太阳、下方的叶片和中间的蓓蕾。标志图形为正圆形，意为保护、安全。颜色为绿色，象征着生命活力。整个图形表达明媚阳光下人与自然的和谐与生机。

（二）绿色食品证明商标许可程序

1. 标志许可申请

申请人向中国绿色食品发展中心（以下简称中心）及其所在省（自治区、直辖市）绿色食品办公室、绿色食品发展中心（以下简称省绿办）领取《绿色食品标志使用申请书》《企业及生产情况调查表》及有关资料，或从中心网站（网址：www. greenfood. org. cn）下载。

申请人填写并向所在省绿办递交《绿色食品标志使用申请书》《企业及生产情况调查表》及以下材料：保证执行绿色食品标准和规范的声明；生产操作规程（种植规程、养殖规程、加工规程）；公司对"基地+农户"的质量控制体系（包括合同、基地图、基地和农户清单、管理制度）；产品执行标准；产品注册商标文本（复印件）；企业营业执照（复印件）；企业质量管理手册；要求提供的其他材料（通过体系标志许可的，附证书复印件）。

2. 受理及文审

省绿办收到上述申请材料后，进行登记、编号，5个工作日内完成对申请标志许可材料的审查工作，并向申请人发出《文审意见通知单》，同时抄送中心。申请标志许可材料不齐全的，要求申请人收到《文审意见通知单》后10个工作日提交补充材料。申请标志许可材料不合格的，通知申请人本生长周期不再受理其申请。申请标志许可材料合格的，执行第3条。

3. 现场检查、产品抽样

省绿办应在《文审意见通知单》中明确现场检查计划，并在计划得到申请人确认后委派2名或2名以上检查员进行现场检查。检查员根据《绿色食品　检查员工作手册（试行）》和《绿色食品　产地环境质量现状调查技术规范（试行）》中规定的有关项目进行逐项检查。每位检查员单独填写现场检查表和检查意见。现场检查和环境质量现状调查工作在5个工作日内完成，完成后5个工作日内向省绿办递交现场检查评估报告和环境质量现状调查报告及有关调查资料。现场检查合格，可以安排产品抽样。凡申请人提供了近一年内绿色食品定点产品监测机构出具的产品质量检测报告，并经检查员确认，符合绿色食品产品检测项目和质量要求的，免产品抽样检测。

现场检查合格，需要抽样检测的产品安排产品抽样：（1）当时可以抽到适抽产品的，检查员依据《绿色食品产品抽样技术规范》进行产品抽样，并填写《绿色食品产品抽样单》，同时将抽样单抄送中心。特殊产品（如动物性产品等）另行规定；（2）当时无适抽产品的，检查员与申请人当场确定抽样计划，同时将抽样计划抄送中心；（3）申请人将样品、产品执行标准、《绿色食品产品抽样单》和检测费寄送绿色食品定点产品监测机构。

现场检查不合格，不安排产品抽样。

4. 环境监测

（1）绿色食品产地环境质量现状调查由检查员在现场检查时同步完成。

（2）经调查确认，产地环境质量符合《绿色食品　产地环境质量现状调查技术规范》规定的免测条件，免做环境监测。

（3）根据《绿色食品　产地环境质量现状调查技术规范》的有关规定，经调查确认，必要进行环境监测的，省绿办自收到调查报告2个工作日内以书面形式通知绿色食品定点环境监测机构进行环境监测，同时将通知单抄送中心。

（4）定点环境监测机构收到通知单后，40个工作日内出具环境监测报告，连同填写的《绿色食品环境监测情况表》，直接报送中心，同时抄送省绿办。

5. 产品检测

绿色食品定点产品监测机构自收到样品、产品执行标准、《绿色食品产品抽样单》、检测费后，20个工作日内完成检测工作，出具产品检测报告，连同填写的《绿色食品产品检测情况表》，报送中心，同时抄送省绿办。

6. 标志许可审核

（1）省绿办收到检查员现场检查评估报告和环境质量现状调查报告后，3个工作日内签署审查意见，并将标志许可申请材料、检查员现场检查评估报告、环境质量现状调查报告及《省绿办绿色食品标志许可情况表》等材料报送中心。

（2）中心收到省绿办报送材料、环境监测报告、产品检测报告及申请人直接寄送的《申请绿色食品标志许可基本情况调查表》后，进行登记、编号，在确认收到最后一份材料后 2 个工作日内下发受理通知书，书面通知申请人，并抄送省绿办。

（3）中心组织审查人员及有关专家对上述材料进行审核，20 个工作日内做出审核结论。

（4）审核结论为"有疑问，需现场检查"的，中心在 2 个工作日内完成现场检查计划，书面通知申请人，并抄送省绿办。得到申请人确认后，5 个工作日内派检查员再次进行现场检查。

（5）审核结论为"材料不完整或需要补充说明"的，中心向申请人发送《绿色食品标志许可审核通知单》，同时抄送省绿办。申请人需在 20 个工作日内将补充材料报送中心，并抄送省绿办。

（6）审核结论为"合格"或"不合格"的，中心将标志许可材料、标志许可审核意见报送绿色食品评审委员会。

7. 标志许可评审

（1）绿色食品评审委员会自收到标志许可材料、审核意见后 10 个工作日内进行全面评审，并做出标志许可终审结论。

（2）标志许可终审结论分为两种情况：标志许可合格和标志许可不合格，结论为"标志许可合格"执行第 8 条；结论为"标志许可不合格"，评审委员会秘书处在做出终审结论 2 个工作日内，将《标志许可结论通知单》发送申请人，并抄送省绿办。本生产周期不再受理其申请。

8. 颁证

（1）中心在 5 个工作日内将办证的有关文件寄送"标志许可合格"申请人，并抄送省绿办。申请人在 60 个工作日内与中心签订《绿色食品标志商标使用许可合同》。

（2）中心主任签发证书。

九、地理标志产品保护与农产品地理标志登记

（一）农产品地理标志

原农业部制定发布了《农产品地理标志管理办法》（农业部令 11 号）。国家对农产品地理标志实行登记制度。经登记的农产品地理标志受法律保护。农业农村部负责全国农产品地理标志的登记工作，农业部中国绿色食品发展中心负责农产品地理标志登记的审查和专家评审工作；省级人民政府农业行政主管部门负责本行政区域内农产品地理标志登记申请的受理和初审工作；农业部设立的农产品地理标志登记专家评审委员会，负责专家评审。

符合《农产品地理标志管理办法》农产品地理标志登记条件的茶叶产品申请人，经登记申请、材料初审、专家评审、公示、农业农村部批准，由中国绿色食品发展中心颁证农产品地理标志登记证书，成为农产品地理登记证书持有人。农产品地理标志登记证书长期有效。符合《农产品地理标志管理办法》第十五条规定条件的标志使用

申请人可以向登记证书持有人提出标志使用申请，获准后，农产品地理标志使用应符合《农产品地理标志使用规范》的要求。

农产品地理标志实行公共标识与地域产品名称相结合的标注制度。公共标识基本图案由"中华人民共和国农业部"中英文字样、"农产品地理标志"中英文字样和麦穗、地球、日月图案等元素构成。公共标识的核心元素为麦穗、地球、日月相互辉映，麦穗代表生命与农产品，同时从整体上看是一个地球在宇宙中的运转状态，体现了农产品地理标志和地球、人类共存的内涵。标识的颜色由绿色和橙色组成，绿色象征农业和环保，橙色寓意丰收和成熟。公共标识基本组成色彩为绿色（C100Y90）和橙色（M70Y100）。公共标识基本图案见图9-6。

图9-6　农产品地理标志公共标识图案

（二）地理标志保护产品专用标志

原国家质量监督检验检疫总局（以下简称"国家质检总局"）根据《产品质量法》《标准化法》《进出口商品检验法》等有关规定，制定发布了《地理标志产品保护规定》（质检总局令〔2005〕第78号）。规定地理标志产品的申请受理、审核批准、地理标志专用标志注册登记和监督管理工作。国家质检总局统一管理全国的地理标志产品保护工作。国家质检总局分布在各地出入境检验检疫局和质量技术监督局分支机构依照职能开展地理标志产品保护工作。

国家质检总局发布批准产品获得地理标志产品保护的公告。地理标志产品产地范围内的生产者使用地理标志产品专用标志，向当地质量技术监督局或出入境检验检疫局提出申请，申请经省级质量技术监督局或直属出入境检验检疫局审核，并经国家质检总局审查合格注册登记后，发布公告，生产者即可在其产品上使用地理标志产品专用标志，获得地理标志产品保护。

地理标志保护产品专用标志见图9-7。标志的轮廓为椭圆形，淡黄色外圈，绿色底色。椭圆内圈中均匀分布四条经线、五条纬线，椭圆中央为中华人民共和国地图。在外圈上部标注"中华人民共和国地理标志保护产品"字样；中华人民共和国地图中央标注"PGI"字样；在外圈下部标注"PEOPLE'S REPUBLIC OF CHINA"字样。在椭圆形第四条和第五条纬线之间中部标注受保护的地理标志产品名称。图9-7以"龙井茶"为例。

图 9-7　地理标志保护产品专用标志

　　获准使用地理标志产品专用标志资格的生产者，未按相应标准和管理规范组织生产的，或者在 2 年内未在受保护的地理标志产品上使用专用标志的，国家质检总局将注销其地理标志产品专用标志使用注册登记，停止其使用地理标志产品专用标志并对外公告。

（三）地理标志产品专用标志和地理标志商标注册

　　原国家工商行政管理总局商标局（以下简称原国家工商总局）制定并发布了《地理标志产品专用标志管理办法》。已注册地理标志的合法使用人可以同时在其地理标志产品上使用地理标志产品专用标志（图 9-8），并可以标明地理标志注册号（图 9-9）。地理标志产品专用标志应与地理标志一同使用，不得单独使用。地理标志产品专用标志使用人可以将地理标志产品专用标志用于商品、商品包装或者容器上，或者用于广告宣传、展览以及其他商业活动中。

图 9-8　地理标志专用标志

　　原国家工商总局颁布了《集体商标、证明商标注册和管理办法》（总局令第 6 号），对地理标志申请证明商标和集体商标的条件、申请部门、使用管理做出了详尽的规定。

《中华人民共和国商标法实施条例》（以下简称《商标法实施条例》）规定，以地理标志作为证明商标注册的，其商品符合使用该地理标志条件的自然人、法人或者其他组织可以要求使用该证明商标，控制该证明商标的组织应当允许。以地理标志作为集体商标注册的，其商品符合使用该地理标志条件的自然人、法人或者其他组织，可以要求参加以该地理标志作为集体商标注册的团体、协会或者其他组织，该团体、协会或者其他组织应当依据其章程接纳为会员。图9-9是以龙井茶为例的证明商标标识基本图案和编号样张。

图9-9　以地理标志注册的证明商标标识基本图案和编号

根据原国家工商总局的规定，集体商标、证明商标注册的申请日期，以商标局收到申请书件的日期为准，自核准注册之日起，有效期为十年。十年期满后，若继续使用，须办理续展注册。商标法第三十八条规定，注册商标有效期满，需要继续使用的，应当在期满前六个月内申请续展注册，在此期间未能提出申请的，可以给予六个月的宽展期。宽展期满仍未提出申请的，注销其注册商标。每次续展注册的有效期为十年。续展注册经核准后，予以公告。

2019年10月16日，国家知识产权局公告第三三二号《关于发布地理标志专用标志的公告》。根据党中央、国务院《深化党和国家机构改革方案》中关于统一地理标志认定的原则，依据《中华人民共和国民法总则》《商标法》《商标法实施条例》《地理标志产品保护规定》《集体商标、证明商标注册和管理办法》，确定地理标志专用标志官方标志，现予以发布。具体样式如下：原相关地理标志产品专用标志同时废止，原标志使用过渡期至2020年12月31日。地理标志专用标志使用管理办法由国家知识产权局另行制定发布。

2019年10月16日，国家知识产权局公告第三三三号《关于地理标志专用标志官方标志登记备案的公告（第333号）》。根据《商标法》《中华人民共和国专利法》等有关规定，国家知识产权局对地理标志专用标志予以登记备案（见附件），并纳入官方标志保护。

地理标志专用标志图案和说明如下。

1. 编号

官方标志 G2019002 号。

2. 图案

专用标志图案如图 9-10 所示。

图 9-10　地理标志专用标志图案

3. 说明

（1）形状　圆形。

（2）颜色

①红色：红色色值：#CF352E，R207 G53 B46，C16 M91 Y85 K0。

②金色：金色色值：#E7BC69，R231 G188 B105，C11 M29 Y64 K0。

4. 构成

地理标志专用标志以经纬线地球为基底，表现了地理标志作为全球通行的一种知识产权类别和地理标志助推中国产品"走出去"的美好愿景。以长城及山峦剪影为前景，兼顾地理与人文的双重意向，代表着中国地理标志卓越品质与可靠性，透明镂空的设计增强了标志在不同产品包装背景下的融合度与适应性。稻穗源于中国，是中国最具代表性农产品之一，象征着丰收。中文为"中华人民共和国地理标志"，英文为"GEOGRAPHICAL INDICATION OF P. R. CHINA"，均采用华文宋体。GI 为国际通用的"Geographical Indication"缩写名称，采用华文黑体。标志整体庄重大方，构图合理美观，体现官方标志的权威，象征中国传统的深厚底蕴，作为地理标志专用标志，具有较高的辨识度和较强的象征性。

十、出口卫生注册和出口茶叶基地备案

（一）出口食品生产企业卫生注册

原国家质量监督检验检疫总局原制定《出口食品生产企业备案管理规定》（总局令

第 192 号）（以下简称企业备案规定）。国家实行出口食品生产企业备案管理制度。原国家质检总局主管全国出口食品生产企业备案工作。国家认证认可监督管理委员会负责统一组织实施全国出口食品生产企业备案管理工作。原国家质检总局设在各地的出入境检验检疫部门具体实施所辖区域内出口食品生产企业备案和监督检查工作。

出口食品生产企业应当建立和实施以危害分析和预防控制措施为核心的食品安全卫生控制体系，该体系还应当包括食品防护计划。出口食品生产企业应当保证食品安全卫生控制体系有效运行，确保出口食品生产、加工、储存过程持续符合我国相关法律法规和出口食品生产企业安全卫生要求，以及进口国（地区）相关法律法规要求。

备案程序与要求。出口食品生产企业未依法履行备案法定义务或者经备案审查不符合要求的，其产品不予出口。出口食品生产企业申请备案时，应当向所在地检验检疫部门提交以下文件和证明材料，并对其真实性负责。

（1）营业执照、法定代表人或者授权负责人的身份证明。

（2）企业承诺符合相关法律法规和要求的自我声明和自查报告。

（3）企业生产条件、产品生产加工工艺、食品原辅料和食品添加剂使用以及卫生质量管理人员等基本情况。

（4）建立和实施以危害分析和预防控制措施为核心的食品安全卫生控制体系的基本情况。

（5）依法应当取得其他相关行政许可的，提供相应许可证照。

（二）出口茶叶原料种植基地备案

按照《食品安全法》及其实施条例等法律法规的有关规定，原国家质量监督检验检疫总局制定了《出口食品原料种植场备案管理规定》（国家质检总局公告 2012 年第 56 号，以下简称基地备案规定）。根据《质检总局关于公布实施备案管理出口食品原料品种目录的公告》（质检总局公告 2012 年第 149 号），出口茶叶原料属于备案管理。

根据《〈食品安全法〉及其实施条例》《国务院关于加强食品等产品安全监督管理的特别规定》《进出口食品安全管理办法》等有关规定，制定了《出口食品原料种植场备案管理规定》。内容包括以下几项。

1. 备案申请

出口食品生产加工企业、种植场、农民专业合作经济组织或者行业协会等具有独立法人资格的组织均可以作为申请人向种植场所在地的检验检疫机构提出备案申请。

（1）备案种植场应当具备的条件 ①有合法经营种植用地的证明文件；②土地相对固定连片，周围具有天然或者人工的隔离带（网），符合当地检验检疫机构根据实际情况确定的土地面积要求；③大气、土壤和灌溉用水符合国家有关标准的要求，种植场及周边无影响种植原料质量安全的污染源；④有专门部门或者专人负责农药等农业投入品的管理，有适宜的农业投入品存放场所，农业投入品符合中国或者进口国家（地区）有关法规要求；⑤有完善的质量安全管理制度，应当包括组织机构、农业投入品使用管理制度、疫情疫病监测制度、有毒有害物质控制制度、生产和追溯记录制度等；⑥配置与生产规模相适应、具有植物保护基本知识的专职或者兼职植保员；⑦法律法规规定的其他条件。

（2）备案申请材料　申请人应当在种植生产季开始前 3 个月向种植场所在地的检验检疫机构提交书面备案申请，并提供以下材料（资料均需种植场申请人加盖本单位公章），一式两份：①出口食品原料种植场备案申请表（附表 1）；②申请人工商营业执照或者其他独立法人资格证明的复印件；③申请人合法使用土地的有效证明文件以及种植场平面图；④种植场的土壤和灌溉用水的检测报告；⑤要求种植场建立的各项质量安全管理制度，包括组织机构、农业投入品管理制度、疫情疫病监测制度、有毒有害物质控制制度、生产和追溯记录制度等；⑥种植场负责人或者经营者、植保员身份证复印件，植保员有关资格证明或者相应学历证书复印件；⑦种植场常用农业化学品清单；⑧法律法规规定的其他材料。

2. 受理与审核

申请人提交材料齐全的，种植场所在地检验检疫机构应当受理备案申请。申请人提交材料不齐全的，种植场所在地检验检疫机构应当当场或者在接到申请后 5 个工作日内一次性书面告知申请人补正，以申请人补正材料之日为受理日期。种植场所在地检验检疫机构受理申请后，根据规定进行文件审核，必要时可以实施现场审核。审核须填写《出口食品原料种植场备案审核记录表》。审核符合条件的，给予备案编号，编号规则为"省（自治区、直辖市）行政区划代码（6 位）＋产品代码（拼音首位字母）＋5 位流水号"。不符合条件的，不予备案，由种植场所在地的检验检疫机构书面通知申请人，并告知不予备案原因。

3. 监督管理

种植场所在地检验检疫机构负责对备案种植场实施监督检查。种植场所在地检验检疫机构对备案种植场每年至少实施一次监督检查。

（1）监督检查包括以下内容　①种植场及周围环境、土壤和灌溉用水等状况；②农业投入品管理和使用情况；③种植场病虫害防治情况；④种植品种、面积以及采收、销售情况；⑤种植场的资质、植保员资质变更情况；⑥质量安全管理制度运行情况；⑦种植场生产记录，包括出具原料供货证明文件等情况；⑧法律、法规规定的其他内容。

（2）检验检疫机构对备案种植场进行监督检查，应当记录监督检查的情况和处理结果，填写《出口食品原料种植场监督检查记录表》，并告知申请人。监督检查记录经监督检查人员和种植场签字后归档。种植场负责人、植保员等发生变化的，种植场申请人应当自变更之日起 30 天内向种植场所在地检验检疫机构申请办理种植场备案变更手续。种植场申请人更名、种植场位置或者面积发生重大变化、种植场及周边种植环境有较大改变，以及其他较大变更情况，种植场申请人应当自变更之日起 30 日内重新申请种植场备案。

（3）备案种植场有下列情形之一的，检验检疫机构应当书面通知种植场申请人限期整改：①周围种植环境有污染风险的；②存放我国和进口国家（地区）禁用农药以及不按规定使用农药的；③产品中有毒有害物质检测结果不合格的；④产品中检出的有毒有害物质与申明使用的农药、化肥等农业投入品明显不符的；⑤种植场负责人、植保员发生变化后 30 天内未申请变更的；⑥实际原料供货量超出种植场生产能力的；

⑦种植场各项记录不完整，相关制度未有效落实的；⑧法律、法规规定其他需要改正的。

（4）备案种植场有下列情形之一的，检验检疫机构可以取消其备案编号：①转让、借用、篡改种植场备案编号的；②对重大疫情及质量安全问题隐瞒或谎报的；③拒绝接受检验检疫机构监督检查的；④使用中国或进口国家（地区）禁用农药的；⑤产品中有毒有害物质超标一年内达到 2 次的；⑥用其他种植场原料冒充本种植场原料的；⑦种植场备案主体更名、种植场位置或者面积发生重大变化、种植场及周边种植环境有较大改变，以及其他较大变更情况，种植场备案主体未按规定重新申请备案的；⑧2 年内未种植或提供出口食品原料的；⑨法律法规规定的其他情形。

第 二 节　质量管理体系的建立

质量管理是在质量方面指挥和控制组织的协调活动，通常包括制定质量方针、目标以及质量策划、质量控制、质量保证和质量改进等。实现质量管理的方针目标，有效地开展各项质量管理活动，必须建立相应的管理体系，即质量管理体系。质量管理体系是"在质量方面指挥和控制组织的管理体系"，是目前国际比较通用的产品质量保证形式之一。食品生产企业要想生产出符合企业质量方针、达到企业质量目标、满足顾客要求的合格产品并提供客户满意的服务，就必须通过建立健全和实施相应的食品生产质量管理体系来实现。质量管理体系是将资源与过程结合，以过程管理方法进行的系统管理，根据企业特点选用若干体系要素加以组合，一般包括与管理活动、资源提供、产品实现以及测量、分析和改进活动相关的过程组成，可以理解为涵盖了从确定顾客需求、设计研制、生产、检验、销售、交付之前全过程的策划、实施、监控、纠正与改进活动的要求，一般以文件化的方式，成为组织内部质量管理工作的要求。

目前在许多国家得以推广、应用且在国际上取得广泛认可的食品质量管理体系主要有 ISO9000 族系列标准质量管理体系、良好操作规范体系、卫生标准操作程序、危害分析和关键控制点体系。

一、四大质量管理体系解读

（一）ISO 9000 族标准

ISO 9000 并非单指某一个标准，而是一族标准的统称。目前 ISO 9000 已更新到 2015 版，并可以应用在多种管理场景中，但这套管理体系的设计相对更适用于内部各机构比较完善的大型企业，其指导作用主要体现在要以顾客为关注焦点，注重领导作用、注重全员参与、注重过程方法、注重管理的系统方法、注重持续改进、注重事实的决策方法、注重互利的供方关系。食品厂要建立一个管理体系，并且树立领导至上的观念，以领导的指令为重为先，一旦领导层发出指令，则全体员工需积极配合、全员参与。但同时，企业的服务对象是顾客和经销商，因此顾客及互利双方的关系也十分重要。此外，管理体系需得在实践中不断地发现问题、改进问题，才能帮助企业在竞争中处于不败之地。

（二）食品良好操作规范

良好操作规范是在食品生产加工的过程中对包括产品预处理、包装、运输等环节在内的各个环节提出相应的操作方法、措施和要求等而形成的质量管理体系。其最大的特点是以预防为主，实行全面质量管理，从过程入手，在根本上保障所生产的食品质量。

（三）卫生标准操作程序

卫生标准操作程序是依据良好操作规范的要求而制定的卫生管理作业文件，相当于 ISO 9000 管理体系中有关清洗、消毒、卫生控制等方面的作业指导书。卫生标准操作程序是以预防为主，在食品企业中这是一套必备的管理体系，其内容主要体现在卫生方面，至少包括 8 个方面：加工用水和冰的安全性；食品接触表面的清洁卫生；防止交叉污染；洗手、手消毒和卫生间设施；防止污染物（杂质等）造成的不安全；有毒化合物（洗涤剂、消毒剂、杀虫剂等）的贮存、管理和使用；加工人员的健康状况；虫、鼠的控制（防虫、灭虫、防鼠、灭鼠）。

（四）危害分析与关键控制点

目前，国家正通过相关法规鼓励食品生产企业实施 HACCP 管理体系。多年的实际应用与不断完善证明这套管理体系是有效的，并被 FAO/WHO 食品法典委员会予以确认。危害分析与关键控制点适用范围广，其主要是对生产加工各个环节进行监控并予以及时反馈，可以在食品生产加工企业中充分应用。过程实时监控，信息及时反馈，做到这两点，就可以在危害分析与关键控制点体系中进行有效预防，同时还要建立纠正程序，解决当前出现失控时如何及时恢复受控状态的问题，以确保产品质量安全。

上述四大体系共同构成了食品质量管理体系，四者关系密切但又有所不同。良好操作规范对食品生产过程中的所有环节都要求进行监控，以保证食品生产加工过程中的普遍原则。卫生标准操作程序则是对于一些特殊的情况进行分析，如人员、环境、原料等。因此可以说这四大体系是既相互依赖又相互补充的关系。HACCP 体现只能应用于食品行业，且其重点强调的是"控制即重点"，在食品的生产加工过程中作为前提条件而存在。ISO 9000 强调的则是顾客，并且适用范围更广，不仅仅是顾客，其对生产、销售、开发、采购均有相应要求。

其中，应用最广的管理体系是 ISO 9000 系列质量管理体系。对于茶叶企业，特别是茶叶出口型加工企业来说，进行国际通用的质量管理体系认证，是增强茶产品市场竞争力的有力措施之一。ISO 9000 质量管理标准是基于顾客的立场制定的，是从顾客的角度来衡量企业管理、产品质量和服务质量的水平，同时为企业建立质量管理体系提供了应考虑的要素和基本要求，强调以顾客为中心、过程方法、持续改进、基于事实的决策与方法等质量管理的理念。

二、ISO 9001 质量管理体系的理论依据

国际标准化组织 ISO 将质量管理应遵循的基本原则总结为 8 项质量管理原则，这些原则成为质量管理体系建立的理论基础。

（1）以顾客为关注焦点 组织依存于顾客，应当理解顾客当前和未来的需求，满

足顾客要求并争取超越顾客期望。

（2）领导作用　领导者确立组织统一的质量宗旨和方向，统筹规划和协调各项资源，创造良好的内部资源，保证员工充分参与并实现组织目标。

（3）全员参与　明确各部门、各岗位人员应有的职责和权限，使每个员工了解自身的重要性和在组织中的角色，提高他们的积极性、创造性、责任感和团队合作意识。

（4）过程方法　在开展质量管理活动时，必须要着眼于过程，要把活动和相关的资源都作为过程进行管理，才可以更有效地得到期望的结果。

（5）管理的系统方法　组织为质量管理设定方针目标，将相互关联的过程作为系统加以识别、理解和管理，有助于组织提高实现目标的有效性和效率。

（6）持续改进　基于经济的全球化、科学技术的进步、产品质量的竞争、资源消耗以及人们对物质和精神的需求不断提高等新的挑战，持续改进总体业绩是组织的一个永恒目标。

（7）基于事实的决策方法　有效决策是建立在数据和信息分析的基础上，按事实的真实情况，用科学的方法进行决策，并将决策进行评价和适当的修正。

（8）与供方互利的关系　组织与供方是相互依存的，互利的关系可增强双方创造价值的能力。

以上 8 项质量管理原则，是 20 世纪以来世界各国实施质量管理经验的升华，是质量管理体系建立的理论基础。

三、ISO 9001 质量管理体系要求

在 ISO 9001 质量管理体系标准要求中，对质量管理体系、管理职责、资源管理、产品实现、测量分析和改进 5 个方面提出了要求，为建立质量管理制度提供了一个科学的体系结构框架。企业或团体的质量管理体系要有个性化的特色，要针对本单位的产品或服务，反映企业的制度文化和企业文化，使质量管理体系得以有效实施，达到预期目标。

（一）总要求

按 ISO 9001 的要求，必须建立文件化的质量管理体系，来实施和保持质量管理体系，并持续改进质量管理体系。

建立质量管理体系的理论基础是质量管理系统方法和过程方法。建立质量管理体系需要识别体系所需的过程；确定这些过程顺序和相互关系；确定过程运作和控制的标准和方法；确保获得运作和监视过程所需的资源和信息。企业在运用中，应根据监视、测量和分析发现的问题，实施纠正或预防措施，以达到预期目标。

（二）文件要求

质量管理体系文件应包括：

（1）质量手册　包括质量管理体系的范围、形成文件的程序、过程相互作用的表述。

（2）程序文件　包括文件控制程序、记录控制程序、内部审核程序、不合格控制程序、纠正措施程序、预防措施程序。

（3）操作规范、管理规定、作业指导书等　以确保其过程有效策划、运作和控制。

（4）记录　对所完成的活动或达到结果提供客观证据的文件。

质量管理体系所要求的文件应为受控文件，应编制文件控制程序，对文件的编制、评审、批准、发放、使用、更改、再批准、标识、回收和作废等过程进行控制。记录的标识、贮存、保护、检索、保存期限均需要控制，应建立并保持记录，以证实质量管理体系符合要求，有效运行。ISO 9001 有 18 处要求建立并保持记录。

四、ISO 9001 质量管理体系建立过程

茶叶以终端产品出现在市场上，除了具有食品的属性外，还兼有文化产品的属性，因此茶叶产业具有产品和服务的特色，在建立茶叶企业的质量体系时，要针对自身条件建立适合于自己的质量管理体系，坚持质量管理的 8 项原则，不断改进产品质量和服务。

（一）质量体系的策划与设计

建立质量体系就要进行质量体系的策划和设计，在此阶段主要做好以下几方面工作。

1. 教育培训，统一认识

开展分层次培训。第一层次为决策层，主要是企业的负责人，如董事长或总经理。通过 ISO 9001 族标准的总体要求和管理职责要求，使领导明白决策层在质量体系建设中的关键地位和主导作用；第二层次为管理层，如质检部、供销部、办公室和生产部门的负责人，以及与建立质量体系有关的工作人员，使他们接受 ISO 9001 标准有关内容的培训；第三层次为执行层，指与产品质量形成全过程有关的作业人员，明确其在质量活动中应承担的任务、造成质量过失应承担的责任等。

2. 组织落实，拟订计划

首先成立以总经理为组长，质检部负责人为副组长的质量体系建设领导小组，负责体系建设的总体规划、制定质量方针和目标、按职能部门进行质量职能的分解等工作，根据公司的实际情况，成立由各职能部门负责人组成的工作小组，包括总经理、质检部、生产部、供销部、办公室等部门，主要任务是按照体系建设的总体设计，具体组织实施。最后，成立部门工作小组，根据各职能部门的分工，明确质量体系要素的责任部门。

3. 确定质量方针，制定质量目标

质量方针体现了一个组织对质量的追求，对顾客的承诺，是职工质量行为的准则和质量工作的方向。质量方针根据各企业的实际制定。

4. 调整组织结构，配备资源

落实质量体系要素并开展对应的质量活动以后，对公司的组织结构进行重新划分、人员重新分配，并且将活动中相应的工作职责和权限分配到各职能部门。明确各职能部门对质量管理活动所承担的职责以及所起的作用，在活动展开的过程中，调配和充实相应的硬件、软件和人员。其各部门质量职责及质量负责人任职要求可形成图表形式的文件，如制作组织机构图和质量管理体系机构图等。

（二）质量体系文件的编制

质量体系文件的编制需结合企业的质量职能分配进行，并将质量职能分配落实到各职能部门，同时完成质量管理体系文件。质量管理体系文件的编制前需要：成立领导小组；制订工作计划；制定质量方针与目标；确定质量体系要素和质量体系活动；调整组织的结构；列出岗位职责与程序文件清单；文件格式化及编写格式；起草文件；会审文件；修改报批；批准发放；完成手册与程序文件。

1. 编写质量手册

质量手册是证实或描述文件化质量体系的主要文件，是阐明公司质量方针，并描述其质量体系的文件。

质量手册编制的步骤：确定并列出现行适用的质量方针、目标、程序或编制相应的计划；依据所选用的质量体系标准确定质量体系要素；采用多种方法，从各个方面收集与质量体系相关的资料；从多个部门收集补充原始文件或参考资源；确定等编制手册的格式和结构；根据预定的格式和结构将文件分类；使用适合于本企业组织的方法，完成质量手册草案的编写。质量手册的内容包括封面、标题、目录、公司概况、手册说明、引用标准、术语、规定适用范围、质量方针和目标、组织结构、职责权限的说明，质量管理体系要求的描述，管理职责的描述，资源管理的描述，产品实现的描述，测量、分析和改进的描述，支持性信息附录。

2. 制定程序文件

程序文件的内容必须同质量手册的规定要求相一致，程序文件是质量手册的支持性文件。因此，程序文件实际上是对质量手册规定的进一步展开、落实和细化，所有的程序文件充分体现质量手册的规定和要求，同时也要注意处理好各个程序文件之间的关系，使它们既是一个单独的逻辑上独立部分，同时各程序文件相互又构成一个有机的整体。

程序文件的编写，原则上是自己部门编写自己的文件，程序文件编写要用"5WH分析法"来规定该项质量活动的目的，如为什么做（Why）、做什么（What）、谁来做（Who）、何时（When）做、何地（Where）做、如何（How）做，包括采用什么设备、工具、文件以及如何控制、记录等。同时应阐明影响质量的管理人员、操作人员、验证和审核人员的责任、权力和相互关系，说明各种不同活动的实施方法，使用的文件和所进行的控制，因此程序文件编写要对质量活动进行准确的叙述，并对质量活动中所涉及的责任、权力和相互关系作出规定。

3. 制定作业指导书

作业指导书是用以指导具体过程，事物形成中规范技术性细节的可操作性文件。制定作业指导书首先要明确编写目的；其次要由责任部门承担编写任务。编写时要让操作人员参与，使他们清楚作业指导书的内容；第三当作业指导书涉及其他过程（或工作）时，要认真处理好各部门之间的衔接。一般茶叶企业应有《各部门质量目标》《处部门及岗位人员质量责任制》《仓库管理制度》《设备管理制度》《文件管理制度》《生产现场管理制度》《产品质量检验管理制度》《不合格品管理制度》《纠正措施管理制度》《人员培训管理制度》等。为了明确产品在生产、服务过程中技术规定，保证产品质量的安全，还要编制《茶叶分装操作指导书》《设备操作指导书》《原材料检验指导书》《半成品检验指导书》《成品检验指导书》《工艺流程》《茶叶感官评审作业指导书》《茶叶储存作业指导书》。

4. 设计记录表格

记录表格是用于证实质量管理体系是如何依照所定要求运作的文件，表格设计要便于记录和完成。设计可以按照部门将记录表分类，一般办公室负责记录表格有《质量目标考核记录》《文件发放回收登记表》《受控文件清单》《文件销毁审批表》《文件更改申请单》《外来文件清单》《质量记录清单》《会议签到表》《管理评审计划》《管理评审记录》《管理评审报告》《培训申请表》《年度培训计划》《培训记录表》《员工档案》《年度内审计划》《内审实施计划》《内审检查表》《不符合报告》《审核报告》《内审首（末）次会议签到表》《纠正/预防措施表》。质检部负责的记录表格有《计量器具配备审批表》《计量器具管理台账》《计量器具周检计划表》《计量器具报废审批表》《原材料质检单》《半成品检验单》《成品检验原始记录》《成品检验报告单》《不合格品处置单》《废品申请单》《顾客满意情况数据分析》《原材料质量情况分析》《半成品质量情况分析》《成品质量情况分析》《产品满意情况数据分析》《员工满意情况数据分析》《供方满意情况数据分析》《政府满意情况数据分析》。生产部负责的记录表格有《设施配置申请表》《设施验收记录表》《生产设施台账》《设施维修计划表》《设施维修记录表》《设备报废审批表》《生产计划》《生产场所卫生检查记录》《出入库单》。销售部负责记录的表格有《合格评审记录》《电话传真口头订单记录表》《合同变更通知单》《供方调查评定表》《合格供方名单》《采购单》《顾客满意度调查表》《产品满意度调查表》《员工满意调查表》《供应商满意度调查表》。

（三）质量管理体系试运行

在编制完成企业的质量管理体系文件后要实施运行。在此阶段，企业总经理应高度重视，关注质量方针与质量目标的执行情况，协调各相关部门工作的开展，根据《质量手册》规定，总经理任命技术部负责人为管理者代表，全面负责质量管理体系的运行。管理者代表召集各部门负责人和总经理参加质量管理体系试运行会议，明确各部门、各岗位的质量职责、各部门按照质量体系文件的规定，实现过程的管理。

茶鲜叶从基地加工、毛茶进入公司生产部、精加工和分装、销售等过程，通过质量管理文件的试运行，实现了质量的有效管理。

同时，通过试运行，部门分工合理，各负责人基本明确其主要的责任和权利，能够非常负责和高效地完成本部门的工作，全体职工也认识到新建立的质量体系是产品质量提升的变革；试运行阶段发现的一些问题，应采取相应纠正措施，对发现问题的文件体系，拟责成责任部门进行修订。此外，办公室可制定培训计划，开展员工技术指导、ISO 9001 标准、设备操作规程等培训，提高员工的重视程度和技术操作熟练程度，及时解决存在的问题。

通过以上数据分析，发现制定的质量方针与质量目标切实可行，基本达到试运行目的。

（四）审核评审，纠偏完善

（1）培训内审员　企业的内审员要在资质机构进行培训，通过考核，取得证书。

（2）组织内部质量审核活动　策划内审活动，任命内审组长，组成审核小组，编制内审计划，进行文件审核、现场审核，总结会上报告审核结果，相关部门有针对性地实施纠正和预防措施，跟踪验证实施的效果，完成审核报告。

质量体系审核在体系建立的初始阶段十分重要。在这一阶段，质量体系审核的重点，主要是验证和确认体系文件的适用性和有效性。在试运行的每一阶段结束后，一般应正式安排一次审核，以便及时对发现的问题进行纠正，对一些重大问题也可根据需要，适时地组织审核；在内部审核的基础上，再由最高管理者组织一次体系评审。

（3）组织管理评审活动，以评价体系的有效性、适用性和充分性。

（4）针对文件和体系运作进行再完善。

茶产业的质量管理、品质管理是现代茶产业管理体系的核心。建立质量管理体系对于企业的发展具有十分重要的意义。质量管理体系是现代化管理思想在企业的运用和体现，是提高质量管理水平的一次实践和飞跃，也是企业在内部结构和管理机制上的改革和创新。

参考文献

［1］张优，刘新 . 有机茶生产与管理［M］. 北京：中国标准出版社，2015.

［2］黎星辉，傅尚文 . 有机茶生产大全［M］. 北京：化学工业出版社，2012.

［3］江用文 . 中国茶产品加工［M］. 上海：上海科学技术出版社，2011.

第十章 国际食品（茶叶）标准与法规

第 一 节 国际标准化

一、国际标准化发展历程

国际标准化是指在国际范围内，由众多国家和组织共同参与的标准化活动，旨在协调各国各地区的标准化工作，研究、制定并推广采用国际标准，并就标准化有关问题进行交流和研讨，以促进全球经济、技术、贸易的发展，保障人类安全、健康和社会的可持续发展。

国际标准化是现代大工业的产物，起源于国家之间的贸易往来和科技、文化交流，为时久远。1865 年，为顺利实现国际电报通信，20 个国家的代表在巴黎签订了《国际电报公约》并成立国际电报联盟，1932 年国际电报联盟改名为国际电信联盟（International Telecommunication Union，ITU），是成立最早的国际标准化机构之一。1904 年，部分欧美国家在美国圣路易召开了国际电气会议，1906 年 6 月，在伦敦会议上，通过了国际电工委员会章程，正式成立国际电工委员会（International Electrical Commission，IEC）。

1944 年，中国、美国、英国、法国、苏联等 18 个国家成立了联合国标准协调委员会（United Nations Standards Coordinating Committee，UNSCC）。1946 年 10 月 14 日，中国、美国、英国、法国、苏联等 25 个国家的 64 名代表在伦敦召开会议，决定建立新的国际标准化组织（International Organization for Standardization，ISO）。1947 年 2 月，ISO 章程获得 15 国批准而正式成立。1969 年 ISO 理事会决议，将 10 月 14 日定为"世界标准日"。

随着世界经济、科技和国际贸易的快速发展，各行各业纷纷建立组织，制定标准，国际标准化活动日益活跃，国际标准的重要作用与巨大影响也日益显现。在国际标准化发展进程中，在众多制定标准的国际组织中，ISO、IEC 和 ITU 是当今最主要、最有影响的三个机构，肩负着推动国际标准化的使命。2001 年，为推动建立协商一致的自愿性国际标准体系，ISO、IEC 和 ITU 共同成立了国际标准协作组织（WSC），促进了三大国际标准化机构的工作透明，有效避免重复，通过召开研讨会、举办教育和培训活动等，促进了国际标准的采用和实施。

二、国际标准化组织机构

（一）国际标准化组织（ISO）

ISO 是世界上最大的国际标准化机构，它是非政府组织，不属于联合国但与联合国的许多机构关系密切，是联合国的甲级咨询机构。ISO 的宗旨是在全世界范围内促进标准化的发展，以便利国际物资交流与服务，并扩大知识、科学、技术和经济方面的合作，总部设在瑞士日内瓦（公共网站地址：https：//www.iso.org）。

ISO 成员分为三类：正式成员、通讯成员和注册成员。每个国家只能有一个具有广泛代表性的国家标准化机构参加。截至 2018 年底，ISO 共有成员 164 个，其中正式成员 120 个、通讯成员（观察国）40 个、注册成员 4 个。ISO 的管理体系主要由全体大会、理事会、中央秘书处等构成。全体大会是 ISO 最高权力机构，每年召开一次会议。理事会是 ISO 全体大会闭会期间的常设管理机构，下设政策制定委员会（Policy Development Committee，PDC）、理事会常设委员会（Council Standing Committee，CSC）、技术管理局（Technical Management Board，TMB）、特别咨询组（Ad hoc Advisory Group，AAG）。中央秘书处全面负责 ISO 日常行政事务。

ISO 的技术工作主要通过技术管理局下属的 300 多个技术委员会（Technical Committee，TC）进行。技术委员会的设立须经理事会批准，其工作范围由技术管理局确定。技术委员会可下设分技术委员会（Subcommittee，SC）。技术委员会或分技术委员会下面按项目可设立工作组（Working Group，WG）或特别工作组（Ad hoc Group，AG）。技术委员会、分技术委员会成员分为积极成员国（P-member，P 成员国）和观察员国（O-member，O 成员国）。截至 2018 年底，ISO 制定发布了 22000 项国际标准，包括 ISO 9000 质量管理体系标准、ISO 14000 环境管理体系标准以及 ISO 26000 社会责任体系标准等。ISO 标准在世界上具有权威性和通用性，已成为国际经贸活动的重要规则，被誉为国际贸易的"通行证"，在减少国际贸易壁垒和经贸摩擦、推动建立国际经济贸易新秩序等方面发挥着重要作用。

中国是 ISO 创始国之一，1950 年停止会籍，1978 年恢复成员资格。2008 年起成为 ISO 常任理事国，并在第 36 届国际标准化组织大会上，中国标准化专家、国际钢铁协会副主席张晓刚首次作为中国人当选国际标准化组织主席，任期 2015.1.1—2017.12.31。

（二）国际电工委员会（IEC）

成立于 1906 年 6 月，是从事电工电子领域国际标准化活动的非政府性国际机构。国际电工委员会宗旨：促进电工电子工程中标准化及相关问题的国际交流与合作。国际电工委员会主要任务：制定国际标准和发行各种出版物。国际电工委员会成员分为正式成员和协作成员。我国于 1957 年参加国际电工委员会，为正式成员。

（三）国际电信联盟（ITU）

联合国系统中处理有关电信事务的政府间国际组织，简称国际电联。1947 年，国际电信联盟成为联合国的一个专门机构。其宗旨是加强国际合作，改进并合理使用各种电信手段，促进技术设施的发展和应用以提高电信业务效率；研究、制定和出版国际电信标准并促其应用；协调各国电信领域的行为；促进并提供对发展中国家的援助。国际电信联盟向各国政府及民间组织开放，各国政府机构可作为成员国加入国际电信联盟，民间组织则作为国际电信联盟下属各部门的成员加入 ITU。ITU 最高权力机构为全体代表大会，闭会期间由理事会行使大会赋予的职权。总秘书处主持日常工作。国际电信联盟的实质性工作分别由无线电通信部（ITU-R）、电信标准化部（ITU-T）和电信发展部（ITU-D）三个部门承担。我国早在 1920 年加入国际电报联盟，1947 年被入选行政理事会，其后中断。1972 年 5 月重新恢复我国在国际电信联盟的成员国地位。

（四）其他国际标准化机构

除 ISO、IEC 和 ITU 三大机构外，世界上还有数百个制定标准或技术规则的国际或区域性构，公认的有广泛影响的机构如表 10-1 所示。

表 10-1　　　　ISO 认可的重要的国际标准化机构名称及缩写

序号	机构名称	英文缩写
1	国际计量局	BIPM
2	国际化学纤维标准化局	BISFA
3	食品法典委员会	CAC
4	空间数据系统咨询委员会	CCSDS
5	国际建筑物和建筑的研究与革新委	CIB
6	国际照明委员会	CIE
7	国际内燃机委员会	CIMAC
8	世界牙科联合会	FDI
9	国际信息与文献联合会	FID
10	国际原子能机构	IAEA
11	国际航空运输协会	IATA
12	国际民用航空组织	ICAO
13	国际谷类科学技术协会	ICC
14	国际排灌委员会	ICID
15	国际辐射防护委员会	ICRP
16	国际辐射单位与测量委员会	ICRU
17	国际乳品联合会	IDF
18	因特网工程特别工作组	IETF
19	国际图书馆协会与学会联合会	IFLA
20	国际有机农业运动联盟	IFOAM
21	国际煤气联盟	IGU

续表

序号	机构名称	英文缩写
22	国际制冷学会	IIR
23	国际劳工组织	ILO
24	国际海事组织	IMO
25	国际种子检验协会	ISTA
26	国际纯粹与应用化学联合会	IUPAC
27	国际毛纺织组织	IWTO
28	国际兽疫局	OIE
29	国际法制计量组织	OIML
30	国际葡萄与葡萄酒组织	OIV
31	国际建筑材料与机构协会	RILEM
32	贸易简易化中的信息交换	TraFIX
33	国际铁路联盟	UIC
34	联合国贸易简易化和电子商务中心	UN/CEFACT
35	联合国教育科学及文化组织	UNESCO
36	世界海关组织	WCO
37	世界卫生组织	WHO
38	世界知识产权组织	WIPO
39	世界气象组织	WMO

三、国际标准制定程序

根据 ISO、IEC 统一的技术工作程序，制定国际标准分为正常程序和快速程序。正常程序包括以下 7 个阶段（以 ISO 为例）。

（一）预备阶段

提出前期预研工作项目（Preliminary Working Item，PWI）。

ISO 技术委员会或分技术委员会可将由 P 成员国投票、简单多数通过的、尚不成熟的、暂时不能进入下一阶段处理的工作项目纳入工作计划。

（二）提案阶段（Proposal stage）

提交新的工作项目提案（New Work Item Proposal，NP）。

项目提案可由国家团体、技术委员会或分技术委员会秘书处以及其他相关组织提出，在 ISO 要求至少 5 个 P 成员国同意参加，再经技术委员会或分技术委员会成员国简单多数投票通过的即被接受。

（三）准备阶段（Preparatory stage）

准备工作草案（Working Draft，WD）。

NP 被接受后，技术委员会或分技术委员会负责组建工作组（Working Group，WG），由项目负责人和专家共同提出工作草案（WD）。当工作草案作为第一个委员会草案分发给技术委员会或分技术委员会成员国时，首席执行官（CEO）办公室负责登记，准备阶段结束。

（四）委员会阶段（Committee stage）

提出委员会草案（Committee Draft，CD）。

第一个委员会草案发给技术委员会或分技术委员会成员讨论，提出意见和修改后，经技术委员会或分技术委员会的 P 成员国投票同意，并且所有技术问题得到解决后，委员会草案便可作为征询意见草案分发，并由 CEO 办公室登记，委员会阶段结束。

（五）征询意见阶段（Enquiry stage）

提出征询意见草案（Draft International Standard，DIS）。

征询意见草案第一稿发给所有成员国投票，当正式成员 2/3 多数赞成且反对票不超过投票总数的 1/4 时，草案即通过，经修改后成为最终国际标准草案，经 CEO 办公室登记，征询意见阶段结束。

（六）批准阶段（Approval stage）

提出最终国际标准草案（Final Draft International Standard，FDIS）。

最终国际标准草案再次发给所有成员国投票，当正式成员 2/3 多数赞成且反对票不超过 1/4 时通过，即批准其作为国际标准发布。如未获通过，可将文件退回委员会，批准阶段结束。

（七）出版阶段（Publication stage）

印刷发行国际标准（International Standard，IS）。

以上是制定国际标准的正常程序。快速程序一般应先有较为成熟的标准文件，可作为制定国际标准的征询意见草案或最终国际标准草案，从而省略正常程序中的准备阶段乃至委员会阶段，加快了标准制定的进程。

四、国际标准表现形式

国际标准按经历程序、成熟程度以及市场需求不同，可以不同形式发表。以 ISO 标准为例，国际标准表现形式有以下几种。

（1）国际标准（International Standard，IS）　　ISO 按程序经成员国正式表决批准的并且可公开提供的标准。国际标准为活动或其结果提供规则、准则或特征，目的是在特定情况下达到最佳秩序程度。

（2）指南（ISO/Guide）　　由政策制定委员会或技术管理局制定，不是技术委员会制定的。

（3）技术规范（Technical Specification，TS）　　ISO 出版的未来有可能形成一致意见上升为国际标准的文件。但当前不能获得批准为国际标准所需要的支持，对是否已形成协商一致尚未确定，其主题内容尚处于技术发展阶段，或另有原因使其不可能作为国际标准马上出版。

（4）技术报告（Technical Report，TR） ISO出版的提供信息的文件，包括从那些通常作为国际标准出版的资料中收集的各种数据。这些数据可能包括从国家成员体的评述中得到的数据、其他国际组织工作方面的数据或者与国家成员体某一具体方面的标准有关的技术发展动态数据。

（5）可公开提供的技术规范（Publicly Available Specification，PAS） ISO为满足市场急需而出版的标准文件，它表示：ISO之外的某一组织中的协商一致，或者一个工作组内的专家的协商一致。与技术规范一样，公开发布的规范可供立即使用，还可作为获取反馈的手段，以便最终转换为国际标准。

（6）国际研讨会协议（International Workshop Agreement，IWA） ISO通过专题研讨会形式形成协商一致的可供使用的标准性文件。这种文件的技术内容可以与现行的ISO标准的技术内容相竞争，但不允许有冲突。

五、采用国际标准

（一）采用国际标准的目的和意义

采用国际标准是指结合我国的实际情况，将国际上先进的标准进行分析研究，将适合我国的部分纳入我国标准中加以执行。采用国际标准可以减少技术性贸易壁垒，适应国际贸易环境，同时也有利于提高我国产品质量和技术水平。

（二）采用国际标准的原则

为促进采用国际标准工作的开展，我国在1993年发布《采用国际标准和国外先进标准管理办法》，并在2011年发布替代管理办法——《采用国际标准管理办法》，该办法详述了采用国际标准的原则。

（1）采用国际标准，应当符合我国有关法律、法规，遵循国际惯例，做到技术先进、经济合理、安全可靠。

（2）制定（包括修订，下同）我国标准应当以相应国际标准（包括即将制定完成的国际标准）为基础。

（3）对于国际标准中通用的基础性标准、试验方法标准，应当优先采用。

（4）采用国际标准中的安全标准、卫生标准、环保标准制定我国标准，应当以保障国家安全、防止欺骗、保护人体健康和人身财产安全、保护动植物的生命和健康、保护环境为正当目标；除非这些国际标准由于基本气候、地理因素或者基本的技术问题等原因而对我国无效或者不适用。

（5）采用国际标准，应当尽可能等同采用国际标准。由于基本气候、地理因素或者基本的技术问题等原因对国际标准进行修改时，应当将与国际标准的差异控制在合理的、必要的并且是最小的范围之内。

（6）我国的一个标准应当尽可能采用一个国际标准。当我国一个标准必须采用几个国际标准时，应当说明该标准与所采用的国际标准的对应关系。

（7）采用国际标准，应当尽可能与相应国际标准的制定同步，并可以采用标准制定的快速程序。

（8）采用国际标准，应当同我国的技术引进、企业的技术改造、新产品开发、老产品改进相结合。

（9）采用国际标准后的我国标准的制定、审批、编号、发布、出版、组织实施和监督，同我国其他标准一样，按我国有关法律、法规和规章规定执行。

第 二 节　国际食品法规与标准

一、国际食品法典委员会标准体系

（一）国际食品法典委员会机构与职能

1. 机构概况

为保障消费者的健康和确保食品贸易公平，联合国粮农组织和世界卫生组织1963年共同建立了国际食品法典委员会，其是制定国际食品标准的政府间组织。截至2018年底，国际食品法典委员会有189个成员国和1个成员组织（欧盟），覆盖全球99%的人口。国际食品法典委员会下设秘书处、1个执行委员会、6个地区协调委员会，21个专业委员会和1个政府间特别工作组。国际食品法典标准主要在国际食品法典委员会各下属委员会中讨论和制定，国际食品法典委员会大会审议后通过。

2. 工作推动

国际食品法典委员会主要工作由执委会下属的三个法典委员会及其分支机构进行，包括：

（1）产品法典委员会　指食品及食品类别的分委会，垂直管理各种食品；

（2）一般法典委员会　管理与各种食品、各个产品委员会都有关的基本领域中的特殊项目，包括食品添加剂、农药残留、标签、检验和出证体系以及分析和采样等；

（3）地区法典委员会　负责处理区域性事务。

（二）国际《食品法典》

1. 概况

国际《食品法典》以统一的形式提出并汇集了全球通过的、已采用的全部食品标准及相关文本。包括所有向消费者销售的加工、半加工食品或食品原料的标准，有关食品卫生、食品添加剂、农药残留、污染物、标签及其描述、分析与采样方法、进出口检验与认证等方面的通用条款及准则，以及食品加工的卫生规范（Codes of Practice）和其他推荐性措施等指导性条款。法典标准供成员国自愿采用，很多情况下被引为各国立法依据。

2. 内容构成

国际《食品法典》是一套标准、操作规范、准则及其他建议的汇集。这些文本中有一些非常普遍，有一些则非常具体；有一些涉及与某种食品或某类食品相关的详细要求；有一些则涉及食品生产过程的操作、管理或政府食品安全管理系统及消费者保护的操作。

（1）标准　分为通用标准和商品标准两大类：

①通用标准：通用标准是各种通用的技术标准、法规和良好规范，包括食品添加剂的使用、污染物限量、食品的农药与兽药残留、食品卫生（食品微生物污染及其控制）、食品进出口检验和出证系统以及食品标签等。

②商品标准：商品标准是食品法典中数量最大的具体标准，主要规定了食品非安全性的质量要求，如该标准的适用范围、产品的描述、重要组成成分、使用的添加剂、污染物最高限量、卫生要求、重量和容量等。由于标准与产品的特点有关，所以产品用于贸易时均可适用这些标准。

（2）规范　主要包括卫生操作规范（对确保食品安全和适当性至关重要的个别食品或食品类别的生产、加工、制作、运输和储存方法）。

（3）准则　准则分为两类：

①规定某些食品关键领域政策的原则。例如，就食品添加剂、污染物、食品卫生和肉类卫生而言，管制这些事项必须遵循的基本原则应纳入相关的标准和规范。

②解释上述原则或解释《食品法典》通用标准规定的准则。这类准则包括营养和卫生要求准则、有机食品生产、销售和标签的条件、"伊斯兰认证"食品的要求、解释《食品进口和出口检查及验证原则》的规定，以及关于对DNA已改变的植物和微生物食品进行安全评估的准则。

3. 法典规定的茶叶农残限量

目前，国际食品法典委员会制定的茶叶农残限量指标22项，见表10-2。

表10-2　　　　　　　　　　　国际食品法典委员会规定的茶叶农残限量

中文名	英文名	限量标准MRL/（mg/kg）	最后修订时间/年
百草枯	Paraquat	0.2	2006
杀扑磷	Methidathion	0.5	1997
噻虫胺	Clothianidin	0.7	2011
毒死蜱	Chlorpyrifbs	2	2005
甲氰菊酯	Fenpropathrin	3	2015
溴氰菊酯	Deltamethrin	5	2004
克螨特	Propargite	5	2004
硫丹	Endosulfan	10	2011
乙螨唑	Etoxazole	15	2011
氯氰菊酯	Cypermethrins（alpha-and zeta-）	15	2012
噻螨酮	Hexythiazox	15	2012
氯菊酯	Permethrin	20	—

续表

中文名	英文名	限量标准 MRL/ （mg/kg）	最后修订 时间/年
噻虫嗪	Thiamethoxam	20	2011
联苯菊酯	Bifenthrin	30	2011
氟虫双酰胺	Flubendiamide	50	2011
三氯杀螨醇	Dicofbl	40	2013
茚虫威	Indoxacarb	5	2014
氟虫脲	Flufenoxuron	20	2015
吡虫啉	Imidacloprid	50	2016
丙溴磷	Profenofos	0.5	1997
噻嗪酮	Buprofezin	30	2013
唑虫酰胺	Tolfenpyrad	30	2014

二、ISO 食品相关标准体系

ISO 标准的内容涉及广泛，从各种原材料到半成品和成品，其技术领域涉及信息技术、交通运输、农业、保健和环境等。从技术委员会角度看，ISO 中与食品有关的主要有 TC34（食品）、TC93（淀粉及其衍生物和副产品）、TC54（精油）和 TC176（质量管理与质量保证）。与食品技术相关的 ISO 标准，绝大部分是由 ISO/TC34（农产食品技术委员会）制定的。ISO/TC34 下设 13 个分技术委员会、3 个工作组以及 1 个顾问咨询组。ISO 食品相关标准体系由基础标准（术语）、分析和取样方法标准、产品质量与分级标准、包装标准、贮运标准等组成。标准涵盖了绝大多数食品，如茶、粮油、水果和蔬菜、乳和乳制品、肉和肉制品、淀粉、油脂、食品添加剂等。ISO 农产食品加工标准体系框架见表 10-3。

表 10-3　　　　　　　　　ISO 农产食品加工标准体系框架

委员会码名称	标准涉及领域
TC34	食品
TC34/AG	顾问咨询组
TC34 W/G7	转基因生物及其产品工作组
TC34 W/G8	食品安全管理体系工作组
TC34 W/G9	农业食品链可追溯系统的设计和发展原则工作组
TC34 /SC2	油料种子、果仁和含油种子

续表

委员会码名称	标准涉及领域
TC34 /SC 3	果蔬产品
TC34 /SC4	谷物和豆类
TC34 /SC 5	乳和乳制品
TC34 /SC6	肉、禽、鱼、蛋及其产品
TC34/SC7	香料和调味品
TC34 /SC8	茶
TC34 /SC9	微生物
TC34 /SC 10	动物饲料
TC34 /SC 11	动植物油脂
TC34 /SC 12	感官分析
TC34 /SC 14	新鲜和干的、脱水水果和蔬菜
TC34 /SC 15	咖啡
TC 54	精油
TC 93	淀粉（包括淀粉衍生物及其副产品）
TC 176	质量管理与质量保证

与食品行业密切相关的 ISO 标准主要有两个：ISO 9000 质量管理体系和 ISO 22000 食品安全管理体系。这两者分别对食品生产的质量、安全进行管理与指导。

三、其他国际组织食品相关标准与法规

（一）世界贸易组织

1. 概述

世界贸易组织，中文简称世贸组织，成立于 1995 年 1 月 1 日，总部在瑞士日内瓦，前身是关贸总协定（成立于 1947 年）。世界贸易组织是当代最重要的国际经济组织之一，拥有 164 个成员，成员贸易总额达到全球的 98%，有"经济联合国"之称。世界贸易组织官网网址：https：//www. wto. org/。

2. 标准化在国际贸易中的地位和作用

全球经济一体化，从深度和广度上对标准化提出了更高、更广泛的要求。现代国际贸易中，标准化的地位和作用主要表现在：

（1）标准化是国际贸易诸多要素连接的界面，不仅连接着供应商和客户之间货物和服务交换，也是连接生产者和终端消费者之间的纽带；

（2）国际标准是国际贸易游戏规则的重要组成部分。谁掌握了游戏规则并有效利用，谁就可以在国际贸易竞争中占据主动地位，也就有了将技术标准转化为经济效益的能力；

（3）标准是现代国际贸易出色的推动器，承担着协调和促进国际贸易、合理保护国家利益、国际仲裁依据等作用。

3. 技术贸易壁垒与标准化

在国际经济活动中，世界贸易组织、国际货币基金组织和世界银行，三足鼎立，成为协调当今世界经济的支柱。随着经济全球化趋势的加快，国际贸易迅速发展，国际贸易中关税壁垒逐步减弱，非关税壁垒，尤其是技术性贸易壁垒对国际贸易的影响越来越大。据我国商务部抽样调查，国外技术性贸易壁垒给中国出口企业带来的成本和风险损失，呈逐年递增之势。技术性贸易壁垒已经成为影响国际贸易的重要因素。

茶叶是我国传统出口农产品，近20年来，我国茶叶出口也屡遭欧盟、日本、美国等设置的技术贸易壁垒冲击，尤其是对茶叶设置的农药残留种类越来越多，限量指标越来越苛刻，一定程度影响了我国茶叶的出口。茶叶出口企业有必要掌握技术贸易壁垒的内容、应对办法及进出口贸易风险预警等。

绿色壁垒是技术性贸易壁垒中的一种，又称为环保壁垒、生态壁垒或环境贸易壁垒、绿色措施等。广义的绿色壁垒是指一个国家以可持续法规与生态保护为理由，为限制国外商品所设置的贸易障碍；狭义的绿色壁垒是指一个国家以生态环境保护为借口，以限制进口、保护贸易为目的，对外国商品进口所专门设置的带有歧视性的或对正常环境保护和人民的安全健康并无影响的贸易障碍。绿色壁垒有四个特点，即强制性、国际性、标志性和全程性。

4.《技术性贸易壁垒协议》（WTO/TBT协议）

WTO/TBT协议从1995年1月1日起生效，其结构分为六大部分15条129款和3个附件。WTO/TBT协议的主要内容包括：使用标准及合格评定程序的通用术语；覆盖的范围，涉及所有产品，包括工业品和农产品。WTO/TBT协议涉及的技术法规和标准规定主要包括：各成员对进口产品与国内同类产品实施平等待遇；各成员须保证技术法规的制定、批准或实施不会给国际贸易造成不必要的障碍；制定技术法规、标准时，必须以国际标准为基础；各成员保证其中央政府标准化机构执行协议附件3规定的良好行为规范；标准化机构是否符合协议的各项原则，须得到成员认可……；符合技术法规和标准，信息和援助，机构、磋商和争端解决。

实施WTO/TBT协议应遵守的基本原则包括：

（1）非歧视原则　共两项待遇即最惠国待遇和国民待遇；

（2）正当合理原则　对贸易有限制作用的措施，不应超出正当目标的范围；

（3）采用国际标准或国际准则的原则　在有关国际标准已经存在或即将完成的情况下，各成员国在制定本国标准或技术法规时就以其作为基础；

（4）透明度原则　成员国拟采取标准与国际标准有实质性的不一致，并对其他成员国的贸易产生重大影响时，应通过适当的方式提前通告其成员国，并简要说明理由，对其他成员国的意见应进行讨论和予以考虑；

（5）争端磋商机制原则　一旦某签约国违反了WTO/TBT协议，制造技术壁垒，受损害方可以向世界贸易组织投诉，启动争端磋商机制，磋商失效时，世界贸易组织可以决定采用贸易制裁。

5. 《实施卫生与动植物检疫措施协议》（WTO/SPS 协议）

该协议是关于食品安全和动植物健康检疫的法规、协议规定，各成员有权采取措施，但是应保证这些措施仅为保护人类、动物或植物的生命或健康所必需，成员间不应有任意的或不公平的歧视。WTO/SPS 协议共包括 14 项条款和 3 个附件。实施 WTO/SPS 协议应遵守的基本原则包括：科学依据原则，协调一致原则，同等对待原则，透明原则，特殊和差别待遇原则。

针对技术贸易措施的挑战，我国也在进一步深化标准化综合改革，建立健全我国技术性贸易措施体系，促进贸易发展。一方面正在建立符合国际规则的技术法规体系，另一方面也在建立与国际接轨的标准体系，以及做好面向世界贸易组织成员的通报和咨询工作。比如在国家相关职能部门的推动下，ISO 茶叶国际标准在我国的转化采标率达 83.3%。

（二）联合国粮食及农业组织

联合国粮食及农业组织（FAO）是联合国的专门机构之一，总部设在意大利罗马，是各成员国间讨论粮食和农业问题的国际组织。截至 2018 年，FAO 已拥有 194 个成员国和 1 个成员组织（欧盟）。实现粮食安全，确保人们正常获得积极健康生活所需的足够的优质食物是 FAO 的工作核心。联合国粮农组织政府间茶叶工作组（FAO-IGG/Tea）由茶叶出口国和进口国的代表组成，每两年召开一次会议。2018 年 5 月 17—20 日期间，来自 25 个国家和国际组织的 116 名代表参加杭州召开的 FAO-IGG/Tea 第 23 届会议，与会代表围绕茶叶质量标准、茶叶农残限量标准、有机茶国际互认以及全球茶叶消费促进等全球茶产业发展焦点问题展开交流、达成共识。

（三）世界卫生组织

世界卫生组织（WHO）是联合国下属的一个专门机构，成立于 1948 年 4 月 7 日，总部设在瑞士日内瓦，是国际上最大的政府间卫生组织，现有 193 个成员国，6 个区域办事处，150 个国家办事处，全球有 7000 多名工作人员。WHO 是联合国系统内国际卫生问题的指导和协调机构，负责全球卫生研究议程、制定规范和标准、提供技术支持、监测卫生情况和评估卫生趋势等。WHO 组织机构包括：世界卫生大会、执行委员会、秘书处和地区组织。WHO 宗旨：使全世界人民获得尽可能高水平的健康。世界卫生组织官网网址：http：//www.who.int/。

基于对食用不安全食品导致亿万人发病和死亡的关注，WHO 在第 53 届世界大会中，要求总干事制定监测食源性疾病的全球战略，并展开一系列有关食品安全与健康的活动。《WHO 全球食品安全战略》的目标是减轻食源性疾病对人类健康和社会造成的负担。WHO 在此战略中提出目前食品主要存在的安全问题包括：微生物性有害因素、化学性有害因素、食源性疾病的监测、新技术开发缓慢、能力的建设不足。WHO 的中心任务是建立规范和标准，包括国际标准的制定和促进对危险性的评估。

（四）欧盟食品法规与标准

欧洲联盟（EU），简称欧盟，总部设在比利时首都布鲁塞尔，是由欧洲共同体发展起来的，截至 2019 年，欧盟拥有 27 个成员国。卫生和安全食品的自由流通是稳定和促进欧盟内部市场的一项关键原则，因此欧盟自 20 世纪 60 年代成立之初，就制定了食品政策，以确保食品在各成员国之间自由流通。随着食品工业以及社会的不断发展，欧盟的食品法律、标准体系不断完善，最终形成了完善的食品安全管理体系，欧盟在食品安全法律体系建设、监管机构设置和监管策略方面都处于世界领先地位。

1. 欧盟食品安全管理体制

欧盟对食品安全的监管实行集中管理模式，并且食品安全的决策部门与管理部门、风险分析部门相分离。目前，欧盟的食品安全决策部门包括：欧洲理事会以及欧盟委员会，它们负责有关法规及政策的制定，并对食品安全问题进行决策；管理事务主要由欧盟健康与消费者保护总署及其下属但相对独立的食品与兽医办公室负责；食品安全风险分析则主要由欧洲食品安全局负责。

欧盟的食品安全监管体系属于多层次的监管，除了欧盟层面的监管机构外，各成员国都设有本国的食品安全监管机构，如德国设有消费者保护、食品和农业部对全国的食品安全统一监管，并下设联邦风险评估研究所以及联邦消费者保护和食品安全局两个机构分别负责风险评估和风险管理；英国于 2000 年成立了独立的食品标准局行使食品安全监管职能；丹麦设有食品和农业渔业部负责全国的食品安全监管。

2. 欧盟食品相关法规与标准

（1）欧盟食品相关法规简介　20 世纪 90 年代，欧洲爆发了一系列危机，使得欧盟食品法律体系逐渐走向完善。欧盟食品法律体系围绕保证欧盟具有最高食品安全标准这一终极目标，制定风险分析、从业者责任、可追溯性、高水平的透明度等基本原则，拥有一个从指导思想到宏观要求，再到具体规定都非常严谨的内在结构，涵盖了"从农场到餐桌"的整个食物链。具体来说，欧盟食品法规的主要框架包括"一个路线图，七部法规"。"一个路线图"指食品安全白皮书；"七部法规"是指在食品安全白皮书公布后制定的有关欧盟食品基本法、食品卫生法以及食品卫生的官方控制等一系列相关法规。

（2）欧盟食品法规体系的结构　欧盟的食品安全法规体系主要有两个层次：第一个层次就是以《食品基本法》及后续补充发展的法规为代表的食品安全领域的原则性规定；第二个层次则是在以上法规确立的原则指导下的一些具体的措施和要求。可以分为以下五个方面：食品的化学安全（以及辐射污染要求）；食品的生物安全（含食品卫生）；有关食品标签的规定；食品加工，包括生物技术和新颖食品的具体要求；对某些类产品的垂直型规定。

（3）欧盟食品相关标准简介　欧盟食品安全标准的制定机构包括欧洲标准化委员会和欧共体各成员国两层体制。其中欧洲标准化委员会标准是欧共体各成员国统一使用的区域级标准，对贸易有重要的作用。欧盟食品安全标准以反复使用为目的，主要是由欧盟标准化委员会制定的标准，包括由公认机构批准的、非强制性的、规定产品或者相关的食品加工和生产方法的规则、指南或者特征的文件。

第三节 国际茶叶标准

一、ISO/TC34/SC8 概况

（一）TC 序列

ISO/TC34 国际标准化组织食品技术委员会，SC8 是茶叶分技术委员。

（二）工作范围

ISO/TC34/SC8 茶叶领域的国际标准化工作，涵盖不同茶类的产品标准、测试方法标准（包括感官品质和理化品质）、良好加工规范（含物流）等，以便在国际贸易中促进茶叶质量更明确并能确保消费者对品质的需求。

（三）组织机构

ISO/TC34/SC8 秘书处设在英国标准化协会（British Standards Institution，BSI），联合秘书处设在中国国家标准化管理委员会（Standardization Administration of People's Republic of China，SAC），由中华全国供销合作总社杭州茶叶研究院和浙江省茶叶集团股份有限公司联合承担。ISO/TC34/SC8 现有正式成员（P 成员）国 18 个，包括中国、印度、斯里兰卡、日本、肯尼亚等茶叶主产国和英国、德国等茶叶消费国；通讯成员（O 成员）国 25 个，包括法国、墨西哥、埃塞俄比亚、韩国、西班牙等茶叶生产国和消费。与 SC8 建立合作关系的委员会有：ISO 标准物质技术委员会（ISO/REMCO）和 ISO/TC34/SC12 感官分析分技术委员会。与 SC8 建立合作关系的国际组织有：国际分析化学协会（英文缩写 AOAC）；欧盟茶叶委员会（英文缩写 CET）；欧盟委员会（英文缩写 EC）；联合国粮农组织（英文缩写 FAO）；国际茶叶促进会（英文缩写 IT-PA）。

二、ISO 国际茶叶标准

（一）现行有效的 ISO 茶叶标准

ISO/TC34/SC8 主要负责茶叶产品标准、测试方法标准和质量管理标准等的制修订工作，不涉及茶叶安全卫生标准的制定。截至 2018 年底，现行有效的 ISO 茶叶国际标准共 26 项，其中 25 项为国际标准、1 项为技术报告，具体见表 10-4。

表 10-4　　　　　　　　　　　　ISO 茶叶国际标准

序号	标准编号	标准名称
1	ISO 1572：1980	茶　已知干物质含量的茶粉末制备
2	ISO 1573：1980	茶　103°C 质量损失法测定水分含量
3	ISO 1575：1980	茶　总灰分测定
4	ISO 1576：1988	茶　水溶性灰分和水不溶性灰分测定

续表

序号	标准编号	标准名称
5	ISO 1577：1987	茶　酸不溶性灰分测定
6	ISO 1578：1975	茶　水溶性灰分碱度测定
7	ISO 1839：1980	茶　取样
8	ISO 3103：1980	茶　用于感官分析的茶汤制备
9	ISO 3720：2011	红茶　定义和基本要求
10	ISO 6078：1982	红茶　术语
11	ISO 6079：1990	固态速溶茶　规格
12	ISO 6770：1982	固态速溶茶　自由密度和堆积密度测定
13	ISO 7513：1990	固态速溶茶　103℃质量损失法测定水分含量
14	ISO 7514：1990	固态速溶茶　总灰分测定
15	ISO 7516：1984	固态速溶茶　取样
16	ISO 9768：1994	茶　水浸出物测定
17	ISO 9844-1：1994	茶叶规范袋　第1部分：托盘和集装箱运输茶　叶用的标准袋
18	ISO 9844-2：1999	茶叶规范袋　第2部分：托盘和集装箱运输茶　叶用袋的性能规范
19	ISO 10727：2002	高效液相色谱法测定茶和固态速溶茶中的咖啡碱含量
20	ISO 11286：2004	茶　按颗粒大小分级分等
21	ISO 11287：2011	绿茶　定义和基本要求
22	ISO 14502-1：2005	茶叶特征性物质测定　第1部分：福林试剂比色法测定茶多酚总量测定
23	ISO 14502-2：2005	茶叶特征性物质测定　第2部分：高效液相色谱法测定茶叶中儿茶素含量
24	ISO 15598：1999	粗纤维测定
25	ISO 19563：2017	高效液相色谱法测定茶和固态速溶茶中的茶氨酸含量
26	ISO/TR 12591：2013*	白茶　定义

注：* 表示该标准为技术报告。

（二）正在制修订的 ISO 茶叶标准

目前由专门工作组正在制定或修订的国际标准共6项，包括：

（1）ISO/NP　23983《白茶　定义和基本要求》国际标准制定，正由 ISO/TC34/SC8/WG4 白茶工作组推进，项目召集人为英国的 Dr. Tim Bond；

（2）ISO/PWI 20716《乌龙茶　定义和基本要求》国际标准制定，正由 ISO/TC34/SC8/WG7 乌龙茶工作组推进，项目召集人为中国的孙威江；

（3）ISO/PWI 20715《茶叶分类》国际标准制定，正由 ISO/TC34/SC8/WG6 茶叶分类工作组推进，项目召集人为中国的宛晓春；

（4）ISO/CD 3103《用于感官分析的茶汤制备》国际标准修订，正由 ISO/TC34/SC8/WG8 用于感官分析的茶汤制备工作组推动，项目召集人为英国的 Dr. Tim Bond；

（5）ISO/NP 18447《高效液相色谱法测定红茶中茶黄素含量》国际标准制定，正由 ISO/TC34/SC8/WG9 茶黄素测定工作组推动，项目召集人为德国的 Dr. Engel Hardt；

（6）ISO/NP 18449《绿茶　术语》国际标准制定，正由 ISO/TC34/SC8/WG10 绿茶术语工作组推动，项目召集人为中国的杨秀芳。

（三）ISO 茶叶重要产品标准

1. ISO 3720：2011《红茶　定义和基本要求》

该标准是对 ISO 3720：1986 版本的修订，该标准规定了红茶中水浸出物、总灰分、水溶性灰分、酸不溶性灰分、水溶性灰分碱度、粗纤维和茶多酚总量等指标的最高或最低限量，具体为：水浸出物（质量分数）≥32%；总灰分（质量分数）≤8%，且≥4%；水溶性灰分（占总灰分的百分比）≥45%；水溶性灰分碱度（以 KOH 计，质量分数）≤3%，且≥1%；酸不溶性灰分（质量分数）≥1%；粗纤维（质量分数）≤16.6%；茶多酚总量（质量分数）≥9%。制定以上系列指标的目的：一是为保证红茶原料嫩度；二是保证原料不掺杂使假；三是确保茶叶清洁化生产，防止泥土、灰尘等污染。

2. ISO 11287：2011《绿茶　定义和基本要求》

该标准是绿茶国际标准的第一版，不适用于脱咖啡因或再烘焙处理的绿茶。该标准规定了绿茶中水浸出物、总灰分、水溶性灰分、酸不溶性灰分、水溶性灰分碱度、粗纤维、儿茶素总量、茶多酚总量和儿茶素总量与茶多酚总量比值等指标的最高或最低限量，具体为：水浸出物、总灰分、水溶性灰分、水溶性灰分碱度、酸不溶性灰分、粗纤维等指标的限量同 ISO 3720：2011《红茶　定义和基本要求》，茶多酚总量（质量分数）≥11%，儿茶素总量（质量分数）≥7%，儿茶素总量与茶多酚总量的比值≥0.5。制定以上系列指标的目的：一是为保证绿茶原料嫩度；二是保证原料不掺杂使假；三是确保茶叶清洁化生产，防止泥土、灰尘等污染；四是用特征性指标（如茶多酚、儿茶素等）界定红茶和绿茶。

3. ISO 6079：1990《固态速溶茶　规格》

该标准制定时间比较早，规定了固态速溶茶的适用范围、定义、取样、理化指标、测试方法和标签等要求。该标准仅对固态速溶茶中水分和总灰分的指标限量做了规定，要求：水分（质量分数）≤6%，总灰分（质量分数）≤20%。随着技术的进步和速溶茶领域的发展，产品种类日趋丰富，现阶段占比较大的种类有固态速溶红茶、速溶绿茶等，个别固态速溶乌龙茶、速溶黑茶、速溶白茶也都有一定的市场需求。同时国际贸易中对固态速溶茶产品的质量和安全指标的要求越来越高，比如贸易中会进一步关注茶多酚、儿茶素、茶黄素、咖啡碱、农药残留、重金属残留等等指标，该标准已不能适应目前贸易需求及其固态速溶茶产业的后续健康发展。尽管 ISO/TC34/SC8 茶叶分技术委员会也对 ISO 6079：1990 国际标准的修订提到议事日程，但仅局限于总灰分指标。

三、我国从事的 ISO/TC34/SC8 茶叶标准化工作

（一）工作路径

ISO/TC34/SC8 在中国的技术归口单位为中华全国供销合作总社杭州茶叶研究院（简称中茶院），在国家标准化管理委员会和中华全国供销合作总社的指导下，中茶院一直代表国家组织参加国际茶叶标准化工作，推动茶叶国际标准化进程。

（二）主要工作

（1）配合国家实施"一带一路"倡议，推动中国茶叶"走出去" 承担茶叶国家标准英文出版稿的翻译，开展国家标准国际互认，采用国际标准并按规定转化为国家标准。

（2）开展国际茶叶标准前期研究 包括提出和开展前期预研项目、参加国外专家牵头的前期预研项目、参加 SC8 茶叶测定方法的全球实验室环试等。

（3）牵头或参与国际标准制修订 由我国专家提出并已正式立项的国际标准新项目 3 个，包括 ISO/NP 20715《茶叶化学分类》；ISO/NP 20716《乌龙茶》，以及 ISO/NP 18449《绿茶 术语》，不仅提高了我国专家实质性参与茶叶国际标准化工作的能力，也提高了我国在国际茶叶标准化领域的贡献度。

（4）组团或承办 ISO 茶叶国际标准化会议 进入 21 世纪以来，受 ISO/TC34/SC8 委托，我国已于 2003 年、2008 年、2019 年在杭州成功承办了 ISO 茶叶国际标准化第 20 次、第 22 次和第 27 次会议；组团参加了近十几年的历次 ISO/TC34/SC8 茶叶国际标准化会议，由中茶院、安徽农业大学、福建农林大学、中国茶叶流通协会以及浙江省茶叶集团股份有限公司等单位派出的专家组成的中国代表团，代表国家在国际茶叶标准化舞台上提出工作意见和建议，提高中国茶叶在国际上的影响力和话语权。

（5）承担 SC8 联合秘书处各项工作 由中茶院与浙江省茶叶集团股份有限公司共同承担的 ISO/TC34/SC8 联合秘书处，为我国专家有效从事国际茶叶标准化工作、学习交流国际标准化工作政策、经验，掌握国际标准化活动的规则，搭建平台，提供支撑。

第 四 节　国外茶叶标准与法规

茶叶出口国和茶叶进口国为满足国内外贸易和消费者安全保障的需要，都制定了本国本地区相应的茶叶标准与法规。一般包括茶叶基础通用标准、茶叶安全标准、茶叶产品标准、茶叶检测方法标准和质量管理标准等，个别国家或地区的茶叶安全标准体现在相关技术法规或指令中，如日本的食品卫生法、欧盟的 EC396/2005 指令等。

国外茶叶产品标准主要是红茶标准，全世界共有 30 多个国家和地区采用了 ISO

3720：2011《红茶　定义和基本要求》。

一、国外主要生产国茶叶标准

国外茶叶主要生产国，包括印度、斯里兰卡、肯尼亚、日本、土耳其等国家，都制定了相应的茶叶国家标准，以规范本国茶叶生产、加工，确保茶叶品质和安全、促进国内外贸易、保证消费者健康和安全。

（一）印度茶叶标准与法规

1. 印度茶叶标准概况

印度是世界上茶叶生产、消费和出口数量最多的国家之一，茶叶年生产总量的95%以上为红茶。印度茶叶国家标准主要包括：茶叶取样（IS 3611）、红茶（IS 3633）、茶叶术语（IS 4541）、绿茶（IS 15344）、茶—水分测定（IS 13862）、固态速溶茶（IS 15342）和茶叶包装规格（IS 10）。2003年，根据ISO 3720红茶国际标准，印度标准局修订了本国红茶国家标准IS 3633，同时政府用法令支持国家标准的实施。

2. 印度茶叶理化指标和质量安全标准概况

印度茶叶农药残留限量执行国际食品法典委员会标准。印度食品安全和标准管理局负责印度食品安全标准的制修订工作，截至2018年底，已制定茶叶理化指标6项、污染物限量指标7项、农药残留限量指标7项、食品添加剂指标99项，此外，还对绿茶和康拉茶（Kangra Tea）的理化指标要求单独做了规定。

（二）斯里兰卡茶叶标准与法规

斯里兰卡制定的茶叶国家标准与法规有SLS：135《红茶》、SLS：401《速溶茶》和《禁止劣茶输出法》。

《禁止劣茶输出法》规定，除经申请许可用作提取咖啡碱、色素或其他工业用途（不包括提取速溶茶）外，所有茶叶在生产过程中或出口时，都要受茶叶局监管，不符合法令的低劣茶叶不得出口。斯里兰卡茶叶局依据ISO 3720《红茶　定义和基本要求》与斯里兰卡国家标准SLS：135对斯里兰卡原产地茶叶进行监管。标准对理化指标、重金属、微生物及农残有具体要求。

（三）肯尼亚茶叶标准

肯尼亚茶叶质量受肯尼亚国家标准局（Kenya Bureau of Standard，英文缩写KEBS）监管，茶叶技术委员会KEBS/TC 03负责茶叶相关标准的制修订。肯尼亚国家标准局不仅提出了茶叶中若干项农药残留的限量指标，同时依据ISO 3720《红茶　定义和基本要求》，制定了肯尼亚红茶国家标准，要求肯尼亚红茶符合国家标准KS 65：2017《红茶　规格》规定，具体要求如下：

1. 感官品质要求

包括：均匀的色泽；标准的外观和等级；典型的香气和滋味；没有令人不愉悦的气味；没有污染物、脏物（如昆虫尸体）和其他掺杂物；无外来杂质。

2. 理化及安全指标

对茶叶的理化指标、重金属和微生物提出了限量要求。对黄曲霉毒素要求不超过10μg/kg，其中黄曲霉毒素 B_1 不超过5μg/kg，检测方法参照KS ISO16050（ISO 16050：

2003）。

3. 加工卫生要求

肯尼亚茶叶加工卫生需符合 KS1500、公共卫生法令 Cap. 242 和食品、药品及化学物品法令 Cap. 254 要求。

（四）日本茶叶标准

日本茶叶标准由农林、厚生、通商产业 3 省联合制定颁布。制定有《茶叶质量》《取样方法》《检验方法》《包装条件》等标准。《茶叶质量》标准，包括茶叶的形状与色泽、汤色与香味、水分、茶梗、粉末及卫生指标等；同时确立最低标准样茶，每年由有关部门研究确定。

1. 水分要求

玉露茶（Gyokuro）≤3.1%，抹茶（Maccha）≤5.0%，煎茶（Sencha）≤2.8%，红茶≤6.2%。

2. 灰分要求

玉露茶（Gyokuro）≤6.3%，抹茶（Maccha）≤7.4%，煎茶（Sencha）≤5.0%，红茶≤5.4%。

3. 茶梗要求

炒青茶、出口煎茶、珍眉、秀眉等的茶梗含量要求均≤5%；珠茶、特种红茶茶梗含量≤3%；粗绿茶茶梗含量≤20%；特种绿茶、红茶中的叶茶、碎茶茶梗含量≤1%；红茶和绿茶的末茶茶梗含量≤2%；固形茶茶梗含量≤1%。

4. 粉末要求

对粉末规格的要求为：炒青茶、出口煎茶、珍眉、珠茶、粗茶和红茶中的叶茶以 30 目筛下物为粉末；秀眉、红碎茶以 40 目筛下物为粉末；红茶和绿茶的末茶及固形茶以 60 目筛下物为粉末。对粉末含量的要求为：炒青、出口煎茶、秀眉≤5%；珍眉、粗茶≤3%；珠茶、固形茶≤2%；叶茶≤4%；红碎茶≤7%；红茶和绿茶的末茶≤10%。

5. 杂质要求

茶叶不得着色、不得含有异类物质。

6. 卫生指标要求

2006 年 5 月，日本政府正式实施《食品中农业化学品肯定列表制度》，该制度提高了食品中农药残留和污染物的控制要求，其中有关茶叶农药残留及污染物的限量指标，从原来的 80 多项增加到 276 项；同时，调整了农药残留量的检测方法，用"全茶"检测法代替了过去一直采用的"茶汤法"。截至 2017 年 12 月，日本对茶叶中有限量要求的农残项目达 231 项，其他无限量规定的项目则同欧盟一样，实行≤0.01mg/kg 的限量要求。

（五）土耳其茶叶标准

土耳其采用国际标准化组织制定的茶叶标准作为该国茶叶国家标准，主要包括 TS ISO 6079《固态速溶茶：定义》、TS ISO 7519《固态速溶茶：取样》、TS ISO 9768《茶 水浸出物的测定》、TS ISO 7513《茶 103℃时质量损失水分测定》、TSE K 30《加香型红茶》、TS 12929《袋泡红茶》、TS 12691《绿茶》、TS ISO 1839《茶 取样》、TS

1561《茶 已知干物质含量的磨碎样制备》、TS 1562《茶 水分含量测定》、TS 1564
《茶 总灰分的测定》、TS 1565《茶 水溶性灰分和水不溶性灰分的测定》、TS 1567
《茶 水溶性灰分碱度的测定》、TS 3224《茶籽》、TS 3225《茶鲜叶》、TS 3907《茶
感官审评茶汤制备》、TS 4600 ISO 3720《红茶 定义和基本要求》。

（六）其他国家标准

毛里求斯、印度尼西亚和孟加拉国等国所制定的红茶国家标准，与 ISO 3720 基本
一致。

二、国外主要消费国家和地区的茶叶标准与法规

茶叶国际贸易中，首先必须符合进口国对进口茶叶的相关技术、法规和管理要求，
其次满足贸易双方协议中规定的条款或贸易样品质要求。茶叶进口国家和地区一般对
茶叶的产品质量、卫生安全和包装方式等都有要求。近 20 年来，随着国际贸易全球化
推行，一些技术贸易壁垒尤其是绿色壁垒也出现在茶叶国际贸易中。部分进口国家和
地区对茶叶农药残留的要求越来越高，不仅不断增加农残检测种类，对茶叶农药残留
限量的要求也日趋苛刻，同时还不断增设茶叶中非茶类夹杂物、重金属、放射性物质、
微生物、黄曲霉毒素、蒽醌、高氯酸盐等项目。

（一）欧盟标准

欧盟是目前世界上茶叶农药最大残留限量标准制定的最严格的国家或地区之一，
不仅每年对原标准进行修订并发布新的茶叶农残限量标准，而且许多农药残留指标的
限量采用的是方法检出限。2000 年 4 月 28 日，欧盟发布新欧盟指令 2000/24/EC，共
增加茶叶农药残留限量指标 10 项、改变限量 6 项，并要求各成员国于当年年底前将其
转变为本国的法规，并于 2001 年 1 月 1 日起执行该指令。至 2001 年 7 月 1 日，欧盟规
定的茶叶农药残留限量指标达 108 项；至 2003 年，欧盟规定的茶叶农药残留限量指标
达 193 项。至 2007 年 12 月，欧盟颁布的茶叶农药残留项目达 227 项，其中 207 项的限
量标准为方法最低检出限。2008 年 7 月 29 日，欧盟新的食品中农药残留标准
（EC149/2008）正式执行，有关茶叶农药残留最高限量标准方面，跟原标准相比，新标
准有两个显著特点：一是二溴乙烷、二嗪磷、滴丁酸、氟胺氰菊酯和敌敌畏等 5 种农
药残留标准控制更加严格；二是新增 170 种与茶叶生产密切相关的农药残留标准。此
后，欧盟继续不断增加茶叶农药残留项目及提高限量要求。截至 2019 年 1 月 24 日，欧
盟（EC 396/2005）对于茶、咖啡、草药茶、可可（商品编号 0600000）大类的农残限
量标准为 403 项；而对于干茶、发酵茶、野茶（商品编号 06100000）类商品的农残限
量标准为 488 项。

此外，欧盟近几年也对如蒽醌、高氯酸盐、邻苯二甲酰亚胺等新型污染物残留限
量已经或准备加以规定，对中国茶叶出口造成一定程度的困扰。

（二）美国标准

美国政府制定的《茶叶进口法案》规定，所有进入美国的茶叶质量，不得低于美
国茶叶专家委员会制定的最低标准样茶。根据美国《食品、药品和化妆品管理规定》，
各类进口茶叶必须经美国卫生人类服务部、食品及药物管理局（Food and Drug Adminis-

tration，FDA）抽样检验，对品质低于法定标准的产品和污染、变质或纯度、农药残留量不符合要求的产品，茶叶检验官有权禁止进口。美国政府公开文件的联邦电子系统（GPO′s Federal Digital System）每天更新食品中污染物的限量标准。参照美国联邦法规文件，截至2019年2月7日，茶叶相关的农药残留限量有33项，其中涉及干茶的农药残留限量有23项，涉及茶鲜叶的农药残留限量有2项（三氯杀螨醇≤30.0mg/kg，灭螨醌≤40.0mg/kg），涉及速溶茶的农药残留限量有2项（草甘膦≤7.0mg/kg，多杀菌素≤70.0mg/kg），涉及油茶作物提炼油的农药残留限量有2项（氯氰菊酯≤0.4mg/kg，烯禾定≤20.0mg/kg），涉及油茶作物种子的农药残留限量有1项（氯氰菊酯≤0.2mg/kg）。

（三）澳大利亚标准

澳大利亚《进口管理法》规定，禁止进口泡过的茶叶、掺杂使假的茶叶、不适合人类饮用的茶叶、有损于健康和不符合卫生要求的茶叶。截至2018年12月，澳大利亚规定的茶叶中农药残留限量指标：针对红茶、绿茶的共38项，具体为硫丹≤10mg/kg、三氯杀螨醇≤5mg/kg、乙硫磷≤5mg/kg、杀螟硫磷≤0.5mg/kg、嘧菊酯≤20mg/kg、联苯菊酯≤5mg/kg、溴虫腈≤50mg/kg、毒死蜱≤2mg/kg、甲基毒死蜱≤0.1mg/kg、噻虫胺≤0.7mg/kg、氯氟氰菊酯≤1mg/kg、氯氰菊酯≤0.5mg/kg、溴氰菊酯≤5mg/kg、除虫脲≤0.1mg/kg、敌草快≤0.5mg/kg、乙螨唑≤15mg/kg、甲氰菊酯≤0.1mg/kg、唑螨酯≤0.1mg/kg、氰戊菊酯≤0.05mg/kg、吡氟禾草灵≤50mg/kg、氟虫双酰胺≤0.02mg/kg、草铵膦≤0.05mg/kg、草甘膦≤2mg/kg、噻螨酮≤4mg/kg、啶虫脒≤10mg/kg、苘虫威≤5mg/kg、醚菊酯≤15mg/kg、四聚乙醛≤1mg/kg、百草枯≤0.5mg/kg、戊菌唑≤0.1mg/kg、氯菊酯≤0.1mg/kg、螺甲螨≤50mg/kg、吡螨≤0.1mg/kg、啶虫脒≤10mg/kg、噻虫嗪≤20mg/kg、粉锈宁≤0.2mg/kg、三唑醇≤0.2mg/kg、十三吗啉≤0.05mg/kg，其中啶虫脒及四聚乙醛两种农残还针对所有茶和代用茶，分别为啶虫脒≤10mg/kg、四聚乙醛≤1mg/kg。

（四）英国标准

英国进口的茶叶大多数是散装茶，经过拼配、分装（小包装）或加工成袋泡茶之后进入市场。英国政府将ISO 3720等茶叶国际标准，转换为英国的国家茶叶标准（BS 6048）。英国有关茶叶检测方法的标准共有23项，包括取样、水分测定、水浸出物含量测定、总灰分含量测定等；制定了BS 6325《红茶术语》、BS 7390《固态速溶茶　规范》、BS 7804-1和BS 7804-2《茶叶袋　规范》等国家标准。英国对茶叶的农药残留限量标准执行欧盟规定。

（五）法国标准

法国将ISO 3720标准转化为该国茶叶国家标准（NF V33-001）。法国对茶叶取样、水分、水浸出物、总灰分等茶叶理化指标的测定方法制定了相应国家标准，并制定了NF V00-110《红茶术语》、NF V33-002《固态速溶茶　规范》、NF V03-355-1981《用于感官审评的茶汤制备》等国家标准。法国对茶叶的农药残留限量标准执行欧盟规定。

（六）德国标准

德国采用ISO 3720标准，并制定了严格的检测方法标准。德国的茶叶检测方法标准，包括 DIN 10800《茶叶检验　干茶　103℃质量损失法测定水分含量》、DIN 10801《茶和固态茶萃取物咖啡因含量测定——高效液相色谱法》、DIN 10802《茶叶检验　总灰分测定》、DIN 10805《茶叶检验　酸不溶性灰分测定》、DIN 10806《茶叶检验　已知干物质含量的磨碎样制备》、DIN 10807《茶叶分析氟化物含量测定——电位分析法》、DIN 10809《茶叶检验　感官检验用茶汤制备》、DIN 10810《茶叶分析　茶、固态茶萃取物和带茶萃取物的食品中可可碱和咖啡因含量测定——高效液相色谱法》、DIN 10811-1《茶和茶制品分析　液态茶饮料中可可碱和咖啡碱含量测定　第1部分：高效液相色谱法——常规方法》、DIN 10811-2《茶和茶制品分析　液态茶饮料中可可碱和咖啡碱含量测定　第2部分：高效液相色谱法-参照法（也适于低含量可可碱状态）》、DIN ISO 1576《茶　水溶性灰分和水不溶性灰分的测定》和 DIN ISO 9768《茶　水浸出物的测定》。德国对茶叶的农药残留限量标准执行欧盟规定。

（七）俄罗斯标准

俄罗斯制定有茶叶标准19项，包括《供出口的绿茶砖技术条件》《茶　术语和定义》《制茶工业术语和定义》等。

（八）摩洛哥标准

摩洛哥茶叶检测项目包括中国食品安全国家标准规定的48项农药残留，其中12项是国际食品法典委员会有标准的，基本采用国际食品法典委员会标准，比较宽松；24项是摩洛哥标准，比中国国标严1.5~500倍，8项摩洛哥标准与中国国标一样；4项摩洛哥标准比中国国标宽松2~5倍。其他农药残留一律按≤0.01mg/kg执行。摩洛哥加入欧盟后，经过多轮谈判，对于进口中国的茶叶，基本执行的是国际食品法典委员会、中国和欧盟标准的混合体。

（九）其他国家标准

1. 韩国标准

韩国食品药品安全厅是负责制定食品药品农残指标的政府机构。政府对进口农产品的农药、重金属、激素残留主要通过抽检进行控制。截至2017年11月，韩国对茶叶农残限量的检测项目达到39项，其中茶叶39项，绿茶提取物11项。韩国消费者保护院曾建议，对在进口农产品中发现韩国没有限量标准的农残情况，有必要强化安全标准，适用最严限量标准（即≤0.01mg/kg）或采取一经检出相关残留、原则上禁止销售等措施。韩国将陆续实施农药残留肯定列表制度，对未制定残留限量标准的农药，一律用最低残留限量标准。

2. 巴基斯坦标准

巴基斯坦茶叶标准由巴基斯坦标准和质量控制局（Pakistan Standards & Quality Control Authority，PSQCA）制定，其下设茶叶技术委员会（NSCAF-10）。巴基斯坦茶叶国家标准3个，主要规定红茶必须经过发酵、干燥且正常、不含非茶类夹杂物、茶灰或其他杂质；允许含茶梗，但不允许含未发酵的茶梗，含梗量不得超过10%；绿茶必须干燥且正常、不含非茶类夹杂物、茶灰或其他杂质。

3. 埃及标准

埃及茶叶标准由埃及标准质量组织制修订，目前埃及已经制定茶叶相关标准14

项。埃及进口茶叶必须按《进口茶叶管理法》规定的要求：各类茶叶必须用茶树的新梢嫩茎、芽、叶制成，根据不同制法分为红茶和绿茶；各类茶叶的香气、滋味、颜色、品质必须正常，不得掺有泡过的茶叶、假茶或混有外来物质；不得着色或混有金属物质；茶梗≤20%；水分≤8%；灰分≤8%，其中水溶性灰分（占总灰分比重）≥50%，水不溶性灰分≥1%；水浸出物≥32%；咖啡碱≥2%；水溶性灰分碱度100g样品中不少于22mg当量；包装必须是对茶叶无害而适合茶叶贮藏的容器。

4. 智利标准

智利茶叶国家标准规定：茶叶水分≤12%；粉末≤5%；含梗量≤20%；总灰分≤8%；酸不溶性灰分≤1%；水浸出物（红茶）≥24%、水浸出物（绿茶）≥28%；咖啡碱≥1%。

5. 罗马尼亚标准

罗马尼亚茶叶国家标准主要有：STAS：968216《红茶》；STAS：968217《茶 灰分测定》；STAS：968214《茶叶从大容器中取样》；STAS：968215《茶叶从小容器中取样》，其余茶叶中水分、总灰分、水不溶性灰分、水浸出物等指标的测定方法等效采用ISO标准。

6. 保加利亚标准

保加利亚茶叶国家标准主要有15项，包括方法标准和产品标准等，其标准均等效采用ISO标准。

7. 捷克和斯洛伐克标准

捷克和斯洛伐克的茶叶标准主要有CSN 580115《茶 取样》、CSN 581303《茶词汇》、CSN 581350《发酵红茶一般规定》。

8. 匈牙利标准

匈牙利的茶叶标准主要有MSZ 8170—1980《茶》。

9. 沙特阿拉伯标准

沙特茶叶标准主要有SSA 275《茶》。

10. 南非标准

南非的茶叶标准规定了氰草津、氯氰菊酯、甲基内吸磷、亚砜磷和三氯杀螨砜等农药残留限量。

参考文献

［1］https：//baike.baidu.com/item/国际食品法典委/8105640？fr=aladdin.

［2］http：//www.fao.org/fao-who-codexalimentarius/codex-texts/dbs/pestres/commodities/en/.

［3］李春田.标准化概论［M］.4版.北京：中国人民大学出版社，2007.

［4］国家标准化管理委员会.标准化基础知识［M］.北京：中国标准出版社，2004.

［5］国家标准化管理委员会国际标准部.企业参与国际标准化活动工作指南

［M］. 北京：中国标准出版社，2006.

［6］国标标准化管理委员会. 国际标准化实用英语教程［M］. 北京：中国标准出版社，2009.

［7］https：//baike. baidu. com/item/世界卫生组织/483426？fr=aladdin.

［8］https：//baike. baidu. com/item/世界贸易组织/150837？fr=aladdin.

［9］https：//isotc. iso. org/livelink/livelink？func=ll&objId=8900055&objAction=browse&viewType=1.

［10］https：//isotc. iso. org/livelink/livelink？func=ll&objId=8899515&objAction=browse&sort=name.

［11］Australia New Zealand Food Standards Code-Schedule 20APVMA 8，2018.